建 筑 节 能

Energy Efficiency in Buildings

46

涂逢祥 主编

中国建筑工业出版社

图书在版编目（CIP）数据

建筑节能 46/涂逢祥主编．—北京：中国建筑工业出版社，2006

ISBN 7-112-08514-4

Ⅰ．建…　Ⅱ．涂…　Ⅲ．建筑—节能
Ⅳ．TU111.4

中国版本图书馆 CIP 数据核字（2006）第 098956 号

责任编辑：马　红
责任设计：董建平
责任校对：邵鸣军　王雪竹

建筑节能
Energy Efficiency in Buildings
46
涂逢祥　主编
*
中国建筑工业出版社出版、发行（北京西郊百万庄）
新　华　书　店　经　销
北京永峥印刷有限责任公司制版
北京云浩印刷有限责任公司印刷
*
开本：787×1092 毫米　1/16　印张：20　字数：410 千字
2006 年 9 月第一版　2006 年 9 月第一次印刷
印数：1—2500 册　定价：35.00 元
ISBN 7-112-08514-4
（15178）

本社网址：http://www.cabp.com.cn
网上书店：http://www.china-building.com.cn

主编单位

中国建筑业协会建筑节能专业委员会

北京绿之都建筑节能环保技术研究所

主　编

涂逢祥

副主编

郎四维　白胜芳

编　委

林海燕　冯　雅　方修睦　任　俊

编辑部通讯地址： 100076　北京市南苑新华路一号

电　　　　话： 010—67992220—291，322

传　　　　真： 010—67962505

电 子 信 箱： cbeea@ sohu. com

目 录

节能战略与政策

围护结构节能

采暖空调节能

Contents

Energy Efficiency in Building Envelope

积极推进绿色建筑标准　大力发展节能省地型建筑

——在“第二届国际智能、绿色建筑与建筑节能大会暨新技术与产品博览会”的讲话

曾培炎

改革开放以来，中国城乡面貌发生了巨大变化，很多新建筑拔地而起。随着我国城镇化、工业化进程加快，社会主义新农村建设逐步展开，未来的中国，仍将是世界上最大的建筑市场，发展智能、绿色建筑，开展建筑节能有着广阔的前景和巨大的潜力。此时此地，国内外建筑界举行研讨会和博览会，有着重要的现实意义和历史意义。在这里，我谨代表中国政府对大会的召开表示热烈祝贺！对参加本次大会的中外来宾表示诚挚的欢迎！

当今世界，推动建筑向节能、绿色、智能化方向发展，是建筑业实践可持续发展理念的大势所趋，也是中国经济社会发展面临的重要任务。近年来，中国在建筑节能方面做出了很大努力，包括制定并执行严格的建筑节能设计标准，推广新型墙体材料和节能产品。大力改善人居环境，开发绿色建筑和智能建筑技术，不断提高建筑性能和质量，这些措施取得了一定成效。但是从总体上看，与发达国家相比仍有不小的差距。

在刚刚颁布的新的五年计划中，中国政府提出要全面贯彻落实科学发展观，坚持以人为本，将经济社会发展切实转入全面协调可持续发展的轨道，建设资源节约型、环境友好型社会，到2010年单位国内生产总值能耗要降低20%，同时大力发展节能省地型建筑。为了实现这些目标，中国将按照科学发展观的要求，大力发展绿色建筑、智能建筑，实施建筑节能工程，努力在建筑节能方面实现跨越式发展。采取的主要措施包括：

第一，新的建筑要积极推进绿色标准。目前，我国每年竣工房屋建筑面积约20亿m^2，预计到2020年底，全国新增房屋建筑面积约300亿m^2。从现在开始，新的建筑要严格执行节能标准，同时加强绿色标准的认证和推广力度。以节能为突破口，全面推进节水、节地、节材，从整体上提升我国建筑的资源节约水平。

第二，稳步推进既有建筑的节能改造。我国目前约有400亿m^2建筑存量，这既是节能改造的难点，也是全面降低建筑能耗的关键。各级政府机关应率先实施办公楼节能改造，各地对能耗过高的大型公共建筑也要限期改造。同时，广泛开展居民住宅等普通建筑的节能改造试点，并适时加以全面推广。

第三，利用先进技术推动绿色节能建筑发展。要学习借鉴发达国家的经验和方法，通过自主创新，走有中国特色的绿色节能建筑发展道路。要重点研究开发绿色建筑技术、建筑节能技术与设备，可再生能源装置与建筑一体化应用技术，节能建材与绿色建材，以及

有关的建筑施工技术与装备。要广泛利用建筑智能技术，改善生产、生活和公共活动场所的环境质量，节约建筑使用能耗。

第四，加强政策引导和法制建设。要建立健全建筑节能的政策法规体系，加强对节能标准执行情况的监督。积极稳妥地推进供热体制改革。制定有利于促进建筑节能的财税、金融政策，调动生产企业、建筑企业、开发商的积极性，共同推动节能建筑、绿色建筑和智能建筑的发展。

一座绿色节能建筑，对后人来说是一笔巨大的财富，反之，则很可能是一个消耗能源的黑洞，一个长期负担的财务包袱。我们经常重复歌德的名言“建筑是凝固的音乐”，这句话体现出建筑形式的魅力，是对一个建筑外在美的肯定，而建筑是否节能、环保，则是建筑内在美的体现。只有做到了内在美与外在美、形式美与内容美的统一，才是一个符合科学发展观要求、反映人类文明进步水平的优秀建筑作品，这也是当代建筑师们应当追求的目标。

面对经济发展与资源环境矛盾日益加剧的新形势，希望广大建筑从业者以新的观念审视自己的工作，在追求建筑美观、舒适的同时，把节能、环保放在更加重要的位置。当前，中国智能、绿色建筑和建筑节能的发展正处于起步阶段，还有许多理论和实践问题需要深入研究探讨。希望通过这次研讨会和博览会，加强国内外同行的交流与合作，集思广益，群策群力，共同推动建筑业实现可持续发展。

曾培炎　国务院副总理

我国当前的能源形势与“十一五”能源发展

——在中宣部等六部委联合举办的形势报告会上的报告（摘要）

马凯

能源是人类生存和发展的重要物质基础，党中央、国务院历来高度重视。党的三代中央领导集体和以胡锦涛同志为总书记的党中央，都把能源作为关系经济发展、国家安全和民族根本利益的重大战略问题，摆在重要地位，倾注了大量心血。在党中央、国务院的正确领导下，在各地区、各部门长期的、共同的努力下，我国能源工业的发展取得了举世瞩目的成就。

能源供给能力逐步增强。2005 年，一次能源生产总量达到 20.6 亿 t 标准煤，是新中国成立初期的 87 倍、改革开放初的 3.29 倍。煤炭产量达到 21.9 亿 t，已多年位居世界第一；原油产量达到 1.81 亿 t，居世界第六位，天然气 500 亿 m^3；电力发电装机突破 5 亿 kW，年发电量达到 24747 亿 kW · h，均居世界第二位；可再生能源近年来发展迅速，目前，小水电的装机容量达到 3800 万 kW，太阳能热水器总集热面积 8000 万 m^2，占世界的一半以上，核电装机近 700 万 kW，年产沼气约 80 亿 m^3，拥有户用沼气池 1700 多万口。

能源消费结构有所优化。2005 年，我国能源消费总量达 22.25 亿 t 标准煤，是世界第二大能源消费国。近年来，通过积极调整能源消费结构，总的趋势是：煤炭消费的比重趋于下降，优质清洁能源消费的比重逐步上升，1990—2005 年，煤炭消费比重由 76.2% 降到 68.7%，油气比重由 18.7% 提高到 24%，水电及核电由 5.1% 提高到 7.3%。

能源技术进步不断加快。经过半个多世纪的努力，石油天然气工业，从勘探开发、工程设计、施工建设到生产加工，形成了比较完整的技术体系，复杂段块勘探开发、提高油田采收率等技术达到国际领先水平。煤炭工业，已具备设计、建设、装备及管理千万吨级露天煤矿和大中型矿区的能力，综合机械化采煤等现代化成套设备广泛使用，国有重点煤矿采煤机械化程度 1990 年为 65%，目前已超过 80%。电力工业，火电单机容量从 1978 年的 5 万和 10 万 kW 级，发展到目前主力为 30 万和 60 万 kW 级机组，百万 kW 超临界、超超临界及核电机组正在成为新一代主力机组。三峡左岸最后一台机组国产化水平达到 85%。500kV 直流输电设备实现了国产化，750kV 示范工程建成投运。

节能环保取得进展。单位 GDP 能耗总体下降。按不变价格计算，2005 年万元 GDP 能耗比 1980 年下降了 64%。改革开放以来，累计节约和少用能源超过 10 亿 t 标准煤，以能源消费翻一番支持了 GDP 翻两番。主要用能产品单位能耗逐步降低，能源效率有所提高，目前达到 33%，比 1980 年提高了 8 个百分点。能源领域污染治理得到加强。新建火电厂配套建设了脱硫装置，已有火电厂加大了脱硫改造力度，电厂水资源循环利用率逐步提高，东北等地采煤沉陷区治理工程加快建设。

体制改革稳步推进。电力体制改革取得重要突破，2002 年出台了电力体制改革方案，确定了改革的总体目标，目前已实现了政企分开、厂网分开。煤炭生产和销售已基本实现市场化。中石油、中石化、中海油等大型国有石油企业基本实现了上下游、内外贸一体化。能源需求侧管理取得积极成效，推广完善了峰谷电价、丰枯电价、差别电价办法。

能源立法明显加强。近年来，相继出台了《电力法》、《煤炭法》、《节约能源法》和《可再生能源法》，制定和完善了《电力监管条例》、《煤矿安全监察条例》、《石油天然气管道保护条例》等一系列法规。

我国能源工业的发展虽取得了很大成绩，但也要看到，随着经济社会快速发展，多年积累的矛盾和问题进一步凸显。概括起来，一是资源约束明显，供需矛盾突出。由于经济结构不合理，经济增长方式粗放，快速增长的能源供应赶不上更快增长的能源需求，靠过度消耗能源支撑经济快速增长难以持久。二是能源技术依然落后，能源效率明显偏低。能源开发利用的重大核心装备仍不能自主设计制造，节能降耗、污染治理等技术的应用还不广泛，我国单位 GDP 能耗和主要用能行业可比能耗都远远高于国际先进水平。三是能源结构尚不合理，环境承载压力较大。我国富煤、缺油、少气的能源消费结构在一定时期内难以改变，煤炭大量消费加大了环境保护的难度，目前，在全国烟尘和二氧化硫的排放量中，由煤炭燃烧产生的分别占 70% 和 90%。四是石油储备体系不健全，安全生产存在隐患。油气资源储备和应急机制的建立还任重道远，能源特别是煤炭安全生产形势严峻，重特大事故未能得到有效遏制。五是能源体制改革尚未到位，法律法规有待完善。煤炭流通体制和企业机制转换滞后，适应 WTO 要求的原油、成品油和天然气市场体系尚不健全，电力体制改革有待进一步深化。体现我国能源战略、维护能源安全、衔接能源政策的基本法律还不完备。为此，我们要从顺利实现全面建设小康社会宏伟目标，保障中华民族长远发展和子孙福祉的高度，充分认识做好能源工作的极端重要性，进一步增强忧患意识和危机感，切实采取有效措施，积极化解我国能源发展中面临的突出矛盾和问题。

党的十六届五中全会提出了“十一五”期间单位国内生产总值能源消耗降低 20% 左右的奋斗目标。十届全国人大四次会议通过的“十一五”规划《纲要》，进一步明确了我国能源发展的总体要求：坚持节约优先、立足国内、煤为基础、多元发展，优化生产和消费结构，构筑稳定、经济、清洁、安全的能源供应体系。按照党中央、国务院的部署，近年来，我们会同有关部门，先后研究编制了能源中长期发展规划和煤炭、油气、电力、新能源、节能等专项规划，以及核电、风电、LNG（液化天然气）、煤层气、替代能源等子规划。当前和今后一个时期，要突出做好以下几方面工作。

（一）节约优先，效率为本。这是解决我国能源问题的根本途径。我们要从战略和全局的高度，充分认识节能工作的极端重要性和紧迫性，把节能摆在首要位置，采取综合的、更加有力的措施，进一步强化节能工作。一是通过调整结构节能。节能不仅是微观层面的问题，首先是宏观层面的问题，即要通过不断优化经济结构，建立节约型的国民经济体系。为此，要努力提高低耗能的第三产业和高技术产业在国民经济中的比重。大力发展现代物流业，有序发展金融服务业，积极发展信息服务业，规范发展商务服务业。促进高技术产业从加工装配为主向自主研发制造延伸。推进工业结构优化升级，调整原材料工业结构和布局，降低消耗，减少污染，提高产品档次、技术含量和产业集中度。加快制造业信息化，深度开发信息资源。二是通过技术进步节能。大力支持节能重点项目，优先扶持采用自主知识产权解决共性和关键技术的示范项目，促进节能技术产业化，加快应用高技术和先进适用技术改造提升传统产业。同时，要加快淘汰钢铁、有色金属、化工、建材、电力等高耗能行业的落后生产能力、工艺装备和产品。三是通过加强管理节能。建立节能目标责任和评价考核制度，把“十一五”规划确定的降低能耗的约束性指标分解落实到各省、自治区、直辖市，层层落实责任。加强重点耗能行业和企业的节能管理，抓紧实施十大重点节能工程，突出抓好1000家高耗能企业的节能工作。完善能效标识管理和节能产品认证制度。四是通过深化改革节能。加快资源性产品价格市场化改革进程，逐步形成有利于节约、能够反映稀缺程度的价格形成机制。加大财税政策对节能的支持。加快制定《节能产品目录》，对生产和使用目录中的产品，给予一定的税收优惠。实施节能产品政府强制性采购政策，特别是将企业研发的首台、首套节能产品优先纳入政府采购目录。五是通过强化法治节能。把实践中、改革中形成的节能措施和有益经验上升为法律，进一步完善节能法律法规体系和相关的标准体系。重点抓好《节约能源法》的修订工作，严格执行强制性建筑节能标准，制定和完善主要工业耗能设备、家用电器、照明器具、机动车等能效标准，组织修订和完善主要耗能行业的节能设计规范。六是通过全民参与节能。增强公众的能源忧患意识和节约意识，发挥政府机关的带头作用，进一步加大宣传力度，从我做起，从现在做起，从身边点滴事情做起，使“节约光荣、浪费可耻”的社会氛围更加浓厚。总之，解决我国能源问题的根本出路，在于节约能源。节约能源，从本质上讲，就是要加快转变经济增长方式和优化经济结构，形成健康文明、节约能源的消费模式，把我国建设成为节约型社会。

（二）立足国内，多元发展。这是维护我国能源安全的基本方略。有序发展煤炭。坚持煤为基础，高效清洁地开发利用煤炭资源。加快现代化大型煤炭基地建设，大力提升煤炭生产和设备制造技术水平，加快高产高效矿井建设，发展煤炭液化、气化，鼓励瓦斯抽采利用。积极发展电力。以大型高效环保机组为重点优化发展火电，建设金沙江、雅砻江、澜沧江、黄河上游等水电基地和溪洛渡、向家坝等大型水电站，积极推进核电建设，加强电网建设。加快发展石油天然气。加大石油天然气资源勘探力度。实行油气并举，稳定增加原油产量，提高天然气产量。逐步完善全国油气管线网络。大力发展新能源和可再生能源。加快开发风能和生物质能，积极开发利用太阳能、地热能和海洋能。到2020年，使可再生能源在能源结构中的比重，从目前的7%左右提高到16%左右。

（三）保障安全，保护环境。这是维护我国能源安全的基本要求。继续加大工作力度，打好煤矿瓦斯治理和整顿关闭两个攻坚战，多渠道增加煤矿安全投入，加强安全教育，强化监督管理，坚决遏制重特大事故频发的势头。兼顾经济性和清洁性的双重要求，规范开发秩序，大力发展循环经济，提高清洁能源比重，做好矿区生态保护工作，实现人与自然的和谐发展。

（四）对外合作，互利共赢。这是维护我国能源安全的战略选择。统筹国内发展和对外开放，积极参与世界石油天然气等资源的开发与合作，提高把握国际市场变化的能力和规避市场风险的能力，建立多元、稳定、可靠的能源供给保障，在开放的格局中维护我国能源安全。在能源对外合作中，我们坚持优势互补、互利共赢的原则。我国过去不曾、现在没有、将来也不会对世界能源安全构成威胁。

（五）加快石油储备，搞好运行调节。这是维护我国能源安全的应急保证。近期，要重点做好第一、二期石油储备基地项目建设工作。高度重视煤电油运的供需衔接，强化引导、搞好协调，确保居民生活用电，确保农业生产用电，确保医院、学校、金融机构、交通枢纽、重点工程等重点单位正常用电，确保高科技等优势企业的合理用电。进一步强化电力需求侧管理，调整完善峰谷电价、丰枯电价、季节电价办法，在有条件的地区研究制定可中断电价、高可靠性电价等新的电价制度，坚持对高耗能行业的差别电价政策不动摇。采取有力措施，着力确保电网安全，提高安全可靠供电的能力。

（六）深化体制改革，加强法制建设。这是维护我国能源安全的必由之路。按照“市场取向、政府调控，统筹兼顾、配套推进，总体设计、分步实施”的原则，加大能源价格改革力度。完善石油天然气定价机制，积极推进电价改革，进一步健全市场化的煤炭价格形成机制。积极稳妥地推进电力体制改革，深化油气行业改革，健全能源监管体系。加快《能源法》的研究起草，做好《煤炭法》、《电力法》、《节能法》等法律法规的修订工作。

做好能源发展工作，事关经济社会发展全局，也与广大人民群众的切身利益密切相关，既是一个经济问题，也是一个政治问题，责任重大，任务艰巨。我们要在以胡锦涛同志为总书记的党中央领导下，进一步增强全局意识、责任意识和忧患意识，齐心协力，扎实工作，努力为全面建设小康社会提供稳定、经济、清洁、安全的能源保障。

马凯　国家发展改革委员会主任

大力发展节能省地型建筑　建设资源节约型社会

——在“第二届国际智能、绿色建筑与建筑节能大会暨新技术与产品博览会”开幕式上的主题报告

汪光焘

刚才，国务院副总理曾培炎先生代表中国政府作了热情洋溢的致辞，从发展战略的高度，阐明了中国政府建设节约型社会和环境友好型社会的立场和观点。根据中国政府的总体部署和要求，建筑节能工作以科学发展观为统领，从政策法规、行政管理、科技创新和标准规范等全面开展。

1　大力推进建筑节能和发展绿色建筑

建设部制定印发了《关于发展节能省地型住宅和公共建筑的指导意见》，确定了工作思路和任务。着重做好完善设计标准，制定相关政策；组织试点示范，带动各地工作；开展节能检查，加强依法监管；开展宣传教育，增强节能意识等工作，已经取得的重要成效：

（1）技术法规工作得到加强，确立了标准体系框架。陆续发布了《民用建筑节能设计标准》、《夏热冬冷地区居住建筑节能设计标准》、《夏热冬暖地区居住建筑节能设计标准》和《公共建筑节能设计标准》等国家标准，覆盖了我国不同气候地区的民用建筑。地方管理部门依据国家标准，针对本地区的气候条件和经济社会发展水平，制定了地方建筑节能标准。我国已经基本建立了由国家标准、地方标准以及规范性标准化文件为补充的技术标准框架体系。

（2）建筑节能示范工作取得显著成效。组织了50个住宅示范小区项目，分布在全国19个省（区、市），总建筑面积达到486万m^2。示范工程产生的效应，有力地推动了各地制订政策法规、技术标准、标准图集和技术研发、推广应用工作。

（3）加强监管和检查保证标准规范实施。去年建设部对直辖市、计划单列市、省会城市共35个城市的建筑节能工作进行了专项检查，督查落实国家建筑节能有关政策法规、标准、规范和施工图设计文件审查工作，对存在违反建筑节能强制性设计标准的工程项目依据法规进行了处理。

（4）供热体制改革试点工作取得进展。经国务院同意印发了《关于城镇供热体制改革试点工作的指导意见》。建设部等部门印发了《关于进一步推进城镇供热体制改革的意见》等文件，实行用热商品化、货币化和逐步实行按用热量计量收费制度，积极推进城镇现有住宅节能改造和供热采暖设施改造。在北方采暖地区重点城市进行试点，积累了经验，正在稳步推进。

（5）突出公共建筑工程节能工作。在公共建筑规划审批、勘察、设计和施工等环节的监管，已经有了比较完善的法规制度。各地按照要求，对办公楼、商场、旅馆、公寓、医

院、展览馆、机场候机楼、剧院、体育场（馆）等在建公共建筑项目实施过程监管。北京、重庆、深圳等城市对使用中的政府办公楼等120多座不同类型的建筑进行了能耗检测和用能分析，为节能改造明确了方向和重点。

(6) 既有建筑节能改造工作开始启动。发布了《既有居住建筑节能改造技术规程》，为既有建筑节能改造提供了依据。各地开展了改造试点工作，积累了一些有益的经验。以既有建筑节能改造为内容的国际合作项目已经启动，借鉴国际经验，探索我国的做法和机制。

(7) 建筑节能科技研究开发取得新进展。建设部、科技部等部委以智能、节能和绿色建筑技术研究开发和推广应用为重点，组织科技界、企业界的专家学者和工程技术人员，对关键技术、设备和产品进行了联合攻关，取得了阶段性成果。有的已在实践中应用，收到了良好效果。建设部、科技部印发了《绿色建筑技术导则》。建设部颁布了国家标准《绿色建筑评价标准》。

(8) 对"十一五"建筑节能工作做了统筹部署。《国家中长期科技发展规划纲要》明确，建筑节能和绿色建筑是城市发展与城镇化领域重点内容之一，明确技术创新的内容。建设事业"十一五"发展规划将建筑节能作为重要内容，提出了要达到的目标，明确了任务，并且将强化管理机制列入了发展规划。建设部与科技部商定"十一五"期间联合开展"绿色建筑科技行动"。

2 "十一五"期间的重点任务

从总体上看，我国建筑节能潜力很大。每年城乡新建建筑竣工面积约为15至20亿m^2，预计到2020年底，全国房屋建筑面积将新增250至300亿m^2；如果延续目前的建筑能耗状况，每年将消耗1.2万亿度电和4.1亿t标煤，接近目前全国建筑能耗的3倍。加之建材的生产能耗16.7%，约占全社会总能耗的46.7%。据调查，一般公共建筑的单位能耗为20~60度电，是城镇住宅的2倍；大型公共建筑的单位能耗为70~300度，是城镇住宅的10~20倍。新建建筑严格执行建筑节能设计标准，逐步推行既有建筑节能改造，预计到2020年，每年可节约4200亿度电和2.6亿t标煤，减少CO_2等温室气体排放量8.46亿t。

十届人大四次会议批准了我国《国民经济和社会发展第十一个五年规划纲要》，国务院批准了《国家中长期科技发展规划纲要》和《节能中长期专项规划》，明确了"十一五"期间建筑节能和绿色建筑的发展目标、主要任务。着重做好以下工作：

(1) 以政府机构节能运行管理和改造为突破口，带动既有公共建筑的节能运行管理和改造。研究技术政策和措施，总结可推广的改造经验和模式，研究制定相关经济政策和法规。建立政府办公建筑为主的能耗统计制度、能效审计和披露制度。逐步建立公共建筑能耗定额管理，超定额加价制度。新建政府办公建筑等大型公共建筑强制性的节能检测和能耗指标标识制度。

(2) 进一步积极稳妥地推进北方地区供热体制改革。改革热费制度，改变传统的按面积收费的办法，建立科学合理的价格形成机制，推行使用者直接交付费用制度。建立城市低收入群体的保障机制。抓好供热热源整合，提高能源综合利用效率。

(3) 组织实施《建筑节能工程》。《建筑节能工程》是"十一五"期间国家十大节能工程之一。主要内容包括，在北京等直辖市试行节能65%的地方标准，并逐步成为国家标准，力争"十二五"期间在北方寒冷地区和有条件的城市推广。进行低能耗、超低能耗及绿色建筑示范，增强技术储备；进行既有建筑节能改造城市级示范，积极探索，积累经验，逐步推广。进行可再生能源规模化应用于建筑的城市级示范，推进可再生能源与建筑结合配套技术研发、集成和规模化应用以及产业化等工作。在示范城市及示范工程取得经验和成果的基础上，形成国家技术标准、成套技术和配套的政策法规。

（4）大力开展科技创新，支撑和引领行业发展。对既有建筑节能改造成套技术、可再生能源建筑应用技术、低能耗大型公共建筑技术、高效集中供热热源和输配系统技术、高效热泵采暖制冷技术加快进行科技攻关，增强自主创新能力。推动以节能、节地、节水、节材和环保为核心的绿色建筑技术发展，进一步完善评价标准，开展工程示范，以绿色建筑的发展带动节能建筑的发展，并逐步提高绿色建筑的比重。以节能建筑的发展带动墙体材料革新，统筹协调，同步推进建筑节能技术体系、新型墙材技术产品的发展，增强物质技术基础，切实解决技术产品可选择性不足的问题。结合新房建设，大力推进可再生能源在农村的应用，充分利用农村建筑容积率低，太阳能、风能、生物质能等可再生能源丰富的特点，按照循环经济的方式，研究发展太阳能光热、光电应用，风力发电、沼气等经济适用技术并进行应用示范。

3 当前建筑节能工作的主要措施

建筑节能工作是一项技术性政策性很强的系统工程，从总体上讲还没有建立有效的工作机制，存在的问题还很突出，主要表现在：建筑节能缺少国家层面的法规，强制性国家标准规范需要进一步完善，促进建筑节能的经济激励政策不健全，缺乏足够的技术产品支撑，部分设计人员对节能标准执行不力，少数地方节能技术产品推广应用没有形成有序的市场竞争机制，缺乏科学引导和必要的监管，尚未形成良好的建筑节能工作氛围，公众建筑节能意识有待进一步提高。

今年是“十一五”计划的第一年。针对当前工作中存在的问题，开局之年的工作重点是，在加强宣传教育、提高节能意识的同时，必须十分重视法制建设和政策引导。坚持用经济和法律手段为主，加之以必要的行政措施推进建筑节能。当前要做好：

（1）加强法规建设。《建筑节能管理条例》已经列入国务院今年的一类立法计划，争取尽早出台。

（2）研究制定经济激励政策。制定节能省地型建筑经济激励政策是国务院明确的重点工作，建设部会同财政部、发改委等部门正在组织落实。

（3）依法强化监督。健全以执行建筑节能强制性标准为主要内容的工程全过程监管制度，加强新建建筑节能设计监管，规定科学合理的审查、监督工作程序，切实规范监管行为。继续开展行政监督，建筑节能专项检查，尤其是加强对建筑节能工作薄弱地区的监督管理。

发展节能建筑、保护资源、保护环境，是中国发展进程中的重大课题，也是人类发展进程中必须认真思考和回答的时代课题。在充满生机与活力的阳春三月，带着对人类发展前景的美好理想和期盼，中外嘉宾相聚北京，就我们的共同课题，共话发展，共话未来，我相信，经过努力，我们一定会使人类的明天充满灿烂的春光。

汪光焘　建设部部长

建立五大创新体系　促进绿色建筑发展

——在“第二届国际智能、绿色建筑与建筑节能大会暨新技术与产品博览会”的报告

仇保兴

我们正站在一个新的历史起点上，同时处在一个非常重要的关口。在世界范围内，以大量消耗原材料和能源为特征的传统经济正在逐渐失去昔日的荣耀。由资源依赖型转向创新驱动型，真正实现经济增长方式的转变，已成为正处于快速城镇化，工业化和机动化的中国经济发展面临的非常迫切的重大战略选择。在未来 30 年内，我国还需建造 400 亿平方米的新建筑，建筑数量和建设速度都属于世界发展史上所罕见。建筑属于长期的消费品，不可能进行频繁地更新。对已建建筑延长使用寿命或装修期限，就意味着能源和资源的大量节约和环境污染的减少。

绿色建筑是指为人们提供健康、舒适、安全的居住，工作和活动的空间，同时在建筑全生命周期（物料生产、建筑规划、设计、施工、运营维护及拆除、回用过程）中实现高效率地利用资源（能源、土地、水资源、材料）、最低限度地影响环境的建筑物。绿色建筑是以节约能源，有效利用资源的方式，建造低环境负荷情况下安全、健康。高效及舒适的居住空间，达到人及建筑与环境共生共荣、永续发展。绿色建筑最终的目标是以“绿色建筑”为基础进而扩展至“绿色社区”、“绿色城市”层面，达到促进建筑、人、城市与环境和谐发展的目标。

由此可见，发展绿色建筑必然伴随着一系列前所未有的创新活动。绿色建筑在中国的兴起，既是形势所迫，顺应世界经济增长方式转变潮流的重要战略转型，又是应运而生，是我国建立创新型国家的必然组成部分。这包括了以下几方面的创新：

1　建筑发展观的创新

绿色建筑是对传统建筑价值观和技术工艺的创新与发展，使得建筑在生产制造、规划设计、施工建造、运营维护等理念和方法上产生质的变革，从而引起整个建筑业的技术系统的创新与发展。

绿色建筑强调辨识场地的生态特征和开发定位，以充分利用场地资源和能源，减少不合理的建筑活动对环境的影响，使建筑与环境持续和谐相处。绿色建筑采用建筑集成设计方法并遵守环境设计准则，将建筑物作为一个完整的系统，综合考虑建筑的间距朝向，形状，结构体系、围护结构等因素。传统的规划设计理论和思想必须改变，标新立异不应是建筑师追求的目标。用适宜的技术，创造出生态的、与自然和谐统一的建筑形式是世界建筑发展的趋势。规划设计所涉及的范围也不再是建筑设计本身，整个建造过程都必须纳入到可持续设计元素中，尽可能地节约土地、保持紧凑型的开发模式将成为中国绿色建筑区

别于他国的重要特征之一。同时，还要尽可能利用再循环原料和材料，利于施工的快捷与清洁，方便报废时建筑物废弃物的回收和再利用。建筑构件和材料的使用要考虑可再生性、本土化、易得性；整体设计要考虑易维护性和当地环境的亲和性、适应性和当地传统建筑文化的传承性等。徽派建筑，陕北窑洞建筑师的定义也将发生质的变革，建筑师将会是建筑学家、环境专家和生态专家的综合体。他们面临的不再是单一建筑美学问题，环境科学和生态科学的理论将成为建筑师知识结构的组成部分。

2　能源利用种类和模式的创新

使用不同种类的能源对可持续发展的影响差别巨大，但这往往被传统的建筑节能所忽视。世界著名的能源专家霍华德·T·奥德姆所定义的能源转换率是指：产出一单位能量所需另一类型能量的量（见表1）。

典型能值转换率　　**表1**

项　目	太阳能卡/卡*	项　目	太阳能卡/卡*
太阳光能	1	雨水化学能	18000
风能	1500	大河流能量	40000
有机物、木材、土壤	4400	化石燃料	50000
雨水潜能	10000		

*生产所列物质1卡所需的太阳能的卡数（这些太阳能直接和间接用于能量和物质转换）

如将太阳能源转换率定义为1的话，某一产品（或能源）的太阳能转换率可以被看作是消耗该产品（能源）发出1卡的能量时，相当于消耗多少大卡的太阳能（历史上的储存）。这可以阐明能源的品质以及可再生程度。

如果计及某一产品（或能源）利用的经济性（不计环境成本）（见表2）。

典型能源产品的能值产出率　　**表2**

项　目	能值产出率*	项　目	能源产出率*
依赖性能源		煤（怀俄明州）	10.5
·农场风车，17mph的风	0.03	油（阿拉斯加州）	11.1
·太阳热水器	0.18	雨林木材（100年树龄）	12.0
·太阳能电池	0.41	电能	
燃料		·海热电站	1.5
·棕榈油	1.06	·风电站，强而稳的风	2－?
·能源密集玉米	1.10	煤火电站	2.5
·蔗糖醇	1.14	雨林木材火电站	3.6
·人工林木材	2.1	核电	4.5
褐煤	6.8	·水电站（山上水流域）	10.0
天然气（海面）	6.8	·地热电站（火山区）	13.0
油（从中东购买）	8.4	·潮汐电（25ft范围）	
天然气（海边）	10.3		

*能值产出被总投入能值所除，总投入能值是从经济系统购买的能值（包括商品和劳务），但不包括环境损失的能值。净能值的计算方法来源于《环境核算——能值与决策》（H·T·奥德姆，1996）

由此可见：

建筑节能不仅要着眼于减少能源的使用，也必须考虑尽量采用低品质（低能值转换率）的能源。

在建筑中利用再生能源，意味着温室气体的零排放。

利用低品质能源进行建筑整体性或基础性调温；高品质能源来进行局部性、精细性调温，将成为绿色建筑设计的通则。

3 建筑技术的创新

以节地、节能、节水、节材和生态环保为一体的绿色建筑基础性和共性关键技术与设备的研究开发将极大地促进现代建筑技术自身的创新与发展。

与绿色建筑形态相适应的可持续性结构设计理论是新的研究方向，以保温节能、减轻建筑物自重，构件模块化、循环再生材料利用，生态性新型建筑部件使用，利于快速清洁施工，已有建筑物的加固改造等为目的的新型结构体系等等都是当今建筑技术创新的重点。

生活污水处理与再利用技术研究和设施设计、黑色水与灰色水分离处理系统和卫生设备技术与设计、可升级的智能化系统设计，以及经济性太阳能供热、制冷及动力系统等已经成为重点的研究领域。

构件工厂化制造工艺、装配化施工工艺、快速施工工艺、清洁施工工艺、超大型构件吊装工艺、保温节能构造施工工艺，可使材料再生利用施工工艺、生态性新型结构部品施工技术等都是当今施工技术创新的重点领域。

发展绿色建筑的设计、运营管理和诊断咨询和施工单位等新兴行业，正在成为相关企业新的生存、竞争和发展的战略举措。一些意识领先的企业已意识到绿色建筑未来巨大的发展潜力，并积极积累绿色工程建设经验和研制优化绿色建筑管理和系统硬件，其专业领域拓展到绿色工程估算、绿色建筑材料，废物最小化和循环以及室内空气质量管理等。

绿色建筑技术集成体系是促进绿色建筑发展的综合创新体系，应尽快在绿色建筑设计、自然通风、智能气候调节系统与可再生能源利用、绿色环保建材、室内环境控制改善技术、资源回用技术、绿化配置技术等单项生态关键技术研究成果的基础上，尽快形成太阳能、地热能、沼气能、风能利用一体化建筑与小区的集成技术体系，发展适合中国各气候区特点的绿色建筑集成技术体系。

可提供绿色能源服务的生态园区包括：

◆再生能源技术；

◆光伏（太阳能电池）发电系统：将太阳能直接转换为电能；

◆太阳能聚热系统：包括太阳能热水系统和太阳能取暖、制冷系统；

◆太阳光照明：利用透射式采光机、采集阳光，再通过光纤传导，将太阳光引进建筑内；

◆微型燃气轮机热电联产系统：该系统以沼气为燃料；

◆风力发电系统；

◆热泵系统：利用地温地热能制冷；

◆吸收式制冷和加热系统：利用热电联产或太阳能聚集热系统生产的热力；

◆高层住宅或建筑电梯下降时发电系统。

4　建筑开发运行方式的创新

确立双跨越的建筑节能目标体系。

（1）节能目标上的跨越

我国建筑节能目标：通过全面推进建筑节能工作，到2010年，城镇建筑达到节能50%的设计标准，其中各特大城市和部分大城市率先实施节能65%的标准；开展城市既有居住和公共建筑的节能改造：大城市完成改造面积25%，中等城市完成15%，小城市完成10%。

在此基础上，到2020年实现大部分既有建筑的节能改造，新建建筑东部地区要实现节能75%，中部和西部也要争取实现节能65%。

（2）节能模式上的跨越

一般节能建筑与绿色建筑同步发展，逐步提高绿色建筑的比重，以避免将来的再改造造成资源浪费。其中大城市、特大城市和公用建筑应率先采用绿色建筑的标准规范。

强化绿色建筑评估体系的功能，降低商品房开发者与购房者之间的信息不对称性，发挥优“绿”优质优价的市场调节功能。

全面落实新建建筑执行节能设计标准工作。进一步强化建筑建设过程中各个环节执行节能设计标准的监督管理力度，保证节能标准落到实处。每年组织开展建筑节能专项检查工作。公开披露各省市执行建筑节能标准和推广绿色建筑的情况与进度。

鼓励各省依据新颁布的绿色建筑标准，制订符合当地气候条件、地方建筑传统的绿色建筑实施细则和评估办法。推进绿色建筑结构，部品与构配件的产业化进程。

5　政府管理制度的创新

推行住宅装修一次性到位。我国每年因二次装修导致的浪费达300亿元之多。绿色建筑性能的系统优化与装修质量和运行管理直接有关。

实行限制性政策与鼓励性政策并举的方式，对达不到节能设计标准的建筑，采取禁止投入使用等强制性措施进行限制；对超过节能设计标准或采用可再生能源的建筑和绿色建筑，采取减免税收、费用、贴息贷款、财政补贴进行鼓励。促进既有居住和公共建筑节能改造、低能耗、超低能耗及绿色建筑的发展，可再生能源在建筑中规模化应用。

构建有绿色建筑四节效果的评价监测体系，建立建筑能耗统计、建筑能效认证、建筑节能性能测评与标识等制度，形成有效的建筑节能行政监管体系。充分调动科研院校、设计单位，开发企业、地方政府和消费者发展节能建筑、绿色建筑的积极性和创造性。

加快建筑节能的法制建设。现已完成《建筑节能管理条例》初稿及相应的背景材料和相关制度专题论证报告。重新修订发布了《民用建筑节能管理规定》，扩大适用的气候区范围和建筑类型。

两年内基本完成北方地区的供热体制改革，推行分户计量、单室温控，彻底解决节能不节钱的问题。

贯彻《绿色建筑技术导则》，指导绿色建筑技术研究开发和推广应用工作。结合我国实际情况，制定完善财政、税收、价格等方面的经济激励政策。

实施100项绿色建筑示范工程和10个以上示范城市。建立若干个绿色建筑关键技术创新平台和行业及国家实验室。

总之，中国绿色建筑道路，就是要在学习、借鉴国外成功做法基础上，结合国情建立绿色建筑健康发展的五大创新体系。参照国际经验，加强绿色建筑相关的重点技术的研究开发力度，加快推广和普及国外先进适用的节能技术，促进绿色建筑的发展，也是构建创新型国家的重要内容。如何把握机遇，需要的不仅仅是深层次的思考，更重要的是尽快拿出切实的行动。可以预言：未来的建筑业将不再是过去的秦砖汉瓦或传统的操作模式，必定进入一个全新的绿色建筑升级转型期。

仇保兴　建设部副部长

建筑节能落实“十一五”规划的工作安排

仇保兴

1 明确目标，落实国家节约能源战略确定的工作任务

中央高度重视建筑节能工作，在国务院批准的《节能中长期专项规划》中，将建筑节能作为节能的重点领域，要求建筑节能在“十一五”期间要实现节约1亿t标准煤的规划目标。这一目标既体现了建筑节能在国家能源节约战略中的重要地位，也体现了建筑节能工作所要完成的艰巨任务。我们初步将1亿t的节能目标进行了分解，重点在以下几个方面予以落实：

（1）新建建筑节能。通过加强监管，改善节能设计标准执行情况，推动四个直辖市及有条件地区执行更高目标的节能标准，建设更低能耗、绿色建筑的示范项目。预计在“十一五”期间，新建建筑可实现节能7000万t标准煤的目标。

（2）既有建筑节能改造。这部分节能潜力最大，但挖掘难度相对较大。我们的工作思路是，突出重点，在北方采暖地区，结合供热体制改革，进行既有居住建筑节能改造和热计量改造试点示范，摸索经验，逐步推广。在特大城市和大城市，进行政府办公建筑和大型公共建筑的节能运行与改造的试点。预计在“十一五”期间，这两部分可实现节能3000万t标准煤的目标。

（3）可再生能源在建筑中规模化应用。我国太阳能、浅层地能等可再生能源在建筑领域有着广阔的应用前景。通过与太阳能与建筑一体化的光热、光电利用，浅层地能向建筑物供暖制冷，预计在“十一五”期间，太阳能应用面积1.6亿m^2，浅层地热应用面积2.4亿m^2，可实现替代常规能源960万t标准煤。

建设部将把节能目标进一步分解细化，落实到各地建设主管部门，实行严格的节能目标责任制，通过加强监管，建立建筑能耗统计制度和考核评价机制，跟踪监督各地建筑节能目标的落实，保证整体规划目标的完成。同时，加大建筑节能专项检查力度，对达不到建筑节能设计标准要求的项目，发现一个，查处一个。对于北方地区不按国家要求推进供热体制改革的城市，不得申报国家建筑节能工程和城市级示范。

2 以科学发展观为指导，全面推进建筑节能工作

建设部将按照党中央、国务院的统一部署，重点做好以下工作：

（1）继续做好新建建筑节能工作。一是有效控制新建建筑面积，从源头上遏制建筑能耗增长过快的势头。二是进一步完善建筑节能监管体系，强化以建筑节能强制性技术标准的贯彻执行为主要内容的工程全过程监管，在工程建设中形成一个各环节互动、各主体互动、行之有效的闭合管理。三是将建筑节能专项检查制度化，在建设领域形成强有力的节能风暴，推动建筑节能工作的全面开展。四是推动北京、上海、天津、重庆及北方严寒寒

冷地区率先实施更高节能目标的设计标准。逐步完善评价标准，通过试点示范，推动以节能、节地、节水、节材及环境保护为核心的绿色建筑，并逐步提高其比重，促进新建建筑节能目标和节能模式双跨越。

（2）突出抓好公共建筑节能工作。一是建立健全新建大型公共建筑执行节能强制性标准的监管机制，达不到节能强制性标准的，不得投入使用。二是建立并逐步完善既有大型公共建筑运行节能监管体系，制定运行节能管理制度和标准，对既有高耗能的大型公共建筑和政府办公建筑逐步实施节能改造。政府办公建筑率先进行节能改造，从2007年开始逐步对政府办公建筑中不符合现行公共建筑节能设计标准的进行节能改造，争取到"十一五"期末，政府办公建筑和大型公共建筑单位面积平均电耗降低20%。三是积极探索公共建筑节能新机制，建立针对高耗能的公共建筑的能耗统计制度、能效审计和披露制度，逐步建立公共建筑能耗定额和超定额加价制度，对新建政府办公建筑和大型公共建筑进行强制的节能检测并对其能耗指标进行标识。会同国家发改委在北京市评选十大不节能建筑，并向社会披露。其他有条件的城市也可比照进行。

（3）积极稳妥地推进北方地区供热体制改革。尽快实行将采暖补贴由"暗补"变"明补"，加快推进供热商品化、货币化；完善供热价格形成机制，制定建筑供热采暖按热量收费政策，鼓励供用热双方的节能行为；新建建筑必须实行按用热量收费，既有建筑要实行按热计量收费或进行节能改造后实行按热计量收费；按照节能和环保的要求整合供热资源，提高热能生产和供热效率；切实保障低收入群体的采暖，加强供热市场监管和应急保障。

（4）推动可再生能源在建筑中规模化应用。抓紧推进太阳能、浅层地能、生物质能等可再生能源在建筑中应用。我部将会同国务院有关部门，一方面开展可再生能源在建筑中应用的经济激励政策研究和制定工作，另一方面制定太阳能光热、光电、地热能应用的实施方案，并选择条件成熟的城市进行示范，全面推动可再生能源在建筑中的规模化应用，带动市场需求，推动相关具有独立自主知识产权技术体系的形成及产业的发展。

（5）组织实施国家十大重点节能工程中的建筑节能工程。按照节能工程实施方案，要着力做好四方面的工作。一是"十一五"期间，在北京等四个直辖市率先实施节能65%的地方标准，并逐步上升为国家标准，力争"十一五"期间在北方寒冷地区和有条件的城市推广；二是加大绿色建筑推广力度及部署更低能耗建筑示范；三是进行既有建筑节能改造等城市级示范；四是建立和完善国家相关技术标准、应用的成套技术和配套政策法规，并同步形成具有自主知识产权的建筑节能技术支撑体系。

（6）积极推进建筑节能技术进步。一是加快对建筑节能关键技术进行攻关，促进传统建筑业和建材业的改造和提升。二是推进以节能、节地、节水、节材和环保为核心的绿色建筑。三是进一步促进建筑节能技术体系、新型墙材技术与产品的发展。

（7）建立健全建筑节能法律法规，逐步完善节能省地型建筑经济激励政策。通过立法明确建筑节能的法律地位和相关主体的责任、权利和义务。目前，《建筑节能管理条例》已提请国务院审议，我们将积极配合有关部门做好相关工作，确保今年内该条例能颁布实施。同时，积极参与《节约能源法》的修订工作。制定节能省地型建筑及绿色建筑经济激励政策是国务院明确的重点工作。我们将与国务院有关部门积极沟通，确定节能省地型建筑经济激励政策的思路、重点领域、基本框架和体系，明确工作任务，抓紧落实。

（8）加强国际合作，促进建筑节能实现跨越式发展。充分利用国际资源，紧密围绕建筑节能、资源节约、绿色建筑等优先领域，以合作、交流、技术培训等多种方式引进国外先进理念、经验、技术，不断充实和完善我国建筑节能与资源节约等优先领域的政策、法规、标准、技术体系。召开“第三届国际智能、绿色建筑及建筑节能大会”，打造国际化的新技术及新产品交流平台，更好地指导和推动全国建设领域节能工作，以实现建筑节能的跨越式的发展。

（本文为仇保兴同志在全国节能工作会议上的讲话，题目为编者所加）

仇保兴　建设部副部长

推进供热体制改革必须提高认识　强化措施

仇保兴

建设部等八部委颁发的《关于进一步推进城镇供热体制改革的意见》（以下简称《意见》）是按照国务院的要求，针对当前城镇供热面临的任务和形势作出的一项重要工作部署，是深化经济体制改革、创建节约型社会的迫切需要。应认清形势，提高认识，强化措施，稳步推进。

1　认清形势　提高认识

提高认识至少有三个方面的内容：首先应认识到，进一步推进城镇供热体制改革，是深化经济体制改革的需要。

从全国情况看，各地按照党中央和国务院的要求积极推进了市政公用事业的改革。目前市政公用事业的垄断局面已经打破，竞争机制全面引入；市场已全方位开放，多元化投资结构基本形成；特许经营制度也已经初步建立，市场体制逐步完善。但从供热行业来说，一方面由于供热体制改革的滞后，制约了集中供热事业的发展。所以必须改革，从根本上打破目前供热领域中存在的政企不分、政资不分、政事不分的局面。所以，建立起适应社会主义市场经济发展需要的竞争机制、企业经营机制和政府监管机制，使城镇供热事业逐步走上良性循环、可持续发展的轨道迫在眉睫。

第二要充分认识到，进一步推进供热体制改革是建设节约型社会的需要。

我国北方地区共有300多亿平方米的既有建筑，50%以上是非节能建筑，平均耗能近$100W/m^2$，是发达国家的3倍，节能改造的任务非常艰巨；另一方面，北方地区许多城市的供热设施严重老化，技术水平相对落后。据了解，在我国城镇供热系统所损失的热量，已经占到全部供热量的30%，此外，我国供热系统普遍没有温控装置，导致用户无法进行自主调节节能，居民只好靠开窗户调节室温，造成的浪费大约占全部热量的7%以上。从这三个方面可以看出，供热领域能源浪费严重，节约能源的潜力很大。没有供热体制改革，就没有动力去搞建筑节能，所以推进供热体制改革，一个很重要的目的，就是要明确责任，把节能工作落到实处。

第三要认识到进一步推进供热体制改革是构建和谐社会的重要内容。

进一步推进供热体制改革就要保障城镇居民采暖的基本生活需求，维护人民群众的根本利益，这也是供热体制改革的出发点和落脚点。所以必须要切实解决好城镇低收入生活困难群体的问题，在制度上加以保障。要通过供热体制改革，从制度上加以完善，为城镇低收入困难群体冬季采暖提供保障。

总体上说，供热体制改革就是要克服传统供热体制的弊端，切实解决面临的突出问题，按照建立社会主义市场经济体制和建设资源节约性社会、构建和谐社会的要求，建立新型供热体制，促进我国经济社会的协调发展。各地人民政府和有关部门一定要认清形势，进一步提高对供热体制改革重要性和紧迫性的认识，按照国务院深化经济体制改革的要求和经国务院同意，由八部委联合下发的《关于进一步推进城镇供热体制改革的意见》中的各项工作部署，加大力度，强化措施，进一步推进供热体制改革。进一步统一思想、转变观念，坚持积极稳妥、因地制宜、协调发展、统筹安排、确保稳定的原则，既要开拓进取，加快改革，又要考虑社会公平，兼顾各方面的利益，做到整体推进，配套改革，确保此项改革顺利进行。

2　强化措施，稳步推进

进一步推进城镇供热体制改革要坚持四个基本的原则，即坚持分类指导的原则；坚持以改革促发展的原则；坚持环保节能的原则，强化节约意识；坚持积极稳妥、确保稳定的原则。

城镇供热体制改革政策性强，社会影响面大，直接关系群众切身利益，推进这项改革需要国家统一指导和地方政府具体组织实施。各地方政府在组织实施时，要根据《意见》中明确的指导思想和基本原则，当前要抓好以下六方面的工作。

（1）突出抓好热费制度改革这个核心。热费改革是供热体制改革的核心，抓住了这个核心就抓住了改革的“牛鼻子”，各地要下大力气，突出抓好热费制度改革。

首先是要切实改革完善居民采暖的补贴政策，变“暗补”为“明补”。各地要根据当地实际，研究制定热费补贴政策，积极做好热费补贴改革，用两年时间完成热费补贴改革，改“暗补”为“明补”。

其次是要建立健全“谁用热、谁交费”的热费制度，实现供热的商品化、货币化。按照市场经济原则，确立供热和用热的市场供求关系，实现“热”的商品化、货币化，建立谁用热、谁交费的新的热费制度，逐步推行“用多少热、缴多少费”的热计量的新方式。

再次是要建立科学合理的供热价格形成机制。各地要按照市场定价的原则要求和最近国家发改委和建设部联合下发的《关于建立煤热价格联动机制指导意见》，建立科学合理的供热价格体系，建立热价和煤炭及主要原材料价格的联动调价机制。

（2）认真解决社会低收入困难群体的冬季采暖这个重要问题，尽快建立保障制度。解决好低收入困难群体的采暖问题是供热体制改革的难点之一，也是这项改革能否顺利进行的关键，直接关系到困难群众的基本权益和和谐社会的建设。各级人民政府要根据当地经济社会发展水平，研究制定社会低收入家庭的采暖保障的政策，切实落实资金，采取多种渠道，采取切实有力的措施，对交不起采暖费的低收入家庭提供采暖保障。

（3）切实抓好供热资源整合。要强化节约意识，切实通过改革达到节能节材的目的。要加强对供热资源的调控，整合现有供热资源，推进供热的规模化、社会化服务。要借鉴国际先进经验，完善相关政策、法规，鼓励并支持发展能效更高的热电冷联产项目。逐步淘汰小型、分散、高耗、污染重的燃煤锅炉房，不断整合优化城市的各种供热资源。

（4）培育规范供热市场，深化供热企业改革，增强发展活力。要以价格政策为切入点，通过投资回报补偿，建立多元化投融资、建设、发展、管理、服务全过程的新体制和科学、规范、高效的运行机制。要积极培育公平有序的供热市场。通过竞争打破行业垄断、区域限制，形成以降低成本、提高效益为中心，规模化发展、集约化经营的自我发展机制。要充分发挥现有的大中型供热企业在基础设施建设和管理中的优势，鼓励供热企业以参股、控股、兼并等形式实施企业改革，推动城镇供热的规模化、集约化经营。

（5）加快供热设施的更新改造，提高供热保障能力和热能效率。要加快大中城市集中供热设施的更新改造。对城市旧有供热管网设施进行更新改造，提高城市供热保障能力。在推进供热体制改革和供热市场化进程中，解决好资金来源是搞好基础设施更新改造的关键。一方面，供热企业可通过市场运作的方式，采取多种方式吸纳社会资本参与设施的经营，解决更新改造资金的不足；另一方面，各地政府应该采取措施，加大政府投入，对设施进行更新改造。同时，要加快城镇现有住宅采暖设施改造，提高热能利用效率和环保水平。要按照先实现温度控制再逐步推行分户热计量的原则，对现有住宅采暖系统进行节能改造。要把城镇住宅的节能和采暖设施的改造纳入本地区国民经济和社会发展计划，保证必要的经费支持。对新建公共建筑和住宅一律设计安装温度控制和热计量的采暖系统，所需要的资金纳入建设成本。各地建设部门要加强新建公共建筑和住宅节能设计建设的监管，今后，北方地区凡没有设计安装温度控制和热计量系统的公共建筑和住宅，一律不予进行设计审查、颁发施工许可证和竣工验收，从源头上把握住供热计量系统的设计和建设。

（6）大力推进供热立法，加强供热市场监管，依法维护供、用热双方的合法权益。搞好供热立法是保障供热体制改革的必要条件。按照中央事权的划分，供热事业是地方政府的事权范围，建议各级人民政府要根据本地区的实际情况，加快供热立法工作，已经出台法规的地区，可按照新的形势和任务进行修订，没有立法的省、自治区和直辖市要加快立法。通过立法，明确政府、企业和用户的权利、责任和义务，建立供热企业的市场运行机制和政府监管机制。明确政府管理权限，规范政府监督行为，建立市场准入与退出机制，维护市场竞争秩序。各地要根据国家有关的产业政策和技术标准规范，结合本地实际情况，制定城镇供热采暖服务质量标准、技术指标和监管办法，加强对供热企业服务质量的监督检查。

仇保兴　建设部副部长

建设部、国家发展和改革委员会、财政部、人事部、民政部、劳动和社会保障部、国家税务总局、国家环境保护总局

关于进一步推进城镇供热体制改革的意见

建城［2005］220号

北京市、天津市、河北省、山西省、内蒙古自治区、辽宁省、吉林省、黑龙江省、山东省、河南省、陕西省、甘肃省、青海省、宁夏回族自治区、新疆维吾尔自治区人民政府，国务院各部委、各直属机构：

自2003年建设部等八部委下发《关于城镇供热体制改革试点工作的指导意见》以来，各地区高度重视，稳步推进城镇供热体制改革试点工作，认真探索停止福利供热，实行用热商品化、货币化，实施建筑节能改造，取得了良好效果。为进一步推进城镇供热体制改革工作，经国务院同意，现就有关问题提出如下意见：

1　充分认识改革的重要性

冬季采暖是我国北方地区城镇居民的基本生活需求。新中国成立以来，供热事业的发展对发展经济、提高人民生活水平和改善环境发挥了重要作用。但长期形成的职工家庭用热、职工单位交费的福利供热制度积累的矛盾和问题比较多，尤其是收费难、设施老化、能耗高、浪费大、环境污染严重等，影响了城镇供热事业的健康发展。通过改革城镇供热体制，切实解决福利供热制度中存在的矛盾和问题，是保障北方地区居民采暖，落实建设节约型社会要求的一项重要工作。各地区要充分认识改革的重要性和紧迫性，把推进供热体制改革作为事关人民群众切身利益、社会稳定和建设节约型社会的重要工作来抓，统一思想、转变观念，切实做好供热体制改革的各项工作。

2　指导思想和基本原则

（1）指导思想。以邓小平理论和“三个代表”重要思想为指导，认真贯彻党的十六大和十六届五中全会精神，树立和落实科学发展观，以科学合理供热、满足人的需求为目标，以培育供热市场和保障供热能力为基础，以供热收费制度改革为核心，以解决低收入困难群体采暖问题为重点，建立和完善各项配套政策，逐步建立符合我国国情、适应社会主义市场经济体制要求的城镇供热新体制，促进城镇供热事业的健康发展，更好地满足人民群众生活水平提高的需要，实现经济社会可持续发展。

（2）基本原则。坚持分类指导的原则，在国家统一指导下，因地制宜，根据本地实际积极推进改革工作；坚持以改革促发展的原则，认真细致地制定各项配套政策，全面落实改革要求，使供热企业在深化改革中取得较快发展；坚持环保节能的原则，强化节约意识，大力推动建筑节能和系统节能，降低能源消耗；坚持积极稳妥、确保稳定的原则，充

分考虑社会公平，满足困难家庭的需要，同时兼顾各方面利益，确保社会和谐稳定。

3 近期重点工作

（1）完善供热价格形成机制。城镇供热实行政府定价，并按照合理补偿成本、合理确定收益、维护消费者利益的原则，完善供热价格形成机制。建立热价与燃料价格的联动机制。各地区人民政府可根据本地区供热的燃料特点，当煤炭等燃料价格在一年内变化达到或超过10%后，相应调整热力生产的出厂和供热销售价格；有条件的地区，也可以通过财政补贴的办法，解决煤炭价格上涨对供热企业的影响，确保正常供热。

（2）逐步推进供热商品化、货币化。停止由房屋产权单位或职工所在单位统包的福利用热制度，改为由居民采暖用户直接向供热企业交纳采暖费，实行用热商品化。同时，实行将采暖费补贴由“暗补”变“明补”。各地区在制定采暖费补贴政策时，应根据职工和离退休人员住房标准、收入水平、城镇供热平均价格、采暖期限、企业和财政承受能力等因素，合理确定总体补贴水平，统筹考虑各类人群的补贴标准和发放办法。采暖补贴资金来源为原“暗补”时财政、单位用于职工的采暖费用。原则上各地区可用两年左右的时间实现供热商品化、货币化，具体由各地从实际出发自行确定。

（3）培育和完善供热市场。各地区在推进供热体制改革过程中，要充分利用市场机制，逐步达到投资多元化、运营企业化、服务社会化，提高供热投资运营效率和产品质量，改善供热服务，满足用户需求。要加大国有供热企业的改革力度，推进建立现代企业制度，提高市场竞争能力和应变能力。允许非公有资本等各种经济成分的企业参与热源厂、供热管网的投资、建设、改造和经营。

（4）切实保障低收入困难群体采暖。各地区在城镇供热体制改革过程中，要高度重视城镇低收入困难家庭冬季采暖问题。在制定配套政策措施时，要将解决好城镇低收入困难家庭采暖问题作为重点内容，按照属地管理原则，切实落实资金，通过多种途径、采取多种措施加以解决。城镇低收入困难家庭采暖资金的筹集，以同级人民政府为主，上级人民政府可通过适当方式给予补助。中央财政将在对地方一般性转移支付中，统筹考虑城镇低收入困难家庭采暖保障支出因素。

（5）优化配置城镇供热资源。要坚持集中供热为主，多种方式互为补充，鼓励开发和利用地热、太阳能等可再生能源及清洁能源供热。各地区要按照城镇总体规划，编制城镇供热发展专项规划，优化城镇供热结构；要从保护环境、节约土地、提高热能利用效率出发，积极整合供热资源；要改变机关、企事业单位后勤部门分散供热的模式，实行供热社会化、专业化。

（6）大力促进供热采暖节能工作。各地区要认真总结经验，结合本地实际制定政策措施，加强城镇供热采暖系统的节能改造。要严格按照城镇供热采暖系统国家工程建设标准，积极运用水力平衡、气候补偿、温控和计量等方面的先进适用技术，加大资金投入力度，改造供热设施和管网，改进消烟除尘系统，污染物达标排放，充分挖掘现有系统供热能力，提高能源利用效率，改善环境质量。

各地区要加强城镇建筑节能标准的实施力度，新建建筑严格按照节能标准进行设计、施工及验收；对既有建筑要制定节能改造计划，积极采取措施，组织实施城镇既有居民住宅和公共建筑节能改造，尽快提高建筑节能水平和热能效率。稳步推行按用热量计量收费制度，促进供、用热双方节能。新建住宅和公共建筑必须安装楼前热计量表和散热器恒温控制阀，新建住宅同时还要具备分户热计量条件；既有住宅要因地制宜，合理确定热计量方式，热计量系统改造随建筑节能改造同步进行。

（7）加强供热市场监管和应急保障。各地区要建立健全相关法规，认真执行国家有关技术标准规范，建立市场准入制度，对供热市场准入、退出、价格、质量和安全等实行有效监管，规范供热市场秩序，切实维护供、用热双方的合法权益。要建立健全城镇供热预警和应急保障机制，制定应对各种突发事件的应急预案，确保安全稳定供热。对可能出现供热燃料紧张的地区，要实行供热燃料应急储备制度；对不能保障正常供热的企业，要有应对措施，必要时依法实行临时接管。

4　切实加强组织领导

根据财权事权相统一的原则，各地区城镇供热体制改革应当在当地政府的统一领导下进行。鼓励各地区从实际出发，对供热体制改革进行积极探索，制定符合本地实际的改革方案。各地区要切实加强组织领导，高度重视思想政治和宣传工作，进一步引导城镇居民转变福利供热采暖观念。要认真处理好改革与稳定的关系，妥善解决各种利益群体之间的矛盾，切实做好低收入困难群体的采暖保障工作，保障供热和安全。要将此项改革列入本地区“十一五”规划和年度计划中，抓紧制定相关政策和实施方案。各项改革方案的出台均要广泛征求社会意见，做到民主、科学、公正、公开。

国务院有关部门要按照各自职能，尽快制定各项配套政策，加强对城镇供热体制改革工作的指导和监督检查，保证改革的顺利进行。要进一步完善部际联席会议制度，发挥协调作用，及时总结经验，研究解决问题。

2005 年 12 月 6 日

关于推进供热计量的实施意见

建城［2006］159号

北京市市政管委，天津市建委，河北省、山西省、内蒙古自治区、辽宁省、吉林省、黑龙江省、山东省、河南省、陕西省、甘肃省、青海省、宁夏回族自治区、新疆维吾尔自治区建设厅，新疆生产建设兵团建设局：

为了深化供热体制改革，积极推进供热计量，实现按热量交纳热费，促进供热采暖系统节能，提出以下实施意见：

1　充分认识推进供热计量工作的重要性

实施供热计量收费是城镇供热体制改革的一项重要内容，是促进供、用热双方厉行节约的一项重要措施。

国家“十一五”规划明确提出，“十一五”期间单位 GDP 要节能 20%，全国要节约 2.4 亿吨标煤，其中建筑节能要达到 1.01 亿吨标煤。城市供热系统节能是建筑节能的重要组成部分，目前城市集中供热基本上都是按热用户的采暖面积收费，缺乏计量设备和调节手段。绝大多数既有居住建筑是非节能建筑，没有供热计量设施，热用户无法进行自主调节；新建居住建筑相当一部分也未安装供热计量设施；许多城市的供热设施严重老化，供热能源浪费严重，城市供热热源、管网、热力站、建筑入口无计量装置，无法考核单位和设施的能耗。为此，建设部等八部委在《关于进一步推进城镇供热体制改革的意见》中明确提出了“稳步推行按用热量计量收费制度，促进供用热双方节能”的要求。积极稳妥地实施供热计量，实行按用热量收费以考核供用热双方的能耗指标，提高供用热双方进行节能改造的积极性，是实现“十一五”节能目标的重要措施。

2　推进供热计量的目标

各地在推进供热计量收费过程中，要按照“坚持环保节能的原则，强化节约意识，大力推动建筑节能和系统节能，降低能源消耗”的要求进行。

（1）要把“十一五”建筑节能指标细化到供热节能方面，并落到实处；要从政府机关和公共建筑做起，全面实施供热计量工作，建立和完善供热计量收费机制，有条件的地区应从今年开始实施热计量收费。

（2）新建供热系统必须满足热计量技术要求，既有供热系统原则上应在 2～4 年内通过技术改造达到热计量要求。

（3）2006 年采暖季前各地应选择一定数量的政府机构办公楼等建筑进行供热计量改造；2008 年采暖季前，政府机构办公楼等建筑原则上应全部完成供热计量改造，达到热计量的要求。

（4）新建建筑的热计量设施必须达到工程建设强制性标准规定要求，不符合相关供热计量标准规定要求的不得验收和交付使用。

（5）2006 年开展既有非节能建筑节能和采暖系统热计量改造试点，“十一五”期间大城市要完成热计量改造的 35%，中等城市完成 25%，小城市完成 15%。

3 实施供热计量的技术措施

供热计量包括供热采暖系统的热源、热力站、建筑物以及用户供热量和用热量的计量。

新建建筑和既有建筑改造必须执行国家建筑节能标准，达到建筑节能要求，并具备热计量及室温调控功能。供热采暖系统应达到可调控和分段计量的技术要求。

（1）室外供热系统的热源、热力站、管网、建筑物必须安装计量装置和水力平衡、气候补偿、变频等调控装置。

（2）新建建筑室内采暖系统应安装计量和调控装置，包括：户用热表或分配式计量等装置、水力平衡、散热器恒温阀等装置，并达到分户热计量的要求，经验收合格后方可交付使用。

（3）既有非节能建筑及其供热采暖系统的改造应同步进行，达到节能建筑和热计量的要求。

（4）既有建筑采暖系统的计量改造，在楼前必须加装计量装置，室内采暖系统应根据实际系统情况选择不同的计量形式，包括户用热表或分配式计量等装置。

（5）政府机构办公楼等公共建筑应按供热计量要求进行改造，必须加装热量总表和调控装置，室内系统应安装温度调节装置。

4 工作要求

推动供热计量收费是一个系统工程，涉及建筑节能、供热系统节能、计量器具的监管、供热价格的形成机制、收费制度改革等方面，各地要切实加强领导，制定科学合理、切实可行的实施方案，精心组织、精心设计、精心实施，将这项工作落到实处。

（1）各地供热体制改革领导机构要切实加强对供热计量收费实施的领导，要组织专门的班子、专门的人员具体负责，制定供热计量收费实施方案，推进供热计量收费工作。

（2）各地要积极制定供热计量价格、热计量收费、激励机制以及建立实施供热计量收费运行机制等政策，为实施供热计量收费创造条件。

（3）各地应加大建筑节能和供热计量改造资金的投入，充分发挥主导和监管作用，同时要按照谁投资谁受益，谁节能谁受益的原则制定供热节能改造和计量改造的政策，充分调动供热企业、能源管理服务机构、热用户和其他投资主体的积极性，形成节能改造的多元化投资机制。

（4）各地建设主管部门要加强工程设计、施工图审查、工程监理和工程竣工验收的监督管理工作，保证建筑节能标准的执行，保证新建建筑热计量系统和既有建筑热计量改造达到工程建设强制性标准的要求。

不符合要求的，要责令改进，并按照《建设工程质量管理条例》追究相关单位和人员的责任。

（5）加强宣传，进行正确的舆论引导。供热计量收费关系到广大居民的切身利益，要深入细致地向广大群众做好宣传解释工作，宣传供热计量收费对建立节约型社会的意义和作用，争取群众对实施供热计量收费的理解和支持，及时解决实施过程中出现的各种问题，保障城市供热计量收费工作的顺利开展。

2006 年 6 月 28 日

民用建筑节能管理规定

中华人民共和国建设部令
第143号

第一条 为了加强民用建筑节能管理，提高能源利用效率，改善室内热环境质量，根据《中华人民共和国节约能源法》、《中华人民共和国建筑法》、《建设工程质量管理条例》，制定本规定。

第二条 本规定所称民用建筑，是指居住建筑和公共建筑。

本规定所称民用建筑节能，是指民用建筑在规划、设计、建造和使用过程中，通过采用新型墙体材料，执行建筑节能标准，加强建筑物用能设备的运行管理，合理设计建筑围护结构的热工性能，提高采暖、制冷、照明、通风、给排水和通道系统的运行效率，以及利用可再生能源，在保证建筑物使用功能和室内热环境质量的前提下，降低建筑能源消耗，合理、有效地利用能源的活动。

第三条 国务院建设行政主管部门负责全国民用建筑节能的监督管理工作。

县级以上地方人民政府建设行政主管部门负责本行政区域内民用建筑节能的监督管理工作。

第四条 国务院建设行政主管部门根据国家节能规划，制定国家建筑节能专项规划；省、自治区、直辖市以及设区城市人民政府建设行政主管部门应当根据本地节能规划，制定本地建筑节能专项规划，并组织实施。

第五条 编制城乡规划应当充分考虑能源、资源的综合利用和节约，对城镇布局、功能区设置、建筑特征，基础设施配置的影响进行研究论证。

第六条 国务院建设行政主管部门根据建筑节能发展状况和技术先进、经济合理的原则，组织制定建筑节能相关标准，建立和完善建筑节能标准体系；省、自治区、直辖市人民政府建设行政主管部门应当严格执行国家民用建筑节能有关规定，可以制定严于国家民用建筑节能标准的地方标准或者实施细则。

第七条 鼓励民用建筑节能的科学研究和技术开发，推广应用节能型的建筑、结构、材料、用能设备和附属设施及相应的施工工艺、应用技术和管理技术，促进可再生能源的开发利用。

第八条 鼓励发展下列建筑节能技术和产品：

（一）新型节能墙体和屋面的保温、隔热技术与材料；

（二）节能门窗的保温隔热和密闭技术；

（三）集中供热和热、电、冷联产联供技术；

（四）供热采暖系统温度调控和分户热量计量技术与装置；

（五）太阳能、地热等可再生能源应用技术及设备；

（六）建筑照明节能技术与产品；

（七）空调制冷节能技术与产品；

（八）其他技术成熟、效果显著的节能技术和节能管理技术。

鼓励推广应用和淘汰的建筑节能部品及技术的目录，由国务院建设行政主管部门制定；省、自治区、直辖市建设行政主管部门可以结合该目录，制定适合本区域的鼓励推广应用和淘汰的建筑节能部品及技术的目录。

第九条 国家鼓励多元化、多渠道投资既有建筑的节能改造，投资人可以按照协议分享节能改造的收益；鼓励研究制定本地区既有建筑节能改造资金筹措办法和相关激励政策。

第十条 建筑工程施工过程中，县级以上地方人民政府建设行政主管部门应当加强对建筑物的围护结构（含墙体、屋面、门窗、玻璃幕墙等）、供热采暖和制冷系统、照明和通风等电器设备是否符合节能要求的监督检查。

第十一条 新建民用建筑应当严格执行建筑节能标准要求，民用建筑工程扩建和改建时，应当对原建筑进行节能改造。

既有建筑节能改造应当考虑建筑物的寿命周期，对改造的必要性、可行性以及投入收益比进行科学论证。节能改造要符合建筑节能标准要求，确保结构安全，优化建筑物使用功能。

寒冷地区和严寒地区既有建筑节能改造应当与供热系统节能改造同步进行。

第十二条 采用集中采暖制冷方式的新建民用建筑应当安设建筑物室内温度控制和用能计量设施，逐步实行基本冷热价和计量冷热价共同构成的两部制用能价格制度。

第十三条 供热单位、公共建筑所有权人或者其委托的物业管理单位应当制定相应的节能建筑运行管理制度，明确节能建筑运行状态各项性能指标、节能工作诸环节的岗位目标责任等事项。

第十四条 公共建筑的所有权人或者委托的物业管理单位应当建立用能档案，在供热或者制冷间歇期委托相关检测机构对用能设备和系统的性能进行综合检测评价，定期进行维护、维修、保养及更新置换，保证设备和系统的正常运行。

第十五条 供热单位、房屋产权单位或者其委托的物业管理等有关单位，应当记录并按有关规定上报能源消耗资料。

鼓励新建民用建筑和既有建筑实施建筑能效测评。

第十六条 从事建筑节能及相关管理活动的单位，应当对其从业人员进行建筑节能标准与技术等专业知识的培训。

建筑节能标准和节能技术应当作为注册城市规划师、注册建筑师、勘察设计注册工程师、注册监理工程师、注册建造师等继续教育的必修内容。

第十七条 建设单位应当按照建筑节能政策要求和建筑节能标准委托工程项目的设计。

建设单位不得以任何理由要求设计单位、施工单位擅自修改经审查合格的节能设计文件，降低建筑节能标准。

第十八条 房地产开发企业应当将所售商品住房的节能措施、围护结构保温隔热性能指标等基本信息在销售现场显著位置予以公示，并在《住宅使用说明书》中予以载明。

第十九条 设计单位应当依据建筑节能标准的要求进行设计，保证建筑节能设计质量。

施工图设计文件审查机构在进行审查时，应当审查节能设计的内容，在审查报告中单列节能审查章节；不符合建筑节能强制性标准的，施工图设计文件审查结论应当定为不合格。

第二十条 施工单位应当按照审查合格的设计文件和建筑节能施工标准的要求进行施工，保证工程施工质量。

第二十一条 监理单位应当依照法律、法规以及建筑节能标准、节能设计文件、建设工程承包合同及监理合同对节能工程建设实施监理。

第二十二条 对超过能源消耗指标的供热单位、公共建筑的所有权人或者其委托的物业管理单位，责令限期达标。

第二十三条 对擅自改变建筑围护结构节能措施，并影响公共利益和他人合法权益的，责令责任人及时予以修复，并承担相应的费用。

第二十四条 建设单位在竣工验收过程中，有违反建筑节能强制性标准行为的，按照《建设工程质量管理条例》的有关规定，重新组织竣工验收。

第二十五条 建设单位未按照建筑节能强制性标准委托设计，擅自修改节能设计文件，明示或暗示设计单位、施工单位违反建筑节能设计强制性标准，降低工程建设质量的，处20万元以上50万元以下的罚款。

第二十六条 设计单位未按照建筑节能强制性标准进行设计的，应当修改设计。未进行修改的，给予警告，处10万元以上30万元以下罚款；造成损失的，依法承担赔偿责任；两年内，累计三项工程未按照建筑节能强制性标准设计的，责令停业整顿，降低资质等级或者吊销资质证书。

第二十七条 对未按照节能设计进行施工的施工单位，责令改正；整改所发生的工程费用，由施工单位负责；可以给予警告，情节严重的，处工程合同价款2%以上4%以下的罚款；两年内，累计三项工程未按照符合节能标准要求的设计进行施工的，责令停业整顿，降低资质等级或者吊销资质证书。

第二十八条 本规定的责令停业整顿、降低资质等级和吊销资质证书的行政处罚，由颁发资质证书的机关决定；其他行政处罚，由建设行政主管部门依照法定职权决定。

第二十九条 农民自建低层住宅不适用本规定。

第三十条 本规定自2006年1月1日起施行。原《民用建筑节能管理规定》（建设部令第76号）同时废止。

绿色建筑技术导则

概述

推进绿色建筑是发展节能省地型住宅和公共建筑的具体实践。党的十六大报告指出我国要实现“可持续发展能力不断增强，生态环境得到改善，资源利用效率显著提高，促进人与自然的和谐，推动整个社会走上生产发展、生活富裕、生态良好的文明发展道路”。发展绿色建筑必须牢固树立和认真落实科学发展观，必须从建筑全寿命周期的角度，全面审视建筑活动对生态环境和住区环境的影响，采取综合措施，实现建筑业的可持续发展。为引导、促进和规范绿色建筑的发展，特制定《绿色建筑技术导则》（以下简称导则）。

1　总则

1.1　我国正处于经济快速发展阶段，作为大量消耗能源和资源的建筑业，必须发展绿色建筑，改变当前高投入、高消耗、高污染、低效率的模式，承担起可持续发展的社会责任和义务。

1.2　本导则所称的绿色建筑是指在建筑的全寿命周期内，最大限度地节约资源（节能、节地、节水、节材）、保护环境和减少污染，为人们提供健康、适用和高效的使用空间，与自然和谐共生的建筑。

1.3　发展绿色建筑，应倡导城乡统筹、循环经济的理念和紧凑型城市空间的发展模式；全社会参与，挖掘建筑节能、节地、节水、节材的潜力；正确处理节能、节地、节水、节材、环保及满足建筑功能之间的辩证关系。

1.4　发展绿色建筑，应坚持技术创新，走科技含量高、资源消耗低与环境污染少的新型工业化道路。

1.5　发展绿色建筑，应注重经济性，从建筑的全寿命周期综合核算效益和成本，引导市场发展需求，适应地方经济状况，提倡朴实简约，反对浮华铺张。

1.6　发展绿色建筑，应注重地域性，尊重民族习俗，依据当地自然资源条件、经济状况、气候特点等，因地制宜地创造出具有时代特点和地域特征的绿色建筑。

1.7　发展绿色建筑，应注重历史性和文化特色，要尊重历史，加强对已建成环境和历史文脉的保护和再利用。

1.8　绿色建筑的建设必须符合国家的法律法规与相关的标准规范，实现经济效益、社会效益和环境效益的统一。

2　适用范围

本导则用于指导绿色建筑（主要指民用建筑）的建设，适用于建设单位、规划设计单位、施工与监理单位、建筑产品研发企业和有关管理部门等。

3　绿色建筑应遵循的原则

3.1　绿色建筑应坚持“可持续发展”的建筑理念。理性的设计思维方式和科学程序的把握，是提高绿色建筑环境效益、社会效益和经济效益的基本保证。

3.2　绿色建筑除满足传统建筑的一般要求外，尚应遵循以下基本原则：

3.2.1　关注建筑的全寿命周期

建筑从最初的规划设计到随后的施工建设、运营管理及最终的拆除，形成了一个全寿命周期。关注建筑的全寿命周期，意味着不仅在规划设计阶段充分考虑并利用环境因素，而且确保施工过程中对环境的影响最低，运营管理阶段能为人们提供健康、舒适、低耗、无害空间，拆除后又对环境危害降到最低，并使拆除材料尽可能再循环利用。

3.2.2　适应自然条件，保护自然环境

（1）充分利用建筑场地周边的自然条件，尽量保留和合理利用现有适宜的地形、地貌、植被和自然水系；

（2）在建筑的选址、朝向、布局、形态等方面，充分考虑当地气候特征和生态环境；

（3）建筑风格与规模和周围环境保持协调，保持历史文化与景观的连续性；

（4）尽可能减少对自然环境的负面影响，如减少有害气体和废弃物的排放，减少对生态环境的破坏。

3.2.3　创建适用与健康的环境

（1）绿色建筑应优先考虑使用者的适度需求，努力创造优美和谐的环境；

（2）保障使用的安全，降低环境污染，改善室内环境质量；

（3）满足人们生理和心理的需求，同时为人们提高工作效率创造条件。

3.2.4　加强资源节约与综合利用，减轻环境负荷

（1）通过优良的设计和管理，优化生产工艺，采用适用技术、材料和产品；

（2）合理利用和优化资源配置，改变消费方式，减少对资源的占有和消耗；

（3）因地制宜，最大限度利用本地材料与资源；

（4）最大限度地提高资源的利用效率，积极促进资源的综合循环利用；

（5）增强耐久性能及适应性，延长建筑物的整体使用寿命；

（6）尽可能使用可再生的、清洁的资源和能源。

4　绿色建筑指标体系

绿色建筑指标体系是按定义，对绿色建筑性能的一种完整的表述，它可用于评估实体建筑物与按定义表述的绿色建筑相比在性能上的差异。绿色建筑指标体系由节地与室外环境、节能与能源利用、节水与水资源利用、节材与材料资源、室内环境质量和运营管理六类指标组成。这六类指标涵盖了绿色建筑的基本要素，包含了建筑物全寿命周期内的规划设计、施工、运营管理及回收各阶段的评定指标的子系统。

表1为绿色建筑的分项指标与重点应用阶段汇总

绿色建筑分项指标与重点应用阶段汇总表　　表1

项　目	分项指标	重点应用阶段
节地与室外环境	建筑场地	规划、施工
	节地	规划、设计
	降低环境负荷	全寿命周期

续表

项　　目	分 项 指 标	重点应用阶段
节地与室外环境	绿　　化	全寿命周期
	交通设施	规划、设计、运营管理
节能与能源利用	降低建筑能耗	全寿命周期
	提高用能效率	设计、施工、运营管理
	使用可再生能源	规划、设计、运营管理
节水与水资源利用	节水规划	规　　划
	提高用水效率	设计、运营管理
	雨污水综合利用	规划、设计、运营管理
节材与材料资源	节　　材	设计、施工、运营管理
	使用绿色建材	设计、施工、运营管理
室内环境质量	光 环 境	规划、设计
	热 环 境	设计、运营管理
	声 环 境	设计、运营管理
	室内空气品质	设计、运营管理
运营管理	智能化系统	规划、设计、运营管理
	资源管理	运营管理
	改造利用	设计、运营管理
	环境管理体系	运营管理

5　绿色建筑规划设计技术要点

5.1　节地与室外环境

5.1.1　建筑场地

（1）优先选用已开发且具城市改造潜力的用地；

（2）场地环境应安全可靠，远离污染源，并对自然灾害有充分的抵御能力；

（3）保护自然生态环境，充分利用原有场地上的自然生态条件，注重建筑与自然生态环境的协调；

（4）避免建筑行为造成水土流失或其他灾害。

5.1.2　节地

（1）建筑用地适度密集，适当提高公共建筑的建筑密度，住宅建筑立足创造宜居环境确定建筑密度和容积率；

（2）强调土地的集约化利用，充分利用周边的配套公共建筑设施，合理规划用地；

（3）高效利用土地，如开发利用地下空间，采用新型结构体系与高强轻质结构材料，提高建筑空间的使用率。

5.1.3　降低环境负荷

（1）建筑活动对环境的负面影响应控制在国家相关标准规定的允许范围内；

（2）减少建筑产生的废水、废气、废物的排放；

（3）利用园林绿化和建筑外部设计以减少热岛效应；

（4）减少建筑外立面和室外照明引起的光污染；

（5）采用雨水回渗措施，维持土壤水生态系统的平衡。

5.1.4　绿化

（1）优先种植乡土植物，采用少维护、耐候性强的植物，减少日常维护的费用；

（2）采用生态绿地、墙体绿化、屋顶绿化等多样化的绿化方式，应对乔木、灌木和攀缘植物进行合理配置，构成多层次的复合生态结构，达到人工配置的植物群落自然和谐，并起到遮阳、降低能耗的作用；

（3）绿地配置合理，达到局部环境内保持水土、调节气候、降低污染和隔绝噪声的目的。

5.1.5　交通

（1）充分利用公共交通网络；

（2）合理组织交通，减少人车干扰；

（3）地面停车场采用透水地面，并结合绿化为车辆遮荫。

5.2　节能与能源利用

5.2.1　降低能耗

（1）利用场地自然条件，合理考虑建筑朝向和楼距，充分利用自然通风和天然采光，减少使用空调和人工照明；

（2）提高建筑围护结构的保温隔热性能，采用由高效保温材料制成的复合墙体和屋面及密封保温隔热性能好的门窗，采用有效的遮阳措施；

（3）采用用能调控和计量系统。

5.2.2　提高用能效率

（1）采用高效建筑供能、用能系统和设备

1）合理选择用能设备，使设备在高效区工作；

2）根据建筑物用能负荷动态变化，采用合理的调控措施。

（2）优化用能系统，采用能源回收技术

1）考虑部分空间、部分负荷下运营时的节能措施；

2）有条件时宜采用热、电、冷联供形式，提高能源利用效率；

3）采用能量回收系统，如采用热回收技术；

4）针对不同能源结构，实现能源梯级利用。

5.2.3　使用可再生能源

充分利用场地的自然资源条件，开发利用可再生能源，如太阳能、水能、风能、地热能、海洋能、生物质能、潮汐能以及通过热泵等先进技术取自自然环境（如大气、地表水、污水、浅层地下水、土壤等）的能量。可再生能源的使用不应造成对环境和原生态系统的破坏以及对自然资源的污染。可再生能源的应用可参考表2。

可再生能源的应用 **表2**

可再生能源	利　　用　　方　　式
太阳能	太阳能发电
	太阳能供暖与热水
	太阳能光利用（不含采光）于干燥、炊事等较高温用途热量的供给
	太阳能制冷
地热（100%回灌）	地热发电+梯级利用
	地热梯级利用技术（地热直接供暖—热泵供暖联合利用）
	地热供暖技术
风　　能	风能发电技术
生物质能	生物质能发电
	生物质能转换热利用
其　　他	地源热泵技术
	污水和废水热泵技术
	地表水水源热泵技术
	浅层地下水热泵技术（100%回灌）
	浅层地下水直接供冷技术（100%回灌）
	地道风空调

5.2.4　确定节能指标

（1）各分项节能指标；

（2）综合节能指标。

5.3　节水与水资源利用

5.3.1　节水规划

根据当地水资源状况，因地制宜地制定节水规划方案，如中水、雨水回用等，保证方案的经济性和可实施性。

5.3.2　提高用水效率

（1）按高质高用、低质低用的原则，生活用水、景观用水和绿化用水等按用水水质要求分别提供、梯级处理回用；

（2）采用节水系统、节水器具和设备，如采取有效措施，避免管网漏损，空调冷却水和游泳池用水采用循环水处理系统，卫生间采用低水量冲洗便器、感应出水龙头或缓闭冲洗阀等，提倡使用免冲厕技术等；

（3）采用节水的景观和绿化浇灌设计，如景观用水不使用市政自来水，尽量利用河湖水、收集的雨水或再生水，绿化浇灌采用微灌、滴灌等节水措施。

5.3.3　雨污水综合利用

（1）采用雨水、污水分流系统，有利于污水处理和雨水的回收再利用；

（2）在水资源短缺地区，通过技术经济比较，合理采用雨水和中水回用系统；

（3）合理规划地表与屋顶雨水径流途径，最大程度降低地表径流，采用多种渗透措施增加雨水的渗透量。

5.3.4 确定节水指标

(1) 各分项节水指标;

(2) 综合节水指标。

5.4 节材与材料资源

5.4.1 节材

(1) 采用高性能、低材耗、耐久性好的新型建筑体系;

(2) 选用可循环、可回用和可再生的建材;

(3) 采用工业化生产的成品,减少现场作业;

(4) 遵循模数协调原则,减少施工废料;

(5) 减少不可再生资源的使用。

5.4.2 使用绿色建材

(1) 选用蕴能低、高性能、高耐久性和本地建材,减少建材在全寿命周期中的能源消耗;

(2) 选用可降解、对环境污染少的建材;

(3) 使用原料消耗量少和采用废弃物生产的建材;

(4) 使用可节能的功能性建材。

5.5 室内环境质量

5.5.1 光环境

(1) 设计采光性能最佳的建筑朝向,发挥天井、庭院、中庭的采光作用,使天然光线能照亮人员经常停留的室内空间;

(2) 采用自然光调控设施,如采用反光板、反光镜、集光装置等,改善室内的自然光分布;

(3) 办公和居住空间,开窗能有良好的视野;

(4) 室内照明尽量利用自然光,如不具备自然采光条件,可利用光导纤维引导照明,以充分利用阳光,减少白天对人工照明的依赖;

(5) 照明系统采用分区控制、场景设置等技术措施,有效避免过度使用和浪费;

(6) 分级设计一般照明和局部照明,满足低标准的一般照明与符合工作面照度要求的局部照明相结合;

(7) 局部照明可调节,以有利使用者的健康和照明节能;

(8) 采用高效、节能的光源、灯具和电器附件。

5.5.2 热环境

(1) 优化建筑外围护结构的热工性能,防止因外围护结构内表面温度过高过低、透过玻璃进入室内的太阳辐射热等引起的不舒适感;

(2) 设置室内温度和湿度调控系统,使室内的热舒适度能得到有效的调控,建筑物内的加湿和除湿系统能得到有效调节;

(3) 根据使用要求合理设计温度可调区域的大小,满足不同个体对热舒适性的要求。

5.5.3 声环境

(1) 采取动静分区的原则进行建筑的平面布置和空间划分,如办公、居住空间不与空调机房、电梯间等设备用房相邻，减少对有安静要求房间的噪声干扰；

（2）合理选用建筑围护结构构件，采取有效的隔声、减噪措施，保证室内噪声级和隔声性能符合《民用建筑隔声设计规范》（GBJ118）的要求；

（3）综合控制机电系统和设备的运行噪声，如选用低噪声设备，在系统、设备、管道（风道）和机房采用有效的减振、减噪、消声措施，控制噪声的产生和传播。

5.5.4 室内空气品质

（1）对有自然通风要求的建筑，人员经常停留的工作和居住空间应能自然通风。可结合建筑设计提高自然通风效率，如采用可开启窗扇自然通风、利用穿堂风、竖向拔风作用通风等；

（2）合理设置风口位置，有效组织气流，采取有效措施防止串气、泛味，采用全部和局部换气相结合，避免厨房、卫生间、吸烟室等处的受污染空气循环使用；

（3）室内装饰、装修材料对空气质量的影响应符合《民用建筑室内环境污染控制规范》GB50325 的要求；

（4）使用可改善室内空气质量的新型装饰装修材料；

（5）设集中空调的建筑，宜设置室内空气质量监测系统，维护用户的健康和舒适；

（6）采取有效措施防止结露和滋生霉菌。

6 绿色建筑施工技术要点

6.1 场地环境

6.1.1 施工场地

（1）通过合理布置，减少施工对场地及场地周边环境的扰动和破坏；

（2）设置专门场地堆置弃土，土方尽量原地回填利用，并采取防止土壤流失的措施；

（3）采取保护表层土壤、稳定斜坡、植被覆盖等措施；

（4）使用淤泥栅栏、沉淀池等措施控制沉淀物。

6.1.2 降低环境负荷

（1）施工废弃物分类处理，且符合国家及地方法律法规的要求；

（2）避免或减少排放污染物对土壤的污染，如：仓库、油库、化粪池、垃圾站等处应采取防漏防渗措施，防止危险品、化学品、污染物、固体废物中有害物质的泄漏；

（3）施工结束后应恢复施工活动中被破坏的植被（一般指临时占地内）补偿施工活动中人为破坏植被和地貌造成的土壤侵蚀等损失。

6.1.3 保护水文环境

（1）岩土工程勘察和基础工程施工前应采取避免对地下水污染的对策；

（2）保护场地内及周围的地下水与自然水体，减少施工活动对其水质、水量的负面影响；

（3）优化施工降水方案，减少地下水抽取，且保证回灌水水质。

6.2 节能

6.2.1 降低能耗

（1）通过改善能源使用结构，有效地控制施工过程中的能耗；

（2）根据具体情况合理组织施工、积极推广节能新技术、新工艺。

6.2.2 提高用能效率

（1）制定合理施工能耗指标，提高施工能源利用率；

（2）确保施工设备满负荷运转，减少无用功，禁止不合格临时设施用电，以免造成损失。

6.3 节水

6.3.1 提高用水效率

（1）采用施工节水工艺、节水设备和设施；

（2）加强节水管理，施工用水进行定额计量。

6.4 节材与材料资源

6.4.1 节材

（1）临时设施充分利用旧料和现场拆迁回收材料，使用装配方便、可循环利用的材料；

（2）周转材料、循环使用材料和机具应耐用、维护与拆卸方便、且易于回收和再利用；

（3）采用工业化的成品，减少现场作业与废料；

（4）减少建筑垃圾，充分利用废弃物。

6.4.2 使用绿色建材

（1）施工单位应按照国家、行业或地方管理部门对绿色建材做出的法律、法规及评价方法，选择建筑材料；

（2）就地取材，充分利用本地资源进行施工，减少运输对环境造成的影响。

7 绿色建筑的智能技术要点

7.1 智能技术

应用以智能技术为支撑的系统与产品，提高绿色建筑性能。发展节能与节水控制系统与产品、利用可再生能源的智能系统与产品、室内环境综合控制系统与产品等。可采用综合性智能采光控制、地热与协同控制、外遮阳自动控制、能源消耗与水资源消耗自动统计与管理、空调与新风综合控制、中水雨水利用综合控制等技术。

7.2 智能化系统

7.2.1 功能效益

（1）定位正确、满足用户功能性、安全性、舒适性和高效率的需求；

（2）采用的技术适用先进、系统可扩充性强、具有前瞻性，能满足较长时间的应用需求。

7.2.2 功能质量

（1）智能化系统中的子系统，如：通信网络子系统、信息网络子系统、建筑设备监控子系统、火灾自动报警及消防联动子系统、安全防范子系统、综合布线子系统、智能化系统集成等的功能质量满足设计要求，且先进、可靠与实用。

（2）住宅小区智能化系统中的子系统，如：安全防范子系统、管理与设备监控子系统、信息网络子系统、智能化系统集成等的功能质量满足设计要求，且先进、可靠与实用；

（3）能源消耗与水资源消耗自动统计与管理体系。

8 绿色建筑运营管理技术要点

8.1 管理网络

（1）建立运营管理的网络平台，加强对节能、节水的管理和环境质量的监视，提高物业管理水平和服务质量；

（2）建立必要的预警机制和突发事件的应急处理系统。

8.2 资源管理

8.2.1 节能与节水管理

（1）建立节能与节水的管理机制；

（2）实现分户、分类计量与收费；

（3）节能与节水的指标达到设计要求；

（4）对绿化用水进行计量，建立并完善节水型灌溉系统。

8.2.2 耗材管理

（1）建立建筑、设备与系统的维护制度，减少因维修带来的材料消耗；

（2）建立物业耗材管理制度，选用绿色材料。

8.2.3 绿化管理

（1）建立绿化管理制度；

（2）采用无公害病虫害技术，规范杀虫剂、除草剂、化肥、农药等化学药品的使用，有效避免对土壤和地下水环境的损害。

8.2.4 垃圾管理

（1）建筑装修及维修期间，对建筑垃圾实行容器化收集，避免或减少建筑垃圾遗撒；

（2）建立垃圾管理制度，对垃圾流向进行有效控制，防止无序倾倒和二次污染；

（3）生活垃圾分类收集、回收和资源化利用。

8.3 改造利用

（1）通过经济技术分析，采用加固、改造延长建筑物的使用年限；

（2）通过改善建筑空间布局和空间划分，满足新增的建筑功能需求；

（3）设备、管道的设置合理、耐久性好，方便改造和更换。

8.4 环境管理体系

加强环境管理，建立 ISO14000 环境管理体系，达到保护环境，节约资源，改善环境质量的目的。

9 推进绿色建筑技术产业化

9.1 绿色建筑技术产业化

绿色建筑技术产业化应以政府引导下的市场需求为导向，构建绿色建筑的技术保障体系、建筑结构体系、部品与构配件体系和质量控制体系；开展绿色建筑技术产业化基地示范工程；将绿色建筑的研究、开发、设计、施工、部品与构配件的生产、销售和服务等诸环节联结为一个完整的产业系统。实现绿色建筑技术的标准化、系列化、工业化、工程化与集约化。

9.2 发展绿色建筑的新技术、新产品、新材料与新工艺

9.2.1 发展适合绿色建筑的资源利用与环境保护技术，如新型结构体系、围护结构体系、室内环境污染防治与改善技术、废弃物收集处理与回用技术、计算机模拟分析、太

阳能利用与建筑一体化技术、分质供水技术与成套设备、污水收集、处理与回用成套技术、节水器具与设施等。先发展量大面广、可推广应用、见效快、产业化前景好的技术项目，如太阳能利用、地源热泵、垃圾处理、污水处理、节能型空调等新技术。

9.2.2 加强信息技术应用，如规划设计中应用 GIS（地理信息系统）技术、虚拟仿真技术等工具，建立三维地表模型，对场地的自然属性及生态环境等进行量化分析，辅助规划设计；在建筑设计与施工中采用 CAD（计算机辅助设计）、CAC（计算机辅助施工）技术和基于网络的协同设计与建造等技术；建立新型的运营管理方式，实现传统物业管理模式向数字化物业管理模式的提升等。通过应用信息技术，进行精密规划、设计、精心建造和优化集成，实现与提高绿色建筑的各项指标。

9.2.3 发展新型绿色建筑材料，加强材料性能、环境等指标的检测，及时淘汰落后产品，加速新型绿色建材的推广应用。

9.3 绿色建筑评价和认定

9.3.1 绿色建筑的评价和认定应在本导则的指导下，通过开展试点和示范工程，不断总结完善，逐步建立完整系统的绿色建筑评价和认证体系，包括等级划分、评价指标、认证方法与工作流程和认证机构等。

9.3.2 绿色建筑创新奖是建设部促进绿色建筑发展的重要奖项。本导则提供了绿色建筑创新奖评奖的评定指标体系。

主编单位：中国建筑科学研究院

参编单位：清华大学　城市建设研究院　中国建筑材料科学研学院

建设部　科技部　印发

建筑节能怎样为单位 GDP 能耗降低 20%做贡献

涂逢祥

【摘要】 我国国民经济和社会发展第十一个五年规划的安排，2010 年比 2005 年单位国内生产总值能耗必须降低 20%。本文据此分析了建筑节能的形势，提出了工作任务和措施建议。

【关键词】 **建筑节能 单位国内生产总值 “十一五”规划 能耗**

能源是关系经济发展、国家安全和民族根本利益的重大战略问题，解决我国能源问题的根本出路在于节约能源。我国国民经济和社会发展“十一五”规划提出了在此期间单位 GDP 能耗降低 20% 左右的要求。这个任务的提出，是没有先例的，是约束性的、必须完成的指标。建筑用能数量巨大，浪费严重。建筑节能肩负着艰巨的任务，必须抓紧落实，奋力推进。

1 建筑能耗增长迅速

1.1 中国建筑规模巨大，建筑能耗增长迅速

中国人口已超过 13 亿，城乡既有建筑面积在 420 亿 m^2 以上。2005 年人均 GDP 已达 1740 美元，正处于消费结构升级阶段，人民生活条件迅速改善，建筑采暖空调照明要求不断提高，这都需要大量能源支持。加之城镇化的快速发展，每年平均有将近 2000 万农村人口进入城镇，而城乡人口能源消耗的比例为 3.5∶1。这都使得建筑能耗迅速增长。建筑能耗将从当前占全国总能耗的约 27% 增加到 2020 年的 35% 左右。

几年来，中国城乡建筑年竣工面积都在 20 亿 m^2 以上，建设规模在中国历史和世界历史上都是前所未有的。尽管美、日、德、英、法、意 6 个经济总量最大的发达国家的 GDP 总和是中国的 11 倍，但中国建筑年竣工面积超过所有发达国家之和，是世界最大的建筑市场。而 1973 年世界性能源危机以来，发达国家建筑节能工作进展迅速，不仅新建建筑坚决执行要求越来越高的节能标准，而且有计划地对既有建筑进行节能改造。不少发达国家的新建建筑单位建筑面积能耗，现在已降至上世纪 70 年代初的 1/3 至 1/5，而且节能要求还在不断提高。

然而，我国单位建筑面积能耗过高，降低缓慢，大部分采暖居住建筑单位面积能耗相当于气候条件相近发达国家的 2～3 倍，而居住舒适度却差得多，建筑能耗浪费十分严重。

1.2 现在我国正处于房屋建设和建筑节能大发展的战略机遇期

30 多年来，发达国家建筑业注重发展的质量和效益，已经使他们的单位建筑面积能耗大大降低；我们则不断追求建设规模的扩大和建筑面积的增加，忽视建筑节能，继续以世界上前所未有的规模和速度建造以百亿 m^2 计的高耗能建筑。这些高耗能建筑将在近百

年的时间内大量消耗我国宝贵的稀缺的能源，既在当前使能源供应难以满足快速增长的能源需求，又为后代子孙制造严重困难。

大规模建造房屋本来是为了人民安居乐业，但大量建造高能耗建筑，又会过多地消耗能源，同时严重污染环境，致使国家能源无法支撑，环境受到破坏，后果不堪设想，却又与我们的初衷完全相悖。在我国能源资源短缺、能源形势严峻的条件下，这种大量建造高能耗建筑的情况是不可能持续的，是背离可持续发展战略、背离科学发展观的。

到2020年，我们还要建造约300亿 m^2 的新建筑。我们不可能容忍如此浪费能源的建筑以史无前例的速度建造下去。党中央、国务院明确提出了发展节能省地型住宅和公共建筑的要求，建设部和各地政府已采取了一系列措施，建筑节能出现了前所未有的大好局面。为了国家经济社会的可持续发展，我们必须珍惜这个千载难逢的大好历史机遇。

1.3　我国建筑节能工作正在积极推进

我国居住建筑节能，从20世纪80年代初起步，从新建建筑开始，从居住建筑启动，从采暖地区城市打开局面，从制订和实施标准入手。本世纪初开始推进到夏热冬冷地区，接着是夏热冬暖地区的居住建筑，2005年又开展了公共建筑的节能。

居住建筑节能大体上是以我国20世纪80年代各相关地区有代表性的建筑为基准。当前节能设计标准的节能率一般为50%，即使执行到位，也大约只是发达国家80年代水平。现在北京、天津等地开始执行居住建筑节能65%的设计标准，执行到位也大约是发达国家90年代水平。公共建筑节能设计标准节能率也是50%，正在全国开始推行。

关键的问题首先是节能设计标准是否得到认真执行。从全国总体情况看，节能标准在北方地区推行较早，执行面较宽；一些大城市执行较好，特别是北京、天津、上海等做得更好；近一两年来，节能标准执行力度正在不断加大，好多地方正在加紧制定和完善法规、标准、制度、图集与技术方案，组织宣传培训，建造示范工程等，为大规模推行建筑节能创造条件。

估计至今全国已建成的节能建筑累计超过6亿 m^2，基本上是居住建筑，而全国城市2004年末共有房屋建筑面积149亿 m^2；现在每年建成的节能建筑面积逐年迅速增加，但与全国城镇一年建成的住宅与公共建筑相比，还只占一小部分。

以上情况说明，建筑节能取得了长足的进展，十分难能可贵，许多地方，确实在奋力推进，工作成效明显，但从全国全面推进建筑节能的要求来说，现在仍然只是工作初期。所谓“冰冻三尺，非一日之寒。”即使现在的主要任务还只是执行新建建筑节能设计标准，但应该说不少地方对此仍然执行不力。

由此可见，更加繁重、十分艰巨的任务还在今后。

2　建筑节能重点任务

建筑节能是贯彻科学发展观、保证国家能源安全、建设节约型社会的重要举措。中央提出要大力发展节能省地型住宅和公共建筑，全面推广和普及节能技术，制定并强制推行更严格的节能节材节水标准。到2010年全国单位GDP综合能耗降低20%左右的指标，必须由各地区、各部门分解落实，在此期间，单位面积采暖能耗应有明显降低。为此，建筑节能负担的任务十分繁重，有很多事情要做，必须从多方面着手。时不我待，要迅速采取行动。

建筑用能的特点是极端分散，全国的用能单位以亿万个计，能源是浪费还是节约，都是由这亿万户建筑的建造者和使用者左右的。对于如此纷繁众多的头绪，我们只能是抓住源头，抓住根本，抓住关键，牵其一发以动其全身。按照这样的思路，有几件事应是当前工作的重点：

2.1 新建居住和公共建筑要严格执行建筑节能设计标准

作为第一步，应该首先把城镇每年新建竣工的12亿m^2以上的居住建筑和公共建筑尽快管住，建成合格的节能建筑，制止高能耗建筑迅速蔓延的趋势。

办法是严格执行按采暖地区、夏热冬冷地区和夏热冬暖地区分别发布的居住建筑节能设计标准，以及公共建筑节能设计标准。国家标准建筑节能工程施工验收规范今年也即将编制完成；综合三个地区在一起的国家标准居住建筑节能设计标准正在修订之中，2007年初也将颁布。

建筑节能设计标准的强制执行，步骤可以从大中城市开始，再发展到小城市，然后再推广到城镇，并且在新农村建设中起示范引导作用。地方可以发布农村住宅建筑节能指导意见和参考图集。现在不断有很多省市发出文件，限期开始全面执行建筑节能标准，说明这些地方工作有了突出的进展。但还需要强调的是，标准必须严格执行，要有令必行，有禁必止；有法必依，违法必究。要检查设计图纸，检查是否按图施工。从规划设计到竣工验收，全过程严格监管。规定在购房合同中开发商必须承诺建筑能效，对已竣工房屋有节能公示，兑现承诺。建筑节能监管的办法有的是，问题是当地政府是真正想管，从严管，管到位，还是只做做样子，实际上是睁只眼、闭只眼。

各级领导对此负有不可推卸的责任。从中央到地方，要层层检查，实实在在地检查，不留情面地检查。不要说动真格对违规者按规定进行处罚，只要敢于公开发表执行不力的地方和企业的名单，就是很有魄力，就会很有成效了。

2.2 既有建筑节能改造要取得突破性进展

既有建筑总是占建筑的绝大多数，现在既有建筑的绝大多数又是高能耗建筑，要取得大的节能效果，必须对既有建筑进行大规模的节能改造。这项工作量大面广，既是推进建筑节能的难点，也是全面降低建筑能耗的关键。

20多年前，既有建筑节能改造工作即已在许多发达国家普遍开展，并已取得显著成效，在建筑舒适度明显提高的同时，建筑能耗大幅度降低。我国曾在少数地点做了一些试点或成片的改造，也取得了一些经验。

国家中长期节能规划要求，到2010年，大城市完成既有建筑节能改造的25%，中等城市完成改造15%，小城市完成改造10%。这个任务当然十分艰巨，但是如果不开展既有建筑节能改造，建筑节能的成效势必相当有限。在这方面，大城市尤其是特大城市应该起到带头作用，现在就应抓紧行动，率先进行既有建筑节能示范改造。

为此要抓紧编制国家的既有建筑节能改造标准，各地应对本地区既有建筑状况进行深入调查分析，按建筑类型、结构耐久程度、规模大小、建成年限、供热供冷方式、产权状况和能耗数量等加以分类。其中有些建筑必需改造，有些建筑不需要改造，有些建筑不值得改造。可按轻重缓急将改造对象排队。在调查研究的基础上做好规划和实施方案，突出重点，分阶段实施。有条件的地方宜编制地方的既有建筑节能改造标准，就更会有针对性。

节能改造工作应从政府建筑开始，政府机构作为推行节约型社会的主体，应该率先垂范。国家和省市政府现在就应该安排政府办公楼节能改造工程。在建筑节能改造中认真执行建筑节能标准和政府采购招投标制度。有条件时，其节能指标尽可能高于节能标准。要建立政府机构年度能耗状况报告制度，作为考核政府工作的一个评价指标。节能改造经费用中央和地方的财政资金支持，以改造后节约能源回收的资金，完成核定的节能指标任务。

改造工作还应从宾馆饭店、写字楼、商场开始，这些大型公共建筑多采用空调机组采暖制冷，能源消耗多，节能潜力大，产权关系明晰，其业主有责任、也比较有条件率先进行改造。在国家和地方的节能法令中，要严格规定大型公共建筑限期完成改造，如期达到核定的能源消耗指标，并将其纳入能源消耗指标考核体系。

还要对冬天过冷、夏天过热的居住建筑开始改造，住在这些建筑内的普通居民对改造的要求十分迫切。关注这类建筑的改造，改善其热环境，当能体现以人为本，关心群众生活。有些城市正在进行屋顶"平改坡"、危旧房改造，有的农村在进行旧村改造，应该与节能改造结合起来，当能收到一举多得之效。

第一步的工作可先选择适当项目进行既有建筑节能示范改造，以便取得经验。改造前可经过诊断，做出经济合理的技术方案，请专家评估确定。改造后进行能耗检测和总结，并大力宣传改造取得的节能和提高热舒适效果。

既有建筑围护结构中，一般是窗户能耗最大，而更换窗户工作相对较为容易。因此，一些既有建筑节能改造工程，可以考虑以更换窗户、增加可调节外遮阳作为重点。单层玻璃窗可改为双层中空玻璃窗，或加 Low-E 镀膜、充惰性气体等，可调节外遮阳可在不需要太阳光和热时，将其挡在室外，而在需要太阳光和热时，让它进入室内。

既有建筑节能改造最大的难点是筹集资金。应积极建立国家补贴、地方补助、业主自筹的融资体系。既有公共建筑节能改造资金原则上可由该建筑业主自筹解决；对一般居住建筑政府应有一定资助，主要要按照工程项目情况，从多方集资。可以借鉴发达国家广泛采用的 ESCO 或 EMCO 方式，即能源服务公司或能源管理公司方式。此种方式由该公司对改造项目进行评估，与业主订立合同，公司向银行贷款，用贷款进行节能改造，在一定年限内以节能收益偿还贷款，并有一点赢余，国家则给予贴息或再给一定奖励。为此，应设建筑节能改造专项基金，作为政府建筑节能改造、奖励各类建筑节能改造、贴息等用途。

2.3 坚决推进供热体制改革

目前北方采暖地区集中供热仍沿用计划经济时期的福利供热制度，职工家庭采暖费用由单位交纳，至今积累的问题已相当突出：收费难，设施老化；能耗高，污染严重；供热和用热双方均缺乏节能积极性；节能建筑与非节能建筑一样按面积交纳采暖费，节能建筑节能实效低，等等；这些问题必须通过供热体制改革得到解决。

供热体制改革是水、电、气、热几项公用事业改革中最后的、也是最顽固的一个堡垒，阻力大，难度高，但是长期拖延，互相观望，只能使问题越积越多，越来越不易解决。

2005 年 12 月，建设部等八部委发布了［2005］220 号文件《关于进一步推进城镇供热体制改革的意见》。这份文件给予城镇供热体制改革一个新的推动力，八部委为此做出了一整套安排，要求各地区原则上可用两年左右的时间实现供热商品化、货币化，时间相当紧迫。各地应结合当地情况，制定方案，落实安排，抓紧工作，积极稳妥地推进。

过去长期采用的采暖费"暗补"方式要改为"明补"，发给职工本人，再按"谁用热，谁交费”，以至“用多少热、交多少费”的原则由用热者交纳采暖费，使节能与群众经济利益结合起来。要建立科学合理的供热价格形成机制。供热事业行业垄断、区域限制特别明显，要通过竞争建立多元化的投融资和经营管理体制，培育规范公平有序的供热市场，实现企业化、集约化经营。在供热体制改革的过程中，要采取必要的技术措施。比较不同计量控制系统，优选经济合理的技术方案。热计量可用热量表、热量分配表或采用温度法。集中供热站、锅炉房和管网系统安装热量表、水力平衡调节和控制设备。新建建筑安装热量表和散热器恒温阀，以分户热计量和控制室温。

供热体制改革要与既有建筑节能改造相结合，既改造采暖系统，安装热表以及调节和控制设备，也改造建筑围护结构。同时抓好供热资源整合，使供热企业具备科学管理能力和专业运营管理人员，提高能源综合利用效率。既有建筑节能改造后，能耗减少，实施按热量计量收费，就可以使节能建筑的用户享受到节能效益，从而提高人们的节能积极性。

改革中要切实保障低收入困难群体的采暖，地方政府可通过多渠道落实资金，认真解决他们的困难。

一些城市供热体制改革走在前面，创造了一些有益的经验，要注意宣传推广。

2.4　建筑运行节能，特别是大型公共建筑的运行节能

建筑采暖空调系统运行节能潜力巨大，不同的锅炉房、热力站、空调机组的供热制冷效率相差悬殊，规模和条件相近的建筑单位面积能耗可相差 1 ~2 倍。

一般大型公共建筑单位面积运行能耗达一般住宅的 10 ~20 倍。不少公共建筑室内温度冬天过高，夏天过低，能源浪费惊人，必须迅速扭转。只要下力气抓好运行能耗的节约，必能收到立竿见影之效。

首先要做好基础工作，广泛开展大型公共建筑运行能耗普查和重点抽查，取得翔实可靠的数据。在此基础上制订不同类型大型公共建筑运行用能定额，分别确定用能标准。要求大型公共建筑用能设备系统必须分别安装能耗计量器具仪表，严格大型公共建筑用能计量、统计及报告制度。对于大型公共建筑超额消耗的能源，加若干倍累进征收超额能耗费用，以补偿公共资源的过分消耗，也促进大型公共建筑进行节能改造。可公布各地大型公共建筑实际用能数据，引导社会舆论监督。对于大型公共建筑的运行节能，政府机构应该起到表率作用。

2.5　利用太阳能等可再生能源

今年《可再生能源法》已正式实施，在建筑中利用好太阳能等可再生能源，可以减少常规能源的使用。各地建筑节能项目，应该重视太阳能等可再生能源的利用。其中特别对政府机构办公楼、大型公共建筑、新农村建设、别墅区、旧村改造和既有建筑节能改造中要大力推广使用可再生能源。

太阳能光热转换效率较高，太阳能热水器经济实惠，已得到比较广泛的应用。还应进一步发展太阳能热水器技术与产品，搞好与建筑的结合，扩大推广应用。我国大部分地区太阳辐射丰富，在农村和牧区建造被动式太阳房，可用较少的投资取得冬季较温暖的建筑环境，在新农村建设中应积极推广采用。

开发太阳能发电技术，不断提高光电转换效率，改善性能价格比，并在一些有重大影响的工程上扩大试点应用。在风能条件好的地方可建设风能发电机组，供当地建筑应用。

地面水、地下水等低温自然能源，只要用热泵使温度稍有提高或降低，即可用于采暖

或空调，效率较高。水源热泵、地源热泵技术应该得到发展，根据不同地质水文条件和工程实际情况推广应用。

在农村和牧区，要利用好作物秸杆、薪柴等生物质能。不要焚烧秸杆，注意有效利用，提高能量转换效率。

3 措施建议

3.1 继续加大舆论宣传力度

近来各地建筑节能舆论工作有了很大加强，但仍有相当多的人群对此缺乏了解。必须继续努力，加大舆论宣传力度。建筑节能关系到亿万人民群众自己的切身利益，要动员组织千百万人民起来维护国家的也是自己的根本利益，首先要使大家增强能源忧患意识和节约意识，清楚地了解建筑节能是多么重要，自己能够做些什么，从我做起，从现在做起，从身边点滴事情做起。又由于建筑节能多方面的工作将要齐头并进，其中某些举措对某些群体的局部的短期利益会有一定影响，难免会产生一些反作用力。要把建筑节能对国家、对社会、对个人的好处讲清楚，得到全社会强大的舆论支持，事情才能顺利进展。

要以国家国民经济和社会发展“十一五”规划纲要的要求、以中央领导同志关于节能“极端重要”、“要摆在突出位置”的指示统一思想认识。要进行长期深入细致的宣传教育，讲清这是关系中华民族生存、国家兴衰、子孙福祉的大事，像目前这样，靠过度消耗能源来支持经济增长和建设规模是不可能持久的。小局要服从大局，要以国家的根本利益为重。对广大群众还要介绍一些基本的知识和技术。对有关技术人员要作为必修课进行培训。

3.2 要加强法规、标准、制度建设

建筑节能工作千头万绪，必须有章可循，有成套的工作机制。首先必须健全国家层面的立法，充实经济激励政策和成套的标准规范。为此，国家、地方都要制定并逐步完善各方面的法规、政策、标准、制度，工作才能有序推进。

全国人大正在修订《节约能源法》，国务院也在制订《建筑节能管理条例》，把建筑节能的法律责任、经济激励政策、奖罚规定、管理机构明确下来，建筑节能工作必将出现一个崭新局面。

要把建筑节能工作业绩作为考核地方政府官员政绩的一个方面。在一定范围发布各地建筑节能工作进展数据，以鼓励先进，鞭策后进。大力表彰建筑节能工作先进的省市及其有关领导人，广泛介绍他们的经验。

要建立建筑能耗数据统计制度。建筑用能数据是开展建筑节能的基础资料，也是制定建筑节能政策、衡量建筑节能成效的基本依据。目前这方面的资料相当缺乏。要通过试点，从政府办公建筑开始，抓紧建立建筑能耗基础数据统计体系，定期进行普查和抽查，形成建筑能耗数据统计上报网络和各级数据库。在翔实数据的基础上，进行定额管理，并公布同一地区同类建筑的能耗数据，会产生极好的作用。

3.3 要强化建筑节能标准执行监管力度

2005 年 12 月，建设部组织开展了全国建筑节能专项检查。当时是对 2003 年以后完成设计的居住建筑和对 2005 年 7 月 1 日以后完成设计的公共建筑施工图设计文件进行抽查。这种检查对于督促地方政府执行建筑节能标准起到了良好的作用，也发现了新建建筑执行节能标准比例较低。由此可见，建立建筑节能专项检查制度、新建建筑市场准入制度和建

筑节能测评标识制度，将使建筑节能标准的执行得到有力保障。

全国建筑节能专项检查每年应该进行一次以上，检查范围应包括居住建筑和公共建筑，检查面不要太少，不仅要检查设计图纸，还要查实际工程；省市则应每年检查两次，当地的工程管理执法部门则应随机抽查。检查结果向公众公布必不可少，要有表扬，有批评，有奖励，有处罚。要敢于公布一批建筑节能工作不力的省市、执行标准不好的企业的名单，真下手处理。尤其对于建筑节能工作薄弱的地区，更要加强检查。

要把建筑节能工作贯穿于建筑工程建设程序的各个环节，切实执行，贯彻新建建筑市场准入制度，全过程认真监管。政府部门在建筑项目的核准或审批和建筑工程规划许可证、施工许可证的颁发以及建造过程和工程验收中，必须按照建筑节能要求依法严格监管；建设单位、设计单位、施工单位、监理单位都必须认真执行建筑节能标准。监管要真抓实干，老是把认真监管念在嘴里，摆摆样子，并不真正去抓，人家也就不睬你了。

建立建筑节能测评标识制度，就是向房屋消费者提供量化指标的建筑能源利用效率信息，既使普通居民了解房屋能耗的基本状况，也为经济激励政策的实施提供判别依据。这项工作有待于打好基础，制定办法，建立机构，规范运行。

3.4 要加强经济政策的支持力度

国家对节能投入过少，特别是对建筑节能投入过少，这种情况必须尽快改变。从国家财政安排来看，节能投入占国家能源投资的比例越来越低，国家制定的能源战略“能源开发与节约并重，把节约放在首位”，从国家财政方面没有得到贯彻。国家财政应大大增加建筑节能投入，以与建筑节能承担的任务相适应，例如建筑节能投入达到整个能源投资的1/50。

建筑节能对国家如此重要，但至今国家没有任何基金支持，必须尽快解决。可行的方案是将墙体材料改革基金调整为建筑节能和墙体材料改革基金，以建筑节能为主，征收额度适当提高。如果专门设立建筑节能发展专项基金，资金来源除从新建建筑收取外，还可考虑从电力附加费、排污费和一般税收中融资。

对高效节能建筑和高耗能公共建筑，应分别实施经济奖励和惩罚措施。将建筑节能产品列入《节能产品目录》，对该目录中的产品，给予一定的税收优惠。对超过能耗定额的用能设备和大型公共建筑，实施能源级差价格制度。

优选建筑节能和可再生能源项目，实施增量成本补贴、贷款贴息和税收优惠等政策支持。

3.5 要推动建筑节能技术进步

不少新近开展建筑节能的地区，反映建筑节能技术选择困难。因此，要尽快开发并形成不同地区不同建筑适用的多种建筑节能配套技术，包括既有建筑节能改造技术；推广当地适用的建筑节能配套技术。可从经过实践考验的成熟技术中先挑选出50～70种技术编印成建筑节能技术指南，召集研讨会，介绍给各地选用，再逐步补充。还要继续研发先进适用的建筑围护结构保温隔热技术，特别是外墙外保温技术、节能窗技术、采暖计量及控制技术、采暖热源和热输配系统节能技术以及太阳能、地热能利用技术。

集中供热系统在新建和改造时要按节能要求安装节能控制装置。对于新建大型公共建筑和政府办公建筑采暖空调设备必须选用节能型的，要提高公共建筑节能设计标准空调制冷设备COP值的下限和锅炉设备的效率下限，并且要限制系统效率。

当前建筑节能市场中，以假冒伪劣产品和技术低价竞争的情况相当普遍，影响工程质量和寿命，应通过市场和行政手段，加以规范，淘汰落后技术和产品。重视建筑材料、设备和建筑工程的能效检测，加强建筑节能检测力量的建设。

继续组织以企业为主，产学研结合从事建筑节能技术研发。要重视建筑节能技术的基础研究，请财政部门支持，加强研究基地建设和经费投入。

国家应加强对建筑节能基础性研究的投入，目前需要研究的项目如节能措施耐久性、防火、抗裂等研究，应由国家支持。建立国家的和地区的建筑节能实验室，组织重点建筑节能项目科技攻关，形成原始创新能力，从整体上提高建筑节能民族产业的竞争力。保护建筑节能专利知识产权。

3.6　要依靠市场经济力量

建筑节能大发展，必然带动内需大为增加，形成庞大国内市场。好技术、好产品，会大量涌现；也会鱼龙混杂，泥沙俱下。要依靠市场经济力量，规范市场秩序，反对恶性竞争。要通过快速、有效的信息扩散，把各地建筑节能要求的信息传递给业主，把各地建筑节能发展的信息传递给材料生产和施工企业。应该定期发布推荐先进技术和产品、限制和禁止落后技术和产品的目录。

为了客观地反映住宅能耗的实际状况，需要建立住宅能耗标识体系。不同的新建和既有住宅的能耗各不相同，要规定出住宅能耗等级，按照设计和使用情况，确定不同住宅的能耗等级，由独立、公正的住宅的能耗等级机构加以评定，给予标识。

建立建筑节能技术、产品认证、认可体系，推行节能建筑评定标识制度。

3.7　要组织多种建筑节能示范项目

“建筑节能工程”是“十一五”期间国家十大节能工程之一。国家和省市都要组织各种建筑节能示范项目。根据需要和条件组织建筑节能示范城市、示范小区和示范建筑，所有的示范项目都必须至少达到节能标准的要求，并有若干示范内容。示范内容可以是低能耗或超低能耗的新建建筑，其节能率要高于现行节能标准，一般是与利用可再生能源技术集成；可以是既有居住建筑改造或既有公共建筑改造，也应达到节能标准的要求；可以是政府办公建筑节能改造，其配套技术、节能效果更应起到表率作用；可以是突出地使用了围护结构或采暖空调设备和系统某些新技术、新材料、新设备；可以是高效集中供热热源和输配系统技术，高效热泵采暖制冷技术；可以是多种可再生能源的规模化应用，太阳能利用要达到规模化和产业化的目标，水源热泵要解决对地下水环境的影响、冬夏能量调配问题；可以是以绿色建筑示范点，除节能外，还有节水、节地、节材和生态要求；等等。

无论如何，所有的示范项目都必须是多项技术的集成，建成后必须对能耗进行监测，提出技术经济分析和检测报告，通过专家评审，实现节能目标。否则，一定要撤销示范项目称号。不能只是图个名声，好卖高价。只是开发商得益，国家并无好处。

对于真正完成得好的示范项目，应该有推广价值。要认真总结经验，大力宣传表扬，其经验应形成成套技术、技术标准和政策法规，积极组织推广扩散，还应有经济上的奖励。要制定建筑节能示范工程国家经费补贴管理办法。

3.8　要加强组织领导

节能具有公共事业的性质，相当程度上存在市场失灵现象，市场推动只能起到一部分作用。所有的市场经济的国家的经验表明，节能必须由国家、政府来推动。政府必须建立建筑节能监督管理体系，设有专门的机构进行管理。

建筑节能工作十分繁重，省市建设行政管理部门要组织强有力的办事机构，选派干练的工作人员，有秩序地开展各项工作；还要加强执法监督能力建设，健全执法队伍。严把建筑节能设计审查、施工过程监督和房屋销售等各个关口。有了有力的办事机构和人员，一系列的建筑节能任务才能得到落实。现在有的地方建筑节能办事机构反而有很大削弱，不能适应需要，影响工作开展，应该抓紧解决。

重点用能单位设经过培训上岗的能源管理人员，建立能源计量、统计、上报、监督制度。

建筑节能关系到国家的前途、民族的命运，十分紧迫，极端重要。可以相信，从事建筑节能事业的中国建设者，必将克服一切艰难险阻，为建设节约型社会做出重大贡献。

涂逢祥　中国建筑业协会建筑节能专业委员会　会长　首席专家　教授级高工
邮编：100076

建筑冷热源节能是建筑节能的重要组成部分

许文发

【摘要】 本文从宏观上探讨了建筑冷热源问题，分析了我国今后几十年建筑用能仍将以煤炭为主，供热形式主要为集中供热、区域供热，要重视用能系统的节能，建筑用能系统要从粗放走向集约、优化。能源应该做到梯级利用并发展集中供冷。

【关键词】 建筑热源 冷源 节能

1 今后几十年我国建筑用能仍将以煤炭为主

(1) 我国的能源生产消费结构决定了我们必须以煤炭为主。2004 年世界及我国一次能源的消费见表 1。

一次能源消费构成比例（%） 表 1

范围	煤	天然气	石油	水电	核能
世界	27.17	23.67	36.84	6.20	6.11
中国	69.03	2.53	22.26	5.35	0.82

截止到 2004 年底，世界煤炭可探储量总计 9090 亿 t，（标准煤，以下均同），占化石能源的 58%，储采比 164；我国煤炭可采储量为 1145 亿 t，占世界比例约 12.6%，储采比 53.3，人均占有储量为世界人均的 60%。

2004 年煤炭产量达 19.9 亿 t，2005 年为 21.9 亿 t；预计 2010 年可达 24.5 亿 t。到 2050 年我国的一次能源消费仍然以煤炭为主，2050 年中国能源消费结构见表 2。

预计 2050 年中国能源消费结构 表 2

能源种类	数量	折合标准煤（亿 t）	%
原煤		19.00	61.13
石油	1 亿 t	1.43	4.60
天然气	12000 亿 m^3	1.60	5.15
水电	2600 亿 W	2.29	7.37
核电	1200 亿 W	2.16	6.95
新能源		4.60	14.80
合计		31.08	100

我国目前电力生产的70%是依靠煤炭作为一次能源。

（2）集中供热、区域供热仍是我国北方地区的供热主要形式。国外的经验、历史的经验都告诉我们，对于像我国这样的城镇人口密度和建筑密度，当以煤炭作为供热能源时，只有发展城市集中供热、区域供热才是经济合理的。当然，也不排除在一些要求高的城市，例如北京等采用燃气供暖等非煤炭能源的供热形式；也不排除在一些有特殊要求的或比较分散的建筑中，采用分散的、个体的供热形式。大力发展城市集中供热、区域供热，这是我们的基本国情所决定的，是不容置疑的。

（3）要集中力量、集中精力研究开发城市燃煤供热系统的技术经济问题。燃煤供热系统目前主要有三个问题亟需解决。

排放污染问题。CO_2 排放我国居世界绝对值最大，现在为345ppm；SO_2 排放总量2005年为2549.3t，比上一年增加13.1%，1/3的国土受到酸雨影响；NO_X 对人体危害更大；还有烟尘的污染。燃煤贡献了90% SO_2 排放量、70% NO_X 的排放量、几乎全部的烟尘排放量。除了少数城市（例如北京）可改用燃气等清洁能源供热外，我国绝大多数城市只能用燃煤供热，因此在发展城市供热的时候一定要把燃煤污染的治理放在同等地位上来进行。不能只要热，不要环境。因此应大力研发和使用低污染的燃煤供热技术与设备。

供热系统的效率问题。系统装机容量偏大，大马拉小车导致效率偏低。主要由于设计负荷选择偏大，装机容量选择过大；还由于系统90%以上的时间都不在设计负荷下运行。为了几天的设计负荷值，把系统造得很大。系统的配置很低，没有该有的控制、调节、平衡、计量等设备，不能使供热系统始终在最佳的状态下运行。运行管理水平很低，大多数系统还在看天烧火，没有一套科学的管理办法，更谈不上数字化的管理了。运行管理人员的业务技术水平急待提高。

供热体制改革问题。每年近15%能源用于城市供热。这么大的规模能源产业，我们还没有完全产业化，市场化，还依赖于政府。这是中国社会市场化改革的最后一块计划经济领地，它严重的阻碍着社会的发展，必须加大力度。创建供热市场，改革供热企业，变福利供热为市场购热。这不仅仅是供热的技术问题，也不只是一个供热的行业问题，而是一个全社会的问题。

2　应重视建筑用能系统节能

影响建筑能耗大小的因素，主要有两个方面，一是围护结构的保温隔热；二是建筑用能系统，包括采暖、空调、给排水、供用电系统，其中采暖、空调数量为最大。由于管理体制上的原因，近些年来，人们在提到建筑节能的时候，较多地注意到了土建——围护结构，忽视了系统——供暖和空调。

这二者对建筑节能而言，是缺一不可的。一个是耗能，一个是供能。

对于围护结构，人们对于不透明围护结构——例如地面、屋面和墙体等人们给予了应有的重视，但对透明围护结构，门、窗、幕墙等，仍然重视不够，对传热失冷较重视，对空气渗透、新风控制重视不够。

对于系统——特别是空调供暖系统，人们对于它要满足的功能给予了应有的重视，但对于运行调节、动态节能重视不够。

3　建筑用能系统要从粗放走向集约、优化

我们在建筑用能的观念上要有一个转变。建国以来，我们对建筑耗能与建筑节能就没有予以足够的重视，特别是在1973年世界第一次能源危机后，在发达国家狠抓建筑节能以后，我们还没有对每年要消耗掉1/3能源的建筑投入力量。20世纪80年代后才开始起步。在我们传统的观念中，建筑用能系统，空调、采暖系统中，没有什么高科技的含量，特别是像烧锅炉这样的工种，只要会拿铁锹向炉内填煤就可以了。所以多少年来，甚至到现在，我们在建筑用能系统的设计、施工、管理各方面还是“粗放”型的。

“粗放”表现在设计上：不作严格的负荷计算，不作严格的平衡计算，不考虑运行管理的要求，不配置必须的设备，宁愿把系统的容量选大，也不愿承担“不冷、不热”的责任，最终“大马拉小车”。现在很多的采暖空调设计，都没有经过详细的分析研究和实际计算，只是靠估算、靠经验、靠拍脑袋。

“粗放”表现在施工上：不考虑节能，选用价格便宜的改代材料和设备，不仅耗能高，而且寿命短；施工工艺能简单就简单，只要能通过验收即可。很少考虑全寿命期的安全节能运行，施工技术粗糙、野蛮，不按施工规范操作。

“粗放”表现在运行管理上：运行能耗无考核、无计量，现在国内大量的建筑用能系统，特别是采暖、空调系统都没有单独的耗电计量，耗煤、耗气、耗油计量，而是与其他用能系统如烹饪、饮用水、生活用水、电梯、消防、照明等耗能计量混在一起。一方面是原始就没设计这种系统，另一方面也没单独计量考核的制度；采暖空调系统现在大多是在看“天气”运行，没有运行调节措施和制度，或者有也不能严格执行，特别是对供暖系统；运行管理粗放还表现在对设备的维护、检修、及时更新方面，很多设备都是多年带“病”运行，高能耗、低效率。

80年代末期随着我国改革开放的深入，建筑节能工作的逐步发展，提出“集约”的概念。针对“粗放”，对国民经济的各个领域提出了“集约”。对于建筑用能系统的“集约”，当时主要体现在加强科学管理，在既有的系统状态下，“扫浮财”，例如改进保温隔热，调整系统的水力平衡，控制设备启动、运行的容量与时间，改变冷热媒的运行参数等等。仅仅是这样改变了一下理念，采取一些简单易行的措施就收到节能10%～30%的效果，即扫出“浮财”占原有能耗的10%～30%左右。可见我们建筑节能的潜力。

90年代末至今，国际国内又提出了建筑能源效率与性能优化的概念，旨在提高建筑用能效率对建筑用能系统性能进行优化。在建筑用能的各个环节上，都以提高建筑用能最终效率为目标，进行优化设计、优化选型、优化施工安装、优化运行管理等等。这方面的研究、开发和实践正在如火如荼地进行。例如现在各地开始进行的既有建筑节能改造就是如此。

建筑用能系统在经历着“粗放”-“集约”-“优化”的过程。

4　能源应该做到梯级利用

一次性的矿物能源（石油、煤炭、天然气等）可以转换为多种形式的二次能源（电能、热能、化学能、光能、机械能等），而这些二次能源又以做功能力大小和对环境影响程度分为不同的品位（级别）。例如电能是高品位能源，30℃热水就是低品位能源。再如煤炭或天然气在锅炉内燃烧，炉膛内温度高达900～1000℃以上，品位（级别）很高，但是用于供暖、空调时，几经转换最终变成了95℃甚至更低温度的热媒，使得矿物能源的高品位没有得到充分利用，造成浪费。所以人们对能源提出了“温度对口、梯级利用”，就是根据需要的温度，利用对应品位（级别）的能源，高品位能源做高级的工作，低品位能源做低级的工作。例如高压蒸汽用于发电，中压蒸汽用于生产，低压蒸汽用于供暖。实现一种能源梯级利用，把它利用二次、三次，把它的各个品位都用上，用尽。

近年来，天然气作为清洁能源进入了我们的生活，它以高热值、低污染、便于输送等优点受到青睐，但天然气的储量在我国有限。对有限的天然气如何利用，值得我们认真研究。目前在天然气的使用方面有两个问题值得我们重视，一是现在大多的天然气都是送到炉内一次烧掉，不仅效率低，而且排放的 NO_X 化合物含量高；二是天然气的冬夏负荷差异很大，最多的地方可达 11∶1。

天然气的梯级利用——冷热电三联供——分布式能源系统已是国际上很成熟的技术，近年来国内已开始采用。天然气的冷热电三联供，首先利用天然气发电生产高品位的电能，然后利用发电后的余热，供热制冷满足低品位的能源需求，实现梯级利用。一是能源利用率高，可达近 100%，如回收凝结热可超过 100%；二是 NO_X 排放低，由 9ppm 到几十个 ppm，低于 100 个 ppm，但在炉膛一次烧掉天然气的 NO_X 的排放可达几百个 ppm（氮氧化物排放比较见表 3）；三是经济效益高，由于天然气被梯级利用了二到三次，所以不仅购买天然气的费用得到补偿，而且还会有一些售热售冷方面的收益。

氮氧化物（NO_X）排放比较 **表 3**

35t/h 煤炉	35t/h 油炉	35t/h 天然气炉	燃气锅炉	小型燃气轮机	燃气内燃机	微型燃机
>400ppm	>200ppm	150ppm	150～300ppm	25～45ppm	65～100ppm	16～19ppm
117.26kg/h	58.63kg/h	43.97kg/h	43.97～87.95kg/h	10.75～13.5kg/h	19.50～29.32kg/h	4.80～5.7kg/h

在目前国内所进行的燃气冷热电三联供项目中普遍存在着以下一些问题：

（1）以冷热负荷定电的原则比较明确，但冷热负荷的计算出入比较大，普遍都是偏大，不是实际计算出的冷热负荷，而是根据指标估算出的数值。

（2）由冷热负荷偏大，机组容量选择普遍偏大，这样很难保证机组全年大多数时间在高负荷、高效区运行，为系统的经济运行埋下隐患。

（3）几乎所有的可研或设计都没有对系统的运行模式进行分析，即没有对全年四个大季节（八个小季节）系统运行方式及技术经济作分析。四个大季节即供热季（供热开始、供热高峰、供热结束），春季过渡季，供冷季（供冷开始、供冷高峰、供冷结束），秋季过渡季。

（4）对冷热电三联供之外的辅助能源的选择及运行缺乏分析。

（5）冷热电三联供系统的可研或设计一定要给出全年本系统梯级利用的天然气量，没有梯级利用的天然气及其他能源的数量。

5 发展区域供冷

近 20 年来，区域供冷在世界一些发达地区迅速发展起来，与区域供热一样，一个街区或几个街区建造一个冷站，同时向几十万甚至几百万平方米的建筑供冷。区域供冷的发展有着它的原因。

一方面是供应侧推动，其中包括：

（1）环保的要求。对臭氧层消耗和全球变暖的要求，CFC 冷媒将被淘汰，HCFC 最终也将成为被淘汰的冷媒。区域供冷可减少冷源，提高冷源的利用率，减少冷媒的排放。

（2）电力供应的紧张以及进一步市场化。空调负荷与电力负荷同步，在夏季我国一些大城市空调电力负荷占电力总负荷 40% 以上，使电力系统峰谷差加大，电力系统运行经济性降低。区域供冷可集中移峰填谷，可平衡各种类型建筑的空调用电负荷。电力市场要求提高运行的经济性，必须逐步拉大峰谷电价差，对空调运行的经济性提出了更严格的要求。

（3）能源形式的多元化、市场化。可供建筑使用的能源形式越来越多，除了电制冷外，还有燃气制冷、热泵、余热制冷等等。由能源供应的规模化、专业化、产业化、市场化形成了竞争局面。分散、集中、区域供冷方式的竞争；各能源公司、供冷公司之间的竞争。

另一方面是需求侧推动，其中包括：

（1）更多的企业和单位淘汰与核心业务无关的资源，使企业获得更多的利润，外购与公司核心业务无关的服务，降低成本，减少其对真正主要经营范围和目标的影响。把供冷变成外购服务，省去运行人员，拆掉供冷设备，改变机房用途，免除对供冷系统的精力消耗，集中精力于核心业务。

（2）现有冷冻水机组大都已使用 10 ~ 20 年，根据美国统计，现有冷冻水机组平均使用年限为 15 年，同时 CFC 机组的更替将逐步提上日程。机组的老化和更新将做怎样的选择？再换机组还是选择供冷服务？

（3）降低冷冻水系统的建造费用。大容量供冷的互补性，各用户的同时工作系数，使单位面积冷站的建造费降低。低温冷冻水可使冷站附属设备容量降低，节约建造费。采用蓄冰系统可使装机总容量降低。

（4）低温区域供冷降低了系统的运行费。冷媒温差加大，降低流量，降低水泵电耗，采用蓄冰可利用谷值电价，降低运行费。

（5）区域供冷可更好地满足用户的要求。有应急功能，保证供冷的可靠性。满足供冷智能化的要求。可实现低温送风，提高空调品质。

此外，在实施区域供冷时，还有这样一些概念需要理解和掌握：

（1）要做到和保持区域供冷系统的效率达到最理想。即每生产和运输一冷吨冷量所耗电力（kW/冷吨）最少。

（2）要对冷冻水的变流量进行安全有效而灵活的控制。

（3）最大限度降低安装成本和寿命成本，输送管径的选择，可允许在一定的时间段内，以超极限的大流速通过。

（4）提高冷冻站的性能系数（*COP*），而不仅仅是冷冻水机组的。

（5）以 20 年为寿命周期选择设备和部件。

（6）单独冷站的区域供冷系统，采用 $N+1$ 模式留有备机，多个冷站的区域供冷系统无须备机。

（7）每个用户均需设置换热器，将一、二次冷冻水隔开，提高系统的安全性。

（8）优化的冷站规模参考值为 20000 ~ 30000 冷吨。

6 加快实现建筑能源供应系统的规模化、专业化、产业化、市场化

国际区域能源协会成立于1907年，包括区域的供冷、供热和供电企业。在发达国家，建筑能源供应系统已经完全置于市场化的运行之中。而在我国目前正在完成这一过程，电力系统在逐步改革，热力公司正在实施供热体制的改革，供冷公司、能源公司正在逐步兴起。对建筑供能的规模化、专业化、产业化、市场化是我们的必经之路，也是必须加快实现的。

许文发 中国城市建设研究院 教授 中国建筑业协会建筑节能专业委员会 副会长
邮编：100029

开展合同能源管理　减少楼宇、工厂能源消耗

谢仲华

【摘要】　本文介绍了上海市开展合同能源管理的做法、项目案例、存在障碍和工作打算。

【关键词】　合同能源管理　上海　建筑　工业

1　开展合同能源管理的必要性

近10年来，虽然上海能源增长率为5.44%，远低于GDP12.15%的增长率，但目前上海能源消费总量已达8000余万t标煤，这给地域空间资源有限的上海带来诸多问题。因此，除了上海进行产业、产品结构调整外，上海节能工作的一大重点仍然是通过采用节能新技术、新产品对耗能多的企事业单位进行节能技术改造。

上海目前年消耗的能源除了少量东海天然气外，几乎全靠外地调入。全市1700万人口的生活用能，5000栋高楼的建筑用能和30多万家企业的生产用能，以及上海向现代化、国际化、法治化、信息化的国际大都市发展方向都决定了上海对能源的依赖，而上海市政府机构从大政府以管理为主向小政府以服务为主的发展方向，也决定过去主要靠政府投入节能技改的固定资产投资体制要进行大的改革，这些变革催生了合同能源管理在上海的推广和发展。

根据上海市政府提出的“提高能效、保护环境、加快适应市场经济要求的节能新机制”精神和“十一五”期间上海资源节约规划和能源结构调整的要求，加快上海市产业结构调整步伐，尽快建立起节能技改投资新机制、新模式是新形势下的必然要求。

2　准备、起步和试点

从1994年起，上海就积极向国家申请作为项目一期支持下的全国示范EMC之一，由于种种原因，北京、辽宁、山东三个省的示范EMC被世行和国家认定。它们结合中国的实际，对“合同能源管理”经营模式进行了积极的探索和尝试，取得了许多成功的经验，它们的业务实践证实了合同能源管理机制在我国的可行性。2003年6月30日原国家经贸委发出“关于进一步推广合同能源管理机制的通告”，其目的是在我国最终建立起一个可持续发展的EMC产业，具体构想是：

（1）在我国创建、培育一批新的EMC，并给予扶持和发展。

（2）构建可持续发展的EMC市场的框架。

据此，在当时市经委常务副主任江上舟的指导和支持下，市经委节能环保处会同有关方面（特别是市人事局外国专家处）做了大量学习、调研工作，如安排美国美中可持续发展中心负责人等外国专家来沪交流考察，聘请美国能源服务方面专家、美国PSI公司总裁

汤姆·凯撒先生为市政府第一个外籍顾问，派遣上海市能源高级工程师代表团专门赴美国学习、考察，交流合同能源管理的实施情况，翻译有关能源服务公司的资料，培训本市的EMC高级经理和专家，为上海开展合同能源管理做了较全面的准备。与此同时，我们在一批小的节能项目进行合同能源管理实验取得经验和成绩的基础上，又在较大的项目上进行试点。例如，上海新亚药业有限公司循环冷却水系统节能技术改造项目，投资240万元，取得了节能61%、不到三年回收全部投资的实效，被列为上海市首例合同能源管理典型案例。

3　组织落实和交流启动

3.1　组织落实

为了更好贯彻市政府领导提出的“提高能效、保护环境、加快适应市场经济要求的节能新机制”精神、“十一五”期间上海能源结构调整的要求、原国家经贸委、中国推进合同能源管理发展指导委员会的有关通知精神，加快上海市能源结构调整步伐，提高能效，尽快建立起节能技改投资新机制、新模式，经市经委、市计委、市建委、市人事局等有关部门共同研究，决定成立上海市合同能源管理指导委员会（简称SCEMC)。2002年12月13日，在上海大剧院小剧场举行了上海市合同能源管理指导委员会成立暨首次工作座谈会，由唐登杰（原市经委主任、现副市长）担任主任委员，蒋应时（市发改委主任)、黄健之（市建委副主任)、蔡哲人（市人事局副局长）为副主任委员，市经委节能环保处处长陈金海等十八位同志为委员，作为决策机构。上海市合同能源管理指导委员会下设办公室，办公室作为执行机构，负责处理日常工作。

上海市合同能源管理指导委员会还下设顾问委员会和专家委员会。顾问委员会由市政府秘书长江上舟任总顾问，中国工程院院士姚福生和上海市经委高级节能顾问汤姆·凯撒分别担任主任委员和副主任委员。专家委员会聘请本市一批资深能源专家和有关法律、外贸、知识产权、技术监督、财政金融、银行以及企业管理方面的专家担任委员，以适应上海改革开放和以法行政的大环境。

3.2　交流启动

（1）为了借鉴国际经验，重点了解、分析美国能源服务产业和中国EMC的发展情况，研讨上海创建和发展能效服务产业的目标、途径和可行性方法，推进中国特别是上海的合同能源管理新机制，提高上海市的综合竞争力，2003年9月8~9日在锦江饭店锦江小礼堂召开了“上海2003合同能源管理国际研讨会”，会议的主办单位为上海市经济委员会、上海市建设和管理委员会、上海市外国专家局、美国能源部、美国劳伦斯·伯克利国家实验室。承办单位为上海市合同能源管理指导委员会。参加会议的有国家发改委环境资源司司长赵家荣；中国EMC发展指导委员会副主任、原国家经贸委能源局局长沈龙海；上海市政府副秘书长、市经委主任徐建国；市建委副主任孙建平；市人事局副局长王绍昌；市发改委副主任俞北华；日本驻沪总领事渡边隆史和美国劳伦斯·伯克利国家实验室主任马克·列文博士等中外贵宾和代表123人。

（2）利用各种有关的会议进行宣传介绍，通过媒体宣传合同能源管理的理念和具体做法。

（3）组织有关单位和人员参加合同能源管理培训。

（4）培育、扶植一批EMC。经过三年多的培育，上海目前已有一批EMCO到上海市合同能源管理指导委员会办公室登记备案。办公室指导、帮助他们尽快达到节能服务企业的资质要求。在办公室的协调下，作为一个新兴服务产业在开展合同能源管理方面力求闯出一条具有中国特色、上海特点的新路子。

4 政府政策支持

合同能源管理是从国外引进的一种节能新机制、新模式，它可解决客户开展节能项目所缺的资金、技术、人员、经验及时间等问题，让客户用更多的精力集中于主营业务的发展。EMC 提供的上述一条龙服务，不仅可以形成节能项目的效益保障机制，降低成本，促进节能服务产业化，充分体现了全新的社会化服务理念，是上海建成国际大都市、坚持可持续发展和科学发展观的必经之路，也是国家固定资产投资体制改革的补充措施之一。对于这样一种提高能源利用效率，减少环境污染，利国利民利企业的好事情、好措施、好办法，欧美、日本各国政府都有一系列的政策和财政支持。

从江泽民、朱镕基担任上海市领导到目前市委、市府领导，历来都重视资源节约综合利用和环保工作。市有关部门对开展合同能源管理的企事业单位（包括国家机关、部队）在政策上给予倾斜和扶持。例如对于列入合同能源管理示范项目的单位，市财政根据上报的计划拿出一部分资金给予专项补助，对于其中列入市技改项目的还可在进口设备的关税和所得税的新增部分中最高可享受固定资产投资总额 40%、为期 5 年的退税优惠。

5 合同能源管理示范项目案例

（1）通过提高能效来取得经济效益

上海市首例合同能源管理项目为上海新亚药业有限公司循环水系统节能改造项目，总投资 240 万元，由上海节能技术服务有限公司组织专家进行调研、测试、可行性方案论证、设计、施工、调试验收，项目完成后企业节电 61%，9 个月就回收 50% 投资。又如一种冷冻机油添加剂，在加入制冷机组后，可取得 10%～20% 的节能效果，3 年多来已在上海市委办公厅、东方明珠塔、上海烟草集团、上海氯碱总厂等百余家单位推广应用，被上海制冷协会、上海市节能协会等多家社会团体和市经委电力处、节能环保处等政府机关列入向全市推广的节能产品。又如上海某水厂通过改造水泵和管网的走向，使水泵尽可能多地在高效区运行，预计年节电 400 万 kW·h，投资约在 2 年左右即可全部回收。

（2）通过削峰填谷，利用峰谷电价差来取得经济效益

利用蓄冷蓄热和热电联产技术可以有效地削峰填谷，减少装机用量，利用峰谷差价来取得经济效益。

上海一家电子有限公司利用蓄冷技术投资 430 万元，将其中央空调系统中 1.64MW 高峰负荷转至低谷，全年累计转移高峰电量 118 万 kW·h，减少企业电费支出 122 万元，4 年即回收投资。另一家健身投资有限公司，仅投资 38 万元年可减少电费 19 万元，2 年即回收。

（3）通过设备改造和能源梯级利用取得经济效益

上海某药业有限公司是上海市一个以生产抗生素原料和制剂的大中型企业。该项目分热电系统、反渗透水系统、溴化锂制冷系统，总投资 950 万元。2003 年 12 月 26 日发电机投入项目一期运行，2004 年 4 月 19 日 2 台溴化锂制冷机投入运行，25 日反渗透制水系统投入运行。至今运行正常。经济效益和社会效益都比较好。

上海某宾馆，主体建筑地面 28 层，地下 2 层，总建筑面积 $36000m^2$，经过 3 个可行性方案比较，最后采用部分设备改造和能源梯级利用的方案，总投资 960 万元，年运行费用

570 万元，投资回收期 2.5 年。

上海某城市广场，投资 200 万元，综合节电量 15%，2 年回收投资。

某集团一百栋楼，投资 126 万元，平均节电 17.7%，全部投资 2.5 年回收。

上海某监狱投资 31 万元，对工业缝纫机和照明用电系统进行改造，节电 28%，2 年零 4 个月回收投资。

6　实施合同能源管理项目体会及存在的障碍

6.1　体会

三年来我们在实施合同能源管理项目的过程中有不少体会，主要有：

（1）合同能源管理项目的实施具有多种促进功能，主要有：

展示节能示范项目的功能：技术和财务可行的节能项目，通过合同能源管理可以充分展示节能效益，使得节能又节钱的理想成为现实，从而形成了 EMCO 与业主双方的内在动力。

使节能成为产业的功能：由于 EMCO 公司的专业性，技改经验丰富，通过技术系统整合，比单一设备节能率更高，通过示范项目可批量复制，可以降低采购成本获得更多的经济效益，完全有可能吸引投资者参与节能改造项目，从而推动节能向产业化发展。

会同各方起到融资功能：在相关部门特别是金融、投资公司等的支持下，合同能源服务企业逐步建立诚信，可为中、小企业解决节能技改的部分融资和担保等方面起促进作用。

（2）EMCO 公司对项目的前期很重视。过去节能改造投资主体是国有资产，因此企业申请时没有多少经济压力，大家精力放在跑项目，抢投资额度上较多，对于项目前期调研、检测、论证等方面重视不够，因此不少项目可行性方案中写得都不错，实施以后往往经济效益、社会效益都打折扣。

（3）部分 EMCO 公司对企业节能技改项目的风险估计不足，规避风险能力较差。

（4）项目的效益与多方合作有关。合同能源管理项目不是 EMCO 一方的事，它与有关方面关系密切。因此在订商业合同时要注意权利和责任挂钩，使各方能紧密合作，这样项目才能发挥最大效益。

（5）宣传力度和企业家对项目的认识和支持程度也是合同能源管理能否顺利开展的重要因素。

6.2　存在的障碍

虽然合同能源管理是节能技改一个很有前途的新机制和新模式，但过去长期的计划经济体制下形成的一套体制、机制、观念等方面的障碍，现在仍然极大的影响其发展推广。

（1）体制障碍。用能企业（尤其是国企）普遍存在能源核算大锅饭，节能无考核，效益与己无关，缺乏应有的动力和压力。

（2）融资障碍。EMCO 公司的项目的服务对象目前以中小企业为主，单个项目多数投资额在 50 万～1500 万元之间，目前由于旧的财政税收体制没有大的松动，不仅银行和担保公司的热情不高，而且通道较窄，项目的融资成本较高。极大多数的企业受到融资的障碍而影响其发展。

（3）理念障碍。用能企业普遍不重视能源效率评估，缺少责任人来分管能源系统的合理运行和科学管理工作，而国外的 EMCO 很多兼管咨询。而国内，对于节能咨询要付费的没有心理准备，对于咨询是现代服务业一个重要部分的概念几乎没有。节能到底是企业自己应该做，还是国家要你做，在理念上还很模糊。

（4）部分项目量化困难。节能量存在动态变化，EMCO 很难控制运行管理的不确定性，由于缺乏第三方认定机构，增加了人为因素的成本，诚信体制的缺失还存在个别企业弄虚作假的结果，影响了 EMCO 的健康发展。

7 几点建议

（1）希望国家发改委会同财政、税务等有关方面出台相关的鼓励推进合同能源管理这一节能新机制、新模式的“管理办法”。

（2）规范市场，加强引导、协调。

（3）对参与开展合同能源的 EMCO 公司、企业和节能中介单位、节能服务中心、节能咨询公司、能效检测单位等给予政策上的优惠及鼓励。

（4）对于被省级和直辖市权威单位认可的“节能产品”给予企业减免税优惠。

（5）加强国内，国外交流。

（6）加强宣传、培训，人才培养。

8 结束语

上海自身对社会经济发展必须走可持续发展的定位，决定上海必须走依靠科技进步，提高能效的道路。外部环境和内在发展需求，催生了合同能源管理在上海的推广和发展。

2002 年 10 月，合同能源管理在上海兴起。此后 3 年多时间，上海已出现了一批能源服务公司，其中有 30 多家专门从事合同能源管理的公司，在市合同能源管理指导委员会办公室备案登记完成了各类节能项目 200 多个，有 3.1 亿元的非政府资金投入，年节约能源 15 万 t 标煤，减少用电负荷 80MW，年减排二氧化碳 10 万 t，粉尘 42t，全部投资预计在 3 年内可回收。

“十一五”期间上海市合同能源管理指导委员会办公室将再结合上海市“十一五”节能规划的内容组织、协调安排 40 个大中型节能项目，预计可削峰 140MW。经过 5 年努力，争取全市采取合同能源管理模式的效果相当于建成一个 600MW 的能效电厂。

本文前面介绍过的几个示范项目案例是通过提高效率、削峰填谷、能源梯级利用、科学管理和技术进步手段来完成的。它的效益包括政府、企业用户（消费者）和合同能源服务公司各方面的获益。大力推进合同能源管理，对缓解能源紧张，合理配置和使用能源，保护环境和国民经济的可持续发展有利，实践证明它是一种行之有效的节能技改新机制和新模式，希望政府有关部门扶植，使之在上海和全国开花结果。

谢仲华　上海市合同能源管理指导委员会办公室　教授级高工　邮编：200032

围护结构节能

南方节能建筑围护结构的现状与设计

冯　雅　王　磊　南艳丽

【摘要】　本文根据南方地区的气候、资源和建筑节能技术的实际情况，参考我国建筑节能的经验教训，分析和研究南方地区节能建筑围护结构的热过程特点，从节能效果、经济性、实用性等各角度评价目前所采用的围护结构节能技术在各地区、各类不同建筑的适应性。提出本地区的节能建筑围护结构设计的基本方法及构造体系。

【关键词】　节能建筑　围护结构　中国南部　设计

1　概述

我国南方地区跨越夏热冬冷、夏热冬暖和温和三个气候区，属于典型的湿热或湿冷气候。目前在这一地区建筑围护结构节能技术所推广应用的，主要是以聚苯乙烯等高分子化学类高效保温材料的复合保温隔热墙体体系，相应围护结构的保温隔热系统的安全性与可靠性、耐候性、透汽性、结构受热应力影响的膨胀与收缩、裂缝、保温材料体系的抗老化等都与材料的热物性、围护结构在不同气候条件下的热工特性、围护结构的构造形式有很大的关系。

从施工来看，以上体系大都要经过界面层处理、粘接剂涂抹、保温层施工、抗裂保护层施工（抗裂砂浆、抗裂玻纤布或钢丝网、抹面层）等6～7道工序，相对传统围护结构而言，施工复杂、要求高。

本文根据南方地区的气候、资源和建筑节能技术的实际情况，参考发达国家和我国建筑节能的经验教训，分析和研究南方地区节能建筑中一些关键技术和实用性技术，从节能效果、经济性、实用性等方面评价目前所采用的建筑节能技术在各地区、各类不同建筑的适应性，通过计算分析和实验，提出本地区的节能建筑设计基本方法和围护结构的构造体系，确定适当的保温隔热程度和墙体材料，以便在建筑设计中推广，推动建筑节能标准的全面落实，带来我国南方地区建筑节能设计的根本变革。

2　节能建筑围护结构的现状

目前南方主要采用我国北方寒冷地区节能建筑的设计方法和技术措施，外墙保温隔热技术主要有以下技术方法：EPS板薄抹面外保温系统；胶粉颗粒外保温系统；EPS板现浇混凝土外保温系统；EPS钢丝网架板现浇混凝土外保温技术。由于是一种有机材料与无机硅酸盐材料结合的外墙复合保温技术，围护结构在构造形式上与传统砖墙、混凝土外墙发生了很大的变化，大量采用聚苯乙烯泡沫板、聚氨酯、PVC 塑料、聚合物材料、混凝土添加剂等高分子有机材料复合而成的新型节能建筑围护结构，因此，保温隔热系统必须满足体系的稳定性、与基层墙体牢固结合的可靠性、耐火性、水密性、抗风压以及温湿度变化的要求，要求保温隔热系统不产生裂缝，能承受垂直荷载、风荷载，并能经受撞击、耐气候等物理化学性能的稳定要求。

但在实际工程中，室外气候将严重影响高分子有机化学材料与传统的硅酸盐建筑材料复合而成的节能围护结构的热工性能和物理力学性能，也严重地影响了建筑围护结构的耐气候性、安全性和使用功能与建筑的环境质量。目前外墙保温隔热系统的使用寿命不可能与现有的砖、钢筋混凝土、轻骨料混凝土等硅酸盐材料相同。从南方地区围护结构外保温隔热工程的市场价格分析，EPG 颗粒胶粉 30mm 外保温系统有 30~40 元/m^2 的，EPS 薄抹灰系统 30mm 外保温系统有 50~60 元/m^2 的；从节能建筑施工质量检查来看，有许多围护结构保温隔热工程存在质量问题，能否达到 25 年的使用寿命是值得注意的。要保证围护结构外保温隔热工程的质量，外保温系统的价格必须在 80 元/m^2 以上。即使达到 25 年的使用寿命，在建筑 70~100 年使用寿命期内，是否意味着要再进行 2~3 次外保温重新改造，在建筑 70~100 年使用寿命期内对围护结构保温隔热的投入会过大。建筑从建造开始，在整个生命周期对能源的消耗，聚苯乙烯等高分子材料对环境的影响等都是应认真考虑的问题。

在南方地区建筑围护结构的节能，需要兼顾冬季保温和夏季隔热，节能技术难度也最大，单纯依靠提高围护结构保温性能阻隔气候的常规技术也将阻隔气候的自调节作用，还会使建筑外表面夏季高温化，强化热岛效应。因此，我国南方地区东部与西部、沿海与内陆之间，不同气候条件与地理环境所形成的围护结构节能技术应该有差别。南方围护结构应满足保温、隔热、透光、通风等各种需求，达到维持室内良好物理环境的同时降低建筑能源消耗的目的。目前在这一地区所采用的某些节能技术，这些技术是否节能？或者只在某个气候区对于某类建筑才是节能的。片面的推广应用，会造成资金和能源的巨大浪费，也占用了建筑节能的社会资源，严重干扰了建筑节能工作。在此呼吁大家对各种与建筑节能有关的技术与措施，对其使用性能，经济成本，环境影响等应作出定量分析，这些技术在不同气候区，应用于不同类型的建筑后可能出现的各种结果进行全面评价，在上述研究的基础上才能得到本地区适宜技术与不适宜技术。

3　南方地区节能建筑的设计

3.1　夏热冬暖地区节能围护结构的设计

夏热冬暖地区只涉及夏季空调，《夏热冬暖地区居住建筑节能设计标准》编制组对夏热冬暖地区不同围护结构、不同窗墙比共 3000 多个建筑节能方案的建筑能耗和节能率做了计算。研究结果表明，在这一地区主要考虑建筑围护结的隔热问题，尤其是外窗的遮阳问题，建筑围护结构的温差传热是有限的。若过分的提高墙体的传热系数 K 值，保温隔热性能不会有明显改善，同时也不经济。图 1 所示为广州住宅全年空调耗电量与外墙传热系数 K 的关系，当 K 从 2.72 W/（m^2·K）分别降低到 1.95 和 1.13 时，全年空调耗电量指标分别下降 8% 和 3.1%，收效甚微，表明夏热冬暖地区围护结构的节能率仅与外窗的遮阳性能密切相关，而与外窗传热性能关系甚小。这是因为全年建筑总能耗以夏季空调能耗为主，夏季空调能耗中太阳辐射得热引起的空调能耗又占相当大的比例，而窗的温差传热引起的空调能耗只占小部分，因此夏热冬暖地区建筑节能外窗遮阳系数起了主要作用。

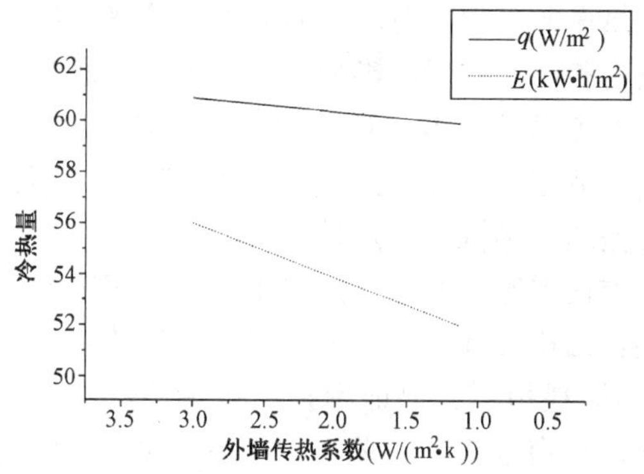

图1　广州地区全年空调耗电量与外墙传热系数K的关系

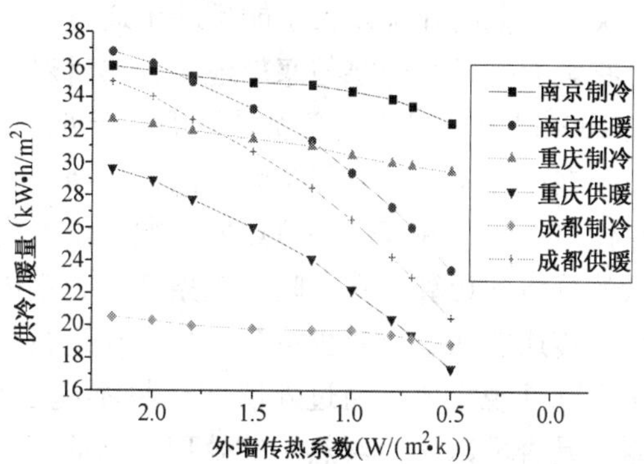

图2　夏热冬冷地区全年采暖空调耗电量与外墙传热系数K的关系

3.2　夏热冬冷地区节能设计

夏热冬冷地区节能建筑的热工设计，它涉及夏季隔热，冬季保温以及过渡季节的除湿和自然通风等四个因素。因此，在进行围护结构的热工设计时，不同于寒冷地区采暖建筑只考虑热过程的单向传递，把围护结构的保温作为惟一控制指标。在这一地区进行围护结构热工设计时应根据这一地区的气候特点，同时考虑冬、夏二季不同方向的热量传递以及在自然通风条件下建筑热湿过程的双向传递，不能简单地采用降低墙体、屋面、窗户的传热系数，增加隔热保温材料来达到节约能耗的目的。夏热冬冷地区公共建筑围护结构的节能贡献率为40%～50%，住宅夏季空调约50%，冬季采暖约70%，而窗在夏季的负荷是墙的2～3倍，冬季是墙的90%左右，表明除了建筑围护结构的保温外，重点要解决夏季太阳辐射条件下外围护结构与环境之间热量的吸收、转化以及向大气间的流动扩散等。图2所示为南京、重庆、成都住宅全年单位面积能耗与外墙传热系数的关系。

大量的调查和测试结果表明，太阳辐射通过窗进入室内的热量是造成室内过热的主要原因，占建筑空调冷负荷的50%以上。因此，提高窗的热工性能和阳光控制作为这一地区建筑节能一个非常重要的因素。日本九州、美国南方、法国、香港等国家和地区把提高窗的热工性和阳光控制作为住宅节能的重点，表明夏热冬冷地区围护结构中墙体节能的贡献率同样是有限的。

因此，这一地区节能建筑围护结构除了采用外保温隔热外，内保温隔热或墙体自保温隔热技术是适合这一地区很好的构造形式，从某种意义上讲是南方节能围护结构的方向，因为南方地区保温隔热理论中，围护结构构造形式所遵守的基本原则是一定的热阻、控制通过窗进入室内的太阳辐射、自然通风条件基础之上的建筑热过程、希望围护结构具有较大的衰减值和延迟时间、围护结构外表面浅色处理、蓄热量大的结构层置于外层，建筑外窗的遮阳等，将室外热作用尽可能地在围护结构外表面与建筑外部环境之间转化，而且内保温隔热或墙体自保温隔热技术施工技术简单、造价比外保温为低。

4　热桥的影响因素

4.1　热桥对围护结构附加传热的影响

热桥影响传热系数增加的比率主要由热桥的几何构造形式和热桥不同材料热物性差值

所决定，室内外温差大小能反映出通过热桥传递热量的多少，但对外墙的平均传热系数是没有影响的。在严寒与寒冷地区，热桥对供暖负荷和能耗指标的影响是比较大的，通常占到20%以上，因此，必须对热桥进行处理，减少传热损失，并保证围护结构不结露。

在夏热冬冷与夏热冬暖地区，热桥对供暖与空调负荷和能耗指标的影响到底有多大，受窗口、梁、柱等热桥节点的影响，由室内外温差通过热桥传递热量的多少，应该作出定量的分析和计算。在采暖空调条件下，室内外温差比严寒与寒冷地区要小得多，相应通过热桥传递的热量也要少得多。如果在进行节能围护结构设计时，只要外墙的平均传热系数小于标准规定值，通过外墙的热量不超过规定的能耗指标，保证围护结构热桥部位不结露，是否可以认为对热桥的处理应该放宽。因此，在南方地区不必要花过多的代价来处理热桥，如果这样，相应这一地区围护结构的保温隔热措施会更加丰富，围护结构保温隔热技术更加满足本地区的气候、资源条件，也更为经济、实用。

围护结构中窗过梁、圈梁、钢筋混凝土抗震柱、梁等热桥部位形成热流密集通道，对这些热工性能薄弱的环节，通过构造措施能很好的减少热桥面积，尤其公共建筑大量采用混凝土框架填充外墙，如采用L形外包自保温砌块（如加气混凝土、陶粒混凝土等）墙体，能尽可能地减少热桥对围护结构附加传热的影响。即使有少量的热桥，在保证外墙节能标准所规定的平均传热系数和正常的热工状况（不产生结露）下，也可能是围护结构最佳的方案。为了彻底的消除热桥的代价与节能和围护结构正常的热工状况的回报是不相称的，有时甚至是浪费的、不合理的，在工程上也是不现实的。

4.2　热桥对结露的影响

在南方地区，外墙因热桥夏季空调结露的可能非常小。那么在冬季采暖期间，由于热桥内外表面温差小，内表面温度低于室内空气露点温度，造成围护结构热桥部位内表面产生结露的可能性到底有多大，以下对混凝土框架结构T型外包加气混凝土墙体进行分析，如图3所示，对于夏热冬冷地区部分城市，根据《采暖通风与空气调节设计规范》（GBJ19—87）室外计算干球温度见表1。

室外计算干球温度　　　　**表1**

城　市	成都	重庆	长沙	武汉	南昌	合肥	蚌埠	南京	杭州	上海
室外计算干球温度（℃）	2	4	0	−2	0	−3	−4	−3	−2	−2

冬季室内计算温度为18℃，不同相对湿度所对应的露点温度见表2。

露点温度　　　　**表2**

相对湿度（%）	80	70	60	50	40
露点温度（℃）	14.495	12.449	10.120	7.431	4.216

利用二维稳态模型对200mm加气混凝土外墙钢筋混凝土楼板构成⊥形热桥进行数值分析和实验室测试，外墙内外抹10m厚水泥砂浆，内表面换热系数8.7W/（m^2·K），外表面换热系数23.0W/（m^2·K），热室计算温度为18℃，冷室温度−2℃，室内空气相对湿度为60%。

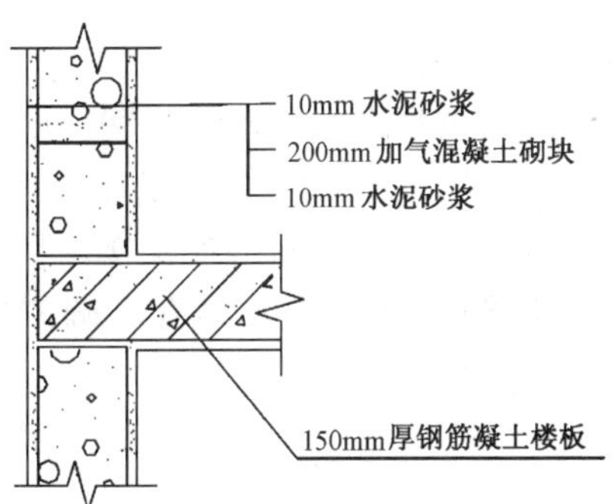

图 3　加气混凝土外墙钢筋混凝土楼板构成⊥形热桥

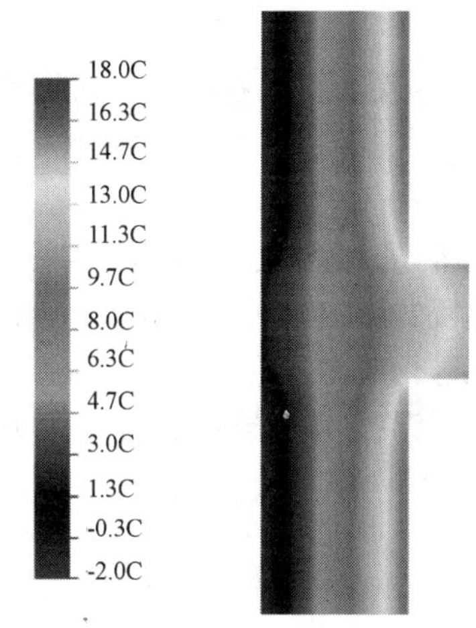

图 4　热桥处的温度场分布

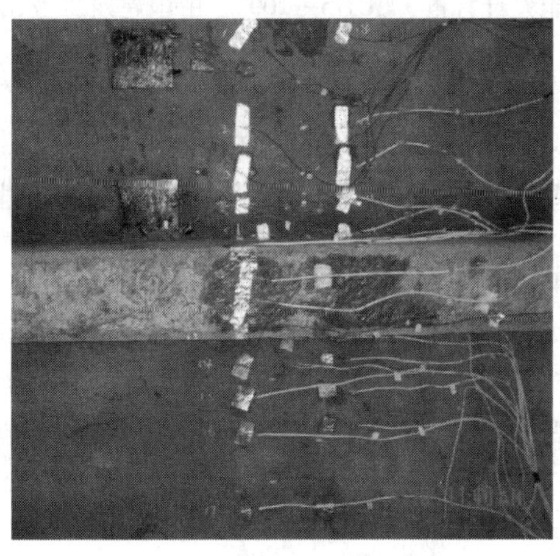

图 5　热桥测试实验布点情况

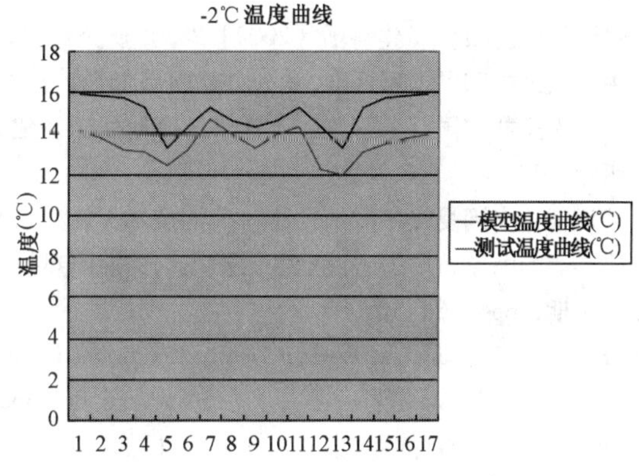

图 6　热桥表面的温度场分布

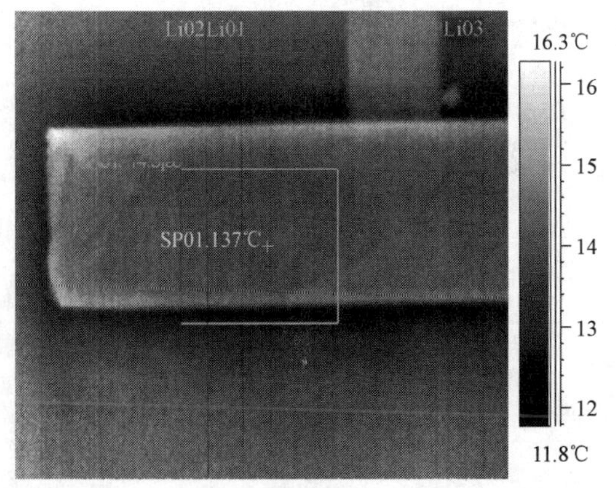

图 7　热桥表面红外热像图

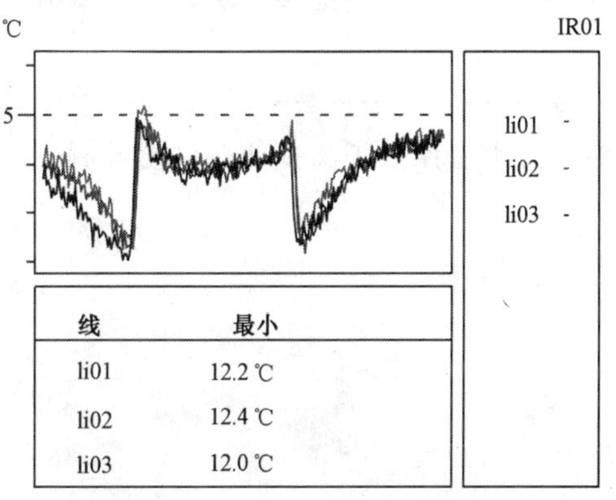

图 8　热桥表面的红外热像温度场分布

从图 5 ~ 图 8 可以看出，在钢筋混凝土楼板构成⊥形热桥内表面温度始终大于室内空气的露点温度 10.12（℃）。二维稳态模型计算出外墙单位面积热流损失为 24.574W/m²。

5 结论

综上所述，由于南方地区气候的特殊性，围护结构节能贡献率是有限的，同样南方围护结构热桥的影响因素也是有限的，因此，由于南方围护结构节能技术与北方具有明显的差别，在进行节能建筑围护结构设计时必须实事求是、科学地对待建筑节能工作，自保温隔热和内保温技术同样是适合于南方地区的节能围护结构技术，而且具有广阔的应用前景。

参考文献

1. 涂逢祥主编，建筑节能技术，中国计划出版社，1996
2. 江亿，我国建筑能耗状况及有效的节能途径，暖通空调，2005，v35，n5，30 ~ 36
3. 江亿，薛志峰，北京市建筑用能现状与节能途径分析，暖通空调，2004，v34，n10，13 ~ 16
4. 中华人民共和国行业标准，《夏热冬暖地区居住建筑节能设计标准》JGJ75—2003，中国建筑工业出版社
5. 建设部科研项目（建科函［2000］285）研究报告，《夏热冬暖地区民用建筑节能研究》，2004 年 4 月
6. 中华人民共和国国家标准，《公共建筑节能设计标准》GB50189—2005，中国建筑工业出版社
7. 中华人民共和国行业标准，《夏热冬冷地区居住建筑节能设计标准》JGJ134—2001，中国建筑工业出版社
8. 付详钊，中国夏热冬冷地区建筑节能技术，新型建筑材料，2000 年 6 月，13 ~ 17
9. 冯雅、彭家惠，中国过渡地区围护结构保温隔热技术现状及前景，《施工技术》，1999 年 7 月，Vol28，第 7 期，pp4 ~ 6
10. FengYa，Defining the thermal Design Conditions in Design Standard for Energy Efficiency of Residential in hot Summer and Cold Winter Zone，《Energy and Buildings》，February，2004，ENB 1747 1 ~ 5
11. ISO6946/2《Thermal Insulation - Calculation methods - Part 2：Thermal bridges of rectangula sections in Plane Structions》
12. ISO/DP10211.2《Thermal Insulation - Thermal bridges - General Principles》
13. 郭俊，赵立华，节能建筑中热桥对供暖负荷和能耗指标的影响，暖通空调，1995.2，11 ~ 13
14. 任俊，热桥的影响区域，暖通空调，2001，v31，n6，109 ~ 111

冯雅　中国建筑西南设计研究院　副总工　博士　邮编：610081

性能可调节围护结构的节能研究

曾剑龙　江　亿

【摘要】　围护结构是建筑物节能的关键环节，本文从目前我国建筑围护结构节能实施过程中存在诸如合理保温、全玻璃幕墙建筑等问题出发，指出建筑物对热量的需求不仅由外部因素（气候条件）决定，还很大程度上受到建筑物的内部因素（表征使用状况的室内发热量）的影响，并根据建筑物在不同时间、不同使用状况下对热量需求的变化，提出围护结构性能应适应需求变化而具备可调节特性，并分析了典型性能可调节围护结构的节能特性。最后，总结得到性能可调节围护结构在不同气候区、不同类型建筑的节能设计要点。

【关键词】　性能可调节　建筑节能　合理保温　玻璃幕墙　需求分析　节能设计

1　围护结构是建筑节能的关键环节

建筑节能是我国可持续发展战略的重要组成部分。根据建设部统计数据，截止到2003年，我国的建筑能耗已占到全国能源消耗总量的27.8%[1]。而随着人民生活水平的提高和产业结构的调整，建筑能耗比重会进一步提高，根据发达国家经验，建筑能耗的比例将上升并超过30%[2]。此外，有关数据显示，在建筑物的使用过程中，有近一半的能源消耗是由于围护结构的不合理设置而间接造成的。因此，通过建筑设计及围护结构的研究与优化，在提高建筑物室内舒适性的同时，直接减少投入建筑的运行能耗，是实现建筑节能的关键。

近几年，随着我国建筑节能工作不断深入开展，相关的建筑节能标准与规范得到了不断完善与更新，从寒冷的北方地区到夏热冬暖地区，对于居住建筑和公共建筑都制定了相关的节能设计标准与规范。尽管如此，目前我国的建筑围护结构设计与使用过程中仍存在许多问题与误区，如合理保温、玻璃幕墙大面积使用、渗漏与通风等问题。

（一）合理保温问题

从1995年颁布实施《民用建筑节能设计标准（采暖居住建筑部分）》JGJ26—95起，到2005年的“节能65%标准”，国家相继完成了关于夏热冬冷地区、夏热冬暖地区居住建筑以及公共建筑相关的节能设计标准。在这些标准中均无一例外地对建筑物围护结构的保温性能规定了严格的限值，如表1所示。

居住建筑围护结构传热系数 K 值限值[3][4][5][6] **表1**

气候分区	城市	外墙[W/(m²·K)]	外窗[W/(m²·K)]	屋顶[W/(m²·K)]
严寒地区	哈尔滨	0.56	2.50	0.50
		0.45	2.50	0.35
寒冷地区	北京	0.9	4.0	0.8
		0.6	2.7	0.55
夏热冬冷地区	上海	1.0	3.2	0.8
		1.0	3.0	0.7
夏热冬暖地区	广州	1.5	无要求	1.0
		1.5	3.5	0.9

注：第一行为居住建筑标准，第二行为公共建筑标准限值。

上述 K 值限值对应的建筑物体形系数≤0.3，窗墙比在0.3~0.4之间。

由表1可以看出，围护结构保温性能在节能标准中的重要性，无论是纬度较高的严寒地区还是纬度较低的炎热地区，无论是居住建筑还是公共建筑，都强调围护结构的保温性能，似乎已将建筑节能与提高围护结构保温性能等同起来。对于室内发热量很小的居住建筑来说，提高围护结构的保温性能有利于减少建筑能耗，而对于一些大型公共建筑，如大型商场、高档写字楼等，即使是在寒冷地区，由于其室内发热量很大，导致建筑物全年有一多半的时间需要制冷。

保温对大型公共建筑负荷的影响是双向的。冬季以及夏季白天，外墙保温可减少室内外传热，降低空调负荷。而过渡季或者是夏季的夜间，室外空气温度一般要低于室内温度，外墙保温导致房间积累的热量无法迅速散失，增强外保温反而起到了负面作用，导致空调能耗增大。增加保温后总的能耗是升高还是降低，就要根据具体情况看上述两个方面哪个占主导。因此，对于室内发热量大的大型公共建筑在什么情况下应该保温，什么情况下又不应该强调保温，必须要在建筑设计初期仔细分析并给出正确结论，否则，很可能适得其反。

（二）玻璃幕墙大面积使用

随着建筑技术与材料科学的发展，各种幕墙技术以及节能玻璃产品得以推广应用。玻璃幕墙以其通透的视觉效果、轻盈的结构形式而倍受建筑师的青睐，近几年新建的公共建筑几乎全是清一色的玻璃幕墙建筑。然而，玻璃幕墙建筑在获得漂亮的外形以及通透视野的同时，也带来了许多建筑环境的问题。例如光污染、热舒适问题，而最为严重的则是过热与高能耗的问题。由于玻璃幕墙本身保温与遮阳（隔热）性能有限，在夏季或者是过渡季的大部分时间里，玻璃幕墙透过、吸收的太阳辐射热很容易造成室内温度过高，从而导致高额的空调运行费用。

玻璃幕墙作为一种新型的建筑围护结构形式，目前的建筑节能标准中对它的热工性能并没有规定全面的限值，如《民用建筑节能设计标准》（JGJ26-95）以及《夏热冬冷地区居住建筑节能设计标准》（JGJ134-2001）中仅对外窗的传热系数进行限制，对于其遮阳隔热性能并没有要求，这对于窗墙比较小的住宅建筑，尤其是冬季寒冷地区的住宅建筑来说，是可以接受的。而对于大面积使用玻璃幕墙的公共建筑来说，其围护结构的遮阳隔热性能就显得很重要了。根据最新颁布的国家《公共建筑节能设计标准》中对透明围护结构的限值，对于透明围护结构遮阳系数 SC 为 0.4 左右的全玻璃幕墙建筑，其建筑物全年累计制冷负荷可高达 150kWh/m^2 建筑面积，从而导致高额的空调运行费用。

（三）通风与渗漏问题

建筑物的渗漏包括由于门窗缝隙以及其他外围护，如外墙、屋顶等的穿洞所引起的室、内外空气的交换。在冬季，由于建筑物渗漏所造成的能耗可占到采暖能耗的35%，甚至更高。以北京地区的普通住宅为例，在室内、外20℃温差的情况下，当室内、外渗漏的换气次数达到 0.5 次/h 时，其渗漏导致的热量损失大约为 8W/m^2 建筑面积，如果以 20.6W/m^2 的采暖能耗指标计算，渗漏所引起的能耗可占采暖能耗的 1/3 还多。

由于门窗产品质量及建筑施工质量等问题，一方面，在冬季不需要渗漏的住宅建筑与普通办公建筑，因为外围护结构较差的密封性能而导致较高的渗漏耗能；而另一方面，在需要强化自然通风的建筑，特别是在外温比较低的过渡季和夏季夜间，建筑物由于外围护结构设置的缺陷而又无法获得较好的自然通风效果。例如一些大型的商场、写字楼，外立面没有设置足够的开口，有些根本就没有设置开启部位，从而导致了这样的现象，过渡季外温较低时，为了消除室内大量的热量而提前或者延长冷机的开启时间。例如北京某大型商场，由于室内设备、人员发热量很大，全年大部分的时间里商场均需开启空调进行制冷。在一次节能改造中，采用了机械通风方式利用过渡季的室外新风进行冷却。仅该项措施，一年即可为商场节省 20 多万元的空调运行费用，减少空调运行电耗的比例达 30%[7]。

此外，随着生活水平的提高，人们对居住质量的要求也越来越高了，例如采暖线的不断南移，冬季使用加湿器进行加湿等。而当围护结构局部存在热工缺陷，如结构冷桥导致室内侧表面温度偏低时，就会出现内表面的结露现象。虽然结露现象并没有引起建筑能耗的增加，但它的出现很大程度上影响了居住环境的质量。

2　建筑物的需求分析

建筑围护结构作为室内、外环境的分界面，在提供安全、隐私、出入口和视域的同

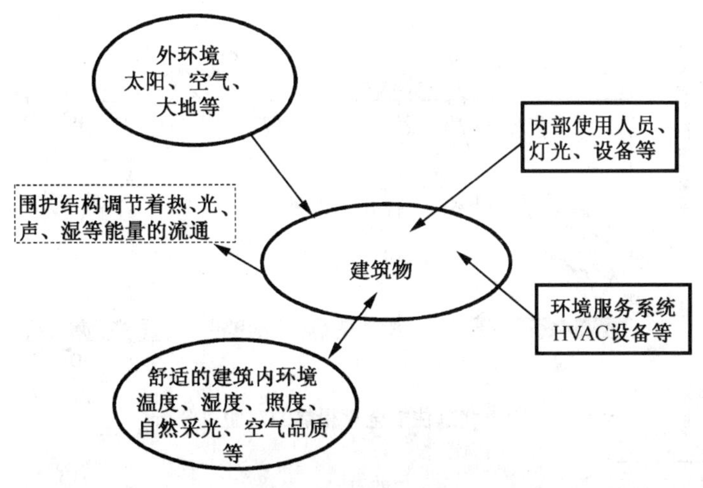

图 1　建筑与围护结构的关系示意图

时，调整着各种形式能量（光、热、声、湿等）的流量，如图1所示。由此也可以看出，建筑物在使用过程中，对这些能量，尤其是热量的需求不仅取决于建筑物外环境（气候条件），同时也与表征建筑物内部使用特征，如人员、灯光、设备等的发热量相关。对于室内发热量水平很小的居住建筑，建筑物对热量需求的影响主要由外环境（气候条件）决定，而对于建筑物室内发热量水平较高的大型公共建筑，外环境（气候条件）的影响可能已经变成次要，表征建筑内部使用特征的室内发热量的影响才是影响需求的主要因素。因此在建筑围护结构的节能研究过程中，就不应脱离建筑外环境（气候环境）、建筑内环境（内部使用情况等）而单独研究围护结构的节能特性。

2.1　分析方法

建筑物对热量的需求可以依据如下的简单判定条件。假设建筑物内环境的舒适温度范围为18～26℃，在没有任何环境服务设备系统（采暖与空调系统）投入能量的情况下，如果建筑物的自然室温①低于18℃，为维持舒适范围的室温建筑物则需要加热；而如果建筑物的自然室温高于26℃，建筑物则需要除热②。当建筑物自然室温介于18～26℃之间时，可认为建筑物无需冷、热。

随着建筑物热模拟技术的发展，建筑物的动态热特性可以很容易的通过相关建筑热模拟程序求解得到。例如美国的DOE-2，EnergyPlus，欧洲的ESP-r，IES以及中国清华大学自主研发的DeST等建筑热模拟软件，利用这些模拟程序可以准确求解得到建筑物全年的逐时室温以及冷、热负荷分布，用于建筑物的全年能耗分析与空调系统性能预测[8]。尽管如此，在建筑设计的初期，许多条件没有确定的情况下，如建筑外形、围护结构设置等，精确解并不一定有利于建筑师对建筑物热特性，如热量需求区间的把握。此外，过于复杂的精确解也不利于总结一些普适的规律。因此，本文采用了更为简单的稳态传热方法来分析建筑物的热量需求区间。

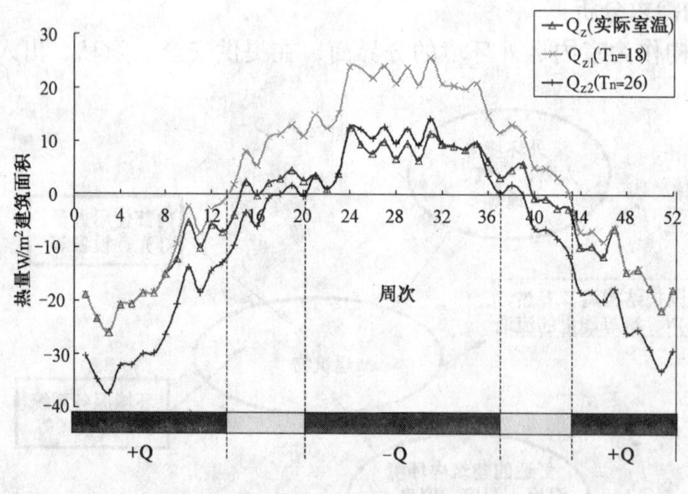

图2　北京住宅全年得热的双曲线分析

① 自然室温：是指当建筑物没有供暖空调系统时，在室外气象条件和室内各种发热量的联合作用下所导致的室内空气温度。

② 除热：包括散热（当室外空气温度低于室温时）和隔热（当外温高于室温时）或者是遮阳。

该方法与朱颖心等人[9]在空调系统设计中提出的建筑物全年双负荷曲线分析法（简称TLCA）相类似。以当地典型年气象数据（包括温度、太阳辐射强度的逐时值）为计算基础，对全年逐周计算得到两条建筑物的总得热曲线。其中一条总得热曲线是假设室温恒定等于18℃得到，而另一条得热曲线则是假设室温恒定等于26℃得到。由这两条曲线可以很容易判断建筑物何时需要热量，何时需要除热。例如，当室温=18℃的建筑总得热曲线小于零时，可以判断建筑物需要热量，否则建筑物室温由于建筑总得热为负而下降；而当室温=26℃的建筑总得热曲线大于零时，则可以判断建筑物需要除热。而在这两条曲线先后大于零或者先后小于零之间的区域可认为建筑物无需冷/热量。以北京地区住宅建筑为例如图2所示。

2.2　需求分析

为得到不同地区、不同类型建筑物对热量需求特性，分别选择我国四个典型气候分区的代表城市以及三种建筑类型进行分析。典型气候分区与代表城市分别为：严寒地区的哈尔滨、寒冷地区的北京、夏热冬冷地区的上海以及夏热冬暖地区的广州。三种建筑类型分别为住宅建筑、普通公共建筑、大型公共建筑，其室内发热量水平分别为4.8W/m^2（住宅建筑）、10W/m^2（普通公建）、25W/m^2（大型公建），发热量数值均为全天24小时平均值。为了得到较为普适的规律，选用如下参考建筑为依据进行计算。

参考建筑信息：南北长24m，东西宽12m，高18m，共六层；体形系数0.3 m^{-1}，窗墙比：南向0.4，东、西向0.3，北向0.2；围护结构热工性能按节能标准设定，如表2所示。

各地区建筑围护结构设置　　表2

地　区	外墙	屋顶	外窗		每平米建筑面积的平均 K 值
	K 值	K 值	K 值	SHGC	[W/（m^2·K）]
哈尔滨	0.52	0.40	2.50	0.40	0.9
北　京	0.80	0.60	3.00	0.40	1.20
上　海	1.00	0.80	3.00	0.40	1.40
广　州	2.00	1.00	6.00	0.40	2.50

图3为不同地区、不同类型建筑热量需求区间分布图，由它可以看出，对于发热量较少的住宅建筑，其需要热量与需要除热区间的分布受气候的影响较大，需要热量的区间依照哈尔滨、北京、上海、广州的顺序递减，而需要散热的区间则依照上述顺序递增；从区间分布的比例来看，哈尔滨、北京住宅建筑的需热区间要大于除热区间，而上海与广州的住宅建筑则刚好相反。而对于室内发热量较大的大型公共建筑，气候特征的影响相对要小得多，除了严寒地区的哈尔滨外，其他三个气候分区的大型公共建筑的热量需求特征基本上是一样的，那就是全年约有3/4左右的时间里建筑物需要除热。由此可以看出，建筑物对热量的需求不仅取决于外部环境因素（气候条件），而且很大程度上受到建筑物的内部因素（表征使用状况的室内发热量）的影响。

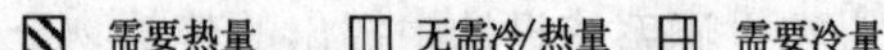

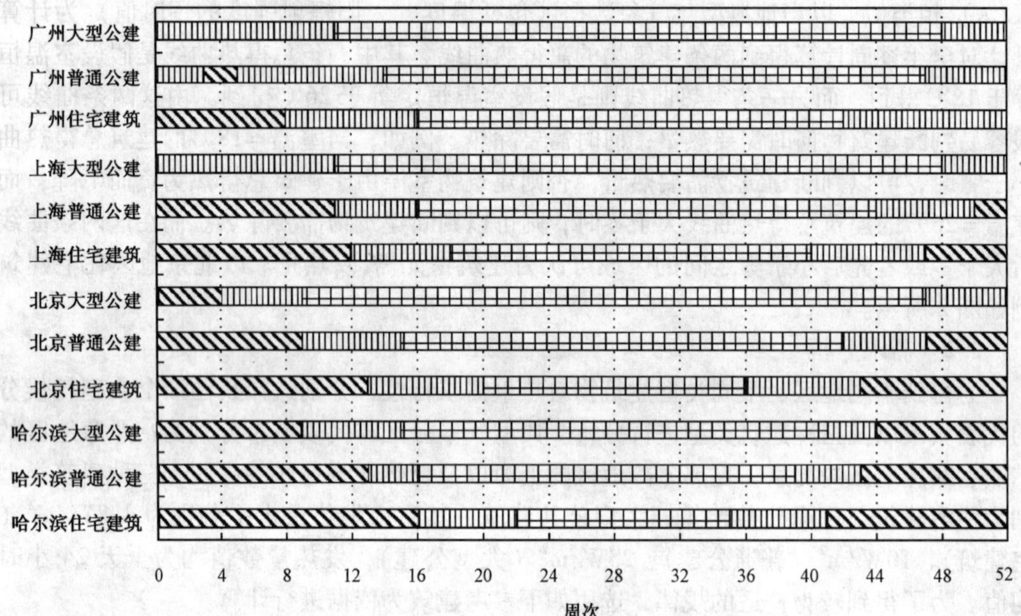

图3 不同地区、不同类型建筑热量需求区间

3 性能可调节围护结构的节能研究

根据上述建筑物对热量的需求分析，可以得到建筑物在不同的季节对热量的需求区间，再根据当地的气候状况来调控围护结构，以获得建筑物所需的冷、热量。建筑学有学者[10]用下述关系式表达了这种“气候控制”：

室外实际气候条件 - 热舒适环境 = 需要的气候控制

需要的气候控制 - 建筑表皮的被动式调控 = 设备的主动式调控

尽管上述关于“气候控制”的表达式不够严谨，但却形象的表述了一种本质。那就是，在确定了建筑物什么时候需要什么类型的能量后（关键前提条件），可以有两种途径来获得所需的能量。一是通过围护结构的调节获得所需的光能和热/冷量，二是可以借助主动式的环境控制系统来获得，如照明系统、空调系统等。但从能量消耗与利用效率的角度考虑，通过围护结构的设置与控制，根据需要直接调节室外光、热等形式能量的流通，要比通过环境控制系统来消除或者补充这些能量，更加节能与高效。从这一角度出发，根据建筑不同场合下对热量需求的变化，要求其围护结构的热工性能需要具备可调节特性。

根据引起围护结构传热的原始驱动力类型，可以总结得到围护结构需要调节的热工性能主要是：

* α_s：太阳辐射得热特性

* K_a：温差传热特性

其中温差传热特性，包括了由于室内外温差的热传导以及室内外通风的热交换。

各种性能可调节围护结构的种类如表3所示。

性能可调节围护结构的种类 **表3**

围护结构种类		分项			备注
透光型	双层皮玻璃幕墙	外循环自然通风	外循环机械通风	内循环机械通风	同时调节 K_a，α_s
	活动遮阳装置	活动外遮阳	活动内遮阳	活动夹层遮阳	主要调节 α_s
	性能可变玻璃	电控玻璃	温控玻璃		主要调节 α_s
	膜结构	多层充气膜结构			主要调节 α_s
非透光型	外墙	通风外墙	点幕①		同时调节 K_a，α_s
	特隆布墙	自然通风式	机械通风式		同时调节 K_a，α_s
	相变结构	相变墙	相变地板		调节 K_a 或者 α_s
	植被形式	植被屋面	植被外墙		主要调节 α_s

注：围护结构的性能可调节包括主动可调与被动可调两种方式。

3.1 关于合理保温与通风

由图3可以看出，对于严寒地区以外其他三个气候分区的大型公共建筑，其全年需要热量的区间很小，而在3/4以上的时间里建筑物都需要除热。在需要除热的区间内，包含了外温较低的过渡季节，即使是在夏季，夜间室外的空气温度也可能低于室温，由于建筑物需要把室内的热量散到室外，因此，降低围护结构的保温性能或者是增加室内外的通风有利于建筑物的散热。而在外温较高、太阳辐射较强的夏季白天，建筑物则需要阻止室外热量的传入，此时，提高围护结构的保温性能或者是减少室内外通风有利于建筑物的隔热。对于室内发热量很大的大型公共建筑，其全年建筑物需要散热的时间显然要大于需要隔热的时间，因此，当建筑物可调节的室内外最大通风换气次数较小时，增加围护结构的保温性能并不利于减少建筑物能耗。下面以北京地区的大型公共建筑为例，分别计算两种不同保温性能的实体墙在各种通风可调换气次数情况下的能量收益，如图4所示。

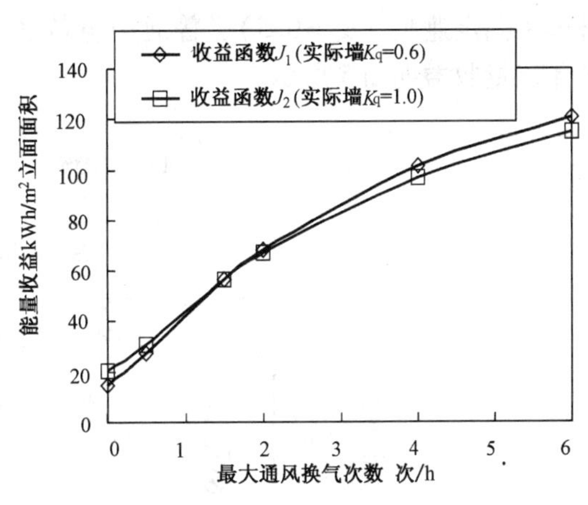

图4 北京大型公建实体墙收益

关于围护结构能量收益的说明：对有利于改善建筑物热环境的传热定义为正收益，反之为负收益。因此，在建筑物需要除热的区间里，通过围护结构热传导或者是通风向室外侧传热则为正的能量收益。

由图4可以看出，当建筑物可调节的通风换气次数较小（小于2.0次/h）时，实体墙保温性能较差（即 K_q 值大），其围护结构全年累计的能量收益 J_2 要略大于保温性能较好

① 点幕：常见的实体外墙+透光材料（例如玻璃幕墙）的外围护结构形式。

的实体墙；而当建筑物可调的最大通风换气次数大于2.0次/h时，则是保温性能好的实体墙的全年累计能量收益大于保温性能差的实体墙。此外，由图4也可以看出，提高建筑物可调的最大通风换气所带来的能量收益要远大于围护结构保温性能变化带来的收益。因此，对于室内发热量大的大型公共建筑，减少建筑物能耗的最有效措施是提高建筑物室内外的通风换气能力，而当建筑物最大通风换气能力小于2.0次/h时，增加围护结构的保温性能反而不利于减少建筑能耗。

值得说明的是上述结论的前提条件，即建筑物全天的室内发热量平均值大于20W/m^{2}建筑面积。而对于上海地区，建筑物室内发热量全天平均值大于15 W/m^2 建筑面积时，也会出现同样的结论。而广州地区的室内发热量限值则是10 W/m^2 建筑面积。因此，对于这些地区室内发热量较大的公共建筑，在建筑无法获得足够的室内外通风换气能力的情况下，不应该盲目的通过提高围护结构保温性能来达到减少建筑物能耗的目的。

3.2　关于遮阳可调节

玻璃幕墙以其通透视觉效果获得建筑师青睐的同时，也带来了热工性能上的矛盾。一方面，在建筑物需要热量的冬季，透过玻璃的太阳辐射热可以有效减少采暖能耗，另一方面，在建筑物需要除热的季节（过渡季或者夏季），这些进入室内的太阳辐射热则成为空调负荷的主要成因。因此，对于透光型围护结构，其主要矛盾是要解决建筑物不同季节对热量的不同需求，可调节的遮阳装置，如遮阳卷帘、百叶等则是有效调节措施。

根据能量收益的定义，分别比较北京地区住宅建筑的三类围护结构，实体墙、普通中空玻璃+固定遮阳（$\alpha_s=0.5$）、普通中空玻璃+活动外遮阳（$\alpha_s=[0.15\sim0.5]$ 可调）的全年能量收益如图5所示。

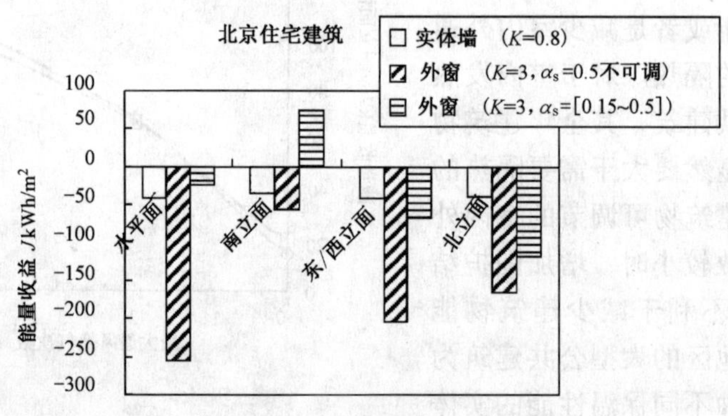

图5　围护结构能量收益比较

由图5可以看出，当普通中空玻璃外窗的$\alpha_s=0.5$不可调节时，北京住宅各个朝向外窗的能量收益均比$K=0.8$W/(m^2·K)的实体墙要差，而当外窗采用了α_s可调节的外遮阳装置后(α_s调节范围为[0.15～0.5])，外窗的能量收益得到了很大的提高，其中水平面与南立面的全年能量收益可大于实体墙，南立面的收益还可以为正值。

根据均匀性原则，即不同朝向、不同类型围护结构的能量收益尽可能一致，假设透光型围护结构的全年能量收益不大于当地建筑的实体墙收益，则可以求出各个地区、不同类型建筑对透光型围护结构α_s调节范围的要求，如表4所示。

各地玻璃幕墙 α_s 最低限值（假设 α_s 最大值为0.5） **表4**

α_{smin}	水平面	南立面	东/西立面	北立面
哈尔滨住宅建筑	0.18	0.39	—	—
哈尔滨普通公建	0.10	0.22	—	—
哈尔滨大型公建	0.10	0.15	0.11	0.25
北京住宅建筑	0.18	0.46	0.08	—
北京普通公建	0.12	0.32	0.09	—
北京大型公建	0.13	0.21	0.21	无要求
上海住宅建筑	0.20	0.34	0.15	—
上海普通公建	0.13	0.23	0.13	0.14
上海大型公建	0.10	0.17	0.16	0.42
广州住宅建筑	0.08	0.12	0.10	0.12
广州普通公建	0.06	0.10	0.09	0.12
广州大型公建	0.07	0.09	0.10	0.15

注：哈尔滨玻璃幕墙 K 取2.0 W/（$m^2 \cdot K$），其他地区 K 值均取3.0 W/（$m^2 \cdot K$）；
"—"表示即使 α_s 下限为0，其透光型围护结构的能量收益也比不上实体墙。

由表4可以看出，不同地区、不同类型建筑的不同朝向，透光型围护结构 α_s 的下限值是不一样的，对于除热区间较长的夏热冬暖地区或者是室内发热量大的大型公共建筑，对 α_s 下限值的要求是很小的，只有当 α_s 下限值下降到0.1以下才具备与实体墙相当的能量收益。因此，对于这些建筑应该慎重选用透光型围护结构，或者是对于采用透光型围护结构的太阳得热系数 α_s 的下限值要有严格的要求。

此外，在严寒与寒冷地区，一些太阳辐射强度小的立面，如东西向与北向的透明围护结构即使具备 α_s 调节的措施，其全年能量收益仍比不上实体墙，这是因为这些立面的温差散热占主导地位，而透明围护结构的 K 值比较大，从而导致了能量收益较差。

4 性能可调节围护结构的节能设计要点

根据前面的分析，围护结构的性能可调节可以获得更好的能量收益。为了更清楚的说明性能可调节围护结构的节能设计要求，下面分别对不同地区、不同类型建筑围护结构性能 K_a、α_s 可调节时的全年累计能量收益进行分析。以北京地区的住宅建筑为例，如图6所示，性能可调节围护结构的能量收益明显要好于性能不可调节的围护结构。此外，对不同性能的调节获得的能量收益是不一样的。对于北京地区的住宅建筑，α_s 的调节（即遮阳可调）获得的能量收益要略好于对 K_a 的调节（也即通风可调）。图6中 J 对 α_s 的斜率要大于对 K_a 的斜率，也即对于住宅建筑，其遮阳可调的能量收益要好于对通风的调节。同样，可以得到普通公共建筑与大型公共建筑对性能可调节的不同要求，如图7、图8所示。

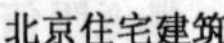

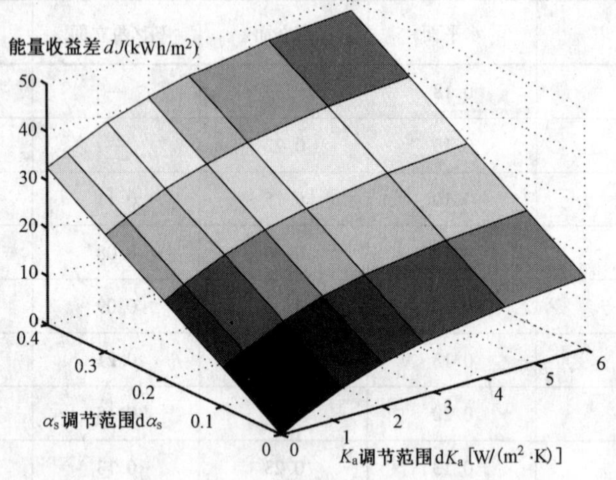

图 6　住宅建筑围护结构能量收益分析

注：计算采用的建筑与围护结构设置同第 2 节的参考建筑；

K_a =6 时相当于 8 次/h 的可调通风换气次数；

能量收益差 J = 性能可调节围护结构的收益 − 不可调节时的收益。

性能不可调节围护结构指：$K_a = K_{amin}$，$\alpha_s = \alpha_{smin}$；

性能可调节围护结构指：K_a = ［K_{amin}，$K_{amin} + K_a$］，α_s = ［α_{smin}，$\alpha_{smin} + \alpha_s$］。

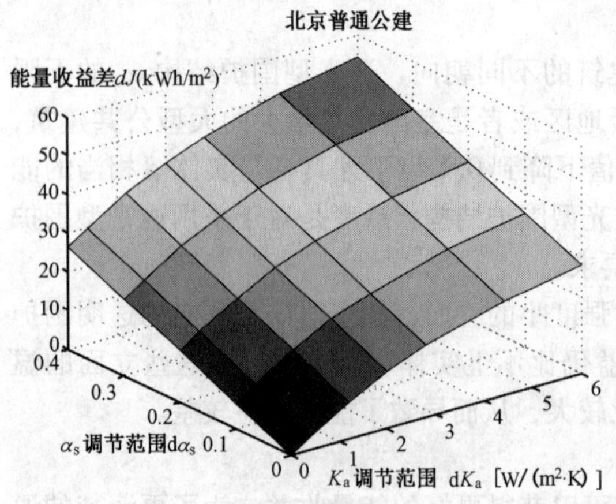

图 7　普通公建围护结构能量收益分析

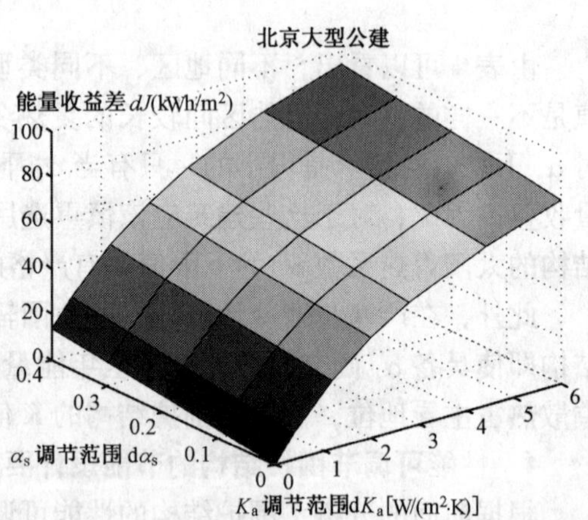

图 8　大型公建围护结构能量收益分析

由图 7 可以看出，对于普通公建来说，其遮阳可调的能量收益与通风可调的收益相当；而对于大型公建，通风可调的收益则要远大于遮阳可调的收益（图 8）。这是因为大型公建的除热区间远大于得热区间，而在除热区间内，仅要求围护结构的太阳辐射得热参数 α_s 最小即可，遮阳在不同需求区间的调节对建筑物的能量收益则是很小的，相比较而言，可调的通风措施可以有效的散掉建筑物的热量，可以获得很好的能量收益。

同样，可以得到其他地区、不同类型建筑对于围护结构性能的要求，如表 5 所示。

不同地区建筑围护结构性能要求[11] **表 5**

气候类型	代表城市	建筑类型	室内发热量 W/m^2 建筑面积	围护结构性能要求(重要性由大到小)
严寒地区	哈尔滨	住宅建筑	$q_n \sim 4.8$	保温 > 遮阳可调 > 通风可调 > 遮阳
		普通公建	$q_n \sim 10$	保温 > 遮阳可调 ≈ 通风可调 > 遮阳
		大型公建	$q_n \sim 25$	通风可调 > 保温 > 遮阳 ≈ 遮阳可调
		大型公建	$q_n > 35$	通风可调 > 遮阳 > 保温 > 遮阳可调
寒冷地区	北京	住宅建筑	$q_n \sim 4.8$	保温 > 遮阳可调 > 通风可调 > 遮阳
		普通公建	$q_n \sim 10$	通风可调 ≈ 保温 ≈ 遮阳可调 ≈ 遮阳
		大型公建	$q_n > 20$	通风可调 > 遮阳 > 保温 ≈ 遮阳可调
夏热冬冷地区	上海	住宅建筑	$q_n \sim 4.8$	保温 ≈ 遮阳可调 > 通风可调 > 遮阳
		普通公建	$q_n \sim 10$	通风可调 > 保温 ≈ 遮阳 ≈ 遮阳可调
		普通公建/ 大型公建	$q_n > 15$	通风可调 > 遮阳 > 保温 ≈ 遮阳可调
夏热冬暖地区	广州	住宅建筑	$q_n \sim 4.8$	遮阳 ≈ 通风可调 > 保温 > 遮阳可调
		普通公建	$q_n < 10$	通风可调 ≈ 遮阳 > 保温 ≈ 遮阳可调
		普通公建/ 大型公建	$q_n > 10$	通风可调 > 遮阳 > 保温 ≈ 遮阳可调

注：表 5 中围护结构的保温性能、遮阳性能、通风可调以及遮阳可调性能与围护结构温差传热特性以及太阳辐射得热特性参数的对应关系如下：

K_{amin}——保温性能；α_{smin}——遮阳性能；

K_a——通风可调；α_s——遮阳可调。

表 5 中对于围护结构性能要求的重要性是相对的，重要性小并不代表无关紧要。例如大型公建其保温性能的重要性与其他三类性能相比最小，但是不表示围护结构无需保温，只不过是说明增加围护结构保温对全年能量收益的增量是非常小的，有时还可能有负收益（当建筑无法获得一定的通风换气能力时），而其他性能调节时所获得的能量收益要远大于它。

5 结语

本文从目前我国建筑围护结构节能实施过程中存在的问题，诸如公共建筑的合理保温、全玻璃幕墙建筑等当前突出问题出发，通过建筑物对热量需求的分析，指出建筑物对热量的需求不仅由外部因素（气候条件）决定，还很大程度上受到建筑物的内部因素（表征使用状况的室内发热量）的影响，并根据建筑物在不同时间、不同使用状况下对热量需求的变化，提出围护结构性能应适应需求变化而具备可调节特性，从而在能量流通的源头处减少不必要的得热或者热损失，提高围护结构的节能效果。

进一步，利用围护结构能量收益的概念分析得到，对于室内发热量大的大型公共建筑，最有效的节能措施是提高围护结构的室内外通风换气能力，当通风换气能力较差时，增加围护结构的保温性能反而不利于减少建筑能耗。此外，根据围护结构能量收益的均匀性原则，指出对于不同地区、不同类型建筑的不同朝向，透光型围护结构太阳得热系数 α_s 的下限值是不一样的，尤其是除热区间很长的夏热冬暖地区或者是室内发热量大的大型公共建筑对 α_s 下限值的要求非常小。因此，在这些建筑中采用透光型围护结构一定要慎重。

最后，通过建筑围护结构的能量收益分析，总结得到性能可调节围护结构在不同气候区、不同类型建筑的节能设计要点。

参考文献

1. 建设部．建筑节能十一五规划．
2. 江亿．我国建筑耗能状况及有效的节能途径．暖通空调 HV&AC，2005，35（5）：30～40
3.《民用建筑节能设计标准（采暖居住建筑部分）》JGJ26—95，北京：中国建筑工业出版社，1996
4.《夏热冬冷地区居住建筑节能设计标准》JGJ134—2001，北京：中国建筑工业出版社，2001
5.《夏热冬暖地区居住建筑节能设计标准》JGJ75—2003，北京：中国建筑工业出版社，2003
6.《公共建筑节能设计标准》GB 50189—2005，北京：中国建筑工业出版社，2005
7. 张蕾，商场类建筑空调系统节能潜力的研究，清华大学硕士论文，1999
8. 燕达，谢晓娜，宋芳婷，江亿．建筑环境设计模拟分析软件 DeST 第一讲 建筑模拟技术与 DeST 发展简介．暖通空调，2004，(07)
9. 朱颖心，江亿．用于空调系统设计的全年双负荷曲线分析法．暖通空调 HV&AC，1998，28（4）：43～46
10. 杨柳，建筑气候分析与设计策略研究，西安建筑科技大学博士论文，2003.6，P12
11. 曾剑龙，性能可调节围护结构研究，清华大学博士论文，2006.7

曾剑龙　清华大学建筑技术科学系　博士　邮编：100084

建筑节能的优化原则

孟庆林

【摘要】 建筑节能的优化应该遵循四个原则，即保证室内热环境质量热舒适和健康都能满足要求，符合当地居民普遍的生活作息模式，适合当地建筑材料的产品多样性状况，考虑建筑生命周期特征，这样才能确保建筑物生命周期内的能耗和环保指标最优。

【关键词】 建筑节能 优化

建筑节能的重要理念就是在现有的建筑技术条件下，尽可能的利用自然能量来达到环境的健康和热舒适需要，也就是要做到合理地最大限度利用自然能源和高效率地最小限度利用人工能源。追求建筑物的低能耗是建筑设计的目的，而追求建筑环境的舒适性和健康性也是建筑设计的目的，实现这两个目的最终要从建筑围护结构和人工设备两部分内容体现。建筑设备的设置和运行、控制方式的选择要依赖建筑形式，包括使用规律情况而定，所以从根本上说，还是要在建筑物围护结构的建造上下功夫才能有条件最大限度地获得节能的效益。就如同制作冰箱一样，如果外壳做的不合理，即便是制冷系统的 *COP* 再高、控制装置如何先进，于冰箱整体的节能效果而言也是有限甚至是徒劳的。尽管建筑的节能远不像冰箱节能那样简单，但概念上是可以类比的，建筑节能也要从外壳和设备两方面考虑。其中从对维护建筑室内环境所发挥的作用来看，建筑外壳要伴随着建筑物全生命周期里的时时刻刻发挥它的维护作用，它的好坏直接影响着建筑设备的运营状态和运营能耗的多少。日本和我国台湾地区，建筑的生命周期大约为 40 年，建造和拆除所消耗的能量约占 40%，而建筑使用的运营能耗约占 60%；对于欧美国家，建筑的生命周期较长约为 60 年，甚至 130 年，其运营能耗占的比例高达 70% 以上。可见建筑节能的主要空间是生命周期里的运营能耗。运营能耗中可以利用自然气候能量的空间。因地区的不同，差异较大，目前来看，即便我们不去刻意追求应用高新强化节能技术手段，在常规技术条件下，由于围护结构设计建造的不当而导致运营能耗增高的幅度，平均也不会低于 30%。如建筑物在夏热季节不能够自然通风、窗户没有合理的外遮阳措施、冬季围护结构隔热保温能力低下、建筑朝向和组团布置不合理等都是直接导致建筑运营能耗增高的原因。盲目追求过高标准的室内热环境质量也是直接导致建筑高使用能耗的原因。如在夏热冬冷地区，冬季按照当地居住习惯冬季室温维持在 16℃，关闭门窗减少冷风侵入就可以满足热舒适和健康要求。在夏热冬暖地区的夏季，室温在 29℃以下并有自然通风时，也可以满足室内热舒适和健康要求，这就要比通过供暖设备达到室温 18℃或用空调设备让室温达到 26℃的情况节能，其前提是尊重当地的人们对室内环境适应能力而做到的节能。当地建筑材料的品种多样化也是保证节能构造实施的重要条件，不能一味不计代价地考虑高档的高品质材料，应该科学合理地组织利用好当地既有的建筑材料和节能构造，这有利于推动当地节能技术的产业化。同时，为了实现建筑节能，适应可持续发展的要求，还应该充分考虑建筑节能优化过程面向建筑的生命周期进行，不能只考虑建筑物在使用能耗上的节约这一个环节。

因此，建筑的节能优化总体上应该遵循以下几个原则：

1. 保证室内热环境质量符合热舒适和健康都能满足要求；
2. 符合当地居民普遍的生活作息模式；
3. 适合当地建筑材料的产品多样性状况；
4. 考虑建筑生命周期特征。

1 室内热环境质量是探讨节能构造的重要前提

热环境质量好坏直影响着居住者的身心健康，住宅围护结构的节能优化不能丧失这个重要前提。很多节能的构造形式并不一定都能够满足这个前提，如在同一个地区，同样是绝热保温质量优良的构造，但是因为受到建筑窗墙组合形式、应用朝向的不同，室内热工效果会截然不同。众所周知的双层 Low-E 玻璃窗是一种节能构造，在寒冷地区与普通的双层玻璃窗相比，高透型的 Low-E 产品会获得高达 50% 的节能效果，但是如果开窗面积过大，尽管使得全楼的能耗指标达到了控制水平，可室内靠窗部位的冷辐射引起的热不舒适区域分布范围，也要随着窗面积的加大而扩大，房间的热稳定性仍然是不可避免地受到影响。同样是这个产品在夏热冻冷地区应用，可以有效地控制太阳辐射热的近红外和较有效地控制可见光部分的得热，从而能够有效地削减夏季的空调能耗。但当室外热环境优于室内热环境时，如果要以开窗通风方式达到热舒适，没有外遮阳的窗口，一旦 Low-E 窗户打开，它就丧失了遮阳性能，无法避免太阳辐射热进入房间，也就避免不了使用者还要关窗开空调。因此，如果窗口设计不当，尽管采用高技术的窗材，也不能保证室内热环境的舒适性和节能性。

热舒适环境和健康环境不是同一个概念。热舒适的环境不一定是健康的环境。封闭的空调房间如果换气量不够，则不能满足健康性要求，众多的“空调房间综合症”就说明了这一点。

健康的室内环境也不一定就是热舒适环境。按照目前对健康室内环境的一般认识，如果室内通风换气能力达到 1 次/h 就能够满足室内人员基本的健康需要，但如果建筑的外窗及其附属开口就只能让房间达到这个自然通风能力的话，房间的热舒适性则无法保证。例如全国各地为数众多的住宅建筑，为了强调住宅外立面的简约设计风格和过多考虑室内对外观景需要，弱化外窗的开启功能，大窗开小扇甚至无可开启窗扇，窗户可开启率（窗户可开启面积/房间地面积）过低，甚至不足 3%，加之房门、过道、天井等附属通风通道不畅，造成房间内部尽管可以达到 1 次换气的健康需要，但却无法使得房间内部形成可感风场环境。实测表明，在夏季如果室外温度在 29℃以下时就可以用于室内的通风降温，但要在室内形成凉爽的体感，就必须要有足够的风速和无来自于窗口的太阳辐射。当室内主流区最大风速（房间进、出通风口中间距地 1.2m 高处的最大风速）低于 0.5m/s 时，则人是感觉不到通风降温的效果的，尽管此时房间的实际通风量也会超过 1 次/h，但人的热感却没有因此而得到改善，索性还是要开启空调，同样达不到节能的目的。

因此，以建筑节能为目的寻找合理的建筑构造形式，离不开室内热环境质量这个重要前提。

2 遵守当地居民普遍的生活作息模式是构建节能建筑的基础

一般来说，居住者使用房屋所形成的生活习惯，都是顺应当地的气候变化形成的，尽管用户个体上的习惯不尽相同，但规律是基本一致的。其中对建筑能耗影响很大的使用行为就是窗户的开关习惯。窗户的开闭模式影响到房间的自然换气的状况，进而直接对建筑物的采暖空调使用能耗构成影响。如果没有深入理解当地居住者的生活习惯，就会错误地引用相关的影响参数（如换气次数），无疑也会得出错误的建筑能耗评价结果。至少从我国现阶段居住者普遍的认识水平来考虑，高比例的居住者对窗户的使用行为是一种在自我热、湿感受支配下的下意识行为，更多的居住者并不是用户为了达到某种目的（如节能、节电、可持续发展等）而采取的主动行为。因此，居住者也不大可能因为所住的房子是节能建筑而轻易改变历史形成的习惯，那么如果这些习惯是对节能有利的，就应该尊重这种习惯，那么在做这个地区的建筑能耗评价也应该考虑因此而收到的节能效益。如夏热冬暖地区和夏热冬冷地区的居民普遍喜欢冬季开窗，即使是因为生活水平提高而安装了空调设备，也不容改变其冬季开窗的生活习惯。因此，国家在制定相关节能标准时就应该考虑到这个十分现实的因素，应该以依据地区居住者现实生活习惯为目的合理设定节能标准的环境控制参数，如室内空调房间温度湿度参数可以设为14℃、16℃和18℃几个档次，从而使得人们通过自身良好的生活习惯产生节能效益的行为合法化，而不应受到排斥甚至说不合法。相反，如果只有室温达到18℃才是合法的，所有这个地区的建筑都按这个标准执行，显然从目前国力和居民的生活水平来说，完全能够做到也是不现实的，同时也不符合当地的良好生活习惯。

寒冷和严寒地区的居民冬季都要严闭窗门，控制冷风渗透或侵入，室内连续处在采暖状态。房间的换气状况普遍接近最低满足健康基本需要的1次换气，甚至更低为0.5次换气（东北及内蒙古地区）；夏季则南北开窗自然通风，因雨水不多而更多地利用窗前区域作为室内活动的主要场所，甚至可以把床位、写字台都安放在窗口部位。

夏热冬冷地区和夏热冬暖地区的居民，冬季气温在0℃以上的地区，因无雨水困扰都是敞开窗户，最大限度地争取室外空气流入室内和阳光进入房间，目的是为了缓解低温潮湿状况带来的不舒适感。房间的换气能力则远远大于寒带地区的水平，即使使用空调的住户也是在最冷的短暂时间里开启空调，维持室内温度环境达到14~16℃水平，并且由于不存在建筑冻害问题，空调的使用方式是间歇式运行（有人在开启空调，无人时关闭）；夏季在夏热冬冷和夏热冬暖地区都存在可以利用夜间通风降温的条件，夏热冬冷地区可以利用的气候条件相对更加具备。

关于自然通风、机械调风、空气调节的寻优控制，是南方地区建筑节能最为值得重视的技术问题。按专业划分，建筑师最重视自然通风，但担心自然通风达不到舒适要求而直接依靠空气调节补救，没有考虑还有可能依靠机械调风手法实现热舒适控制。自然通风满足要求时可以不消耗能量，机械调风能满足要求时可以较少地消耗电能，机械调风最好的方式是利用吊扇，可以最大限度地促成房间气流的不规则扰动，人体的风感刺激显著，而落地扇和壁扇、台扇、空调送风口等由于形成的是定向风，人体风感刺激容易疲劳，人体形成体位不均匀受热，热舒适感差容易引发疾病。同房间电扇的装机容量约为空调设备的1/10~1/20左右，当开启电扇调风相同开启时数时，使用的电能也是空调设备的1/10~

1/20，在室内环境相对湿度70%，空气温度30℃，近人体风速0.8m/s，静坐人体热感的PMV在1.5以下，属于可以接受的热环境，依据南方居民的生活习惯，此时一般都不开空调而开电扇。但目前居住建筑设计大多缺乏考虑电扇、特别是吊扇的安装位置，但都考虑了空调的安装，属于节能设计中不科学和不合理的做法，而建筑能耗模拟也还无法做到对于自然通风、电扇机械通风和空气调节设备三者联动控制运行工况的模拟，目前也只能做到自然通风与空调联动工况的能耗模拟这一步。

总之，如果不注意当地的作息习惯和生活习惯，不科学分析设备的运行工况，模拟预测的建筑能耗就不够真实。实现建筑能耗精细模拟至关重要，否则很容易形成错误的结论，对指导建筑节能工作造成不利影响。

3 以建筑材料种类的多样化促进建筑的节能

用于建筑节能构造的材料供应一直都是受到关注的问题，在市场经济支配下的节能墙材生产开发也确实比10多年前好得很多，但目前仍然存在品种少、价格高、实践经验缺乏等问题，进而导致节能构造的可选择余地不大，建筑节能的可靠性受到一定程度的影响。主要用在建筑三个部位的节能型材料和构造问题突出：节能型屋顶和墙体构造、节能型门窗、节能型遮阳构造和产品。屋顶和外墙用的绝热材料目前已经从传统的地方材料转为应用高分子材料，应用的品种多为挤塑型聚苯乙烯泡沫塑料、模塑型聚苯乙烯泡沫塑料、聚氨酯泡沫塑料、聚乙烯泡沫塑料等，专门用于墙体围护用的节能材料有加气混凝土砖、低密度陶粒混凝土砖、双排孔空心砌块等。建筑外门窗节能产品有双层玻璃窗、镀膜玻璃窗、低辐射玻璃窗等。窗口遮阳产品目前虽已开始形成产业规模，市场还不成熟，国内出现的若干种国外产品因价格昂贵还不能普及，也亟待国内的开发或消化国外技术适应国内经济发展水平。发展窗玻璃的节能化改性技术也是我国建筑节能已经面临的实际问题，因我国的建筑节能工作要面对的不仅仅是每年新建10亿m^2以上的新建筑，也要面对已经使用的几百亿平方米的既有建筑。因此发展适合于节能改造的节能技术也是当务之急。建筑门窗玻璃的节能化改性技术，在国际上也是一项刚刚起步的节能技术，主要有两种，一种是在玻璃上现场涂刷Low-E高分子膜，另一种是粘贴Low-E塑料膜，在国外已有近10年的应用经验，是目前新建和既有建筑节能设计和节能改造的新措施，目前两种技术与遮阳技术性能相近，但都比目前通常采用的Low-E镀膜玻璃的造价低。由于涂刷Low-E膜技术是一种高分子纳米级材料，相对于粘贴Low-E塑料膜来说寿命长、施工方便和相对造价低，同时也是环保类产品，有可能成为我国建筑节能市场的主流产品之一。

如果说墙体和屋顶绝热的材料国内市场相对成熟，那么在合理地运用这些材料形成合理的节能构造方面还存在很多不足，国内建设行业并没有指导节能构造设计的行业法规，很多有价值的研究成果还没有形成构造图集或构造设计标准，各地的建筑设计涉及到节能构造则无从选择，现有的节能标准或规范还没有达到能够切实落实构造的深度，各地的实施细则也是在现行标准图集中选取确定的，但能够符合节能要求的构造数量少，并且在新型绝热材料的应用上还不能都适合材料市场供应品种的需要，导致新材料应用无法可依，设计单位不敢擅自采用。例如应用最为广泛的《中南地区建筑设计标准图集》中的屋顶构造，推荐了植被屋面，可以认为是节能屋面构造，但这样的构造过于复杂和保守；图集中所推荐的倒置屋面存在概念性错误，绝热层上面设有防水性防护层构造，本身已经丧失了倒置式屋面的功能，充其量就是个一般性隔热保温上人屋面。只选择一种绝热材料作为推荐依据，设计者只能以此作为惟一可以信赖的，也是惟一可以不负责任的选择采用它，从而误导我国中南、华南地区的广大建筑的上人屋顶无不采用价格昂贵的挤塑型聚苯乙烯泡沫塑料。而与之热工性能相当的模塑型聚苯乙烯泡沫塑料，在价格和技术参数合理选择时可以替代上述昂贵的产品，其造价可以下降到1/10，采用聚乙烯泡沫塑料造价下降到1/2。屋面绝热层的抗压强度也是建筑构造设计时一个引起争论的问题。普遍误认为该层绝热材料抗压强度越高越好，也因此使得挤塑型聚苯乙烯泡沫塑料有了宽泛的市场。一般上人屋面的上人和绝热层上部保护层的静荷载形成的压强为0.0016MPa，如果考虑人的运动和搬置物品的增重荷载，也不过才有0.0033MPa。一般普通的模塑型聚苯乙烯泡沫塑料的抗压强度约为0.085～0.250MPa，它的变形率也只有10%，即使设计时选用时适当加大厚度有富裕量构造成本，仍然远远小于昂贵材料构造。绝热材料的水蒸气渗透性能和吸水率也是关系到构造绝热可靠性的重要因素。聚苯类泡沫塑料和聚乙烯类泡沫塑料的水蒸气渗透能力和体积吸水率的差别不是很大，蒸汽渗透系数通常都在5ng/(Pa·m·s)以下，体积吸水率在5%(V/V)以下，而聚氨酯类的要大些，在北方寒冷和严寒地区屋面工程保温中应慎重使用，密度小于20kg/m^3的模塑型聚苯乙烯泡沫塑料也同样存在这个问题。南方屋顶绝热工程中由于不存在冻融危害，所以使用的绝热材料微弱吸水或蒸汽渗透受潮，也只是使得绝热层的绝热能力下降而已，不至于引起屋面构造的冻害开裂，而绝热层设计时，可以适当放大厚度（热阻）10%，以预留绝热能力折减的余量。

可见单从个别指标来肯定或否定材料的适用性极为不合理，这样就导致了目前只要它的个别参数品质优秀就不计代价地被推而广之，加之材料生产技术的垄断，节能构造造价持久偏高，同类同样可以发挥作用的其他构造形式，甚至构造体系，无形中受到了限制，在造价居高不下无法接受的情况下，大量的不节能的构造无疑就成为了我国目前建筑构造的主流。

4 用建筑生命周期评估围护结构的节能

建筑物在其生命周期里所涉及到的能源对象主要可以分为五大部分：①建材生产运输能耗。②建筑营建能耗。③建筑使用能耗。④建筑改建修缮能耗。⑤建筑拆除回收净能耗。我国目前的建筑节能法规和技术所控制的主要还是建筑使用能耗，很少关注其他部分的能耗。我们即便是把建筑围护结构做了节能，也只是降低了建筑的使用能耗部分，而为了建造这种构造的建筑影响到建材生产运输、建造过程、维护保养、拆除利用等需要的能耗并没有进行完整的评估。对于使用能耗节能和构造，不等于对建筑生命周期都节能和环保。如果所设计的围护结构能够在建筑生命周期里做到对各阶段的能耗较低；CO_2、NOx、SOx等释放量相对较少；拆除回收利用材料比例较高等，这种围护结构就是一种适应于建筑物全生命周期的节能环保型的构造，否则就可能顾此失彼。

用全生命周期的方法评估围护结构的能耗和环保性能最为关键的一项内容就是如何确定建筑物的生命年限，确定建筑寿命对于评价建筑的能耗和环保效果至关重要。我国目前还没有开展相关的研究，国外早在20世纪70年代初期石油危机发生后就开始了这项研究。建筑物的寿命长短是受建筑物的物理寿命（结构安全年限）、功能寿命（空间功能适用年限）、社会寿命（适应社会发展规划的年限）、经济寿命（适应国家税制的法定年限）综合影响的，不见得建筑的物理寿命高达100年，建筑的生命周期就是100年，说到底它受社会经济发展模式的影响巨大。调查资料显示，对于社会经济稳步发展的国家建筑的生命周期要长，而对于经济跳跃式发展的国家建筑的生命周期短，从住宅建筑实际的平均寿命比较来看，英国为140年，美国为103年，德国为80年，而对于经济发展变化幅度较快的日本为40年，我国台湾为30~40年[1]。我国内地也处在经济飞速发展时期，此前40年兴建的建筑，生命周期也许不见得要比日本的长，近10年兴建的房地产交易房所限定的法定年限大致在50~70年，实际为多少还是一个需要研究的重要课题。

只有掌握了我国建筑的生命周期长短，才能做到对一栋建筑物做出客观的能耗评价，才能准确评价建筑围护结构的节能和环保性能，否则只停留在目前的用建筑物使用能耗判断建筑物节能性的程度，得出的结论是片面的，对建筑可持续发展的贡献仍然无从把握。

5 结语

建筑节能的优化过程是一个复杂的大系统优化过程，就常规的建筑技术而言，目前仍然还有很多并没有完全揭示清楚的科学问题阻碍着节能建筑的发展。例如在建筑气候能量的摄取方法方面，建筑物受到雨水淋湿而获得的节能效益是早已被人们所认知的，但由于建筑围护结构外表面热湿耦合传递过程没有得到很好研究而不能够准确加以评价。

参考文献

1. 陈瑞玲，台湾建筑生命周期使用年限调查之研究，2002

孟庆林　华南理工大学建筑节能与DeST研究中心　教授　博士生导师　邮编：510640

严寒地区居住建筑实施节能65%的分析

李志杰　王万江

【摘要】　本文以围护结构的耗热量指标、传热系数限值和门窗空气渗透耗热量为重点，对严寒地区居住建筑实施节能65%进行了分析，提出围护结构各部分的传热系数限值。对围护结构如何实现节能65%的要求，从围护结构构造和技术角度进行了讨论；并阐述降低门窗部位的空气渗透耗热量是下一步节能的关键。

【关键词】　居住建筑　节能65%　耗热量指标　传热系数限值　构造　技术　空气渗透耗热量

1　严寒地区实施建筑节能65%分析

严寒地区实施建筑节能65%标准是建筑节能的发展方向，它是在当前节能50%的基础上再节能30%，可进一步节约宝贵能源、保护生态环境、提高居住环境舒适度。因此，在有条件的地区应提高建筑节能的标准，积极推行节能65%的标准。我国寒冷地区如北京市已率先制定并实施建筑节能65%标准。我国严寒地区相对于寒冷地区节能潜力更加巨大，从哈尔滨市和北京市的对比可以看出，哈尔滨市实施节能65%的耗煤量指标为13kg/m^2，比节能50%的18.6 kg/m^2，每平方米多节约5.6 kg采暖用煤；而北京市节能65%的耗煤量指标为8.7 kg/m^2，比节能50%的12.4 kg/m^2，每平方米多节约3.7 kg采暖用煤，哈尔滨市比北京市每平方米多节约1.9 kg煤。但同时也应注意到严寒地区实施节能65%对建筑节能技术和节能产品性能要求更高，一次性资金投入更大。

1.1　围护结构的耗热量概述

在《民用建筑节能设计标准》（JGJ26-95）中，建筑物的节能率达到35%（即建筑物耗热量指标降低35%），供热系统的节能率达到23.6%。根据供热系统应达到23.6%的要求，锅炉运行效率从0.55提高到0.68，管网输送效率从0.85提高到0.9。因此，要想达到节能65%的目标，只能全部依靠降低建筑围护结构的耗热量实现。

对于采暖居住建筑来说，建筑物耗热量是由通过建筑物围护结构的传热耗热量和通过门窗缝隙的空气渗透耗热量两部分组成（$q_H = q_{H \cdot T} + q_{INF} - 3.8$），传热耗热量约占70%～80%，空气渗透耗热量约占20%～30%。其中，建筑物传热耗热量是由围护结构各部分的传热耗热量组成的。在建筑物轮廓尺寸和窗墙面积不变的条件下，耗热量指标随围护结构传热系数的降低而降低。实现节能65%的目标，减少围护结构各部分的传热耗热量，就必须大幅度降低围护结构各部分的传热系数限值。

1.2　围护结构传热系数限值分析

（1）传热系数限值 K_i 降低30%的可行性：如果将建筑围护结构各部分传热系数限值 K_i 降低30%，即 $K_i'=0.7K_i$，建筑物耗热量指标是否也降低30%，从而实现节能65%的目标？

已知：节能50%：$q_H=q_{H \cdot T}+q_{INF}-3.8$ （1）

节能65%：$q_H'=q_{H \cdot T}'+q'_{INF}-3.8$ （2）

首先，将 $K_i'=0.7K_i$ 代入 $q_{H \cdot T}=(t_i-t_e)(\sum \varepsilon_i \cdot K_i \cdot F_i)/A_o$，得到 $q_{H \cdot T}'=0.7q_{H \cdot T}$ 且假设节能65%前后换气次数 $n=0.5$ 次/h 不变，则 $q_{INF}=q_{INF}'$

将 $q_{INF}=q_{INF}'$ 和 $q_{H \cdot T}'=0.7q_{H \cdot T}$ 代入（2），得：$q_H'=0.7q_{H \cdot T}+q_{INF}-3.8$

讨论：

1）一般来说，q_{INF} 总是大于3.80，因此当 $\lambda=q_{INF}-3.8>0$ 时，$q_H'>0.7q_{H \cdot T}+0.7(q_{INF}-3.8)=0.7q_H$，不能实现节能65%的目标。

2）当 $\lambda=q_{INF}-3.8=0$ 时，即 $(t_i-t_e)(C_\rho \cdot \rho \cdot N \cdot V)/A_o=3.8$。以哈尔滨地区80龙住1，4单元6层楼为例分析，得出只有换气次数 $N=0.214$ 才可实现节能65%的目标。

由以上分析可以看出，对一般民用建筑来说，$S=A_o/V_o$ 在0.3左右，将建筑物各部分围护结构传热系数限值 K_i 降低30%（$K_i'=0.7K_i$），而建筑物换气次数不变 $n=0.5$ 次/h，建筑物耗热量指标降低幅度小于30%（$q_H'\geqslant 0.7q_H$），不能实现节能65%的目标。

（2）节能65%传热系数限值的确定：以哈尔滨地区80龙住1，4单元6层楼为例分析，在建筑物耗热量中，传热耗热量约占65.2%，空气渗透耗热量约占34.8%。从建筑物围护结构各部分传热耗热量的构成来看，窗户所占比例最大26.5%，其次是外墙23.9%、屋顶8.1%，地面4.0%和阳台门下部1.8%及户门1%所占比例较小。围护结构中窗户、外墙、屋顶三部分占建筑物耗热量93.2%以上。因此，实现节能65%的目标，围护结构传热系数限值应以窗户、外墙及屋面为研究重点。但目前市场上，传热系数 $K\leqslant 1.75W/(m^2 \cdot K)$ 的窗户必须采用镀膜、填充惰性气体（氩气）等技术，窗户价格较高。所以在满足建筑物总耗热量指标的前提下，外墙及屋顶传热系数限值 K 降低幅度应大于窗户传热系数限值的降低幅度。地面、阳台门下部及户门所占比例之和不到建筑物耗热量6.8%，可以考虑这些部位的传热系数限值仍按照节能50%的标准执行。

1.3　空气渗透耗热量分析

随着围护结构其他部位传热系数限值的降低，这些部位在建筑物总耗热量中所占比例越来越小，相反空气渗透耗热量的比重不断上升。所以，空气渗透耗热量是节能65%工作的关键。

根据《建筑外窗空气气密性能分级及其检测方法》(GB/T107—2002)，提高窗户的气密性，减少空气渗透耗热量是以室内最低限度的换气次数为限度的。按照目前节能50%标准规定，空气渗透耗热量的换气次数 $n=0.5$ 次/h，该换气次数的确定是兼顾卫生和节能两方面的要求。从节能角度，应尽量提高建筑物的气密性，减少换气次数；从卫生角度，则必须有足够的通风换气量，以稀释人体新陈代谢产生的二氧化碳及其他气味，保证有足够的新鲜空气，一般情况下，每人所需新鲜空气量约为 $20m^3/h$。因此，《建筑外窗空气气密性能分级及其检测方法》规定居住建筑窗户的气密性不低于Ⅲ级即可，$q_0\leqslant 2.5m^3/(m \cdot h)$。

节能65%窗户的气密性大大提高，如单框四腔三玻塑料窗气密性在Ⅰ、Ⅱ级之间 $q_0 \leq 1.5m^3/(m \cdot h)$。按照计算空气渗透的缝隙法公式 $L_a = kq_0 l$，在窗缝隙总长度 l 和窗朝向修正系数 k 不变的情况下，空气渗透量 L_a 随窗单位缝隙长度空气渗透量 q_0 的减小而减少。又根据换气次数法 $L_a = nV$，如果空气渗透量 L_a 减少，换气次数 n 也减少。

可以令：$kq_0 l = nV$

节能65%前后窗户的 k、l、V 值不变，故 $q_0/q_0' = n/n'$

将 $q_0' = 1.5$、$q_0 = 2.5$ 代入计算，得节能65%时换气次数 $n' = n \times q_0'/q_0 = 0.5 \times 1.5/2.5 = 0.3$ 次/h。

以乌鲁木齐市2单元六层建筑物为例分析，该建筑的空气渗透耗热量为 $8.99W/m^2$，设定窗户 $K = 1.8W/(m^2 \cdot K)$，屋面 $K = 0.33W/(m^2 \cdot K)$，外墙 $K = 0.35W/(m^2 \cdot K)$，计算出建筑物耗热量指标不能满足节能65%的要求，因此，必须降低空气渗透耗热量和换气次数 n。在以上围护结构传热系数不变条件下，可以反算出节能65%的空气渗透耗热量为 $6.43W/m^2$，从而进一步计算出 $n = 0.36$ 次/h > 0.3 次/h。

从以上分析可知，随着窗户性能的改善，尤其是气密性的提高，降低了建筑物换气次数和空气渗透耗热量。但窗户过于密闭，室内空气质量达不到基本的卫生要求。因此，必须安装通风换气装置以满足室内空气质量要求。

2　节能65%的围护结构构造和技术讨论

2.1　外墙构造

（1）外保温层厚度的合理确定：外墙的热阻 R 与保温层厚度 d 的关系呈一次线性方程，如图1所示，传热系数是热阻的倒数，外墙传热系数 K 与保温层厚度 d 是双曲线关系 $[K = 1/(R_0 + d/\lambda + 0.15)]$，如图2所示，传热系数曲线开始时随保温层厚度增加迅速下降，但下降到一定程度后，曲线就变得非常平缓，这说明随着保温层厚度增加，传热系数降低幅度变小，经济性较差。因此，外墙保温层厚度太大，节能效果上升缓慢，造价增加较快。

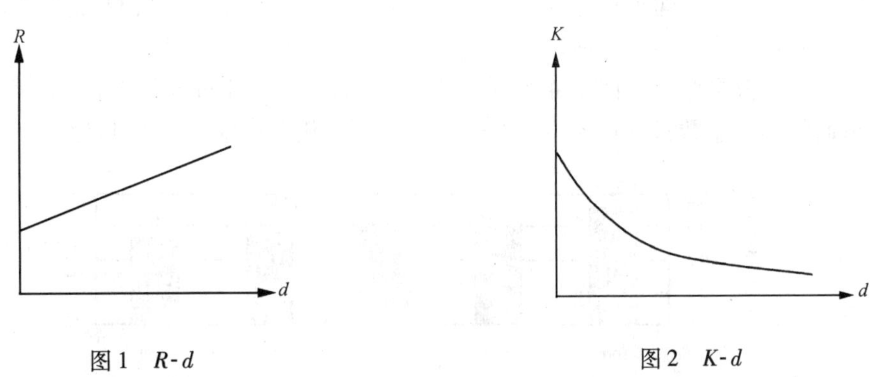

图1　R-d　　　　图2　K-d

（2）外墙构造形式：我国严寒地区已广泛采用外墙外保温技术，诸如膨胀聚苯板、挤塑聚苯板、硬泡聚氨酯塑料，矿（岩）棉板等高效保温材料 $[\lambda \leq 0.05W/(m \cdot K)]$，这与国外采用的外墙保温技术基本相同，只是国外采用的保温板更厚一些。从表1可以看出，外保温层厚度只要适当加大，外墙传热系数就可以满足节能65%的要求。

各种外墙外保温的传热系数　　　　　　　　　　　　　　　　　　表 1

外保温类型		膨胀聚苯板 EPS [$\lambda \leqslant 0.042W/(m \cdot K)$]			挤塑聚苯板 XPS [$\lambda \leqslant 0.03W/(m \cdot K)$]			硬泡聚氨酯 PURF [$\lambda \leqslant 0.033W/(m \cdot K)$]		
保温层厚度(mm)		90	100	110	65	70	75	65	70	75
KPI 黏土多孔砖 [$\lambda \leqslant 0.58W/(m \cdot K)$]	240mm	0.34	0.31	0.29	0.33	0.31	0.30	0.36	0.34	0.32
钢筋混凝土 [$\lambda \leqslant 1.74W/(m \cdot K)$]	200mm	0.37	0.34	0.32	0.37	0.35	0.33	0.40	0.38	0.36
混凝土砌块 ($R = 0.32\ m^2 \cdot K/W$)	240mm	0.34	0.32	0.30	0.34	0.32	0.31	0.38	0.36	0.34

注：此处 K_p 值没有考虑热桥影响，实际 K_m 略大于 K_p。

2.2　节能屋面构造

我国屋顶部位保温层厚度远低于发达国家的保温层厚度，比如法国和德国屋面绝大多数为坡屋顶且外保温层厚度在 180mm 以上，法国北部地区传热系数要求达到 $0.2W/(m^2 \cdot K)$ 以下，德国屋面传热系数的国家标准值为 0.25 ~ 0.3 $W/(m^2 \cdot K)$，基本上采用玻璃棉、岩棉、矿棉、发泡聚苯乙烯等保温材料。我国屋面采用聚苯板与发达国家屋面保温材料基本一致，只是保温层厚度稍薄，一般在 100mm 左右，如图 3 所示。

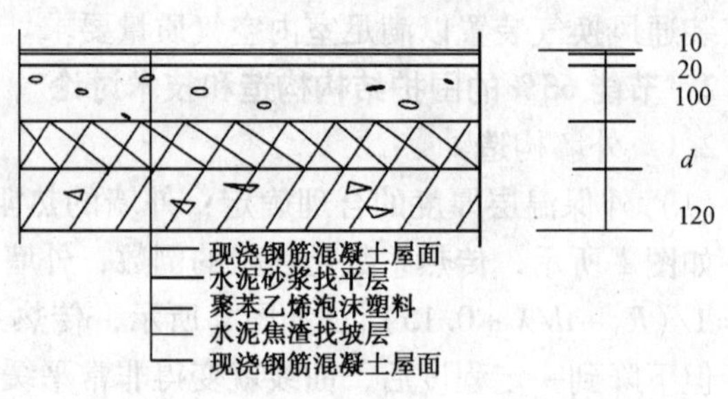

图 3　屋面保温构造图

屋顶部位耗热量占建筑总能耗量的比例不大，但在顶层住宅的传热耗热量中却占有很大比例，影响顶层住宅的热舒适度。屋顶部位外保温在技术和经济上都是可行的，因此屋顶可适当增加保温层厚度。如图 4 所示，当屋面结构采用 110mm 聚苯乙烯泡沫塑料板保温层，屋面的传热系数只有 $0.33W/(m^2 \cdot K)$，可以满足节能 65% 的目标。

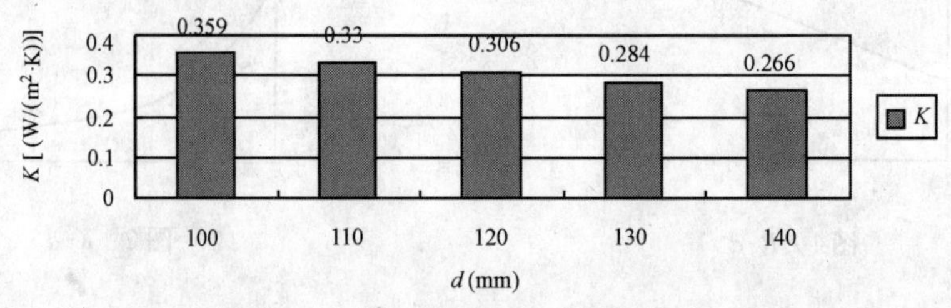

图 4　K-d 关系图

2.3　节能窗讨论

采用传热系数 $K \leqslant 1.8W/(m^2 \cdot K)$ 的窗户：窗户的传热耗热量与空气渗透耗热量相

加，约占建筑总耗热量50%以上。改善建筑物窗户保温性能和加强窗户的气密性是节能的关键。对于窗户来说，要使窗户的传热系数限值进一步降低，就必须采用高性能窗，如low-e中空玻璃窗或单框四腔三玻窗，配置低辐射镀膜玻璃、充氩气、超级间隔条等。目前严寒地区大多数仍使用的是单框双玻塑料窗［$K=2.5W/(m^2 \cdot K)$］，该窗保温性能较差，传热系数大，气密性差，冬季常有内表面结露、结霜现象。在门窗保温方面，加拿大做得非常严谨，窗多是双层或三层的，根据业主要求有的中间填充氩气，其保温性能更佳。在窗与边框之间有的还装双腔的橡皮密封条。黑龙江省已规定，建筑物南向采用框厚60mm（含60mm）的单框双玻塑料窗，其他朝向采用框厚65mm以上（含65mm）的单框四腔三玻塑料窗［$K \leqslant 1.8W/(m^2 \cdot K)$］。

3 结语

（1）实现节能65%的目标，在不考虑建筑物换气次数的变化，将建筑围护结构各部分传热系数限值 K_i 降低30%，即 $K_i'=0.7K_i$ 是不妥的。

（2）65%围护结构的外墙、屋顶、窗户传热系数限值分别降低到窗户 $K=1.8W/(m^2 \cdot K)$，屋面 $K=0.33W/(m^2 \cdot K)$，外墙 $K=0.35W/(m^2 \cdot K)$ 从构造和技术上是可以实现的。

（3）门窗的空气渗透耗热量在保证室内环境空气质量条件下，应进一步提高门窗气密性，减小建筑物换气次数至 $n=0.36$ 次/h。

参考文献

1. 民用建筑热工设计规范 GB50176—93. 中国计划出版社 . 1993. 9
2. 民用建筑热工设计标准（采暖居住建筑部分）JGJ26—95. 中国建筑工业出版社 . 1996. 6
3. 杨善勤、郎四维、涂逢祥编著 . 建筑节能 . 中国建筑工业出版社 . 1999
4. 方修睦 . 哈尔滨地区第三阶段建筑物耗热量指标分析 . 建筑节能 43，涂逢祥主编，中国建筑工业出版社 . 2005. 1
5. 祝根立 . 加快实施节能65%标准的步伐 . 建筑节能 41，涂逢祥主编 . 中国建筑工业出版社

李志杰　新疆大学建筑工程学院结构工程专业　硕士研究生　邮编：830008

兰州鸿运润园小区建筑节能65%住宅

刘永辉　李德荣

【摘要】　本文结合甘肃省气候特点在兰州鸿运润园健康住宅小区，按第三步建筑节能65%的目标，采用建筑节能综合配套技术，提高了居住环境的舒适度，降低了采暖空调运行费用，取得了显著的效益。

【关键词】　健康住宅　建筑节能　外墙外保温　低温地板敷设采暖

甘肃天鸿金运置业有限公司在可持续发展战略的思想指导下，结合甘肃省气候的特点以及兰州地区污染严重、影响人身健康的严峻形势，在兰州鸿运润园健康住宅小区，率先按第三步建筑节能65%的目标，进行住宅小区建设。

1　兰州鸿运润园健康节能住宅小区概况

兰州鸿运润园是由甘肃天鸿金运置业有限公司开发建设的大型健康节能居住小区，该项目位于兰州市黄河百里风情线东段的城关区宋家滩，北临纵贯城市东西两端的、市民出游聚集的南滨河路，隔河近望徐家山森林公园，南侧、东侧均是70~90m宽的城市主干道，周边交通便利，环境优越。

鸿运润园总投资约16亿元人民币，占地面积37.2万m^2，总用地面积27.85万m^2，建筑面积66万m^2；住宅楼为3~4层的多层和9~22层的中高层与高层，错落布置；容积率为2.0，密度为25%，绿化率为51%；结构形式高层、中高层住宅楼为剪力墙、短肢剪力墙结构，商场、学校、幼儿园等配套工程为框架结构；小区由A、B、C、D四个组团组成，其中B组团为联体多层住宅，其他三个组团为中高层、高层住宅和配套工程。

鸿运润园小区可容纳3500多户、一万多人居住，项目总工期计划为5年时间，分两期建设。一期工程建筑面积约27万m^2，于2003年9月开工，2005年8月份竣工并陆续交付使用。二期工程D区于2005年一季度开工，建筑面积约11.5万m^2，2006年底竣工，二期剩余工程将在2008年底竣工。

2　按绿色健康住宅营造兰州“鸿运润园”小区，提高居住环境的舒适度

兰州“鸿运润园”从立项规划设计开始就以科学发展观为指导，将小区建设成为绿色健康住宅为目标，精心策划、精心设计、精心施工、精心管理，围绕居住环境的健康性和社会环境健康性两大系统，从生活健康、心理健康、道德健康和社会健康四个层次，将居住环境健康性的九个方面：即住区环境、住区空间、空气环境、热环境、声环境、光环境、水环境、绿化环境和环境卫生以及社会环境健康性的九个方面：即住区社会功能、住区心理环境、健身体系、公共卫生体系、文化养育体系、社会保险体系、健康行动、社会道德、健康物业管理等两个系统十八方面进行了精心运作，并充分考虑老年人对社区和住

宅的相应要求，加大对老年人群体的人性化设计，较好地处理了健康要素与基本要素之间；健康要素与居住环境之间；健康要素与可持续发展之间等三个方面的关系，满足了住宅建设的适用性、安全性、舒适性和健康性的要求，获得多种荣誉。

2005年4月，中国建筑设计研究院住宅实验室，对兰州鸿运润园已完工的住宅进行了建筑隔声性能、住宅采光性能、室内热舒适度、室内空气质量和住宅排气道性能进行了现场监测，结果表明上述各项性能标准皆达到健康住宅的要求，实现了小区环境与自然环境整体和谐，大大提高了居住环境的舒适性。

3 按第三步节能65%的标准，采取建筑节能综合配套技术

甘肃天鸿金运置业有限公司对国内外建筑节能发展趋势进行了全面深入地分析研究，提出尽管在甘肃目前尚未普及第二步建筑节能，但从节约国家能源和建筑节能的发展趋势以及投入产出的经济和社会效益精心全面综合比较，决定在兰州鸿运润园健康住宅小区建设中，以超前的开发理念，进行建筑节能示范，广泛采用新成果、新技术、新材料、新工艺，在兰州率先按第三步节能65%的节能标准进行策划和设计与施工，这不仅可以大大提高居住环境的舒适度，有利于人身健康，而且可以大大节约冬季采暖和夏季空调的运行费用，取得明显的经济效益、社会效益和环境效益，对国家、对单位、对个人都有利，可谓一举数得，为此，鸿运润园健康住宅小区采取了以下建筑节能综合配套技术与措施。

3.1 合理控制建筑物的体形系数和窗墙比，使建筑物围护结构达到优良的节能效果

鸿运润园除低层连体别墅外，中高层和高层建筑，其体形系数控制在0.27~0.30之间；窗墙比：南向，在0.31~0.34之间；北向，在0.24~0.25之间，东向和西向在0.07~0.11之间，对建筑节能有利。

3.2 太阳能利用技术

鸿运润园在规划时，就充分利用场地南低北高和濒临黄河的地势，精心布置，形成了高低错落、自然流畅的四个建筑组团，小区住宅全部设计为南北向，对小区建筑群进行了日照分析，使所有住宅能最大限度地获得日照，并采取措施使南向房屋起到附加阳光间的效果。多层建筑在阳台和屋顶设置太阳能集热板，供应热水，充分利用绿色、环保、免费太阳能源。

3.3 外墙外保温技术

（1）外墙外保温的优点

外墙外保温技术的优点有：适用范围广；对主体结构起保护作用；消除热桥影响；使墙体潮湿情况得到有效地改善；有利于室温保持稳定；使墙体气密性得到提高；有利于改善室内环境质量；可减少保温材料用量；便于既有建筑节能改造；可增加使用面积。

（2）采用三种类型的外墙外保温体系

兰州鸿运润园健康住宅小区结构类型对中高层短肢剪力墙结构体系采用喷涂无溶剂聚氨酯泡沫复合ZL胶粉聚苯颗粒保温体系和外贴膨胀型聚苯乙烯泡沫保温板复合ZL聚苯颗粒保温体系，对高层剪力墙结构采用大模内置聚苯乙烯泡沫保温板体系。

1）无溶剂硬质聚氨酯泡沫复合ZL胶粉聚苯颗粒保温体系

该体系的构造和施工顺序如下：

基层墙体→聚氨酯防潮底漆→喷无溶剂硬质聚氨酯保温层→涂刷聚氨酯界面砂浆→做ZL胶粉聚苯颗粒浆料保温找平层→抹3~5mm厚聚合物抗裂砂浆中间压入耐碱玻纤网格

布→刮柔性耐水腻子→刷外墙涂料。

此外为了保证墙体阴阳角和门窗口的垂直和平整度，在正式喷涂前，预先制作好预制聚氨酯阴阳角角板，并将预制角板粘贴在阴阳角和门窗洞口处。

2）外贴膨胀聚苯乙烯保温板复合 ZL 聚苯颗粒保温体系

该体系的构造和施工顺序如下：

基层墙体→胶粘剂粘贴聚苯板→塑料膨胀锚栓固定聚苯板→抹 15mm 厚 ZL 胶粉聚苯颗粒浆料保温找平层→抹聚合物抗裂砂浆中间压入耐碱玻纤网格布→刮柔性耐水腻子→刷外墙涂料。

3）大模内置聚苯乙烯泡沫保温板体系

该体系的构造及施工顺序如下：

外墙钢筋骨架绑扎完毕并验收合格→聚苯板内外表面喷涂界面砂浆→置入聚苯板并用塑料锚栓固定在钢筋骨架上→浇筑混凝土→拆除模板→抹 3～5mm 厚聚合物抗裂砂浆中间压入耐碱玻纤网格布→刮柔性耐水腻子→刷外墙涂料。

注：上述三种外墙外保温体系，在门窗洞口、阴阳角以及勒角处皆增设加强网。

3.4 阳台和楼梯间保温技术

外挑阳台顶板下皆粘贴 50mm 厚聚苯乙烯泡沫保温板。

住宅楼梯间均为封闭楼梯间，内墙粘贴 25mm 厚挤塑型聚苯保温板。

3.5 高效节能门窗

鸿运润园小区外墙窗采用保温、隔热、隔声性能好的优质型材平开上悬中空玻璃塑钢窗；分户门采用保温、隔声、防火、防盗的“四防”安全门，大大提高了居室的保温、隔热、隔声性能。

3.6 低温地板辐射采暖技术

采用水暖两用欧洲名牌燃气壁挂炉和 PE-Xa 过氧化物胶联管做低温地板辐射采暖系统，具有独立供暖、分户计量、一步到位、自主调节、高效节约、使用寿命长（一般可达 40～50 年）、室内无散热器扩大了户内使用面（可增加 3% 户内使用面积），与房屋围护结构节能技术配套应用，运行费用低，用户可以依据自己的生活习惯自主控制采暖温度和时间，地板采暖热量由地面向上辐射，使人感到舒适并有利于身体健康。

采用上述建筑节能先进的配套技术，等于给建筑穿上了“丝绵袄”，戴上了“棉帽”，穿上了“棉鞋”，提高了居住环境的舒适度，为健康住宅增添了新亮点。

经甘肃省建设科技专家委员会、暖通专业委员会专家对小区几幢高层建筑进行热工计算，其建筑耗热量指标为 14.20～14.40W/m^2，经北京市建筑材料科学研究院进行计算，其建筑耗热量指标为 14.24W/m^2，建筑耗煤量指标为 9.06kg/m^2，达到了第三步建筑节能 65% 的标准。

2005 年 2 月委托国家建筑工程质量监督检验中心对已完工尚未入住的住宅进行建筑节能检测，检测结果为北外墙传热系数 $K=0.59\mathrm{W/(m^2 \cdot K)}$；屋顶传热系数 $K=0.35\mathrm{W/(m^2 \cdot K)}$；户门传热系数 $K=1.9\mathrm{W/(m^2 \cdot K)}$，检测报告结论为：

（1）外墙和屋顶传热符合节能 65% 标准《居住建筑节能设计标准》DBJ01—602—2004 的规定；

（2）户门传热系数符合《民用建筑节能设计标准》JGJ26—95 的规定；

（3）墙角和窗口内表面温度高于室内空气露点温度，符合《民用建筑节能设计标准》

JGJ26-95 的规定；

（4）室内空气与外墙内表面之间温差符合《民用建筑热工设计规范》GB50176-92 允许温差规定；

（5）由于低温热水地板辐射供暖系统未开始运行，检测前及检测期间内临时采用电热管加热，室内平均温度低于标准规定的室内设计温度；在使用壁挂炉地板辐射供暖后，室内温度达到18℃后停气2天再作检测，温度仅下降2℃；2005年春节对尚未入住、比较潮湿的A-1号楼燃气壁挂炉地板低温辐射采暖进行初步检测，在监测的35天内，平均每天每户耗气量7.34m^3，折算采暖费用为1.62元/（m^2·月），比兰州市集中供暖2.8元/（m^2·月）（燃煤）或3.3元/（m^2·月）（燃气），分别节约1.18元/（m^2·月）（燃煤）和1.68元/（m^2·月）（燃气）；鸿运润园新建的节能65%的住宅全部入住后，预计每个冬季采暖期，节约采暖费用可达50%以上；夏季可以大幅度降低空调使用率，具有显著的经济效益。今年冬季采暖期，将进行系统而全面的节能保温检测，总结出完整准确的节能数据和经济效益。

此外，鸿运润园小区在节水方面采用了环保吸水砖、节水卫生洁具、污水处理回收利用等措施；在节电方面采用了节能灯具和声控装置；并充分利用地下空间和屋顶空间，节约土地，实现了国家提倡的“四节一环保”的全方位节能要求。

4 经济效益、社会效益和环境效益的初步分析

4.1 经济效益分析

选择鸿运润园内A-1号楼达到建筑节能65%的节能住宅作为研究对象，建筑面积为12056㎡，同时选择达不到建筑节能65%的标准，但具有兰州市当前普遍构造做法的非节能住宅作为基准住宅，具体的经济分析如表1所示。

不同节能技术经济分析 **表1**

节能技术	部位	基准住宅（做法）（节能30%）	节能住宅（做法）（节能65%）	单价（元/m^2）		建安造价	
				基准	节能	基准（万元）	节能（万元）
ZL无溶剂聚氨酯硬泡喷涂外墙外保温技术	外墙	1. 加气混凝土界面处理剂一道 2. 6厚1:0.5:4水泥石灰膏砂浆刮平扫毛 3. 6厚1:1:6水泥石灰膏砂浆刮平扫毛 4. 6厚1:2.5水泥砂浆找平 5. 喷（刷）外墙涂料	1. 基层墙体清理 2. 粘贴边角聚氨酯模块 3. 找平基层到±3mm，涂刷聚氨酯防潮底漆，喷涂聚氨酯保温材料，涂刷聚氨酯界面砂浆，抹抗裂砂浆、铺压网格布 4. 涂刷高分子乳液弹性底层涂料 5. 刮抗裂柔性腻子 6. 外墙涂料施工	36.13	77.69	43.56	93.67
	电梯井	1. 刷素水泥浆一道（内掺建筑胶） 2. 13厚1:3水泥砂浆打底 3. 5厚1:2.5水泥砂浆抹面，压实赶光	20厚ZL胶粉聚苯颗粒	0.4	1.11	0.48	1.34

续表

节能技术	部位	基准住宅（做法）（节能30%）	节能住宅（做法）（节能65%）	单价（元/m²）		建安造价	
				基准	节能	基准（万元）	节能（万元）
上悬平开中空玻塑钢窗和保温防盗门	外窗	南侧：单框单玻铝合金窗 北侧：单框双玻铝合金窗	上悬平开中空玻璃塑钢窗	46.53	60.21	56.10	72.59
	门	普通防盗门	保温防盗门	5.86	7.07	7.06	8.52
挤塑聚苯乙烯泡沫保温板屋面保温防水技术	屋面	300厚加气块保温层	干铺挤塑板50mm厚	3.06	4.54	3.69	5.47
燃气壁挂炉和低温地板辐射采暖技术	采暖系统	1. 单管采暖系统铸铁散热器 2. 外网及换热设备 3. 供热配套	燃气壁挂炉和低温地板辐射采暖	83	81.32	100.07	98.05
总　计		—				210.96	279.64

结论：

（1）节能技术增加建筑安装工程总造价68.68万元，单方造价增加57元/m²，占总投资5%。

（2）节能住宅增加建筑面积146m²，若按平均售价3000元/m²计算，则实际的节能投资为：24.88万元。

（3）经现场测试节能住宅的采暖费用为：1.62元/（m²·月），目前兰州采暖收费标准为：燃气3.3元/（m²·月），节约1.68元/（m²·月）。

（4）节能投资的静态回收期为：68.68万元÷［12056㎡×1.68元/(m²·月)×5］=6.78年

4.2　社会效益分析

（1）节约能源：一是冬季可以节约采暖用煤，二是使用新型墙材，可以节约土地资源，三是夏季可以节约空调用电。

（2）提高了居住环境的热舒适性，对业主的身心健康有益。

（3）提高了商品房的档次和地位，改善了公司的形象和知名度，起到了节能示范的社会效果。

4.3　环境效益分析

（1）减少了二氧化碳等有害气体的排放，减轻了环境污染。

（2）减少了温室气体对环境的污染。

5　结束语

营造健康节能住宅试点工程，是一个综合性强、跨行业、跨学科的系统工程，我们有信心、有决心在国家建设主管部门的指导和帮助下，认真完成试点工作，为实现健康节能住宅和示范工程做出贡献。但是，在甘肃地区，由于自然环境、社会环境、思想观念和经济条件等方面比中、东部地区，有很大的差距。我们迫切希望社会各界能对健康节能住宅这一造福人类的事业，加大宣传推广力度，理解健康节能住宅，支持健康节能住宅，创造一个较宽松的环境。

刘永辉　甘肃天鸿金运置业有限公司　工程师　邮编：730030

严寒地区村镇住宅围护结构本土生态技术研究

金 虹 赵 华

【摘要】 严寒地区村镇住宅建设相对落后于其周边城市，更落后于我国南部发达地区村镇。在现有的条件下，急需探索适于严寒地区广大农村经济技术发展水平的本土生态建筑技术，以使严寒地区村镇住宅走向舒适、健康、节能、环保的生态化道路，从而推进严寒地区村镇住宅建设的可持续发展。论文综合考虑严寒地区经济、技术、生产力发展水平、生态环境等多种因素，提出村镇住宅生态技术应遵循的基本原则，在此基础上，研发本土绿色建材和适宜构造技术，并建造2栋实验住宅以验证其有效性。经测试，实验住宅均达到预定目标，其中经济型低能耗住宅与传统民居相比节能达80.8%，供暖能源可自给自足，不需要任何费用。

【关键词】 严寒地区 村镇住宅建设 围护结构 本土生态技术 可持续发展

严寒地区村镇经济发展落后于其周边城市，耕地减少、能源短缺以及环境污染已成为寒地农村发展的巨大障碍。近年来，村镇每年兴建大量住宅，但是由于缺少相关研究，普遍存在以下问题：①住宅建设质量较低劣，农户居住舒适性差。②能源缺乏，一些贫困农村和部分牧区做饭取暖的薪柴不足。③新建住宅大量使用黏土砖，导致对当地土地资源的持续破坏。

严寒地区是我国重要的农业基地，在现有国力的条件下，急需探索适于广大农村经济技术发展水平的本土生态建筑技术，来指导严寒地区村镇住宅建设，从而提高农民居住生活水平，并达到以最小的造价与能耗换取最大的居住舒适度、减少对环境污染与破坏的目的，使严寒地区村镇住宅走向舒适、健康、节能、环保的生态化道路。

1 基本原则

1.1 低能耗原则

我国政府目前制定了两个阶段目标：第一阶段，到2010年，全国新建建筑争取三分之一以上能够达到绿色建筑和节能建筑的标准。同时，全国城镇建筑的总耗能要实现节能50%；第二阶段，到2020年，通过进一步推广绿色建筑和节能建筑，使全社会建筑的总能耗能够达到节能65%的总目标。可见，低能耗也是我国建筑领域乃至是全球共同的原则。

1.2 舒适性原则

居住建筑的建设目的就是为了创造一个满足人体生理与心理的舒适、温馨的生活与休息空间。近来，追求舒适与健康已成为广大居民的共同目标。在严寒地区，人们更加注重住宅冬季室内的热舒适问题。

1.3　本土性原则

严寒地区村镇生产力水平相对其周边城市落后许多，住宅建设通常是以户为单位、亲帮亲、邻帮邻的方式，靠低技术手段完成的，其周边城市住宅建设的先进技术并不适于村镇住宅。建筑技术只有和当地生产力发展水平相一致，才具有可操作性和推广价值。因此我们需要探索的是适于严寒地区村镇恶劣条件下的适宜技术，使其与当地施工技术、运输条件、材料供应等相适应。

1.4　经济性原则

严寒地区村镇住宅建设方式是农民自筹自建，经济因素始终是农民建房所关注的焦点之一，特别是对于经济条件不十分宽裕的乡村居民来说更加敏感。可见，降低建筑造价、合理确定建筑材料和围护结构构造，以寻找使建筑物的建造费用和使用费用之和最小，同时又具有明显舒适性和生态效益的生态技术，是非常重要的。

1.5　可持续原则

可持续发展是全球性课题，受到世界各国的高度重视。减少不可再生能源的使用、减少 CO_2 排放量、减少对环境的污染，已成为建筑设计必须着重考虑的问题。

2　本土生态技术研发

2.1　绿色建材

目前黏土砖仍然是严寒地区村镇住宅围护结构的主要建筑材料，黏土砖墙不仅传热系数大，难以满足节能要求，而且黏土砖的烧制消耗大量能源、污染环境、破坏良田，长此以往将对乡村生态环境产生严重的负面影响，因此急需开发当地绿色建材，以满足节能及生态环境的需求。

绿色建筑材料应符合建筑全寿命周期理论，满足无害化、可降解、可再生、可循环的生态原则，选择时应以“材料性能好，价格便宜，施工简单，就地取材，来源充足”为准则。严寒地区村镇盛产稻草，近年来建造了一些以稻草为保温材料的试点住宅，效果良好。通过对严寒地区村镇使用的几种建筑保温材料分析比较发现：苯板和草板最具有竞争力。由表 1 可看出：苯板的单位热阻造价[1]为 8.82 元 / [m^2 · (m^2 · K/W)]；而草板的单位热阻造价为 4.284 元 / [m^2 · (m^2 · K/W)]，若农民自己加工，则单位热阻造价更低，为 2.568 元 / [m^2 · (m^2 · K/W)]。此外，草板还节省了运输费用和加工、运输过程的使用能耗，并减少了每年春季烧稻草所带来的大气污染。因此如果在技术上处理得当，稻草是一种非常理想的绿色保温材料[2]。

保温材料性价比分析　　**表 1**

保温材料		价　格	单位热阻造价元 / [m^2 · (m^2 · K/W)]
草　板		71.4 元/m^3	4.284
草板（只收加工费）		42.8 元/m^3	2.568
苯板（10kg/m^3）		210 元/m^3	8.82
泰柏板	80mm 厚	80 元/m^2	65
	100mm 厚	100 元/m^2	65
苯板钢丝网抹灰	100mm 厚	41 元/m^2	26.65

2.2 适宜构造技术

受经济、技术、生产力水平的限制，严寒地区村镇住宅的建造仍保持传统的手工施工状态，这种状况在近期内很难改变。因此生态技术首先应符合当地施工水平相对落后的实际情况，这就要求我们在传统技术基础上研发不超越当地生产力水平、易操作的生态技术。因此相对于科学先进、施工技术手段多样的城市住宅，对村镇住宅进行生态技术的研究更具有挑战性。

（1）传统技术

严寒地区近年的新建住宅普遍采用370mm或490mm的实心砖墙体，远未达到节能与舒适要求，冬季外墙转角处结露、结霜较严重；屋面多为坡屋顶，其构造采用木结构及铁皮或瓦屋面的居多，常用的屋顶保温材料是锯末、膨胀珍珠岩，保温层的厚度由农民自定，缺少科学根据；地面普遍采用混凝土垫层水泥地面，脚感凉，冬季农民在室内也要穿棉鞋；窗为单层木窗，冬季冷风渗透严重，农户通常在窗框与墙、窗框与窗扇的缝隙处糊报纸以减少冷风渗透；入口门为单层木门，没有防风措施，仅在门的缝隙处采用棉毡堵塞缝隙，农民出入时造成冷空气的直接吹入，并伴有摔门现象，室内热环境受到严重破坏，如图1、图2所示。

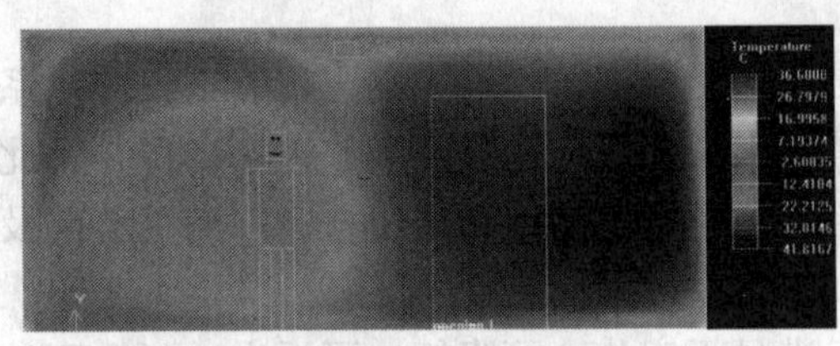

图1 房间纵剖面温度云图

图2 房间纵剖面速度矢量图

（2）改进技术

严寒地区村镇住宅多为以户为单位的独立式单层或二层住宅，户均占有外围护结构面积相对较大，以目前几种典型户型为例，其体型系数分布范围在0.7～0.88之间，抽样计算典型住宅，住宅耗热量指标为73.35 W/m^2，是城市多层住宅的一倍以上，其中外墙传热耗热量占住宅总耗热量的百分比高达40%以上，屋顶的传热耗热量约占住宅总耗热量的20%以上。显然改进技术的一个重要方面，是整体提高住宅围护结构的保温隔热性能（尤其是外墙和屋面），增加密闭性。改进后的住宅应达到我国现阶段节能50%的目标。

1）由节能复合保温墙体取代黏土砖实体墙

显然，传统的砖墙已经不能满足节能与舒适的要求，改造外墙构造势在必行。目前在严寒地区村镇已经建了一些节能试点住宅，采用的外墙构造主要有草砖墙、草板内保温复合墙体和砖空体墙。从使用效果看：草砖墙外饰面易出现龟裂现象；砖空体墙的保温性能很难达到节能50%的要求，且在墙角处仍然存在少量的结露现象；相比之下，草板内保温复合墙体使用效果良好。因此根据使用效果反馈以及村镇住宅火炕间歇采暖的特点，建议以采用内保温复合墙体构造为最佳方案[3]。

2）适度增加屋面保温层厚度

合理地确定保温材料厚度，使其达到节能、经济的效果是建筑节能设计的首要问题。

保温层厚度因各地区气候不同而不同，应力求使其在经济、技术与节能方面达到最优化，建议采用经济热阻[4]来确定保温层的厚度，并同时以节能50%的目标对其进行校正。

3）由保温地面取代传统水泥地面

地面的热工质量对人体健康的影响较大，但通常被人们所忽视。据测量，人脚接触地面后失去的热量约为其他部位失热量总和的6倍[5]，村镇住宅每户均含有地层，可见地面对村镇居民人体舒适度的影响很大。因此，建议增强地面保温性能，保温层宜选用抗压与保温性能都好的材料，目前在严寒地区村镇可得到的适宜材料有高密度聚苯板、炉渣等。

4）由密封和保温性能好的三玻塑钢窗取代单层木窗

造成窗热损失有两个途径：一是通过窗面的热传导、辐射以及对流散热；二是通过窗的各种缝隙的冷风渗透。所以窗的节能应针对以上两个方面采取措施：一是增加窗的层数，以降低窗的传热系数；二是采用密封性能好的塑钢窗，以减少冬季的冷风渗透。此外，加设厚窗帘也是减少住宅夜间散热的有效措施之一。

5）加强入口的保温

入口是建筑的枢纽，是室内外空间相互渗透的“眼”，也是“进风口”，其特殊的位置及功能决定它在整个建筑能耗中的地位。因此必须采取有效措施，以减小外门开启时对室内热环境的破坏，既不使室外的冷空气直接吹入室内，又要最大限度的防止室内热量的散失。建议对住宅入口采取以下措施：

① 设置门斗，且门斗门应避开当地冬季的主导风向；

② 设挡风屏蔽，其高度不应低于外门，宽度以1.5~2倍门宽为宜；

③ 设置双层门，双层门的间距至少在300~400mm才能保证人在开启外门时，冷风不直接吹入。关闭的时候，也可以提高入口的保温性能。

④ 外门采用保温门。

3 工程应用的有效性分析

3.1 实验住宅构造方案

根据以上研究，我们设计并建造了两栋实验生态住宅，围护结构各部位均采用可操作性强的本土生态技术。为便于分析比较，两栋生态住宅采取同一平面、不同围护结构构造的建设方案，保温材料采用当地的可再生资源——稻草与稻壳，一栋满足我国现行节能50%的目标；另一栋是经济型低能耗住宅，使其在能耗、经济、技术与使用方面达到最优化。实验住宅构造方案见表2。

实验住宅构造方案 **表2**

围护结构	实验住宅1	实验住宅2
墙　体	两层70mm厚稻草板内保温复合墙体	四层70mm厚稻草板内保温复合墙体
屋　面	70mm厚苇草板+200mm厚稻壳保温	70mm厚苇草板+400mm厚稻壳保温
地　面	地面层铺设50mm厚30 kg/m^3 高密度苯板	地面铺设100mm厚30 kg/m^3 高密度苯板
窗	•南向为三层塑钢窗 •北向为二层塑钢窗 + 一层活动式木窗（冬季安装，夏季拆卸）	•南向为三层塑钢窗 •北向为二层塑钢窗 + 一层活动式木窗（冬季安装，夏季拆卸） •夜间使用厚质窗帘

续表

围护结构	实验住宅1	实验住宅2
热　桥	在窗的四圈、外墙和顶棚交界处、外墙和地面交界处作连续保温	
入　口	入口设置门斗，外门采用双层保温门，且避开冬季主导风向	

3.2　实测分析

试点住宅于2003年底竣工，于2004年2月15日~4月30日测试，为便于分析比较，对当地一典型的传统民居进行同步测试，以验证实验住宅生态技术的有效性。

测试仪器由法国提供，中方提供秤。中法专家于2004年2月14~16日现场安装，2004年4月30日由中方专家收回。记录器安置在每户住宅的各房间中，每日能耗（稻草、煤）数值由居民记录在记录表中。以下测试分析只集中于2004年3月的28天，数据以平均温度给出，见图3、表3所示。

能耗分析　　表3

	建筑面积	平均温度	使用能源		总能耗	单位能耗	单位度日数能耗费用
			稻草	煤			
	m^2	°C	kg	kg	kWh	Wh/（℃·d·m^2）	元/（℃·d）
实验住宅1	124	11.3	343.0	103.0	1767.0	35	0.0763
实验住宅2	124	8.5	156.2	10.5	604.3	15	0.0097
传统民居	79	15.1	489	266	3174.5	78	0.155

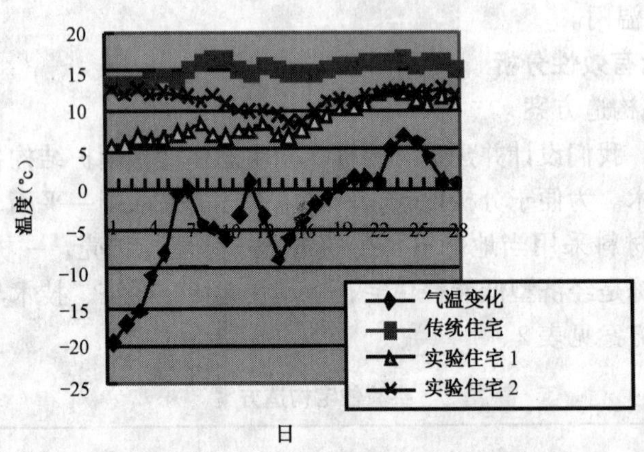

图3　平均温度逐日变化曲线

测试结果显示：

（1）实验住宅1比传统民居节能55.13%，超过我国第二阶段的节能目标；而实验住宅2已达到了很高的节能水平，与传统民居相比节能达80.8%，如果稻草充足，供暖能源可达到自给自足，不需要任何费用。

（2）与传统住宅相比，实验住宅的平均温度保持较低水平，主要因为：①生态屋竣工已接近年底，农户并未全部搬入其中居住，只使用了主要卧室，因此平均室温不高。② 围护结构较好的绝热性能导致其冷辐射对人造成的影响很小，使农民对火炕的热辐射更加敏感，从而降低了对室温的要求。

实验住宅施工简单、易行，建筑材料经济、环保、来源丰富，与传统住宅相比，居住舒适度大大提高，尤其是冬季室内热环境得到了很大的改善，这对于冬闲在家的北方乡村居民来说非常重要。目前已经过两个冬天的运行，效果很好，并已经在当地迅速推广。

参考文献

1. 赵华，金虹．采暖建筑节能复合围护结构与保温材料经济性的研究．哈尔滨建筑大学学报．2001（2）：83～86
2. 金虹博士论文．严寒地区城市低密度住宅节能设计研究．哈尔滨工业大学，2003.12：116～117
3. 金虹，李连科，陈庆丰．北方村镇住宅外围护结构衰减度指标的研究与应用［J］．哈尔滨建筑大学学报，2000，33（4）：74～79
4. JGJ26—95 民用建筑节能设计标准（采暖居住建筑部分）．［S］
5. 陈庆丰．建筑保温设计．哈尔滨工业大学校内教材，1999：136～138

金虹　哈尔滨工业大学建筑学院　教授　邮编：150001

农村建筑与太阳能应用相结合

北京市平谷区建委

我国建筑节能工作从1986年就出台了有关节能标准，直至现在要求新建建筑物必须达50%的节能标准。但主要针对大中城市里面的建筑物，而广大农村地区的建筑却被忽视，特别是北京这种夏热冬冷地区，随着能源价格的不断上涨，农民用在房屋制冷和取暖的费用越来越多，已成为农民又一项严重的经济负担。北京市平谷区政府以新农村建设为切入点，鼓励建设节能、环保、舒适、经济的新民居，根据本地区实际情况制定针对农村建筑节能的鼓励政策，推广适合农村的新型节能材料和节能技术。

在平谷区新农村新民居建设中，设计阶段要求北立面几乎不开窗或开非常小的窗，南立面多为大玻璃窗，进户门增加门斗，减少开关门造成的能量散失。外墙采用了8cm厚的聚苯保温板，屋顶采用了15cm厚的聚苯保温板，同时加强了对屋脊、门窗口等局部地方的冷桥处理，外门采用三防门，外窗采用中空玻璃塑钢窗，使房屋达到了65%的节能标准。

一直以来，太阳能等可再生能源在建筑技术上的完美应用都是企业梦寐以求的追求，太阳能与建筑结合创造的低能耗高舒适度的健康居住环境，不仅让住户家庭生活得更自然更环保，而且节省常规能源。经过数年的研究和开发，太阳能的利用已取得显著成果并转化为生产力，推广应用范围也在不断扩大，而太阳能采暖/热水技术与建筑的结合，也在住宅建设中越发呈现出其不可替代的地位，并成为住宅建设中的一个最新亮点。

如何实现太阳能供暖/热水系统与建筑的完美结合，平谷区委、区政府利用新农村建设契机，在综合考察分析太阳能、空调、热敏电阻、地热采暖、燃煤锅炉等多种采暖方式的基础上，通过试验并从节能节资和环保角度综合对比分析后，选择了用太阳能解决玻璃台村、将军关村等四个试点村的供暖问题，实现了太阳能供暖/热水系统与建筑的一体化。

该系统以太阳能供暖/热水系统为主系统，电加热系统、生物质气化（煤）炉（炊事余热）系统供暖为辅助系统共同组成。三套系统配合使用，共同满足供暖要求。太阳能供暖/热水系统通过屋顶集热板（真空管）吸收太阳辐射热量，然后通过低温地板辐射向房间供热，如遇连续阴雨天日照不足时，可使用炊事余热，或生物质气化炉，或电加热系统补充热源满足供暖需求，该系统一次性投资为230元/m^2建筑，运行费用以一个采暖季节按照125天计算，在全天供暖的情况下，只有循环泵运行耗电的费用，经专家测算，太阳能循环泵每日耗电量为2kWh，按0.48元/kWh计算，合0.96元/天，一个供暖期需用电120元。遇阴雨天气，由于各户对温度的不同需求，或者用电加热、或者用生物质气化炉加热、或用燃煤炉加热，不同的辅助系统所发生的费用有所不同。

为了充分利用太阳能，在一体化过程中，一方面尽量增大太阳能集热板面积，另一方面对房屋进行功能分区，通过分水器控制循环系统走向，对于冬季不常用的房间不进行供暖，从而减少有效供暖面积，保证有限的热量得到充分利用。为了确保太阳能的运行效果，我们对已经竣工的玻璃台村、将军关村 2005 年～2006 年一个供暖期太阳能系统运行情况进行了监测，结果显示，在 11 月 15 日～12 月 15 日和 2 月 15 日～3 月 15 日太阳能供暖系统所提供的能量可完全达到国家规定的采暖要求，即采用低温地板辐射采暖时，室内的采暖温度不低于 14～16℃；在 12 月 15 日～2 月 15 日日照不足或者阴雨天气时，需要利用炊事余热补充热量。按照建筑面积 $150m^2$ 计算，直观上说，在保证供暖要求的情况下，一个供暖期至少可节煤 3t 以上，其他三季太阳能产生的热水能够完全满足农民生产生活需要，节能效果非常明显。

截面参数对轻钢龙骨复合墙体传热的影响分析

崔永旗　王昭俊

【摘要】　对C型腹板开孔轻钢龙骨复合墙体截面参数如钢龙骨翼缘宽度、龙骨厚度、龙骨宽度和龙骨间距对墙体传热的影响和热桥问题进行了模拟研究。模拟结果表明：龙骨翼缘宽度对墙体传热系数影响不大，对墙体局部多维传热影响较大；龙骨宽度对墙体传热系数影响很大，龙骨宽度越小，热桥现象越严重；墙体传热系数随龙骨厚度的增加呈线性上升，龙骨截面越厚，热桥现象越突出；热桥占墙体总面积的比例随龙骨间距增加而减小，墙体的传热系数相应减小，而对钢龙骨的热桥效应影响甚微。

【关键词】　轻钢龙骨　复合墙体　腹板开孔　传热　截面参数　数值模拟

1　前言

用成型钢板制成的冷弯薄壁型钢很适合用作住宅承重外墙的结构骨架（轻钢龙骨），其竖向断面为C型，钢板厚度一般为1～2mm，标准宽度一般为125～225mm（间隔为25mm），长度视不同需要，可长达12m。一般的轻钢龙骨墙体在中间夹层内填充矿棉或岩棉作为隔声层，墙体的两侧设石膏板，并且矿棉（或岩棉）、石膏都是耐火材料，因此这种墙体的耐火性能是非常优越的。

文献[1]对钢龙骨构件开孔参数进行了模拟，其开孔参数合适的取值范围是：开孔排数4～6排、孔长70～90mm、孔宽2～3mm、孔的横向间距5～9mm、纵向间距20～30mm。

本文在文献［1］的基础上，进一步分析了轻钢龙骨截面参数（钢龙骨翼缘宽度、龙骨厚度、龙骨宽度及龙骨间距）对传热的影响。在采用ANSYS有限元软件模拟计算时，开孔参数取值如下：

孔长为80mm、孔宽为2mm、孔横向间距9mm、纵向间距25mm，腹板中央开5排孔。

2　材料参数与边界条件选取

根据《民用建筑热工设计规范》[2]，各材料导热系数选取如下：石膏板0.33 W/（m·K），岩棉0.045 W/（m·K），钢龙骨58.2 W/（m·K）。

模拟分析计算中，给定第三类边界条件，作稳态三维传热分析。冬季采暖室内外计算温度分别为18℃和－26℃，室内外对流换热系数分别为8.7W/（m^2·K）和23 W/（m^2·K）。

3　龙骨翼缘宽度对传热的影响

分析翼缘宽度对传热的影响时，龙骨厚度分别取1.0mm、1.2mm、1.5mm和2.0mm，龙骨宽度为150mm，龙骨间距为600mm。表1给出了龙骨翼缘宽度为10～70mm时墙体传热系数的计算结果。传热系数随龙骨翼缘宽度变化曲线如图1所示。

龙骨翼缘宽度不同时的墙体传热系数 **表1**

翼缘宽度 / 龙骨厚度	不同龙骨翼缘宽度的外墙的相应传热系数 K 值［W/（m^2·K）］［构造：15mm厚石膏板+钢龙骨和岩棉+15mm厚石膏挡风板］						
	10mm	20mm	30mm	40mm	50mm	60mm	70mm
1.0mm	0.346	0.349	0.351	0.352	0.353	0.354	0.354
1.2mm	0.357	0.359	0.363	0.364	0.366	0.367	0.367
1.5mm	0.370	0.375	0.379	0.381	0.383	0.385	0.385
2.0mm	0.389	0.397	0.403	0.407	0.410	0.413	0.415

由表1和图1可见，墙体传热系数随着翼缘宽度增加而缓慢增加，并且钢龙骨厚度越小，传热系数曲线越接近水平。翼缘宽度由10mm增加到70mm，视厚度不同，传热系数增加值从0.008 W/（m^2·K）到0.026 W/（m^2·K）。由50mm变化到70mm，增加最大的截面2.0mm厚轻钢龙骨对应的复合墙体，其传热系数也只增加了0.005W/（m^2·K）。

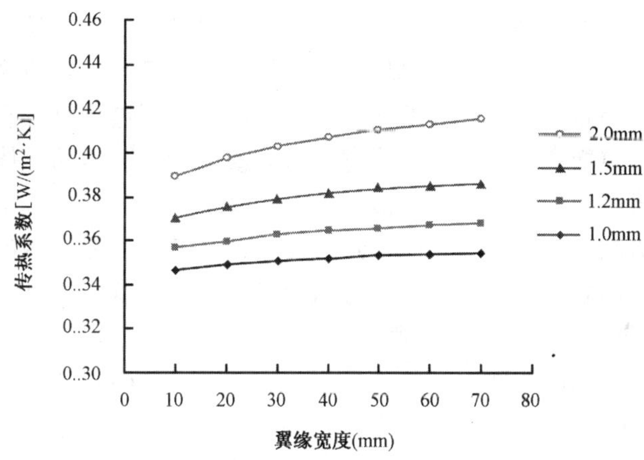

图1　传热系数随龙骨翼缘宽度变化曲线

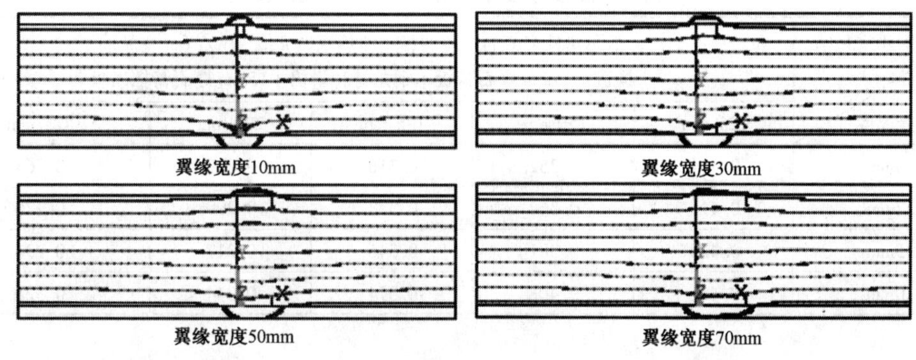

图2　翼缘宽度不同时复合墙体的等温面图（轻钢龙骨1.5mm厚）

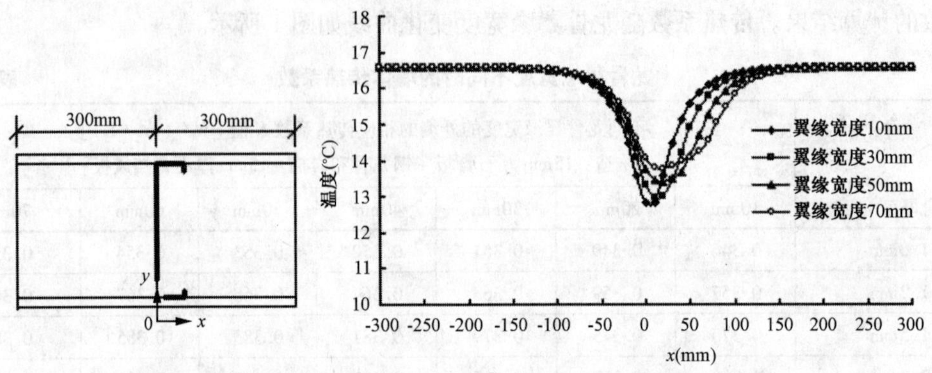

图3　翼缘宽度不同时的内表面温度曲线（轻钢龙骨1.5mm厚）

虽然翼缘宽度对墙体的整体传热性能没有多少影响，但其对墙体局部的影响却很大，图2和图3所示是以轻钢龙骨1.5mm厚为例给出的翼缘宽度不同时复合墙体等温面图和内表面温度曲线。由图可见，如果翼缘宽度过小，小于30mm时，传热将过度集中于龙骨所在部位，热流过大，导致墙体这一区域的内表面温度过低，容易造成冷辐射，使人感觉不舒适，且容易结露。从增加结构承载力方面考虑，翼缘宽度大也是有益的，但如果翼缘宽度过大，使热桥占墙体总面积的比例增加，也易出现冷辐射导致的热舒适问题。

对上述现象的解释是，龙骨腹板好比一个热流通道，而热侧翼缘和冷侧翼缘分别相当于连接热流通道的集热板和散热板。翼缘宽度增大或减少，墙体的整体传热系数几乎没有变化，说明通过龙骨腹板的热流变化甚微，但由于翼缘宽度的减少或增大，则必然导致翼缘单位面积上的热流增大或减少，反映在热流温度上就是龙骨部位热桥的加重或减弱。

因此，综合以上因素，翼缘宽度不宜过大或过小，建议取40～60mm比较合适。

4　龙骨宽度对复合墙体的传热影响

分析龙骨宽度对传热的影响时，钢龙骨宽度分别取125mm、150mm、175mm、200mm和225mm。其他截面参数取值如下：龙骨厚度分别取1.0mm、1.2mm、1.5mm和2.0mm，翼缘宽度为50mm，龙骨间距为600mm。复合墙体的传热系数计算结果见表2。轻钢龙骨外墙的传热系数与龙骨宽度的关系曲线如图4所示。

钢龙骨宽度及厚度不同时的墙体传热系数表　　**表2**

钢龙骨宽度 / 钢龙骨厚度	不同龙骨宽度的外墙的相应传热系数 k 值［W/（m^2·K）］［构造：15mm厚石膏板+钢龙骨和岩棉+15mm厚石膏挡风板］				
	125 mm	150 mm	175 mm	200 mm	225 mm
1.0mm	0.404	0.352	0.316	0.287	0.264
1.2mm	0.416	0.364	0.328	0.299	0.276
1.5mm	0.434	0.381	0.346	0.317	0.294
2.0mm	0.461	0.408	0.374	0.344	0.321

由图4可以看到，墙体传热系数随龙骨宽度的增加呈快速下降，但下降幅度值是逐渐趋缓的。龙骨宽度按间隔25mm由125mm增加到225mm，传热系数依次下降大约0.051

W/ （$m^2 \cdot K$）、0.037 W/ （$m^2 \cdot K$）、0.029 W/ （$m^2 \cdot K$）、0.023 W/ （$m^2 \cdot K$），并且龙骨宽度越小，热桥现象越严重。因此，在寒冷地区应用轻钢龙骨复合墙体作为建筑外围护结构时，龙骨宽度的合适选取很重要，若过小，则不能达到相应的节能和热舒适要求，而过大则会增加建筑造价。根据我国的实际情况，龙骨宽度选取 150 ~ 200mm 比较合适。

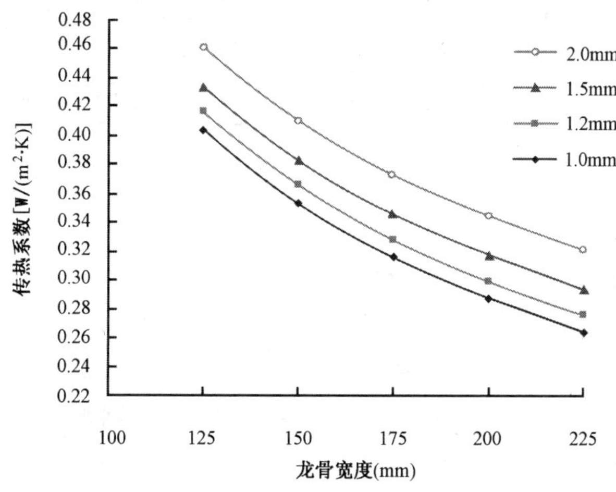

图 4　传热系数随龙骨宽度变化曲线

5　龙骨厚度对复合墙体的传热影响

在分析龙骨厚度对传热的影响时，龙骨厚度分别取 1.0mm、1.2mm、1.5mm 和 2.0mm，其他截面参数取值如下：钢龙骨宽度分别取 125mm、150mm、175mm、200mm 和 225mm，翼缘宽度为 50mm，龙骨间距为 600mm。复合墙体的传热系数计算结果见表 2。图 5 描述了轻钢龙骨外墙的传热系数与龙骨厚度的关系曲线。可见，墙体传热系数随龙骨厚度的增加呈线性上升，龙骨每增厚 0.1mm，传热系数约增 0.006 W/ （$m^2 \cdot K$）。说明龙骨厚度对墙体传热的影响很大，并且龙骨截面越厚，热桥现象越突出，如图 6 所示。

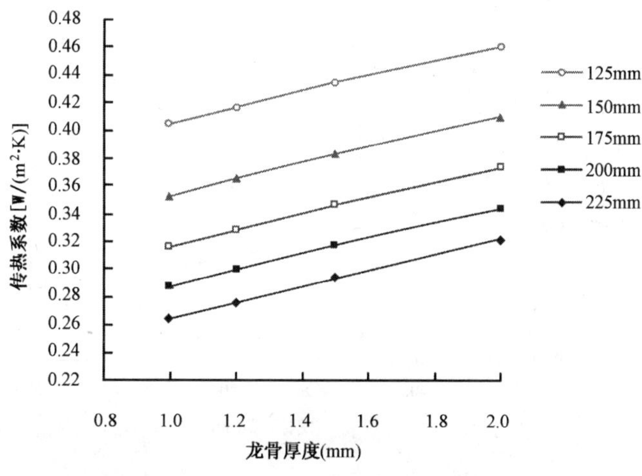

图 5　传热系数随龙骨厚度变化曲线

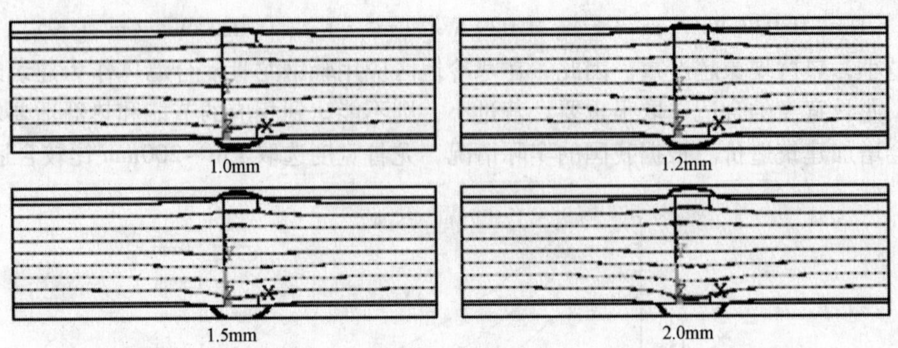

图 6　龙骨厚度不同时复合墙体的等温面图（轻钢龙骨宽度 150mm）

6　龙骨间距对复合墙体传热的影响

分析龙骨间距对传热的影响时，龙骨间距取值为 400mm、450mm、500mm、550mm、600mm。其他截面参数取值如下：龙骨厚度分别取 1.0mm、1.2mm、1.5mm 和 2.0mm，龙骨宽度为 150mm，翼缘宽度为 50mm。计算结果见表 3，轻钢龙骨外墙的传热系数与龙骨间距的关系曲线如图 7 所示。

龙骨间距不同时的墙体传热系数　　　　**表 3**

钢龙骨间距 / 钢龙骨厚度	龙骨间距不同时的墙体的传热系数 K 值 [W/(m^2·K)] [构造：15mm 厚石膏板 + 钢龙骨和岩棉 + 15mm 厚石膏挡风板]				
	400 mm	450 mm	500 mm	550 mm	600 mm
1.0mm	0.387	0.375	0.366	0.358	0.352
1.2mm	0.405	0.392	0.381	0.371	0.364
1.5mm	0.431	0.414	0.401	0.390	0.381
2.0mm	0.469	0.448	0.432	0.418	0.408

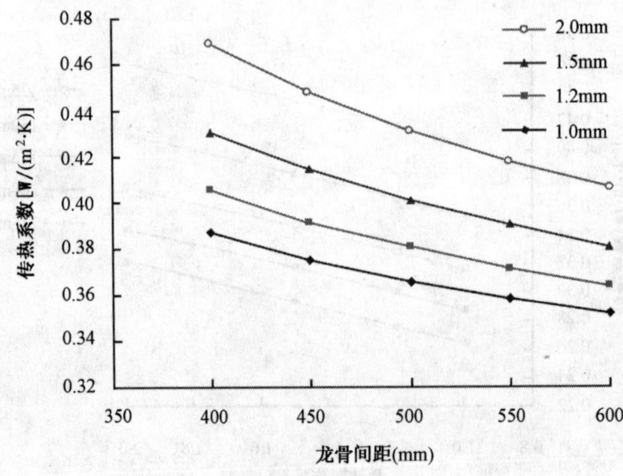

图 7　传热系数随龙骨间距变化曲线

由表3和图7可见，墙体传热系数随龙骨间距的增加而减少，对于龙骨厚1.5mm的情况，龙骨间距按间隔50mm由400mm增加到600mm，传热系数依次下降0.017 W/（m^2·K）、0.013 W/（m^2·K）、0.011 W/（m^2·K）、0.009 W/（m^2·K），幅度值逐渐变小。但龙骨厚度越大，传热系数下降幅度值也越大，如龙骨间距由400mm增加到600mm，龙骨厚1.5mm的墙体传热系数降低了0.05W/（m^2·K），而龙骨厚2.0mm的墙体传热系数却降低了0.061 W/（m^2·K）。

7 结论

本文的计算结果表明：轻钢龙骨截面参数是影响复合墙体传热的重要因素，具体如下。

（1）龙骨翼缘宽度对墙体传热系数影响不大，但其对墙体的局部多维传热影响却比较大，翼缘宽度过大将导致墙体热桥面积增大，过小会使热流过度集中，导致墙体内表面温度过低，影响室内热环境舒适度，甚至发生结露；

（2）龙骨宽度对墙体传热系数的影响很大，龙骨宽度越小，热桥现象越严重，且满足不了严寒地区相应的节能和热舒适要求，而过大则会增加建筑造价；

（3）墙体传热系数随龙骨厚度的增加呈线性上升，龙骨每增厚0.1mm，传热系数约增0.006 W/（m^2·K），并且龙骨截面越厚，热桥现象越突出；

（4）热桥占墙体总面积的比例随龙骨间距增加而减小，墙体的传热系数相应减小，而对钢龙骨的热桥效应影响甚微。

参考文献

1. 崔永旗，王昭俊．轻钢龙骨腹板开孔参数对复合墙体传热的影响分析．哈尔滨商业大学学报．2006

2. 中华人民共和国国家标准．《民用建筑热工设计规范》GB50176—93. 1993

崔永旗　哈尔滨工业大学　市政环境工程学院　硕士研究生　邮编：150090

建筑围护结构传热计算的等效温差

任　俊　刘加平

【摘要】　本文对建筑能耗计算中等效温差进行了研究。通过建立计算模型，利用动态计算机软件计算的结果分析得到外墙和屋面的等效温差，从而简化了建筑围护结构的传热计算。

【关键词】　等效温差　建筑能耗　计算

1　等效温差的基本原理

墙体的传热是复杂的动态过程，与室外太阳辐射和温度的变化、室内温度的调节、墙体的蓄热与放热等因素有关。

我国《民用建筑热工设计规范》（GB50176—93）中采用室外空气综合温度的概念，表达室外空气温度、太阳辐射、地面反射辐射和长波辐射、大气长波辐射对围护结构外表面的综合热作用，文献[1]还考虑了外表面的有效长波辐射的自然散热作用。

$$t_{sa} = t_e + \frac{\rho I}{\alpha_e} - t_{lr} \tag{1}$$

式中　t_{sa}——室外空气综合温度，℃；

t_e——室外空气温度，℃；

ρ——太阳辐射吸收系数；

α_e——外表面换热系数，取19.0W/（m^2·K）；

I——太阳辐射照度，W/m^2；

t_{lr}——外表面有效长波辐射温度，℃。

气温对任何朝向的外墙和屋面影响是相同的，但太阳辐射热的影响和各方向太阳辐射照度、围护结构外表面的材料及颜色、室外风速等有关。为简化外墙和屋面的计算，可以引进等效温差（Equivalent Temperature Difference）的概念：在给定室内设计温度情况下，当材料太阳辐射吸收系数为1时，考虑了墙体蓄热、放热等作用时的采暖计算期或空调计算期室内外温差。等效温差和当地气象条件、墙体方位等因素有关。

等效温差源于*OTTV*（Overall Thermal Transfer Value）指标的研究。香港采用的*OTTV*方程[2]分为立面*OTTV*方程和屋面*OTTV*方程，建筑立面围护结构的*OTTV*方程为：

$$OTTV_w = \frac{\Sigma\ (A_w \times U \times \alpha_w \times TD_{EQw})\ \ + \Sigma\ (A_f \times SC \times ESM \times SF)}{A_0} \tag{2}$$

式中　A_w——墙的面积，m^2；

A_f——窗的面积，m^2；

$$A_0 = A_w + A_f \tag{3}$$

U——墙的传热系数，W/（m^2·K）；

α_w——墙面的太阳辐射吸收系数；

TD_{EQw}——墙面等效温差，℃；

SC——窗的遮阳系数；

ESM——遮阳修正系数，与遮阳设施的设计有关；

SF——太阳辐射得热，W/m^2，各朝向不同，取自当地的气象统计资料。

建筑围护结构传热量指标 *EHTV*[3]（Envelop Heat Transfer Value）考虑了外墙、外窗、屋面的温差传热及太阳辐射热作用，也包括了围护结构在动态热作用下的蓄热和放热影响。建筑围护结构的传热量 Q_0 包括墙体、窗户和屋面 3 部分的传热，可以表达为：

$$Q_0 = Q_w + Q_f + Q_r \tag{4}$$

式中 Q_w——外墙传热量，W。外墙传热中考虑了墙体的传热系数、室内外温差、墙体外表面对太阳辐射热的吸收及墙体的蓄热与放热等因素。

$$Q_w = \sum (F_w \times K_w \times \rho_w \times \Delta t_{EQw}) \tag{5}$$

Q_f——窗户传热量，W。窗户传热量中分为温差传热和太阳辐射得热两部分。

$$Q_f = \sum (F_f \times K_f \times \Delta t) + \sum (F_f \times SC \times ESC_k \times SF) \tag{6}$$

Q_r——屋面传热量，W。考虑了屋面的传热系数、室内外温差、屋面外表面对太阳辐射热的吸收及屋面的蓄热与放热等因素。

$$Q_r = \sum (F_r \times K_r \times \rho_r \times \Delta t_{EQr}) \tag{7}$$

式（5）、式（6）、式（7）中：

F_w——外墙的面积，m^2；

F_f——外窗的面积，m^2；

F_r——屋面的面积，m^2；

Δt——室内外温差，℃，对于空调能耗计算：取当地空调计算期室外平均温度与室内设计温度（26℃）的差；对于采暖能耗计算：取当地采暖计算期室外平均温度与室内设计温度（18℃）的差；

K_w——外墙的传热系数，W/m^2·K。采暖能耗计算时应考虑热桥的影响，取平均传热系数，空调能耗计算时，若热桥面积较小，可以只取主要墙体材料的传热系数；

K_f——外窗的传热系数，W/（m^2·K）；

K_r——屋面的传热系数，W/（m^2·K）；

ρ_w——墙面的太阳辐射吸收系数；

ρ_r——屋面的太阳辐射吸收系数；

Δt_{EQw}——墙面等效温差，℃；

Δt_{EQr}——屋面等效温差，℃；

SC——窗的遮阳系数；

SF——标准窗太阳辐射得热，W/m^2；

ESC_k——外遮阳系数。

2 等效温差的求解

2.1 计算模型

等效温差研究是以动态传热理论为基础，采用模拟分析的手段，设计一个建筑基本模型（EHTV 模型），通过由美国劳伦斯伯克力国家实验室和 James J. Hirsch 联盟合作开发的建筑能耗模拟计算程序 DOE-2 进行模拟计算，对数据进行分析处理，得到等效温差。EHTV 模型平面简图如图 1 所示，层高 3.0m，共 5 层。按正方向计算及旋转 45°计算，可以得到八个方向（见表 1）的等效温差。

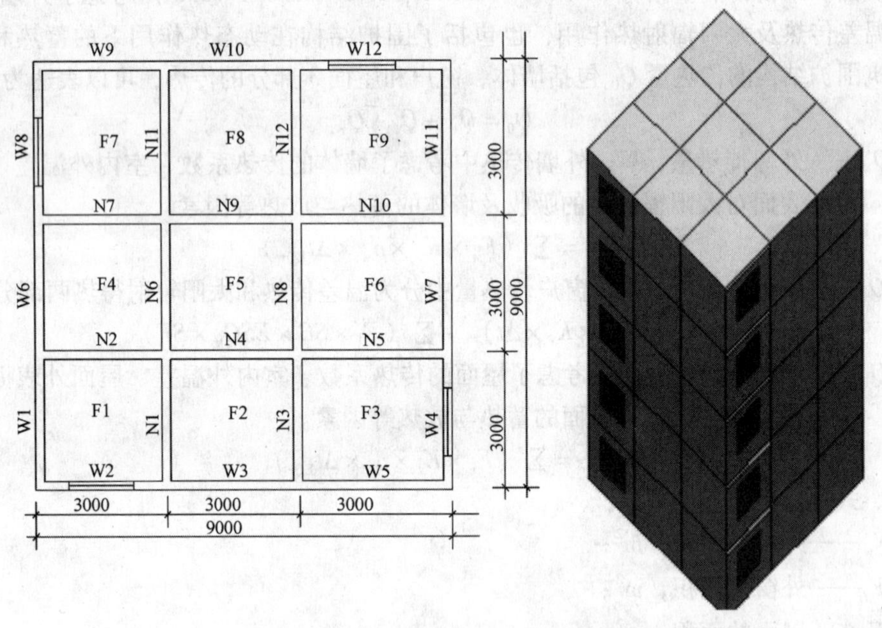

图 1 计算用基本模型

EHTV 模型方向代表符号和角度 **表 1**

方向	W	S	N	E	SW	SE	NW	NE
角度	270	180	0	90	225	135	315	45

选取五种典型外墙构造及四种典型屋面构造（图 2）以便进行参数分析比较，这些构造的计算参数见表 2。

典型构造计算参数 **表 2**

类型代号	构造形式	传热系数（$W/m^2 \cdot K$）	面密度（kg/m^2）
WA	180 黏土实心砖*	2.44	394
WB	180 钢筋混凝土	3.26	520
WC	50 聚苯 + 混凝土	0.98	320

续表

类型代号	构造形式	传热系数（W/m^2·K）	面密度（kg/m^2）
WD	180 加气混凝土	0.98	196
WE	100 岩棉	0.39	60
VA	40 聚苯乙烯*	0.77	359
VB	架空屋面	1.92	358
VC	200 加气混凝土 + 混凝土	1.84	408
VD	100 岩棉	0.39	60

注：带 * 号为模型的基本构造。

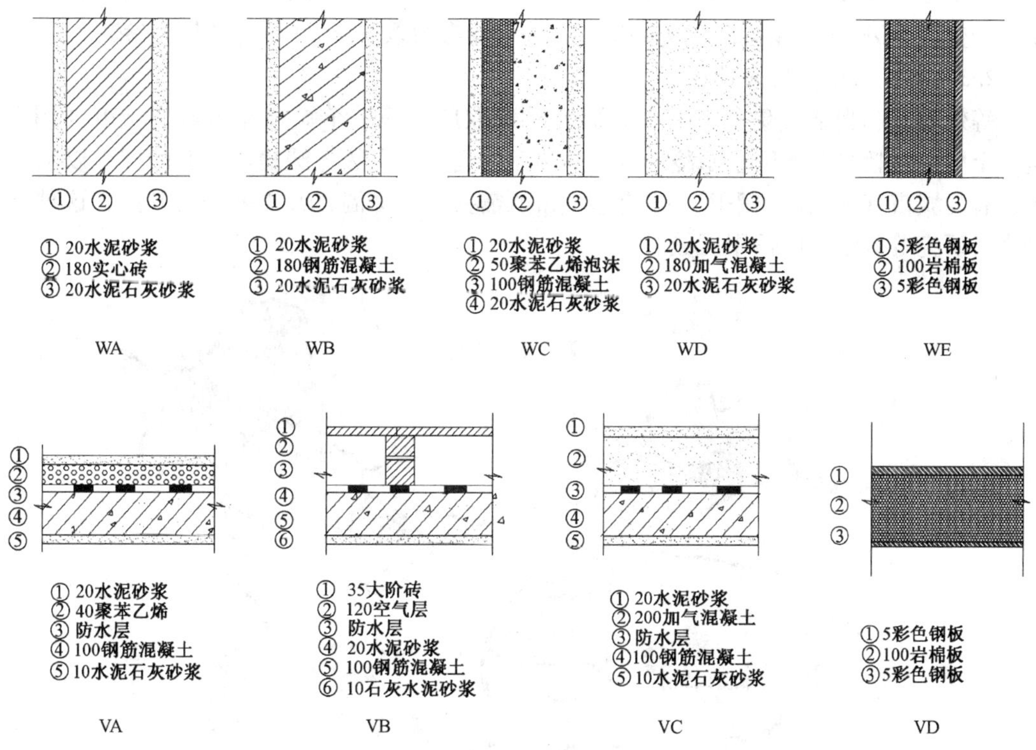

图 2　计算用典型构造

2.2　计算条件

通过模型分析进行等效温差研究，需要设定计算条件，这些计算条件是关键因素，要具有代表性，能反映等效温差的本质。

（1）室内空气温度

采暖居住建筑节能设计标准（JGJ26-95）规定：考虑到厨厕等辅助用房不采暖，室内平均空气温度为 16℃；夏热冬冷地区居住建筑节能设计标准（JGJ134-2001）规定冬季采暖 16～18℃，夏季空调 26～28℃；夏热冬暖地区居住建筑节能设计标准（JGJ75-2003）规定冬季采暖 16～18℃，夏季空调 26～28℃。这种不同的室内温度条件给围护结构传热和能耗计算带来不便。对比国内外的设计温度，计算时取卧室和起居室室内温度，冬季全天为18℃，夏季全天为26℃，其他房间不控温。

（2）墙体和屋面太阳辐射吸收系数

在墙体和屋面的传热计算中，太阳辐射吸收系数综合考虑了围护结构外表面太阳辐射的吸收对传热的影响，等效温差分析时，为排除外表面太阳辐射吸收率的影响，取墙体和屋面的太阳辐射吸收系数为1.0。

（3）室外气象参数

对建筑物进行全年动态能量模拟分析时，要输入气象资料，一般应用典型气象年、能量计算气象年等。DOE-2采用典型气象年进行分析计算，典型气象年（TMY）以近30年的月平均值为依据，从近10年的资料中选取一年各月接近30年的平均值作为典型气象年。由于选取的月平均值在不同的年份，资料不连续，还需要进行月间平滑处理。等效温差的研究以DOE-2为模拟计算的基础，室外气象参数取DOE-2软件的气象参数。

2.3　典型城市及代表特征

等效温差和当地气象条件有关，研究时选取广州等7个城市作为典型城市（图3），这7个城市包括严寒地区、寒冷地区、夏热冬冷地区和夏热冬暖地区，有的城市以空调为主，有的城市基本只需要采暖，也有些城市既需要空调降温，又需要采暖升温，这种选择是为了研究等效温差的适用区域。

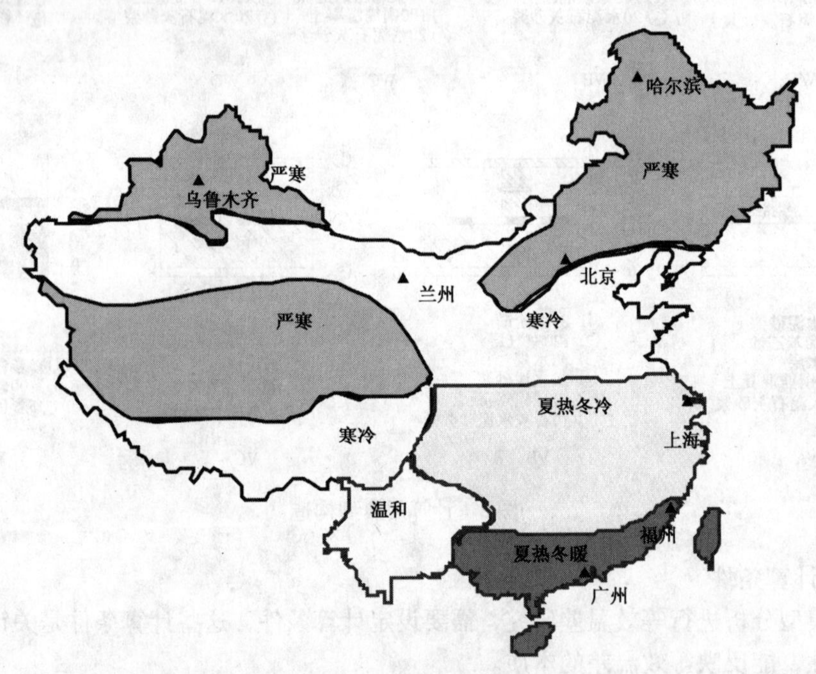

图3　典型城市的地理位置及气候分区

3　典型城市墙体屋面等效温差

用DOE-2分别计算各个朝向通过墙体的传热，在已知墙面面积、传热系数的情况下，由式（8）可以推算出8个朝向及屋面的等效温差。

$$\Delta t_{EQw} = \frac{Q_w}{F_w \times K_w} \quad (8)$$

式中　Q——墙面或屋面的传热量，W。

经过分析处理，可得：

（1）对单一材料墙体，等效温差和材料面密度有关；对复合材料墙体，等效温差主要比较外层材料的面密度。

（2）等效温差和热惰性指标没有必然关系。

（3）不同面密度的墙体和屋面，等效温差有所不同，重质材料有更好的隔热效果，在常用的外墙中，面密度从 60～520 kg/ m^2，等效温差相差不大。广州等地空调计算期等效温差见表 3，福州等地采暖计算期等效温差见表 4。

广州等地各朝向空调计算期等效温差 *TD*（℃）　　**表 3**

	W	S	N	E	SW	SE	NW	NE	屋面
广州	5.97	5.58	5.38	7.51	5.52	5.83	6.70	6.96	7.27
福州	6.46	5.80	5.64	7.87	5.91	6.28	6.98	7.27	8.94
上海	5.91	5.36	4.79	7.23	5.24	5.79	6.22	6.74	7.43
北京	5.15	4.72	3.29	6.23	4.10	5.28	4.87	5.98	6.97

福州等地各朝向采暖计算期等效温差 *TD*（℃）　　**表 4**

	W	S	N	E	SW	SE	NW	NE	屋面
福州	-3.65	-1.60	-4.47	-3.13	-4.38	-2.47	-4.24	-1.84	-4.42
上海	-6.42	-3.23	-7.64	-5.22	-7.47	-4.67	-7.07	-3.31	-6.67
北京	-9.72	-2.63	-11.94	-7.51	-11.65	-5.77	-11.16	-3.24	-10.14
兰州	-7.33	-2.38	-10.24	-7.08	-9.85	-4.09	-9.62	-3.69	-9.13
乌鲁木齐	-14.98	-10.99	-16.51	-13.19	-16.21	-12.81	-15.66	-10.83	-16.61
哈尔滨	-17.69	-12.74	-19.46	-15.86	-19.20	-14.77	-18.52	-12.91	-18.57

用动态 DOE-2 程序对 EHTV 模型进行分析，得到各地在采暖和空调计算期的等效温差，使复杂的外墙、屋面动态传热计算得到简化，对推动建筑节能设计将起到促进作用。

参考文献

1. 西安建筑科技大学等，建筑物理（第三版），中国建筑工业出版社，2000 年第三版，pp81

2. Hong Kong Buildings Department，Code of Practice for Overall Thermal Transfer Value in Buildings 2000

3. 任俊 刘加平，居住建筑节能设计计算与评价 EHTV 法研究，西安建筑科技大学学报（自然科学版）2004 年第 2 期，Vol. 36 No. 2 pp138～141

任俊　广州市建筑科学研究院　副院长　教授级高工　博士　邮编：510440

天津地区多层住宅建筑非采暖空间温差修正系数分析

杜家林　张雪茜　陈　颖　马　彪　李胜英

【摘要】　随着建筑节能设计标准的贯彻实施和不断提高，非采暖空间的温度也在随之上升。本文通过计算分析，给出了部分非采暖空间的温差修正系数。设计人员在计算建筑物耗热量和采暖设计热负荷时，可利用温差修正系数简化非采暖空间的传热计算。

【关键词】　天津　住宅　采暖建筑　温差修正系数

1　问题的提出

天津地区住宅建筑的非采暖空间有楼梯间、封闭阳台和阁楼（闷顶）等。随着建筑节能设计标准的贯彻实施和不断提高，楼梯间、阳台也从开敞式改变为封闭式，有些建筑物屋顶设计建成阁楼（闷顶）。建筑物屋顶、外墙、外窗以及阳台栏板的保温性能也在随着节能设计标准的不断提高而提高。因此，尽管楼梯间、封闭阳台及阁楼为非采暖空间，这些空间的温度也在不断上升。为简化非采暖空间的传热计算，设计人员在计算建筑物耗热量和采暖设计热负荷时，可利用温差修正系数。本文针对天津地区采暖期室外平均温度 $t_e = -1.2℃$ 和采暖室外计算温度 $t_{wn} = -9.0℃$ 的条件，通过对建筑物各部分非采暖空间的温度进行计算分析，从而给出温差修正系数。

2　非采暖空间传热分析

2.1　楼梯间传热分析

（1）楼梯间传热分析条件

多层住宅建筑楼梯间开间为 2.70m 左右，进深约为 6.00m。依据天津市《居住建筑节能设计标准》DB 29-1-2004，楼梯间各部分围护结构传热系数见表 1。

楼梯间各部分围护结构传热系数［W/（m^2·K）］　**表 1**

屋顶	外墙	外窗	楼梯间隔墙	分户门	单元门	地面
0.50	0.60	2.70	1.50	1.50	3.00	0.37

注：单元门为楼梯间入口门，单元门和地面均取其平均传热系数。

楼梯间各部位面积：外门 $F_m = 1.3 \times 2.1 = 2.73m^2$，外窗 $F_c = 1.3 \times 0.6 \times 5 = 3.90m^2$，外墙 $F_w = 2.7 \times 2.8 \times 6 - 2.73 - 3.9 = 38.73m^2$，屋顶 $F_f = 2.7 \times 6 = 16.20m^2$，地面 $F_d = 2.7 \times 6 = 16.20m^2$。

（2）楼梯间向外传出的热量

楼梯间向外传出的热量由楼梯间的外墙、外门窗、屋顶、地面的传热（Q_1）和冷风渗透耗热量（Q_2）以及外门开启附加耗热量（Q_3）组成。楼梯间各部分围护结构向外传出的热量按下式计算：

$$Q_1 = \varepsilon_i \cdot K_i \cdot F_i\ (t_1 - t) \tag{1}$$

式中 Q_1——楼梯间各部分围护结构向外传出的热量（W）；

ε_i——围护结构传热系数的修正系数，见表2；

K_i——楼梯间外围护结构传热系数［W/（m^2·K）］；

F_i——楼梯间外围护结构面积（m^2）；

t_1——楼梯间内空气温度（℃）；

t——室外温度（℃），分别取采暖期室外平均温度 $t = t_e = -1.2$℃和采暖室外计算温度 $t = t_{wn} = -9.0$℃。

当 $t = t_e = -1.2$℃时：

$$Q_1 = \varepsilon_i \cdot K_i \cdot F_i\ (t_1 + 1.2) \tag{2}$$

当 $t = t_{wn} = -9.0$℃时：

$$Q_1 = \alpha \cdot K_i \cdot F_i\ (t_1 + 9.0) \tag{3}$$

式中 α——围护结构朝向修正率，见表3。

围护结构传热系数的修正系数 ε_i 值 **表2**

窗户（包括阳台门上部）					外墙（包括阳台门下部）			屋顶
类　型	有无遮挡	南	东、西	北	南	东、西	北	水平
单层窗	有	0.57	0.78	0.88	0.70	0.86	0.92	0.91
	无	0.34	0.66	0.81				
双玻窗或双层窗	有	0.50	0.74	0.86				
	无	0.18	0.57	0.76				

围护结构朝向修正率 α **表3**

围护结构朝向		南	东、西	北
修正率 α	规范值	0.70～0.85	0.95	1.00～1.10
	计算取值	0.78	0.95	1.05

冷风渗透耗热量按下式计算：

$$Q_2 = C_\rho \cdot \rho \cdot N \cdot V\ (t_1 - t) \tag{4}$$

式中 Q_2——冷风渗透耗热量（W）；

C_ρ——空气比热容，取0.28W·h/（kg·K）；

ρ——空气密度（kg/m^3），取 t 条件下的值。$t = t_e = -1.2$℃时，$\rho = 1.29$（kg/m^3），$t = t_{wn} = -9.0$℃时，$\rho = 1.33$（kg/m^3）；

N——换气次数，取0.5次/h；

V——换气体积，取$V=6\times2.7\times2.8\times6=272.16$（$m^3$）。

当$t=t_e=-1.2$℃时：

$$Q_2=49.15t_1+58.98 \tag{5}$$

当$t=t_{wn}=-9.0$℃时：

$$Q_2=50.68t_1+456.09 \tag{6}$$

外门开启附加耗热量，取其基本传热耗热量的4倍。

当$t=t_e=-1.2$℃时：

$$Q_3=4\varepsilon_i\cdot K_i\cdot F_i\ (t_1+1.2) \tag{7}$$

当$t=t_{wn}=-9.0$℃时：

$$Q_3=4\alpha\cdot K_i\cdot F_i\ (t_1+9.0) \tag{8}$$

当室外温度$t=t_e=-1.2$℃时，楼梯间传出的热量见表4。

$t=t_e=-1.2$℃时，楼梯间传出的热量 **表4**

楼梯间围护结构部位	修正系数ε_i	传热系数 K_i［W/（$m^2\cdot$K）］	围护结构面积 F_i（m^2）	楼梯间传出的热量（W）
外　门	0.92	3.00	2.73	$7.54t_1+9.04$
外　窗	0.76	2.70	3.90	$8.00t_1+9.60$
外　墙	0.92	0.60	38.73	$21.38t_1+25.66$
屋　顶	0.91	0.50	16.20	$7.37t_1+8.85$
地　面	1.00	0.37	16.20	$5.99t_1+7.19$
外门开启	—	—	—	$30.14t_1+36.17$
冷风渗透	—	—	—	$49.15t_1+58.98$
合　计	—	—	—	$129.57t_1+155.49$

当室外温度$t=t_{wn}=-9.0$℃时，楼梯间传出的热量见表5。

$t=t_{wn}=-9.0$℃时，楼梯间传出的热量 **表5**

楼梯间围护结构部位	修正率α	传热系数 K_i［W/（$m^2\cdot$K）］	围护结构面积 F_i（m^2）	楼梯间传出的热量（W）
外　门	1.05	3.00	2.73	$8.60t_1+77.40$
外　窗	1.05	2.70	3.90	$11.06t_1+99.51$
外　墙	1.05	0.60	38.73	$24.40t_1+219.60$
屋　顶	1.00	0.50	16.20	$8.10t_1+72.90$
地　面	1.00	0.37	16.20	$5.99t_1+53.95$
外门开启	—	—	—	$34.40t_1+309.58$
冷风渗透	—	—	—	$50.68t_1+456.09$
合　计	—	—	—	$143.22t_1+1289.02$

(3) 传入楼梯间的热量

传入楼梯间的热量由分户门和隔墙传热耗热量组成。取室内平均温度为 $t_i=18.0$℃，考虑到楼梯间分户门和隔墙传热系数相同，不必分别计算传热耗热量。

楼梯间分户门及隔墙面积 $F_1=(6\times2+2.7)\times2.8\times6=246.96\text{m}^2$，分户门及隔墙传入楼梯间的热量（$Q_4$）按下式计算：

$$Q_4=K_1\cdot F_1(t_i-t_1)=1.50\times246.96\times(18.0-t_1)=6667.92-370.44t_1 \quad (9)$$

(4) 楼梯间温度

根据热平衡，楼梯间传出的热量（$Q_1+Q_2+Q_3$）应等于传入楼梯间的热量（Q_4）。楼梯间温度 t_1 见表6。

楼梯间温度 **表6**

室外温度（℃）	楼梯间传出的热量 $Q_1+Q_2+Q_3$（W）	传入楼梯间的热量 Q_4（W）	楼梯间温度 t_1（℃）
-1.2	$129.57t_1+155.49$	$6667.92-370.44t_1$	13.0
-9.0	$143.22t_1+1289.02$	$6667.92-370.44t_1$	10.5

2.2 封闭阳台传热分析

(1) 封闭阳台传热分析条件

按多层住宅建筑房间开间为3.90m，层高为2.80m计算。封闭在阳台内的外门窗面积：南向 $F=2.4\times2.5\times6=36.00\text{m}^2$，北向 $F=1.8\times2.5\times6=27.00\text{m}^2$。封闭在阳台内的外墙面积：南向 $F=3.9\times2.8\times6-36=29.52\text{m}^2$，北向 $F=3.9\times2.8\times6-27=38.52\text{m}^2$。阳台窗面积：南/北向部分 $F=1.5\times3.9\times6=35.10\text{m}^2$，东和西向部分 $F=1.5\times1.5\times2\times6=27.00\text{m}^2$。阳台栏板面积：南/北向部分 $F=(2.8-1.5)\times3.9\times6=30.42\text{m}^2$，东和西向部分 $F=(2.8-1.5)\times1.5\times2\times6=23.40\text{m}^2$。南/北向阳台顶/底板面积 $F=3.9\times1.5=5.85\text{m}^2$。封闭阳台各部分围护结构传热系数见表7。

封闭阳台各部分围护结构传热系数 [W/(m²·K)] **表7**

阳台窗	阳台栏板	阳台顶/底板	封闭在阳台内的外门窗	封闭在阳台内的外墙
4.70	1.50	1.50	2.70	0.60

(2) 封闭阳台向外传出的热量

封闭阳台向外传出的热量由阳台栏板、阳台窗、阳台顶/底板的传热（Q_1）和冷风渗透耗热量（Q_2）组成。封闭阳台各部分围护结构向外传出的热量按下式计算：

$$Q_1=\varepsilon_i\cdot K_i\cdot F_i(t_1-t) \quad (10)$$

式中 Q_1——封闭阳台各部分围护结构向外传出的热量（W）；

K_i——封闭阳台外围护结构传热系数[W/(m²·K)]；

F_i——封闭阳台外围护结构面积（m²）；

t_1——封闭阳台内空气温度（℃）。

当 $t=t_e=-1.2$℃时：

$$Q_1=\varepsilon_i\cdot K_i\cdot F_i\ (t_1+1.2) \tag{11}$$

当 $t=t_e=-9.0$℃时：

$$Q_1=\alpha\cdot K_i\cdot F_i\ (t_1+9.0) \tag{12}$$

阳台冷风渗透耗热量按下式计算：

$$Q_2=C_\rho\cdot\rho\cdot N\cdot V\ (t_1-t) \tag{13}$$

式中 Q_2——冷风渗透耗热量（W）；

C_ρ——空气比热容，取 $C_\rho=0.28$W·h/（kg·K）；

ρ——空气密度（kg/m³），取 t 条件下的值。$t=t_e=-1.2$℃时，$\rho=1.29$（kg/m³），$t=t_{wn}=-9.0$℃时，$\rho=1.33$（kg/m³）；

N——换气次数，取0.5次/h；

V——换气体积 $V=3.9\times1.5\times2.8\times6=98.28$（m³）。

当 $t=t_e=-1.2$℃时：

$$Q_2=17.75t_1+21.30 \tag{14}$$

当 $t=t_{wn}=-9.0$℃时：

$$Q_2=18.30t_1+164.70 \tag{15}$$

当室外温度 $t=t_e=-1.2$℃时，封闭阳台传出的热量见表8。

$t=t_e=-1.2$℃时，封闭阳台传出的热量　　表8

封闭阳台围护结构部位	修正系数 ε_i	传热系数 K_i[W/(m²·K)]	围护结构面积 F_i(m²)	封闭阳台传出的热量(W)	
				南向	北向
阳台窗(南/北向部分)	0.34/0.81	4.70	35.10/35.10	$56.09t_1+67.31$	$133.63t_1+160.35$
阳台窗(东和西向部分)	0.66/0.66	4.70	27.00/27.00	$83.75t_1+100.51$	$83.75t_1+100.51$
阳台栏板(南/北向部分)	0.70/0.92	1.50	30.42/30.42	$31.94t_1+38.33$	$41.98t_1+50.38$
阳台栏板(东和西向部分)	0.86/0.86	1.50	23.40/23.40	$30.19t_1+36.22$	$30.19t_1+36.22$
阳台顶板	0.91	1.50	5.85/5.85	$7.99t_1+9.58$	$7.99t_1+9.58$
阳台底板	1.00	1.50	5.85/5.85	$8.78t_1+10.53$	$8.78t_1+10.53$
冷风渗透	—	—	—	$17.75t_1+21.30$	$17.75t_1+21.30$
合　计	—	—	—	$236.48t_1+283.78$	$324.06t_1+388.87$

当室外温度 $t=t_e=-9.0$℃时，封闭阳台传出的热量见表9。

$t=t_e=-9.0$℃时，封闭阳台传出的热量　　表9

封闭阳台围护结构部位	修正率 α	传热系数 K_i[W/(m²·K)]	围护结构面积 F_i(m²)	封闭阳台传出的热量(W)	
				南向	北向
阳台窗(南/北向部分)	0.78/1.05	4.70	35.10/35.10	$128.68t_1+1158.09$	$173.22t_1+1558.97$
阳台窗(东和西向部分)	0.95/0.95	4.70	27.00/27.00	$120.56t_1+1085.00$	$120.56t_1+1085.00$
阳台栏板(南/北向部分)	0.78/1.05	1.50	30.42/30.42	$35.59t_1+320.32$	$47.91t_1+431.20$
阳台栏板(东和西向部分)	0.95/0.95	1.50	23.40/23.40	$33.35t_1+300.11$	$33.35t_1+300.11$
阳台顶板	1.00/1.00	1.50	5.85/5.85	$8.78t_1+78.98$	$8.78t_1+78.98$

续表

封闭阳台围护结构部位	修正率 α	传热系数 K_i[W/(m^2·K)]	围护结构面积 F_i(m^2)	封闭阳台传出的热量(W)	
				南向	北向
阳台底板	1.00/1.00	1.50	5.85/5.85	$8.78t_1+78.98$	$8.78t_1+78.98$
冷风渗透	—	—	—	$18.30t_1+164.70$	$18.30t_1+164.70$
合　计	—	—	—	$354.02t_1+3186.16$	$410.88t_1+3697.92$

（3）传入封闭阳台的热量

传入封闭阳台的热量由封闭在阳台内的外墙和外门窗传热耗热量组成，见表10。取室内平均温度为 $t_i=18.0$℃，通过封闭在阳台内的外墙及外门窗传入阳台的热量（Q_3）按下式计算：

$$Q_3=\varepsilon_i\cdot K_i\cdot F_i\ (t_i-t_1)\ =\varepsilon_i\cdot K_i\cdot F_i\ (18.0-t_1) \tag{16}$$

封闭在阳台内的外门窗及外墙传入阳台的热量　　表10

封闭在阳台内的围护结构部位	修正系数 ε_i	传热系数 K_i [W/（m^2·K)]	围护结构面积 F_i（m^2）	传入阳台的热量（W）	
				南向	北向
外门窗	0.50/0.86	2.70	36.00/27.00	$874.80-48.60t_1$	$1128.49-62.69t_1$
外墙	0.70/0.92	0.60	29.52/38.52	$223.17-12.40t_1$	$382.74-21.26t_1$
合　计	—	—	—	$1097.97-61.00t_1$	$1511.23-83.96t_1$

（4）封闭阳台内的温度

根据热平衡，从封闭阳台传出的热量（Q_1+Q_2）应等于传入封闭阳台的热量（Q_3）。当室外温度分别为 $t_e=-1.2$℃和 $t_e=-9$℃时，封闭阳台内的温度 t_1 见表11。

封闭阳台内的温度　　表11

室外温度(℃)	封闭阳台传出的热量 Q_1+Q_2(W)		传入封闭阳台的热量 Q_3(W)		封闭阳台内的温度 t_1(℃)	
	南向	北向	南向	北向	南向	北向
-1.2	$236.48t_1+283.78$	$324.06t_1+388.87$	$1097.97-61.00t_1$	$1511.23-83.96t_1$	2.7	2.8
-9.0	$354.02t_1+3186.16$	$410.88t_1+3697.92$	$1097.97-61.00t_1$	$1511.23-83.96t_1$	-5.0	-4.4

2.3　非采暖阁楼传热分析

（1）非采暖阁楼传热分析条件

为简化分析，非采暖阁楼按整个建筑物平面计算。设建筑物长为 a，宽为 $b=12$m，屋顶坡度为45°，坡屋顶传热系数 $K_1=0.50$W/（m^2·K），阁楼山墙传热系数 $K_2=0.60$W/（m^2·K），阁楼楼板传热系数 $K_3=1.50$W/（m^2·K）。

坡屋顶面积 $F_1=2\sqrt{2}a\cdot b=33.94a$（m^2）

阁楼山墙面积 $F_2=b^2/2=72$（m^2）

阁楼楼板面积 $F_3=a\cdot b=12a$（m^2）

（2）阁楼传出的热量

阁楼传出的热量由坡屋顶和阁楼山墙传出的热量组成，设阁楼内温度为 t_g。

坡屋顶传出的热量（Q_1）按下式计算：

$$Q_1 = 2\sqrt{2}K_1 \cdot a \cdot b\ (t_g - t)\ = 16.97a\ (t_g - t) \tag{17}$$

阁楼山墙传出的热量按下式计算：

$$Q_2 = K_2 \cdot b^2\ (t_g - t)\ /2 = 0.60 \times 12^2 \times\ (t_g - t)\ = 86.4 \times\ (t_g - t) \tag{18}$$

阁楼传出的热量见表12。

阁楼传出的热量 **表12**

室外温度（℃）	建筑物长宽比 a/b	坡屋顶传出的热量 Q_1（W）	阁楼山墙传出的热量 Q_2（W）
−1.2	1	$203.65t_g + 244.38$	$86.4t_g + 103.68$
	2	$407.29t_g + 488.75$	$86.4t_g + 103.68$
	3	$610.94t_g + 733.13$	$86.4t_g + 103.68$
	4	$814.59t_g + 977.50$	$86.4t_g + 103.68$
−9.0	1	$203.65t_g + 1832.82$	$86.4t_g + 777.60$
	2	$407.29t_g + 3665.64$	$86.4t_g + 777.60$
	3	$610.94t_g + 5498.46$	$86.4t_g + 777.60$
	4	$814.59t_g + 7331.28$	$86.4t_g + 777.60$

（3）传入阁楼的热量

传入阁楼的热量由阁楼楼板传热量组成，取室内平均温度为 $t_i = 18.0$℃，阁楼楼板传热量（Q_3）按下式计算：

$$\begin{aligned} Q_3 &= K_3\ (ab - 2.7 \times 6n)\ (t_i - t_g) \\ &= 1.5 \times\ (ab - 16.2n)\ (18.0 - t_g) \\ &= \ (1.5ab - 24.3n)\ (18.0 - t_g) \end{aligned} \tag{19}$$

式中 n——楼梯间个数。取建筑物长宽比 $a/b = 1$，2，3，4时，$n = 1$，2，3，4。

$$a/b = 1\ \text{时}：Q_3 = 3450.6 - 191.7t_g \tag{20}$$

$$a/b = 2\ \text{时}：Q_3 = 6901.2 - 383.4t_g \tag{21}$$

$$a/b = 3\ \text{时}：Q_3 = 10351.8 - 575.1t_g \tag{22}$$

$$a/b = 4\ \text{时}：Q_3 = 13802.4 - 766.8t_g \tag{23}$$

（4）阁楼温度

根据热平衡，阁楼传出的热量应（$Q_1 + Q_2$）等于传入阁楼的热量（Q_3）。

当建筑物长宽比 $a/b = 1$，2，3，4，室外温度分别为 $t = -1.2$℃和 $t = -9.0$℃时，阁楼内温度见表13。

阁楼内温度 **表 13**

室外温度（℃）	建筑物长宽比 a/b	坡屋顶传出的热量 Q_1（W）	阁楼山墙传出的热量 Q_2（W）	传入阁楼的热量 Q_3（W）	阁楼内温度 t_g（℃）
-1.2	1	$203.65t_g+244.38$	$86.4t_g+103.68$	$3450.6-191.7t_g$	6.4
	2	$407.29t_g+488.75$	$86.4t_g+103.68$	$6901.2-383.4t_g$	7.2
	3	$610.94t_g+733.13$	$86.4t_g+103.68$	$10351.8-575.1t_g$	7.5
	4	$814.59t_g+977.50$	$86.4t_g+103.68$	$13802.4-766.8t_g$	7.6
-9.0	1	$203.65t_g+1832.82$	$86.4t_g+777.60$	$3450.6-191.7t_g$	1.7
	2	$407.29t_g+3665.64$	$86.4t_g+777.60$	$6901.2-383.4t_g$	2.8
	3	$610.94t_g+5498.46$	$86.4t_g+777.60$	$10351.8-575.1t_g$	3.2
	4	$814.59t_g+7331.28$	$86.4t_g+777.60$	$13802.4-766.8t_g$	3.4

3 温差修正系数

3.1 楼梯间和封闭阳台温差修正系数

设温差修正系数为 α：

$$\alpha=(t_i-t_1)/(t_i-t) \tag{24}$$

非采暖空间温差修正系数见表 14。

非采暖空间温差修正系数 **表 14**

非采暖空间	室外温度 t（℃）	非采暖空间温度 t_1（℃）	温差修正系数 α
楼　梯　间	-1.2	13.0	0.26
楼　梯　间	-9.0	10.5	0.28
南向封闭阳台	-1.2	2.7	0.80
南向封闭阳台	-9.0	-5.0	0.85
北向封闭阳台	-1.2	2.7	0.80
北向封闭阳台	-9.0	-4.4	0.83

3.2 阁楼温差修正系数

设温差修正系数为 α：

$$\alpha=(t_i-t_g)/(t_i-t) \tag{25}$$

不同建筑物长宽比的非采暖阁楼温差修正系数见表 15。

非采暖阁楼温差修正系数 **表 15**

建筑物长宽比	室外温度 t（℃）	阁楼内温度 t_g（℃）	温差修正系数 α
1	-1.2	6.4	0.60
2		7.2	0.56
3		7.5	0.55
4		7.6	0.54

续表

建筑物长宽比	室外温度 t（℃）	阁楼内温度 t_g（℃）	温差修正系数 α
1	-9.0	1.7	0.60
2		2.8	0.56
3		3.2	0.55
4		3.4	0.54

4 结论

随着建筑物围护结构保温性能的不断提高，非采暖空间内的温度在上升，非采暖空间与室内温差在减小，因此，温差修正系数也在减小。从表14和表15可以看出，不论室外温度是取采暖期平均温度，还是取采暖设计计算温度，温差修正系数基本相同。楼梯间隔墙和分户门的温差修正系数均可取 $\alpha=0.30$。当屋顶为非采暖阁楼时，阁楼楼板的传热系数不宜大于 $1.50W/(m^2 \cdot K)$，阁楼屋顶的温差修正系数可取 $\alpha=0.60$。封闭在阳台内的外墙和外门窗的传热计算，可在相应围护结构传热系数的修正系数（或围护结构朝向修正率）的基础上再乘以温差修正系数 $\alpha=0.85$。

杜家林　天津建科建筑节能环境检测有限公司　总工　邮编：300161

真空玻璃技术的新进展

——吸气剂在真空玻璃中的应用

唐健正　李　洋

【摘要】　本文论述了影响真空玻璃寿命的主要因素，通过试验验证高温烘烤排气及置入吸气剂是真空玻璃使用寿命的可靠保证。

【关键词】　真空玻璃　高温烘烤排气　吸气剂

真空玻璃是一种新型节能玻璃，如图1所示，它基于保温瓶原理，将两片玻璃四周密封，中间抽真空，间隙为0.1～0.2mm，其中置有规则排列的微小支撑物来承受每平米约10t的压力。真空玻璃的综合性能优势已引起社会的广泛关注，2005年获得北京市科委“自主知识产权创新与应用”专项奖金，“大规模生产真空玻璃的产业化技术”已列为我国建材行业“十一五”规划的优先发展方向。真空玻璃产品现已成功应用于北京天恒大厦、清华大学超低能耗示范楼、乐澜宝邸俱乐部等十多个项目，一批待建项目正在进行。

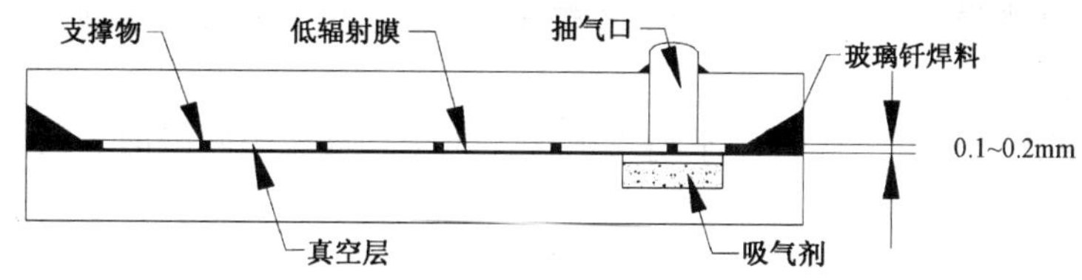

图1　真空玻璃的基本结构

真空玻璃在保温、隔热、隔声、防结露、抗风压等方面都有着优异的表现，特别是在保温、隔热方面，约8mm厚的真空玻璃可相当于0.81m厚重砂浆砌红砖墙的保温隔热效果[1]。表1为真空玻璃与采用相同玻璃原片制作的中空玻璃的传热系数估算值。由表可见，与目前建筑中广泛使用的中空玻璃相比较，真空玻璃的厚度只约为8mm，而隔热性能却远优于中空玻璃。

采用相同玻璃原片制作的真空玻璃与中空玻璃传热系数估算值　　表1

序号	类别	规　格	总厚度 mm	第一内表面辐射率 ε_1	第二内表面辐射率 ε_2	有效辐射率 $\varepsilon_{有效}$	热阻 R $W^{-1}m^2K$	热导 C $Wm^{-2}K^{-1}$	K值(中国) $Wm^{-2}K^{-1}$
1	单膜真空	4L+0.15V+4	8	0.20	0.84	0.193	0.735	1.361	1.12
2	单膜真空	4L+0.15V+4	8	0.17	0.84	0.165	0.808	1.235	1.03
3	单膜真空	4L+0.15V+4	8	0.10	0.84	0.098	1.06	0.943	0.82

续表

序号	类别	规　格	总厚度 mm	第一内表面辐射率 ε_1	第二内表面辐射率 ε_2	有效辐射率 $\varepsilon_{有效}$	热阻 R $W^{-1}m^2K$	热导 C $Wm^{-2}K^{-1}$	K值(中国) $Wm^{-2}K^{-1}$
4	双膜真空	4L +0.15V +4L	8	0.10	0.10	0.053	1.36	0.735	0.66
5	单膜中空	4L +12A +4	20	0.20	0.84	0.193	0.318	3.145	2.10
6	单膜中空	4L +12A +4	20	0.17	0.84	0.165	0.332	3.102	2.04
7	单膜中空	4L +12A +4	20	0.10	0.84	0.098	0.385	2.597	1.84
8	双膜中空	4L +12A +4L	20	0.10	0.10	0.053	0.420	2.381	1.73

4：4mm 白玻，表面辐射率 $\varepsilon_2=0.84$　　4L：4mm Low-E 玻璃

0.15V：0.15mm 真空层　　12A：12mm 空气

真空玻璃的特殊结构，决定了其具有优越的保温隔热性能的同时，还具有优良的隔声性能，特别是组合真空玻璃，制成门窗后，经国家建筑工程质量监督检验中心测试，其隔声性能均好于国标 4 级（计权隔声量 $R_W \geqslant 35$dB）。为隔声要求高的用户设计的组合真空玻璃，经检测已达到国标 5 级（$R_W \geqslant 42$dB），离最高标准 6 级（$R_W \geqslant 45$dB）只差 3 分贝。

真空玻璃的优异性能已经得到社会的广泛认可，人们目前最关注的是真空玻璃的寿命问题，也就是如何保证真空玻璃的真空度在其使用寿命内始终优于 10^{-1}Pa。下面对真空玻璃寿命的影响因素及解决方法进行分析。

1　残余气体对真空玻璃热导的影响

真空玻璃的热导由辐射热导，支撑物热导和残余气体热导构成，其计算方法可参见[1]。

理论上，在气压低到气体分子平均自由程远大于真空玻璃间隔时，气体热导可用下式计算。

$$C_{气} = \alpha\left(\frac{\gamma+1}{\gamma-1}\right)\sqrt{\frac{R}{8\pi MT}}\,P$$

式中　$\alpha=\alpha_1\alpha_2/[\alpha_2+\alpha_1(1-\alpha_2)]$ 为气体综合普适常数，其中 α_1 和 α_2 分别为两个表面的气体普适常数；

P——气体压强，Pa；

T——间隔内两表面温度的平均值；

R——摩尔气体常数。

γ——气体的比热容比；

M——气体的摩尔质量；

对于常温下的空气（含水气）$\alpha=0.5$，可得到：

$$C_{气}=0.375P\quad Wm^{-2}K^{-1}$$

由此可见

当 $P=0.1$Pa 时　　$C_{气}=0.0375\ Wm^{-2}K^{-1}$

当 $P=1$Pa 时　　$C_{气}=0.375\ Wm^{-2}K^{-1}$

由一片辐射率为0.10的镀膜玻璃与一片辐射率为0.84的白玻制成的真空玻璃

辐射热导：$C_{辐射}=0.447\ Wm^{-2}K^{-1}$

支撑物热导：

支撑物选用 $a=0.25mm$，$h=0.15mm$，方阵间距 $b=25mm$

$C_{支撑物}=0.608\quad Wm^{-2}K^{-1}$

我公司的专利采用环形（又称C形）支撑物，热导还可比上述计算值小10%～20%。$C_{支撑物}$可按$0.50Wm^{-2}K^{-1}$计。

如果 $P=0.1Pa$，则真空玻璃热导：

$$C_{真空}=C_{辐射}+C_{支撑物}+C_{气}$$
$$=0.447+0.50+0.0375$$
$$=0.9845\ (Wm^{-2}K^{-1})$$

可算出 $C_{气}$ 在 $C_{真空}$ 中占的比例约为4%。

如果 $P=1Pa$，则可算出此比例将接近30%，此时 $C_{气}$ 的值已接近 $C_{辐射}$ 或 $C_{支撑物}$，而且随着真空玻璃内表面的放气，$C_{气}$ 还会不断增大，逐渐使真空玻璃的性能变坏，这显然是不可接受的。所以如前所述，真空玻璃的生产工艺必须确保真空度达到并保持小于$10^{-1}Pa$的水平。这样残余气体传热的影响才能小到可忽略的程度。

由以上的分析可见，为了保持真空玻璃优异的保温、隔热性能，真空玻璃的真空度必须始终优于$10^{-1}Pa$。但真空玻璃与其他真空器件一样，在其使用过程中，由于材料的放气，真空度会逐渐下降，从而导致性能变坏，影响产品寿命。因此，如何维持真空玻璃的真空度，是保证真空玻璃使用寿命的关键。为了解决这个问题，我们几年来进行了大量的研究与试验，取得世界领先水平的专利和技术成果，现已从根本上保证了真空玻璃的使用寿命。

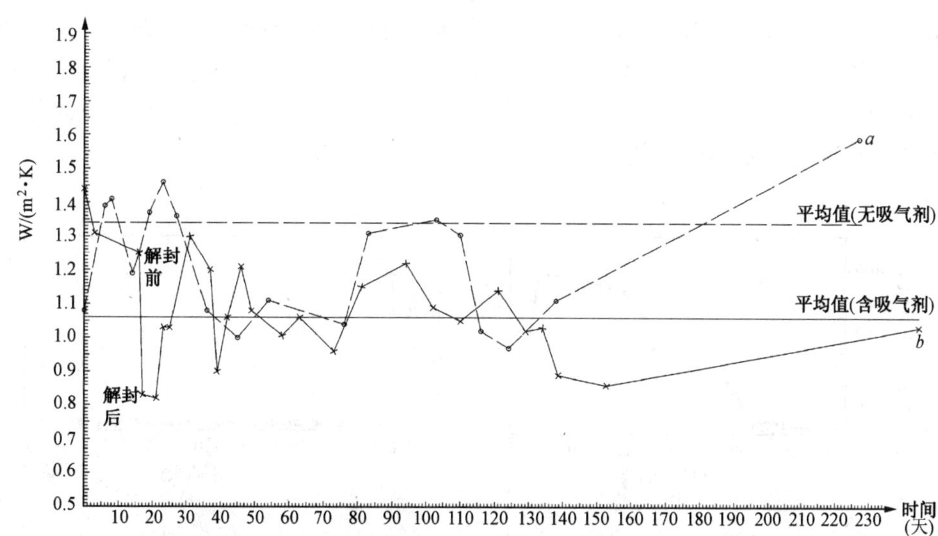

图2　真空玻璃样片热导值变化情况（曲线 a 为不含吸气剂真空玻璃样片热导值变化情况，曲线 b 为含有吸气剂真空玻璃样片热导值变化情况）

2 真空玻璃真空度衰变的原因分析

为了研究真空玻璃的使用寿命，多年来我们制作了大量的实验样片，在夏季将其置于室外进行曝晒，并进行长期的跟踪测试。经过测量发现，一段时间后有一部分样片的热导值明显增大。图2中曲线 a 为不含吸气剂的真空玻璃样片热导值变化情况（由于测试环境远比使用条件恶劣及精密热测量存在误差，故图中反映的热导值变化幅度远比实际使用情况大），样片由一片普通白玻与一片镀膜玻璃制成，白玻辐射率为0.84，镀膜玻璃辐射率为0.25。

经分析，造成真空玻璃热导变大的可能原因有：通过玻璃渗透的气体和真空玻璃内表面放气。下面分别对这两种原因进行分析论述。

2.1 通过玻璃渗透的气体

气体对玻璃的渗透以分子态进行，渗透过程与气体分子的大小和玻璃内部的微孔大小有关。气体分子直径越小，越易渗透。虽然大气中 He 分压只有 0.53Pa，但 He 分子的直径最小，所以它的渗透量远大于其他气体，因此对真空玻璃的渗透主要应考虑 He 渗透。由于制作真空玻璃用的浮法玻璃在组成上属钠钙玻璃，钠钙离子的存在使 He 对玻璃的渗透率大大降低，因此 He 渗透对常温下使用的真空玻璃性能的影响可以忽略[2]。

2.2 真空玻璃内表面放气

玻璃材料在高温与光照下，表面会释放出气体，气体量与玻璃的烘烤排气温度有关，悉尼大学真空玻璃研究组就真空玻璃在高温与光照下的气体释放进行了深入研究[3]，其结果和我们的实验结果一致。

（1）高温条件下真空玻璃内表面放气

图3（a），（b）是分别在150℃和350℃进行烘烤排气的两块真空玻璃样片在高温老化过程中温度与内部压强随时间的变化曲线。经150℃烘烤排气的真空玻璃，经过为期115天，温度高达150℃的高温老化，样片的内部压强从 6.65×10^{-2}Pa 上升到6.65Pa，经四极质谱仪分析识别，放出的气体主要是水蒸气，还有小部分的二氧化碳，还检测到非常少的一氧化碳。而经350℃烘烤排气的真空玻璃，经过相同的高温老化过程，内部压强只上升了 1.33×10^{-1}Pa。结果充分说明，可以通过采用较高温度（>350℃）烘烤排气来有效改善真空玻璃由高温而产生的内表面放气。

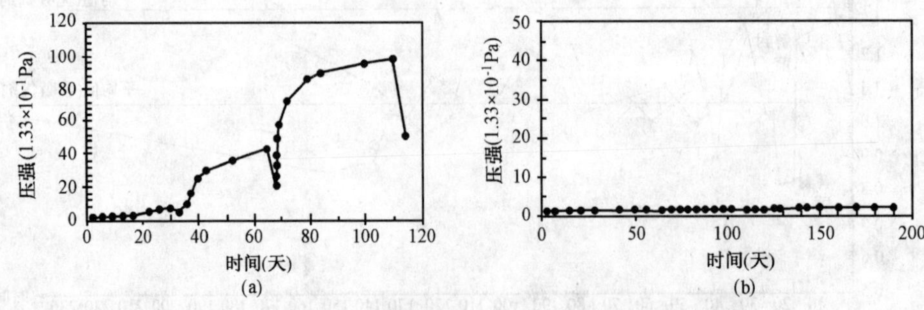

图3 分别在150℃和350℃进行烘烤排气的两块真空玻璃样片在高温老化过程中温度与内部压强随时间的变化曲线

由于释放出的气体主要是水蒸气，所以当温度恢复到室温时，真空玻璃的内部压强会回落到与原来相近的数值，或至少回落一部分。由此可见，高温对在常温下使用的真空玻璃影响不大。

（2）光照条件下气体的释放

图4（a），（b）是分别在150℃和350℃进行烘烤排气的两块真空玻璃样片在光照老化过程中内部压强随时间的变化曲线。经150℃烘烤排气的真空玻璃样片，在室外曝晒的过程中，样片的内部压强上升了约1.33Pa。经350℃烘烤排气的样片，内部压强上升不到1.33×10^{-1}Pa。经四极质谱仪分析识别，光照下放出的大部分气体是二氧化碳和一氧化碳，没有水蒸气。

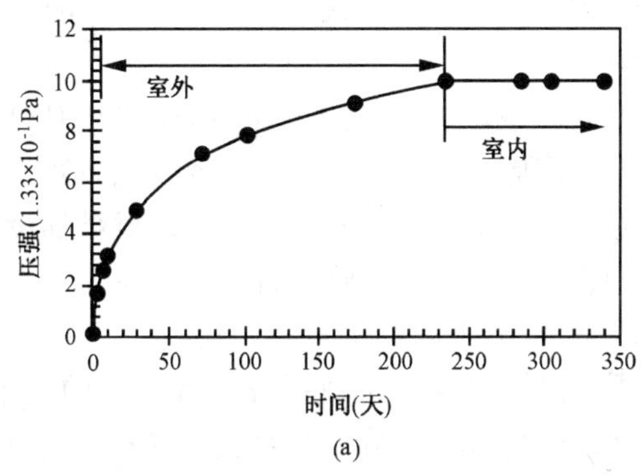

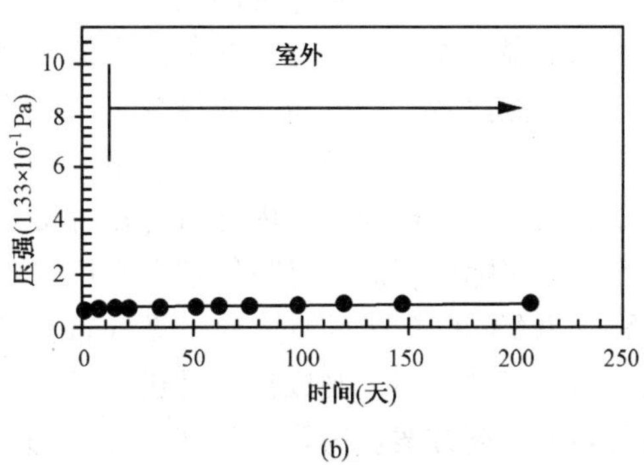

图4　分别在150℃和350℃进行烘烤排气的两块真空玻璃样片在光照老化过程中内部压强随时间的变化曲线

以上分析表明，真空玻璃在制作过程中有两个放气高峰，一个是在100℃附近，水气大量从表面释出，引起气体量增加；另一个是在350℃至380℃范围内，在此温度下，水气及二氧化碳与一氧化碳放气量达到峰值。

3　提高真空度及延长真空玻璃寿命的方法

3.1　在较高温度下烘烤排气

由前面的论述可以看出，在350℃以上烘烤排气，除了排除真空玻璃间隙层内的气体外，还可以有效的去除吸附在玻璃内表面表层和深层的各种气体，提高封离真空度并减少真空玻璃使用中内表面的放气，增加真空玻璃的使用寿命。

我们的工艺特点是：在封边时进行460℃的高温烘烤后，在降温至350～380℃时开始抽真空排气，这样可以有效地减少玻璃表面的放气量。

为了实现高温排气工艺，必须对真空系统及烘烤炉、封离装置及工艺等软、硬件做一系列相应的配套设计。我们经过多年的试验，高温排气单体炉已投入生产，正在总结经验的基础上设计和建设高温排气连续式生产线。

3.2　置入吸气剂

对经过高温烘烤排气的真空玻璃样片进行长时间的曝晒试验，经测量后发现有一部分真空玻璃的热导值仍有相当幅度的升高。这说明，与普通真空器件不同的是，真空玻璃的真空腔体积小，而表面积大，1m^2真空玻璃的真空腔体积只约为150mL，而放气表面积则为 2 m^2。在高温下烘烤排气并不能完全解决真空玻璃内表面的放气问题，必须在真空玻璃中放置吸气剂，来提高并维持真空玻璃的真空度，延长真空玻璃的使用寿命。

吸气剂也叫消气剂，在电真空器件和真空科技领域它是指一种能吸收气体的材料。其主要作用是：在短时间内提高真空空间的真空度，并在长时间内维持所要求的真空度。吸气剂可分两大类，即蒸散型吸气剂和非蒸散型吸气剂。前者是指用蒸发的方法，把吸气材料沉积在真空器件壁上形成一种膜，用以吸附气体的吸气剂。非蒸散型吸气剂是指进行清洁处理或“激活”后，形状不变，即不释放消气物质，而本身直接吸收气体的吸气剂。

为保证真空玻璃的透明度不受污染，只能采用非蒸散型吸气剂。非蒸散型吸气剂按激活温度的高低又有低温吸气剂与高温吸气剂之分。低温吸气剂的激活温度为 450±100℃，在常温下工作；高温吸气剂的激活温度为 850±100℃，最佳工作温度 400±50℃。因真空玻璃在常温下使用，故选择非蒸散型低温吸气剂。

由于低温吸气剂的激活温度为 450±100℃，而真空玻璃在封边过程中经过 450℃以上的高温烘烤排气过程较长，在大气中如此高的温度下吸气剂还未激活就已经氧化失效，这是要解决的一个难题。国内外有许多直接将吸气剂置入真空玻璃的专利[3~5]，至今都没有在产品中实际应用。经过吸气剂生产厂家检测，即使是高温激活吸气剂，经过在大气中温度高达 460℃的长时间加热后，吸气量只约有原来的 10%。多年来我们进行了大量的试验，选取多种方案，制成样片后进行长时间曝晒，根据跟踪测试数据分析吸气剂的效果，现已确定最终方案。为防止吸气剂在封边时氧化，须将吸气剂在真空状态下激活并包封，包封盒材料为特种金属薄片或玻璃，真空玻璃在大气中进行“封边”时，被“包封”的吸气剂不会氧化失效。在抽真空并封离后，通过“解封”把包封盒打开，使吸气剂工作。这一发明已经申请了专利[6~7]。

图 2 中曲线 b 为含有吸气剂真空玻璃典型样片的数据曲线，与不含吸气剂真空玻璃样片的数据曲线 a 相比，虽然由于排气不良等原因使制成后测得的热导值高 0.36 $Wm^{-2}K^{-1}$，但吸气剂解封后，热导值下降了 0.61 $Wm^{-2}K^{-1}$，并且在长时间内只有小范围波动，而且越来越趋于稳定，平均值比不含吸气剂的真空玻璃低 0.3 $Wm^{-2}K^{-1}$。说明吸气剂在解封初期吸收了封离后的残余气体，提高了真空度，消除了残余气体导热，其后又不断吸收内表面放出的气体，维持了真空度。由此可见，吸气剂的置入是提高真空玻璃的封离真空度并长时间维持真空度的有效措施，也是真空玻璃使用寿命的可靠保证。

目前，我们已在产品中置入了吸气剂，用南玻提供的辐射率为 0.11 的离线硬膜镀膜玻璃与一片白玻制成的标准真空玻璃，经国家建筑工程质量监督检验中心测试，K 值为 0.9 $Wm^{-2}K^{-1}$，与理论计算值 0.86 $Wm^{-2}K^{-1}$ 相近；用此标准真空玻璃与一片 5mm 白玻合中空制成组合真空玻璃（4 L+0.15V+4+12A+5），K 值可达到 0.74 $Wm^{-2}K^{-1}$，都达到国外所谓超级玻璃（Super Windows）[8]水平。这在世界真空玻璃工业中属于创新成果，这一成果将有利于消除人们对真空玻璃寿命的疑虑，将使真空玻璃使用寿命达到 20 年以上的理想成为现实。

参考文献

1. 唐健正，“真空玻璃热工参数的简易计算”、“建筑门窗幕墙与设备” 2006 年第 3 期第 54 页
2. 董镛，“真空玻璃与负压中空玻璃”，“中国玻璃” 2000 年第 5 期

3. N. Ng, R. E. Collins, L. So, "Thermal and optical evolution of gas in vacuum glazing" Materials Science and Engineering, B 119 (2005) 258～264
4. D. K. Benson and C. E. Tracy, "Laser sealed vacuum insulation window", U. S. Patent No. 4683154 (1987)
R. E. Collins, S. J. Robinson, "A thermally insulating glass panel and method of constraction " PCT/AU90/00364 (1989)
5. 唐健正、王基奎，"带吸气剂的真空玻璃"，中国专利 01275879.5，2001.12.7
6. 唐健正、王基奎，"包封吸气剂"，中国专利 01140012.9，2001.11.20
7. 唐健正"使用在真空玻璃中的包封吸气剂及解封方法"，中国专利申请号 2003101151693
8. 唐健正"超级玻璃与超级真空玻璃"，"中国玻璃"，2003 年第 5 期

唐健正　北京新立基真空玻璃技术有限公司　技术总监　教授　邮编：100039

反射型绝热材料—拔热金属隔热箔

沈端雄　郭文斌　廖灶华

【摘要】 本文叙述了反射型绝热材料隔热的基本原理，介绍了拔热金属隔热箔的构造、优点和应用情况。

【关键词】 反射型绝热材料　隔热　拔热金属隔热

《民用建筑热工设计规范》（GB 50176-93）中提到，围护结构的保温隔热设计可采用设置封闭空气间层或带铝箔的封闭空气间层的措施。在建设部建科办（1995）80 号文中提出，辐射是室内传热的主要方式。采用热反射材料作窗帘、墙壁和天棚阁层以及通风管道表层，将辐射热反射回去，是一项效益高而费用低的节能技术。2004 年，建设部公布的《产业技术政策纲要》中亦提出隔热宜采用金属箔或金属镀膜对辐射热进行反射。可见，对围护结构采用反射方式进行隔热已得到公认。

1　反射型绝热材料

1.1　空气间层传热

上述提到的做法和措施其原理即为传热学上的空气间层（Air Space）传热理论，即 GB 50176—93 中提到的封闭的空气间层具有热阻，因为密闭后对流传热受限制，通过空气间层的热流减少，所以空气间层的热阻提高了。如将空气间层的构造抽成真空，同时在两侧设置高反射的材料如铝箔等，则对流传热减至最低，几乎为零，而辐射热也被反射，这样空气间层的热阻能有很大的提高。日常生活中的热水瓶就是一个很好的例子，从其构造来看，热水瓶胆是两层镀银的玻璃，中间被抽成真空。这样热流在传递过程中，传导和对流被减至最低，辐射热也被反射。因此，这种构造有很高的热阻，热水瓶也就有了很好的保温隔热效果。该原理在航天和低温工程中也被广泛应用，只是它的构造采用了很多层的“热水瓶”，它的热阻能达到惊人的 10^{-4}的数量级。

1.2　反射型绝热材料

再从国外的研究和应用情况来看，美国一直走在该领域的前列。1954 年，Robinson 给出了空气间层热阻值的近似计算公式；1978 年，反射型绝热材料制造者协会（Reflective Insulation Manufacturers Association）成立；1979 年，该协会参加美国能源部（DOE）和联邦贸易委员会（FTC）的绝热材料行业听证会，并于会议上通过了“R-Value Rule”，即反射型绝热材料的热阻计算规则等相关内容，如检测铝箔红外线反射率的标准 ASTM C—1371 等；1984 年，Yarbrough 通过大量的实验给出了直接的数据参数，使得热工计算变得简单。随着相关标准和体系的不断建立，反射型绝热材料得到了广泛的应用。

1.3　PARSEC-拔热隔热箔

PARSEC-拔热金属隔热箔系美国国家航空航天总局（NASA）技术，由美国PARSEC公司生产的多层金属结合而成的高科技产品（图1），是一种高端的合成金属箔材料。美国国家航空航天总局（NASA）早期用于航天器的防辐射和隔热。70年代后期，美国路易斯安那州立大学建筑学教授Jason. c. shih第一位将反射材料用在建筑上，他与佛罗里达太阳能中心的Robert D. Doering，佛罗里达大学的James K. Beck等教授针对拔热合作做了大量的研究与测试，于1982年正式向建筑界推荐使用拔热。经过20多年的推广，拔热在全球范围内得到了广泛的应用。尤其是热带地区更是成为主流的隔热产品。

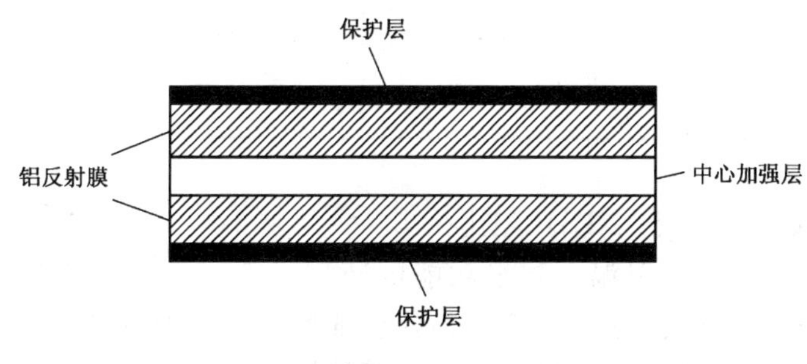

图1　拔热构造

上下两层为独有保护层，中间两层是经过特殊静电处理的铝反射膜层，能反射95%以上的红外线，中间一层为HDPE材质的加强层，张力极强。

1995年，拔热在国内首次应用。上海浦东三林城三林苑国家安居示范小区采用了拔热屋面系统，经中国建科院物理所现场检测，采用拔热系统的屋面的隔热效果优于相同构造下采用5cm憎水珍珠岩的屋面的隔热效果，而且热惰性指标也满足要求。此后，拔热在上海国际会议中心、昆仑花园、西站花园、江苏徐州火车站、太仓工程、广东肇庆丰华高科技园等不同项目中应用，效果良好。

2　拔热隔热箔的优势分析

从拔热隔热箔在国内工程的应用情况来看，与其他绝热材料比较，有着一定的优势。

2.1　与纸质铝箔相比

目前，就国内应用情况来看，由于价格低廉，纸质铝箔或夹筋铝箔和玻璃棉结合使用的做法比较普遍，但用于屋面保温隔热相对很少。其主要原因是纸质铝箔耐水性差，容易返潮破坏，且使用年限极短（2~3年就要返修），不能满足民用建筑的要求。

拔热隔热箔与纸质铝箔主要有以下几个区别：

（1）红外线反射率。红外线反射率是考察铝箔热工性能的指标，根据美国反射型绝热材料制造者协会的规定，铝箔的红外线反射率达到90%以上才能作为绝热材料使用。拔热的红外线反射率高达95%，国内检测的结果为93%；国内纸质铝箔出厂时大多无此项指标，实际检测结果也远达不到该数值。

（2）在材质组成上，拔热隔热箔是铝质箔组合材料，高密度中间层，其材质十分坚固不易撕裂；而纸质铝箔由铝质、牛皮纸、柏油及玻璃棉质组合而成，极易撕裂。

（3）施工方法上，前者较后者简单方便，铺设时无需钢丝的支撑，搭接部分只需5cm，并且可以用胶带粘结。而纸质铝箔铺设大跨度结构时需要钢丝的支撑才可以铺平铝箔，搭接部分需10～15cm。

（4）在耐久性方面，拔热隔热箔兼具隔热和防潮功能，适合于各种环境，施工时不受天气影响；而纸质铝箔的隔热铝质纸内层容易受潮和破损（两者的项目指标见表1）。

金属隔热箔与纸质铝箔及挤塑聚苯乙烯板的性能 **表1**

	拔热金属隔热箔	纸质铝箔	挤塑聚苯乙烯板
水汽渗透率（ng/Pa·m·s）	0.018	0.1	易受潮、阻水性差
拉力强度（N·m） 刺穿阻力 撕裂阻力	>2 618 百分之三增强	极易撕裂 容易刺穿	很难承受高强度压力 易刺穿 容易撕裂

2.2　与挤塑聚苯乙烯板（XPS）相比

拔热产品是兼具隔热、保温、防水功能的新型材料，而且拔热是卷材型，每卷为1.25m×96m，面积为120m^2，施工工期短、劳动强度低，方便快捷。

为了达到较好隔热保温效果，满足不同地区建筑热工设计要求，施工时关键在于拔热与挂瓦条和顺水条之间要有一定空隙，一般夏热冬冷地区25mm厚度的空隙就能满足要求。它的铺设方法和顺序基本与防水油毡相似，但不需要沥青玛瑅脂粘结。它的主要要求是顺水条和挂瓦条需经过强防腐处理，在钉完顺水条后，由檐口向屋脊方向在上面铺设金属隔热箔，并用挂瓦条固定，搭接处需要拔热胶带粘贴，搭接长度需在5cm以上。由于拔热的高密度中间层具有很强的握裹力，所以不必担心用木条钉会影响其防水效果。拔热与瓦面之间保持25mm厚的空气层，这样保温隔热效果最好。拔热在屋脊和其他交接处如山墙和檐口等地方，要有60mm搭接长度，施工时工人脚穿布鞋（不带钉），要注意脚不要直接踩在铝箔上，而要踩在顺水条上以防止踩坏隔热箔。操作时人要带墨镜防止眼睛灼伤。

在实际应用中，拔热和XPS相比有以下优势：

（1）施工简单，搭接处理容易。拔热隔热箔施工简单，施工过程中不易损坏，接口用胶带连接从而使其密封性能好。而泡沫挤塑板在施工过程中容易损坏，接口处密封处理难，极易渗透。

（2）耐久性好。由于有特殊保护层工艺，拔热隔热箔耐久性极好，而聚苯乙烯板的阻水性差，施工受天气限制，长期承受高强度压力易出现塌陷现象，以致影响上层结构的使用效果。

（3）拔热隔热箔具防水功能，其物理性能指标超过GB50345—2004中表5.2.3-2合成高分子防水卷材纤维增强类的指标要求，安装于坡屋面后能快速排水，并形成一个完整的防水层面，有效满足防水防渗的要求，故不需配置防水层。而聚苯乙烯板自身没有防水功效，必须配置防水层（见表1）。

（4）节能效果。以典型的混凝土结构屋面为例（图2），应用拔热的屋面传热系数和传热阻。（表2）

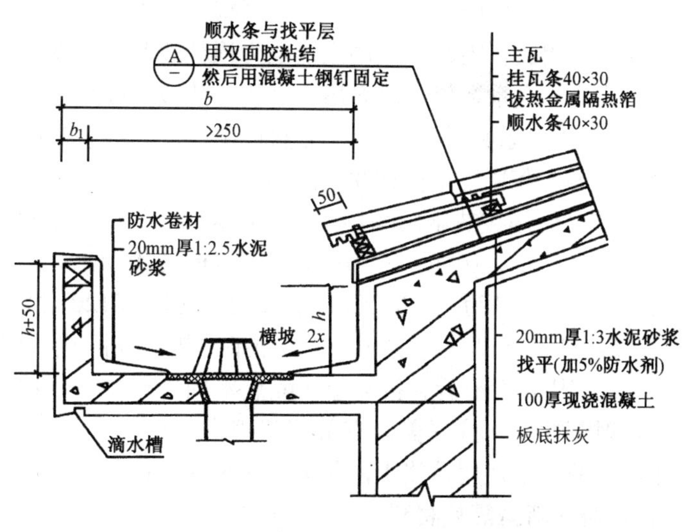

注：b,b1,h(h>250)由设计定。

图2 采用拔热太空隔热箔檐口

坡度：22.5°

拔热屋面的传热系数和传热阻 **表2**

结　　构	d（厚度）	λ（导热系数）	d/λ	R_0
1 外表面换热阻	—	—	—	0.055
2 12mm 机制瓦	0.012	0.835	0.012/0.835	0.014
3 25mm 空气层-挂瓦条（Low E）	—	—	—	0.604
4 拔热金属箔	0.0002	0.033	0.0002/0.033	0.006
5 25mm 空气层-顺水条（Low E）	—	—	—	0.604
6 找平层（水泥砂浆）	0.02	0.93	0.02/0.93	0.022
7 现浇板	0.10	1.74	0.10/1.74	0.057
8 板底抹灰（石灰砂浆）	0.02	0.81	0.02/0.81	0.025
9 内表面换热阻（High E）	—	—	—	0.148
屋面传热阻 R_{Total}	1.535			

因此计算　屋面的传热系数 $K=1/R_{Total}=1/1.535=0.65\text{W}/(\text{m}^2\cdot\text{K})$

表2结构栏中的第3和第5项即“25mm 空气层-挂瓦条（Low E）”、“25mm 空气层-顺水条（Low E）”表示顺水条和拔热，拔热和瓦之间的两个25mm厚的空气层是低发射（Low Emmisivity）的空气层，其对应的热阻是0.604m²·K/W（因国内标准GB50176—93所列的热阻无红外线反射率、坡度等参数，在参考了美国ASHRAE Fundamental 1997、澳大利亚标准AS/NZS 4859.1:2002、新加坡标准Handbook On Energy Conservation In Building And Building Services后，认为澳大利亚标准相对比较系统实用，故此参数从AS/NZS 4859.1:2002选取）。

由图表可见，此拔热屋面系统的传热系数和传热阻相当于相同结构下40mm厚的XPS

屋面系统的隔热效果。根据新加坡国立大学的研究测试报告，采用拔热金属隔热箔的建筑物与不采用隔热建材建筑物相比，能减少空调系统电力损耗达50%；另外，从新加坡国立大学测试拔热屋面系统的热传递系数值可以看出，采用拔热金属隔热箔的屋面热传递系数与采用20mmXPS屋面的热传递系数基本接近，也就是说，带拔热金属隔热箔的25mm厚的空气间层具有25mm厚XPS相同的隔热效果。

（5）价格比较。目前，使用拔热金属隔热箔的价格为35元/m^2。而使用泡沫挤塑板加防水层一般需39.39~155元/m^2，例如：①50mm厚挤塑板（20元/m^2）加不带砂二毡三油防水层（19.38元/m^2）的价格为39.38元/m^2；②如果加SPC120卷材防水层（54.11元/m^2）则价格为20+54.11=74.11（元/m^2）；③如果加铝基反隔热涂料一遍（135元/m^2）则价格为155元/m^2。从表面上看，拔热金属隔热箔的价格略贵了些，但由于具有隔热、保温、防水和防辐射等性能，且据美国有关部门报道，使用20年的金属隔热箔还没有出现老化现象。所以总的来说使用价格上的优势是十分明显的。

3　拔热——前景广阔的新型隔热材料

通过和以上几种常用的保温隔热材料的对比分析情况来看，拔热有着卓越的隔热性能，同时还具有防水、防辐射、抗电磁波干扰等性能，是一种新型的多功能产品。尤其是其防水性，当应用于坡屋面时，可当一道防水，具有很高的经济技术优势。

由于拔热的优良性能，使得拔热能广泛应用于不同的工程，如坡屋面、大跨距空间结构、粮库、暖通管道保温、地面辐射采暖工程、航天、汽车工业等等，应用前景非常广阔。特别值得注意的是，目前市场上已出现部分仿制的假冒伪劣产品，这些产品材质、工艺粗糙，热工性能差，易返潮，易撕裂。但相信随着国家相关标准和体系的建立以及市场的逐步规范，这种情况会得到改善。

沈端雄　浙江恒和节能科技工程有限公司　董事长　邮编：310007

采暖空调节能

供热采暖技术发展概况及展望

温　丽

【摘要】　本文介绍了我国供热采暖技术发展的概述，采取的技术措施和取得的成效，提出供热采暖系统的节能要与围护结构节能同步推进，而选择供热计量方式要适合我国“热改”初期的实际状况。

【关键词】　供热　技术　发展

1　供热采暖技术发展概况

冬季采暖是我国北方地区城镇居民的基本生活要求。新中国成立56年来，供热事业有了很大发展，对国家经济建设、提高人民生活水平和改善环境发挥了重要作用。

1.1　热力供热

中国采用热电联产的城市集中供热方式，是从1958年由北京市建设第一家热电厂开始的，48年来经历了曲折发展的过程。在最初的10年中曾有过较快的发展。继北京市之后，1968年东北地区的沈阳市也率先开始发展集中供热，但是后来在很长一段时间里，一直发展缓慢。1980年北方只有10个城市建设了集中供热设施，到1989年才有81个城市发展了集中供热，供热面积为1.56亿m^2。但在最近的15年来有了快速的发展，2003年全国600个设市城市中，有集中供热设施的城市已达到了321个，供热面积18.9亿m^2，是1989年的12倍。

北京市的热力供热近十几年来也得到了很快发展，供热面积由1989年的1675万m^2，增加到2004年的8487万m^2，目前已突破9000万m^2，是1989年的5.7倍，其管网能力尚有很大裕量，只是热源不足。

1.2　锅炉供热

回顾热力供热艰难、曲折的发展进程，不难看出，正是由于热力建设跟不上城市高速发展的需求，在缺少热力供热和锅炉供热统一规划的条件下，必然导致锅炉供热自发、无序的发展，最终形成了单台锅炉容量小、能耗高、污染大的众多分散小锅炉房在“三北”地区各大、中城市占主导地位的被动局面。据全国供暖专业网1989年对“三北”地区八大城市的调查，锅炉供暖占82%，热力供暖占15%，其他占3%。尽管北京市2004年热力供热已发展到8487万m^2，而其在全市供热的份额中仍只占19.8%。这表明抓好锅炉供热十分重要。

那么，在中国的北方，量大面广，以锅炉房为热源的供热采暖系统几十年间是怎样发展过来的？在技术上有过哪些进步？取得了什么节能效果？还存在什么主要问题？其形成原因是什么？下面以北京市为例做简要概述。

（1）以锅炉房为热源的供热采暖系统发展概况

• 锅炉房

几十年来，供热行业变化最大的应该说是锅炉。新中国成立初期至1975年，只有小容量手工燃烧的铸铁锅炉，曾在北京市和平里13万m^2小区内出现过32台铸铁锅炉供热的局面。好在1975年2.8MW机械燃烧的快装链条炉排锅炉终于在上海问世了，这才为20世纪70年代中期北方的消烟除尘、锅炉改造创造了条件。当时，逐步将手烧锅炉全部改为快装锅炉，或往复炉排机烧锅炉，以实现不冒黑烟，环保达标。进入80年代，不少住宅小区规模已超过百万m^2，但仍无大容量热水锅炉，因而曾再次出现过一个锅炉房24台2.8MW（4t/h）快装锅炉的设计方案。后在多方呼吁下，1981年和1987年14MW（20t/h）和29MW（40t/h）的大容量热水锅炉终于首批投入了使用。此后，在1997年之前，在北京市和北方采暖城市陆续建成了一大批选用14MW和29MW锅炉的大型供热厂，一般采用间供式，设热力站。而北京市自1997年之后至今这一阶段的突出任务，就是在保留大型燃煤区域锅炉房基础上，对14MW以下的燃煤锅炉实施“煤改气”。2006年作为加快实施奥运倒排期环境治理项目，北京市要求城四区和石景山区14MW以下的燃煤锅炉于年内全部改完，对朝阳、海淀、丰台三个近郊区要求改50%以上。此外，几十年来由于国家对环保的要求不断提高，燃煤锅炉的脱硫除尘任务日益繁重，各地燃煤大型锅炉一直处于改造之中，存在问题也不少。

• 室外管网

以往普遍采用半通行沟的敷设方式，现已逐步被直埋管取代了，新建管网已全部采用，既有的管网直埋管约占40%。

• 室内采暖系统

2000年以前一直采用垂直式单管（双管）热水采暖系统，至2000年12月1日执行《新建集中供暖住宅分户热计量设计技术规程》后，开始采用共用立管的分户独立系统形式，（即按户分环）并设户用热表。

• 散热器

过去一直采用铸铁散热器，直至70年代中期，才增加了钢串片对流散热器，后改进为闭式。随后陆续出现了多种钢制散热器，但因水质等原因始终没有广泛采用。进入21世纪，中国经济持续快速增长和巨大的散热器市场吸引了外商，很多知名品牌进入中国市场，中国的散热器生产大发展，新型、美观的钢制（板式、柱式）散热器、钢铝复合散热器、铝制散热器以及新型无粘砂铸铁散热器等都遇到了商机。为适应供热设备材质变化的形势，必须大力改进水质、防腐工作，2004年12月15日，北京市率先发布了地方标准《供热采暖系统水质及防腐技术规程》，现该规程正在贯彻执行中。

根据1997年旧版本修编的新版本国标GB/T16811—2005《工业锅炉水处理设施运行效果及监测》于2005年11月1日实施。该新版本国标中有一些修改条文对供热采暖系统具有重要的指导意义。其一是不论锅炉容量大小，皆可因炉、因水、因地制宜地选择水处理方法，不必一律上钠离子交换器，可以选用锅内处理，从而可以减少还原后的废盐液对地下水的永久性污染。其二是可不必设置除氧设备，而采用有效的防腐阻垢剂，实现从根本上防腐。

（2）燃煤锅炉供热的十项节能技术措施和节能效果

全国供暖专业网1985年成立20年来，广泛开展“三北”地区供热运行管理单位的课题成果交流，于1993年正式总结出燃煤锅炉供热十项节能技术措施，并在网内外大力推广，收到良好效果。

燃煤供热十项节能技术措施：

- 采用连续供暖辅以间歇调节的运行制度，改变锅炉低负荷不合理运行，提高锅炉运行效率。
- 提高集中锅炉房间供式系统一次水参数，改变换热器低负荷不合理运行。
- 在搞好外网初调节、消除水平失调的基础上，改变“大流量、小温差”的不经济运行。
- 把凭经验的“看天烧火”变为科学的运行调节。在集中锅炉房配装微机，根据外温变化实行监控；在分散锅炉房安装仪表实行监测。
- 鼓、引风机采取变频技术，节约用电。
- 采用变频调速补水泵定压，改“变压运行”为“定压运行”。
- 在大容量锅炉上采用分层燃烧装置，减少炉渣含炭量，提高锅炉效率。
- 在小容量锅炉上采用炉渣与煤混合回烧的“混合烧煤法”，节约用煤。
- 将室内采暖系统末端的手动集气罐换成国外质量可靠的自动排气阀，防止暖气不热和控制丢水。

推广燃煤锅炉供热十项节能措施的效果：

- 据全国供暖专业网对“三北”地区八大城市的调查，1989年连续供暖只占28%，到目前绝大部分已实行连续供暖，使每0.7MW（1t/h）的锅炉容量由原来只能供4000～5000m^2，提高到8000～10000m^{2}供热面积，提高了负荷率，效率也相应提高，且全天保持室温达标，提高供热质量。连续供热运行效率74.2%，间歇供热运行效率57.65%。
- 室外管网的平衡调节有效地解决了冷热不均，并实现节电、节煤。
- 鼓、引风机采用变频技术后，大幅度节电（30%～40%）。
- 变频调速定压补水泵保证了系统的安全、稳定运行。
- 各项措施综合节能效果明显，如天津市1989年单方煤耗为32.4kg/m^2，据全国集中供暖分网的调查，2000年集中锅炉房降为21.14kg/m^2，已低于北京市集中锅炉房的22.45kg/m^2。

（3）燃气锅炉供热七项节能技术和节能效果

北京市建委下属的北京市房地产科研所金房暖通节能技术公司开发研制的七项节能技术，在北京市实施节能效果明显。

燃气锅炉供热七项节能技术：

- 气候补偿系统
- 烟气冷凝热回收系统
- 锅炉集控系统
- 变频风机系统
- 分时空控制供热

• 水力平衡系统

• 室温调控系统

推广燃气锅炉供热七项节能技术的效果：

• 据北京市2003～2004年度燃气锅炉供热普查，全市平均单方气耗为11.9m^3/m^2，采用上述部分节能技术后，可降为9～9.5m^3/m^2，投资回收期2～3年。

• 提高供热质量。

• 延长锅炉使用寿命。

（4）燃煤锅炉供热存在的主要问题及形成原因

• 锅炉运行热效率低

中国工业锅炉的设计效率不低，一般为72%～82%，但实际运行热效率大多在60%～65%，国家节能标准要求运行热效率达到68%。国际先进水平为80%～85%，低20个百分点。其形成的主要原因是燃用散烧的未经洗选、筛分的原煤，不能符合锅炉燃烧的基本要求（灰分高、细末多），机械不完全燃烧热损失大，普遍存在低负荷运行，过剩空气系数大，排烟热损失大等。这也与运行人员水平低以及缺乏最基本的自动控制密切相关。

• 除尘脱硫较难实现达标

目前北京市要求烟尘排放浓度为50mg/m^3，SO_2排放浓度为150mg/m^3。实际运行中问题不少，真正达标的不多。烟尘减排与锅炉的初始排放浓度密切相关，标准要求1600mg/m^3～1800mg/m^3（国际先进水平一般小于1000mg/m^3），实际多为1000mg/m^3～3000mg/m^3，这就增加了除尘器的负担。而煤的灰分和细末量直接决定锅炉初始排放浓度。因此，原煤散烧对减排也是十分不利的。

关于SO_2减排，目前多采用"燃烧后"减排，较难达标。如采用循环流化床技术，就可以在"燃烧中"脱硫，但适用于大中型锅炉。而"燃烧前"SO_2减排技术，是指采用洗选块煤、固硫型煤等，这应是中小型锅炉比较实用的方法，但目前供热锅炉还没有条件用。

• 管网输送效率低

国家节能标准要求管网输送效率达到90%（基础值定为85%，现在看来定得偏高）。据清华大学近年来的实测数据（一次管网损失2W/m^2，二次管网损失5W/m^2，失调损失7W/m^2）推算，管网输送效率只有66%～68%。其主要原因，国外管网热损失基本上是保温，在中国此项热损失除保温外，还有泄漏和失调的因素，特别是失调造成的热损失很大又非常普遍，必须改进。

（5）燃气锅炉供热存在的主要问题及形成原因

2004年笔者参加了北京市市政管委组织对全市以住宅为主的锅炉供热普查和典型调查，初步摸清了燃气锅炉供热存在的四个主要问题及形成原因。

• 燃气锅炉供热平均单位面积耗气量偏高，且高低差别很大。

耗气量低的9～10m^3/m^2，高的14～15m^3/m^2，平均11.9 m^3/m^2。主要原因是在"煤改气"的设计中未采用燃气节能技术，经实测，平均运行热效率80%～85%，比国际先进水平低10%～15%。

• 燃气锅炉供热普遍存在因冷凝水腐蚀锅炉而缩短炉龄的问题。

其主要原因是，燃气燃烧后烟气成分中水蒸气的比例比燃煤时大很多倍，而烟气中水蒸气的露点温度是58℃，其只要接触到低于露点温度的介质，就会冷凝成水，因此要求进入锅炉的回水温度一定不能低于此限，而供热回水温度往往较低，故造成结露腐蚀。

• 燃气供热锅炉房供热质量有所下降。

主要原因是运行人员缺乏运行经验，不能正确地实施自动控制，只是为了节约，就按燃煤时的老经验“想当然”地去运行，结果气也没省，供热质量反而有所下降。

• 燃气锅炉供热的外网水平失调对节能十分不利

外网水平失调的情况比较普遍，和燃煤没有什么区别，只是燃气更为可贵，必须重视外网调节，调查中发现，耗气量最高的往往与水平失调严重有关，造成燃气的浪费。

（6）今后建议

供热采暖系统的“节能”和“热改”的目标是完全一致的，对今后的工作，有以下几点建议。

1）锅炉房

A 燃煤锅炉房

• 强烈呼吁行政主管部门切实把解决燃煤供热锅炉燃用洗选、筛分用煤或型煤的问题提到日程上来。先试点，再逐步解决。因此问题长期存在，国家有标准（《链条炉排锅炉用煤条件》2001），应认真贯彻执行，否则提高锅炉热效率和解决脱硫除尘达标等问题都很难落实。

• 大力加强司炉人员的技术培训，提高运行管理水平。

• 解决质、量并调的运行调节问题。

• 提高锅炉一次水参数，改变换热器低负荷运行问题。

• 解决循环水泵变频技术的应用问题。

B 燃气锅炉房

• 已完成“煤改气”的燃气锅炉房，应全面实施节能改造。

• 今后新、改、扩建的燃气锅炉房，设计中要采用燃气节能技术，以避免二次节能改造。

2）管网

• 新建管网应按标准要求配置可实施平衡调节的各类装置。

• 既有管网应做好相应改造，使其具备平衡调节能力。

3）室内系统

• 新建住宅按标准要求在散热器安装恒温阀。

• 既有住宅在节能改造中按标准要求在散热器安装恒温阀。

2　供热采暖系统节能现状分析及展望

我国开展建筑节能已20年，从准备到逐步推进“热改”也近10年了，下面就这两个当前最热门的话题，回顾一下我们走过的历程，做认真的反思，在分析现状的基础上，正视存在的问题，以便找出今后的努力方向。

20年来，我们经历了前所未有的加强围护结构保温性能、供热采暖系统节能、热计量方式、改变燃料结构以及供热方式多元化的全过程，为寻找适合我国的技术路线，同行们作了极大的努力。怎样分析和看待这段工作的经验和教训，现就以下四个问题谈谈个人的看法，与大家共同探讨。

2.1　建筑节能已经取得了一定的节能效果

从1986年首次发布建筑节能设计标准至今已经20年了，我们从无到有编制了系列节能标准，并在全国建成了相当数量的节能住宅，如北京市2004年底共有住宅2.69亿m^2，其中65%是节能住宅（一步节能约占1/3，二步节能约占2/3），尚有35%为非节能既有住宅，应该说成绩是很大的，是很不容易的。尽管人们似乎一直在怀疑这些建成的节能住宅，其耗热量指标是否能真正的达标？特别是据调查供热运行的实际煤耗指标仍居高不下，没有明显降低，让人们感到距离节能标准的要求差得太远，有些失去信心。但是，必须看到，近几年来出现的一个不容质疑的事实，那就是这些年来，凡住进二步节能商品住宅的人们，已经开始体会到了节能住宅“冬暖夏凉”的优越性，感到冬季暖气送热不多，但室内温度已经不是过去的16℃，而是18～20℃，甚至21～22℃，总之，舒服多了。有个别的热力供热，因过热用户几乎要长期“开窗放热”。过热的当然是一种浪费，应该改进。而锅炉供热一般不过热，而是提高了舒适度。煤耗指标未变，室温明显提高，这正是节能建筑带来的效益，也就是说节能建筑是节能的，这一点必须看到。因为当室温由16℃提高到20℃，约需标煤4kg/m^2，据北京市2004年最新的调查结果，集中锅炉房和分散锅炉房平均煤耗量指标为25.3kg/m^2，而集中锅炉房为22.5kg/m^2。如果我们把提高室温4℃的煤耗减去，全市集中和分散锅炉房平均为25.3－4＝21.3kg/m^2，集中锅炉房为22.5－4＝18.5kg/m^2。这表明，节约下来的煤用于提高了舒适度。至于煤耗指标比标准规定的差得很多，这也并不奇怪，因前边已讲，目前的锅炉效率和管网输送效率皆存在很大的节能挖潜空间，而提高能效正是我们今后努力的方向。

2.2　推进建筑围护结构节能要与供热采暖系统节能同步

在建筑节能发展过程中的最初几年，由于刚起步缺乏经验，对供热采暖系统的节能重视不够，节能建筑的围护结构保温性能提高了，而室内采暖系统依然故我，因热负荷偏大导致室温过高，用户开窗放热，后来才逐步有了改进。当前，既有非节能建筑的改造已提到日程上来，更应十分重视“二者同步”的问题，我们一定要引以为戒，不能再次出现同样的失误。

2.3　要综合考虑锅炉房、管网和室内采暖系统的节能

众所周知，供热采暖系统由锅炉房、管网和室内采暖系统组成。系统节能效果如何，都反映在锅炉热效率和管网输送效率这两个能效指标上。前面介绍过，中国现实的状况，恰恰是这两个能效指标与国际先进水平有很大的差距。但是，遗憾的是，在过去的十年中，我们并没有下大力气，在提高锅炉和管网的两个能效上下功夫（包括技术上和政策上），而是几乎把全部的注意力投向了住宅室内采暖系统。一方面，努力寻求适合中国、能满足“节能”和“热改”需要的新的室内采暖系统形式；另一方面，忙于引进和开发相应的硬件。围绕“分室调控室温，按户计量收费”这个目标，业内同行们投入了极大的热情和精力，发表论文、开会研讨，出现了前所未有的活跃局面。现在看来，为了推进节能，在重点抓室内采暖系统行为节能的同时，我们欠缺了对供热采暖系统的综合考虑，忽视了对锅炉、管网节能潜力的挖掘，有些顾此失彼，丢失了宝贵的时间。

实际上，欧洲各国在推进供热采暖系统的节能过程中，一直是坚持按整个系统的综合考虑的，他们始终如一地重视两个供热能效的提高，因而早就有了很好的能效基础，在70年代初推进建筑节能过程中，又进一步把“行为节能”也作为一项重点工作来抓，才取得

了明显的效益。

“行为节能”可以激励用户的积极性，肯定是节能的一个重要环节，但又不是全部，因此对其节能预期值不宜估计过高。近年来，中国建研院空调所完成的一些测试结果，正在提示我们，在中国节能住宅的现实状况下，由于户间传热、建筑热惰性等因素影响，实测的行为节能值比预期值低很多，这表明热计量完全没有必要采用单一的户用热表形式计量到户，而宜多种热计量方式并存。

因此，笔者认为，供热采暖系统的节能一定要按整个系统综合考虑，当前在我国一定要十分重视提高锅炉效率和管网输送效率，因为这是最大潜力之所在，要尽快行动，不能再等。当前无论新建还是既有改造实现“行为节能”难度都较大，在“热改”初期不一定一步到位，而宜先易后难，稳步推进。

建设部等八部委发布的《关于进一步推进城镇供热体制改革的意见》中要求：“积极采用水力平衡、气候补偿、温控和计量等方面的先进适用技术，……充分挖掘现有系统供热能力，提高能源利用效率，改善环境质量”。为我们指明了方向。

3　选择供热计量方式要适合我国“热改”初期的现实状况

在“建筑节能”和“热改”的推动下，为探索和选择符合中国国情的供热计量方式，我们从准备到实施整整走过了十年，特别是2001～2005年的五年中，大家都在积极行动，至今在新建和既有住宅中采用何种方式热计量，在全国各地都有试点，但皆尚无定论，也没有真正实施热计量收费。

在选择热计量方式过程中，我们最初接触的是在欧洲有悠久历史的“丹麦模式”——即采用楼前热量表与散热器热量分配表相结合的分摊热费方法，但当时业内人士普遍认为比较适合既有住宅的热计量改造，而对新建住宅似乎应选择更完美的一些方法。

• 建设部于2000年2月18日发布了《民用建筑节能管理规定》，其中第五条规定：“新建居住建筑的集中采暖系统应当使用双管系统，推行温度调节和户用热量计量装置，实行供热计量收费。”于是在我国“三北”采暖地区新建居住建筑的热计量，最终基本定位于采用进口或国产的户用热表。基于这个前提，业内人士用了很大的精力去探索能够配装“户用热表”的室内采暖系统，并于2000年12月1日由北京市率先发布了《新建集中供热住宅分户热计量设计技术规程》，规定采用共用立管的分户独立系统（即“按户分环”），并设置户用热表。从此，“三北”采暖地区新建住宅基本上采用了这种“按户分环”加装户用热表的方式，天津市在“八大片”原来无暖气的既有住宅补建采暖系统中，也都采用了这种方式。

• 在既有住宅的单管串联式采暖系统如何进行分户热计量改造上，京津地区这些年只是试点，并未大规模实施。而在东北等地区因“收费难”的问题多年以来十分突出，在无奈的情况下，这些年陆续出现了将单管串联式系统改造为双管系统，按户水平分环，加装分户锁闭控制装置，如锁闭阀或IC卡式锁闭阀，在不少地区已成为近几年既有住宅分户控制改造的常用方式。

下面让我们总结一下几年来在新建和既有住宅分户热计量方面通过实践取得的经验和教训。

（1）在新建住宅“一刀切”地采用“按户分环”加装户用热表和恒温阀的作法并不完全适合中国国情，即不宜片面地强调采用单一的户用热表的方式来实现新建住宅的分户计量。

因为2000年以来的实践，逐渐暴露出此种方式不仅计量成本高，而且因水质等原因造成各类故障问题较多，特别是按常规仍需按“两部制”（固定部分、变动部分）计算热费，使人们真正体会到户用热表有别于水、电表，是不可能直接按计量读数来收费的，也必须要修正，而其修正又是非常困难和繁琐的。这样，户用热表也同热量分配表一样，只是一种热费分摊工具，于是采用户用热表计量收费的“优势”就不多了。实际上，就是在国外的公寓式住宅，一般也很少采用户用热表，而用于独立建筑或有特殊要求之处。

（2）在既有住宅采用以解快“收费难”为主要宗旨的分户热计量系统改造，既无恒温阀，也无计量装置，只是完成了“按户分环”和加设锁闭阀控制的作法，实际上，是一种供热单位比较欢迎的单向强制性控制模式，实施中对用户干扰大，又不能体现节能，故近年来在东北等地区由大发展到逐步减缓了改造的步伐。

当前，经过几年的实践、探索和经验教训的总结，人们对“十五”（2001~2005年）期间在新建住宅供热计量方式选择上和既有住宅供热计量改造上，都做了认真的反思，认识到在学习国外先进经验时要十分注意和中国国情结合的问题。当前业内人士已经取得基本共识，即首先应完善供热的三级计量：热源（热力站）输出总热量的计量、建筑物热入口楼栋热计量和分户热计量。特别要强调供热三级计量应以楼栋计量为基础，分户热计量装置则不宜片面强调必须采用单一的户用热表方式。

2005年12月5日建设部等八部委联合发布的《关于进一步推进城镇供热体制改革的意见》中指出：“新建住宅和公共建筑必须安装楼前热计量表和散热器恒温控制阀，新建住宅同时还要具备分户热计量条件；既有住宅要因地制宜，合理确定热计量方式，热计量系统改造随建筑节能改造同步进行。”

根据此精神，北京市前不久已完成了地方标准《居住建筑节能设计标准》DBJ01-602-2004修编的报批稿，（第三步节能65%），其中对热计量装置的设置（新建、既有建筑）规定了如下强制性条文：

1）锅炉房出口及热力站换热器的二次水出口应设置计量总输出热量的热量表。

2）各楼前的热入口设楼栋热量表。

3）应设置分户热量分摊装置（办法）。

配装热计量装置后，可以核算供热采暖系统各项效率。

笔者认为，我国的锅炉供热长期以来在能源消耗上没有条件实施量化管理，原因是锅炉房、热力站和楼栋皆没有设热量表，对节能和热计量十分不利。如果此次配置相应热量表的条文能够实现，其好处很多，必将极大地推进供热采暖系统的节能和计量供热。如果采用“芬兰”模式，即设楼栋热量表，近期各户可按面积分摊，这样简便、有效，非常适合目前中国“热改”初期阶段采用，并有利于逐步引导供热行业从粗放型经验管理走向量化科学管理的轨道。其好处在于：

1）运行管理单位（供热企业）可以自行核算锅炉运行热效率，管网输送效率，定期上报主管部门按受监督检查，不断挖掘节能潜力，提高能效、降低成本。

2）楼栋热入口的热量表可以作为各户计量供热分摊的依据。

3）可以核算各建筑物的实际耗热量指标，以检验建筑节能是否达标。

总之，笔者建议，近期分户热计量不宜“一步到位”，更不宜“一刀切”，而应稳步前进，否则将欲速而不达。而提高“两个能效”的工作，需要一刻不停地抓到底，抓出实效。

温丽　中国建筑业协会建筑节能专业委员会　副会长　教授级高工　邮编：100026

医院建筑节能设计探讨

刘慧敏

【摘要】 本文分析了医院建筑的特点，特别是用能的特点，并从建筑、暖通、给排水、动力、电气等方面探讨了医院建筑节能设计途径。

【关键词】 **医院建筑　节能　设计**

现代化医院建筑是跨学科、跨专业的综合性建筑学，医院的建设者必须以前瞻的眼光科学合理地谋划医院的未来，使医院的医疗功能发挥迅速有效的作用；医疗资源、空间与设备的使用达到最佳使用率；营造一个舒适有效的工作空间——既不拥挤也不浪费，使医院的运行既满足使用要求，又最大可能达到节能效果。要达到上述的目的，应对医院建筑特点有所了解，并对一些医院节能环节进行研究。

1　医院建筑特点

1.1　医院建筑与一般民用建筑不同，医院建筑设计是公共建筑设计领域中相当复杂又专业性极强的项目，医院建筑的规划设计受医疗功能制约的程度很高。一座综合性医院一般包括门诊、急诊、各医技检查和治疗科室（MRI、CT、DSA、X 光、加速器等）、手术室、重症监护室（ICU、CCU 等）、中心供应、药库、病房（普通病房、无菌病房）及后勤保障等部门。每个科室由于医疗工艺的需要，对各专业有不同的设计要求。

1.2　为控制感染和保证医疗工艺快捷地进行，需要合理的人流、物流及车流的流线和严格的洁污分流的设计布局。近十几年新建及改扩建的医院已改变过去院落式的布局，而趋向采用相对集中式医院的模式：土地使用立体化，建立三维内部流线，新建的医院大多为中、高层建筑。

1.3　医院的服务对象是患者，是自身免疫力弱的易感人群，医院建筑和各种设施的使用时刻维系着患者的安危。所以，医院的能源供应及各种设施的配备，应具备高保障性和高品质，安全可靠是首要因素。如：供手术用的医疗器械的消毒质量、空气的洁净度、供电的安全（医院要求双电源，很多设备定为一级负荷）等，直接影响手术的进行和术后的感染率；不适宜的温、湿度会影响手术的质量和患者的康复、伤口的感染、甚至更严重的后果；医技科室贵重的医疗设备的正常运转，是患者得到有效及时的检查、治疗的保障，甚至为挽救生命赢得契机。

1.4　医院建筑是高能源消耗的建筑，医院能源消耗的特点是：

（1）医院需要的能源种类繁多，一般有：冷、热、电、水、汽、燃气或燃油及医用气体等；医院一般都设蒸汽锅炉，主要为消毒、营养厨房、洗衣房及空调加湿等提供蒸汽；医院的手术室、重症监护室、中心供应的消毒品库房等需设洁净空调系统；医院为手术室、病房等配有专用的医用气体；医院的透析、制剂等需要纯净水，牙科用水应达到直饮水标准；医院的医技科室设有大型医疗设备，这些设备能耗高、散热量大。

（2）医院的各种设备使用规律多样，且运行时间长，要求控制灵活、各种能源不能间断，医院要求两路供电，并配备应急电源。有的设备每日 24 小时、全年 365 天都运行；有的设备定时运行；有的设备则属发生应急情况（如夜间急诊、手术；SAS 发生等）时运行。医院的采暖空调系统，都有提前和滞后供应的需求。

（3）医院建筑是高能源消耗的建筑，医院的冷负荷、热负荷、生活用水负荷及用电负荷等都高于一般民用建筑，据有关资料介绍，医院的能耗是一般公共建筑的 1.6 ~ 2 倍。医院的空调系统除温度要求高（冬季手术室、ICU、产房等的室内设计温度为 22 ~ 26℃，夏季手术室的室内设计温度为 22 ~ 25℃）外，还兼有控制感染和交叉感染的职责。如手术室、ICU 等靠大量的送风维持正压和稀释细菌浓度；检验科、生物安全柜等靠大量的排风维持负压和防止感染；传染科、解剖室等要求全新风运行。所以，医院的空调新风、通风量大，又由于负荷分散、管线长，输送冷、热、电、水、汽、气体等的能源消耗也大。医院各科室都离不开清洗、消毒，病房都设有淋浴设施，医院的冷、热水用量远超过一般公共建筑。医院有大量的有害气体、污水需要排放、大量的废弃物需要处理，医院的排风量也远超过一般公共建筑。

2 医院建筑节能环节

2.1 建筑

医院建筑设计首先要注重医院建筑功能的重要性，满足复杂的医疗工艺的要求，洁污分区分明，以最简捷的人流、物流的流线使医院的医疗功能发挥迅速有效的作用，使医疗资源、空间与设备的使用达到最佳使用率，营造一个舒适有效的工作空间。医院建筑外观造型力求反映时代特征。与此同时，应最大限度考虑节能措施，使未来的医院既满足使用功能的要求，又是一座低能耗的建筑。节能措施可考虑：

（1）医院建筑围护结构的隔热保温性能、热惰性等应符合节能建筑的要求。

（2）医院建筑尽量获得有利的朝向，医院建筑的体形系数、窗墙面积比、屋顶透明部分的比例等直接影响建筑物围护结构的冷、热负荷，应予控制；大面积开窗，应有遮阳措施；避免大面积玻璃幕墙的采用。

（3）医院的总体布局十分重要，现代化医院主要体现在规划设计方法上，各种流线简捷，各部门配置在合理的位置，有利降低运营成本。新建的医院大多为中、高层建筑，为获得最多的医疗面积，辅助科室多设在地下室或内区，但应注意：

1）尽量加大外窗的可开启面积，为利用自然通风创造条件；

2）尽量减少内区，降低内部照明和通风空调设备的能耗；

3）散发大量余热的设备（如中心供应、厨房、洗衣房、换热站及大型医疗设备等）不宜设在内区，宜靠外墙布置，以便利用自然通风消除余热，减少机械通风量；

4）大量用水设备（如中心供应、厨房、洗衣房等）不宜设在地下室，以减少污水排放提升的耗电量；

5）生活用水蓄水池避免设在地下一层以下，以减少给水提升的耗电量；

6）各类机房尽量靠近负荷中心布置，以减少输送的能耗。

（4）医院院区的绿地面积应确有保证，符合有关标准，尽量采用透水路面，减少雨水外排，非雨天气，利用雨水蒸发，改善院区环境。

2.2 暖通

暖通设计一般包括：① 采暖系统；② 通风系统：试验室排风、地下室机房排风、厨房排风油烟净化；③ 一般空调：全空气系统；风机盘管加新风系统；VRV 多联机系统等；④ 洁净空调：手术室、ICU、洁净病房、中心供应消毒品库等；⑤ 大型医疗设备专用空调、中央监控室等 24 小时有人值班的独立空调；⑥ 消防排烟系统等。节能措施可考虑：

（1）做冷、热负荷计算分析：充分考虑医院的使用规律，做出空调季节（空调初、末期，高峰期）及一日（24 小时）内的负荷变化分析图，确定空调的最大和最小负荷；当有明显的内、外区时，宜按内、外区分别计算，内区的余热应详细计算。医院的医技科室有许多大型医疗设备，这些设备能耗高、散热量大，计算热负荷时，应扣除大型医疗设备、电脑及照明设备的散热量，这是防止内区过热的一项重要措施；比较精确的冷、热负荷计算，可以避免冷、热源设备选择过大，而造成日后冷、热源设备长期低负荷运行，能耗过高。

（2）整个医院应做风量平衡，空气流向应进行优化：为控制感染，空气应有一定的压力梯度和保证定向流动，一定的流速可以限制空气无序流动、防止空气交叉感染、避免发生致病性病原体在空气中传播。在保证部分科室所需要的正、负压情况下，避免新风量、送风量或排风量过大，消耗多余的能量，在满足卫生的条件下，最冷、最热季节尽量减少新风量，过渡季节尽量加大新风量。合理的气流组织可以使空气按洁净的梯度使用，减少总风量，降低输送能耗。

（3）三北地区冬季不宜完全依靠空调送热风采暖，冬季设采暖系统的地区，在首层大厅、楼梯间、公共卫生间、病房卫生间及地下室等处宜设辅助采暖系统，以减少冬季空调热负荷。

（4）解决冬季内区过热的问题是节能的关键：新建的医院不可避免的存在内区，医院的内区因有大型医疗设备、大量电脑及高照度的照明，比一般的公共建筑余热都大，减少机械制冷量消除内区的余热的方法可采用：

1）加大室外自然条件的利用，冬季可利用室外新风、冷却塔的循环水（直接或间接）消除内区的余热；

2）采用闭式环路水源热泵，经详细计算，内区的余热较多时，利用这种水源热泵空调系统，可以有效地将内区的余热转移至需要热量的外区，达到节能的效果。

（5）合理的空调方式和合理的系统划分可为日后医院节能运行、灵活调节打下基础，系统划分可考虑以下原则：

1）根据各科室使用功能，使用时间，对空气洁净度、温湿度的要求并结合防火分区来划分空调分区，系统划分不宜过大；

2）当有明显的内、外区时，宜按内、外区分别设置风、水系统；

3）各系统负荷宜均衡，水系统宜采用同程式，并有平衡措施，尽量避免减压阀、调节阀的能量损失，空调机房尽量靠近负荷布置，风道输送距离不宜过远；

4）控制输配系统的能耗，空气处理机及空调水输配系统的用电负荷可达空调系统总用电 50% 以上，空调风机的单位风量耗功率应符合节能设计标准的相关规定；当系统较大时，循环水系统宜采用二次泵系统，一次泵采用定流量系统，二次泵采用变流量系统；循环水泵的节能很重要，容量和台数应适合负荷的变化，避免水泵长时间在低负荷、低效率下运行。

（6）手术室的洁净等级确定恰当，避免换气次数过大，避免夏季供冷时，采用再热方式，冷热负荷抵消，应采用二次回风。除Ⅰ级手术室的洁净空调机组与手术室“一对一”设置外，其他手术室应了解医院的使用规律，按“一对二”或“一对三”配置，便于节能和灵活运行。

（7）选择空气处理机时，风量、风压、供冷量及供热量应匹配适当，并考虑过渡季节利用全新风的可能；新风负荷一般占总负荷的30%～40%，控制和正确使用新风量是空调系统最有效的节能措施之一。在过渡季节，当室外空气焓值小于室内空气焓值时，可利用室外新风降低室内空气温度，减少制冷机的开启时间。新风机宜采用可变风量的新风机。

（8）医院的排风系统多，排风量大，回收排风系统的能量有明显的节能效果；夏季排风温度比室外空气温度低5～10℃，而冬季排风温度比室外空气温度高10～15℃。应充分利用排风的能量（降温或加热能力），并直接传递给新风（预冷或预热室外新风）。若新风负荷占总负荷的40%，能量回收装置的效率一般为50%～70%，则采用能量回收装置的新风换气机，可使总负荷减少25%。虽然会因增加能量回收装置、相应管道附件及新风机房的面积，使初投资有所增加，但是总负荷的减少可以相应减少总装机容量，同时降低了运行费用。

（9）尽量选用低转速的风机，减少风机温升，调节阀门设置得当，以减少消声器、调节阀等消耗的能量；医院内使用空气过滤器的场合很多，尽量选用低阻力的过滤器，以减少过滤器的能量损失。

（10）24小时有人值班的科室、中央监控室及大型医疗设备等的专用空调系统，宜在非正常上班时间使用，正常上班时间宜利用集中空调系统的冷热源，有利节能。

（11）冷、热源机房及各科室应设置完善的能量自动调节装置和计量仪表，以便考核节能效果。

2.3 给排水

给排水设计一般包括：① 生活给水、热水及饮用水系统；② 工艺用纯水系统；③ 污、废水及雨水排水系统；④ 特殊排水系统：放射性污水；锅炉房工艺排水；厨房排水等；⑤ 医院污水污物处理；⑥ 院区绿化；⑦ 消防给水及自动灭火系统等。节能措施可考虑：

（1）生活给水、热水及饮用水的用水标准应根据规范及当地生活习惯合理确定，总用水量应详细计算，避免水泵配置过大，长期低效率运行；

（2）合理确定给水分区，低区充分利用市政给水的压力，加压给水部分宜按分区设加压水泵，尽量减少因设减压阀所消耗的能量，加压给水的服务半径不宜大于150～200m；

（3）有条件时，病房可设太阳能热水器；

（4）采用节水器具，公共卫生间洗手盆采用感应式水龙头，小便斗、蹲便器采用光控冲洗阀，座便器采用两档冲洗水箱等；

（5）集中供应热水的系统，为节约用水，应采用全循环系统；手术室、产房及婴儿室等的热水龙头前应设恒温控制阀；

（6）冷热水按科室计量，冷热水供水、热水回水管上设水表；

(7) 控制冷却塔的补水量不大于2%。冷却塔溢流水不宜直接沿雨水管道排走，可作为洗车或绿化用水，也可排入消防水池。利用冷却塔溢流排水作为绿化用水时，可以增加喷洒时间，有利降低院区环境温度，在炎热季节效果尤为显著；

(8) 消防水池宜和冷却塔储水池合用，避免专用消防水池常时间不用，水质变质，换水时，大量排水，造成浪费；

(9) 中心供应消毒锅的蒸汽凝结水的能量应设法回收，蒸汽锅炉的总凝结水率不应小于80%；

(10) 回收废水的余热，由于医院有大量的蒸汽凝结水、消毒洗涤用水及生活热水等，污水焓值较高，排放温度即使在冬季也可达25~30℃，回收其中的废热，可作为水源热泵的热源；回收冷却塔溢流排水中的废热，可减少用于生活热水的加热荷负；

(11) 当有市政中水管道时，宜利用市政中水水源做为洗车和绿化用水；

(12) 医院的生活用水量远高于一般公共建筑，从目前水资源紧缺的情况看，医院水资源的综合利用应予充分重视，严格消毒、加强管理措施，利用中水冲厕将为医院节约大量用水。

2.4 动力

主要为各种冷、热源机房，动力设计一般包括：① 制冷机房及空调水系统；② 锅炉房及换热站：供中心供应消毒、厨房、洗衣房用汽及空调加湿用蒸汽；供生活热水、空调热水、采暖热水及厨房、洗衣房用热水等；③ 燃气供应；④ 医疗气体供应；手术室、病房、诊断科室及高压氧舱等。节能措施可考虑：

(1) 冷热源的选择应经技术经济比较确定，对于高能源消耗的医院，安全可靠尤为重要，宜注意以下几方面：

1) 当有市政或区域直接供给的燃气冷热电联产的冷、热源时，宜作为主要冷、热源选用，有条件时也可考虑采用分部式能源的热电冷联供系统；

2) 医院的总冷、热负荷大，且一日及季节的变化幅度大，应选用性能系数 *COP*、部分负荷能系数 *IPLV* 高的机组，医院要求能源有高的保障率，应采用运行稳定的能源系统；

3) 电动式冷水机组的能量消耗低于双效溴化锂吸收式及直燃型溴化锂吸收式冷热水机组。双效溴化锂吸收式及直燃型溴化锂吸收式冷热水机组冷量衰减快，冷却水带走的热量是制冷量的1.77倍，而电动式制冷是1.2倍，只有在电力紧缺、燃气、燃油极为丰富或有废热可利用的情况下，才可选用；

4) 根据医院的使用的特点，一般需要设自备锅炉房，采用热介质的原则：高质高用，必须用蒸汽的地方用蒸汽，如：消毒、蒸馏锅、厨房、洗衣房及空调加湿等，空调热水和生活热水负荷宜由热水锅炉或通过水-水换热器供给，换热器应选用换热效率高的产品。

(2) 冷热源机组的选型、容量及台数的确定：

1) 由于医院各科室使用规律的不同，冷热负荷不能简单叠加，应考虑同时使用系数，做出负荷变化分析图，根据最大、最小负荷确定冷热源机组的总容量和单机容量；

2) 根据空调季节及一日内的负荷变化分析图列出冷、热源机组运行的时段，确定机组的台数，保证每台机组在高效区运行。尤其在最小负荷时，避免机组因长期低负荷运行降低效率。制冷机组、锅炉的台数不应小于2台，不宜大于4台；

3) 制冷机组的 *COP*、*IPLV* 系数和锅炉的热效率 η 应符合节能设计标准的规定；

4）燃油、燃气锅炉设烟气余热回收装置或选用冷凝型锅炉；

5）采暖、空调系统循环水泵容量的确定：空调系统中的设备大部分时间在部分负荷下运行，从节能的角度宜把设备的最高效率点选在峰值负荷的70%～80%，非峰值负荷时可采用改变水泵流量或运行台数的方式进行调节；

6）采暖系统循环水泵的耗电输热比 *EHR* 及空调冷热水系统循环水泵的输送能效比 ER 应符合节能设计标准的规定。空调冷热水系统循环水泵尽量大温差运行，水泵、风机低转速，减少噪声，减少能量消耗；

7）空调冷热水、冷却水系统应设有效的水处理设施，保证水质符合相关标准的规定，避免制冷机、空气处理机、冷却塔、锅炉及换热器的换热面污垢，影响设备的换热效率；合格的水质是以上设备高效率运行的基本保证；空调水系统应与采暖水系统分别设置，避免不同金属在同一水系统内发生电化学腐蚀。

（3）蒸汽锅炉房宜靠近用汽设备设置，换热站宜靠近锅炉房设置，避免蒸汽、凝结水远距离输送。

（4）蓄能技术：蓄冷空调是实现电网的“削峰填谷”的重要途径。某些城市峰谷期电价比已达到了4～5倍，这给蓄冷空调的推广应用带来了契机。蓄冰系统可提供较低温度的空调冷水（1.1～3.3℃），这时有条件采用低温送风，并加大送风温差（10～20℃），减少送风量，降低风机输送能耗。另外，较低温度的空调冷水使新风机承担室内的湿负荷，有利于风机盘管“干工况”运行，减少细菌在风机盘管的凝结水内滋生。

（5）热泵技术：根据医院所在地区的气候条件，可选用不同类型的热泵机组，如风冷热泵，地源热泵等。采用热泵原理，投入少量的高位电能，冬季将低位热能转化为高位热能，冬季将余热带走，达到节能效果。

（6）完善的自控系统、冷热源出力随负荷变化的调控技术：制冷机群控、供热量自动调节技术的应用、室温自动调节、锅炉的燃烧机设自动比例式调节装置、利用变频泵或多台泵分段调节流量等，完善的自控系统可以使冷热源出力随负荷变化，减少由于过冷、过热的能量损失。

2.5 电气

电气是医院设计中很重要的专业，直接与患者方便就医、安全有关，医院的现代化与节能体现在电气设计中的各项内容：① 安全可靠供电，合理确定用电性质和负荷等级，如急诊、手术室、ICU、分娩、婴儿室、血库等为一级负荷。医院要求两路供电，重要的负荷还应有应急电源和局部 UPS 电源；② 完善的接地系统、等电位联结、漏电保护及弱电系统的信号、屏蔽接地等都是医院安全供电的必要措施；③ 合理确定照明标准，为保证医务工作准确、高效、快捷地进行，照明标准比一般公共建筑都高；④ 现代化医院是一座智能化建筑，医院的设备自动化、信息数字化、管理电脑化等由弱电系统完成。节能措施可考虑：

（1）合理确定供电总容量，变压器运行的效率取决于负荷计算的准确性。计算负荷时，应考虑用电设备的效率、同时使用系数及功率因数等因素，医院满负荷运行时，变压器的负荷率在70%左右，最为经济。

（2）根据不同使用场所，选择适宜的节能灯具，达到“绿色照明”，即节约照明用电、减少污染和优质高效。

（3）变压器、高低压电器设备等选用节能型产品，功率因数可分级或就地补偿。

（4）照明宜按科室小范围局部灵活控制，避免大面积照明集中控制方式；有计划的控制电能的使用和分配，采用分级计量，有利按科室成本核算。

（5）控制变频器的使用，变频器必然产生大量的谐波，对电网造成严重的污染、整个电网的功率因数下降并危及其他用电设备的安全。

（6）采用完善的楼宇自动化（BAS）系统，有利于医院建筑的节能。

3 结语

随着医院建筑的蓬勃发展，医院建筑的能源消耗也越来越严重，这不仅给能源、环保带来巨大的压力，也给医院的经营者、广大的就医者带来不小的经济压力。提高医疗服务质量的同时必须要考虑节能、节水、节地、节材等国家节约能源的基本国策。

一座医院能达到低能耗、高效率的运行，在设计阶段，除建筑专业采取合理布局外，更重要的是其他专业需要采取一系列的手段，为日后运行创造条件。

刘慧敏　北京市建筑设计标准化办公室　设备总工　教授级高工　邮编：100045

燃气供热锅炉房节能系统

丁 琦 魏 巍

【摘要】 介绍气候补偿器、烟气冷凝热回收装置等燃气供热节能新技术。列举了两个应用燃气供热锅炉房节能系统的典型工程，对其投入节能系统前后进行了对比试验，并做了节能效益和经济效益分析。

【关键词】 能源危机 燃气供热 节能 经济效益

1 概述

北京市的供热方式主要有四种：城市热网供热、区域锅炉房供热（含燃煤、燃气、燃油、电锅炉）、清洁能源分户自采暖（天然气壁挂炉、电采暖）和小火炉取暖。其中主要供暖方式是燃煤、热力和燃气供暖。为保证和改善大气环境质量，大力推广和使用清洁能源，北京市正在将燃煤锅炉改为燃气锅炉。北京市燃煤锅炉供热已有几十年历史，而燃气锅炉供热自1997年天然气进京才开始启动，实际运行只有几年的历史，在设计和运行等方面皆缺乏经验，问题较多。由于天然气是十分宝贵的能源，因此，如何实现燃气锅炉供热的节能，就成为人们十分关注的热点问题。

值得一提的是，北京目前的供热形势和燃气使用情况并不容乐观。虽然北京在供暖工程上作了很多努力，但北京市供暖紧张却是不争的事实。北京市市长王岐山2005年1月18日在主题为“世界·中国2005”的年会上介绍，北京储存库只剩下4.7亿多立方米天然气，而北京每天消耗高达2400万m^3。目前，北京城市天然气气源主要接收来自陕甘宁长输管线和华北油田的天然气，衙门口、次渠、南郊、北郊四座天然气接收门站日供气能力最大值为1900万m^3。而据市燃气集团预测，最冷月高峰日天然气的日需求气量将达到2300万m^3，这将大大突破现有接收门站日供气能力的最大值。所以解决能源问题是刻不容缓的问题!

解决能源问题的方法可以从两个方面下手：一是积极开发新能源和可再生能源；二是合理节约使用现有的能源。开发新能源和可再生能源需要大量的资金投入和相当长的时间进行研发，等到技术成熟可以广泛应用的阶段，还要一个相当长的过程，不能很快的解决现在面临的问题。所以我们就要想办法节约使用现有的能源，经过多年的探索和试验，把燃气控制在合理的使用范围内是完全可行的，在技术上也是十分成熟的。

本文下面介绍的这套节能系统不仅可以在保证供暖质量的基础上降低燃气费用，延长锅炉使用寿命，保证燃气锅炉安全稳定的运行，提高设备管理水平，还可以解决燃气耗量高、锅炉冷凝水多、锅炉严重腐蚀、沿袭燃煤锅炉管理方式等诸多问题。

2 燃气供热节能技术

2.1 气候补偿系统

建筑物的耗热量因受室外气温、太阳辐射、空气湿度、风向和风速等因素的影响时刻都在变化。要保证在上述因素变化的条件下，维持室内温度恒定（如18±2℃）或满足用户要求，供热系统的供回水温度就应在整个供暖期间根据室外气象条件的变化进行调节，以使锅炉供热量、散热设备的放热量和建筑物的需热量相一致，防止用户室内发生室温过低或过高的现象。通过及时而有效的运行调节可以做到在保证供暖质量的前提下，达到最大限度的节能。室外温度的变化决定了建筑物需热量的大小，也就决定了能耗的高低，运行参数必须随室外温度的变化每时每刻进行调整，始终保证锅炉房的供热量与建筑物的需热量相一致，只有这样才能实现最大限度的节能。每个锅炉房都应该按自己的运行曲线去运行，这条曲线才是该锅炉房的最佳运行曲线。气候补偿系统即是给锅炉房提供最佳运行曲线的系统。

如图1所示：曲线1为室外温度变化曲线，当不采用气候补偿供水温度时，室内温度的变化就会像曲线2，而较为舒适的应当按照气候补偿来调整水温，室内温度就会相对稳定，如曲线3所示。

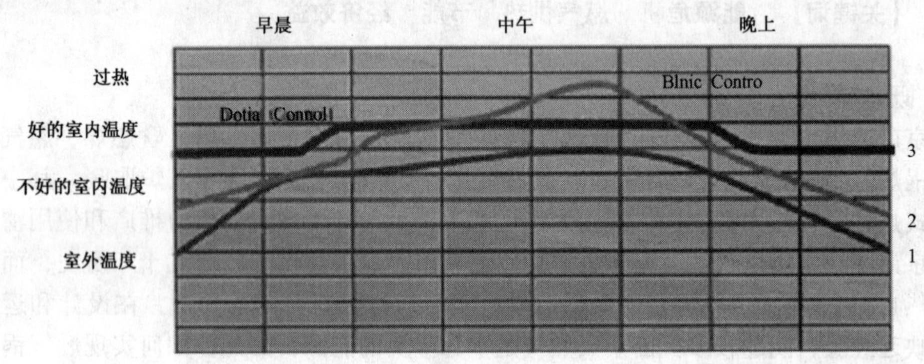

图1 室内温度变化曲线

气候补偿系统应实现的功能如下：

1）根据室外温度的变化控制和调节输送给用户的供水温度，避免发生用户室温过高的现象，造成能耗增加。

2）充分利用太阳辐射热和人的活动规律进行时间控制。

3）根据室外温度的变化，实现对运行曲线的自动分段调整。

4）根据每个锅炉房的设备和围护结构状况，可随时、方便地进行调整。

5）锅炉在较高的回水温度下运行，避免冷凝水的出现，防止锅炉腐蚀，延长锅炉使用寿命。

（1）系统组成：

1）两级泵系统　传统的供热系统为用户的采暖回水通过循环水泵直接进人锅炉，经锅炉加热后再送往用户。

两级泵系统是热源部分为一个循环系统即一次泵系统，外网和用户为一个循环系统即二次泵系统。二次泵系统有两种形式：第一种，一次泵系统在锅炉、混水器和一次循环泵之间进行循环；二次泵系统在外网、用户、混水器、三通阀和二次循环泵之间进行循环（图2）。第二种，一次泵系统在一次循环泵、锅炉、三通或两通控制阀和换热器之间进行循环；二次泵系统在外网、用户、换热器和二次循环泵之间进行循环（图3）。

2）电动三通阀或两通阀　系统通过电动阀实时控制二次水温度，达到一次水温不变的条件下，二次水温实时变化。

3）直供系统的混水器　锅炉出水有一部分进入混水器与用户的采暖回水在混水器中混合。其主要作用是：①提高锅炉的回水温度，防止冷凝水的出现；②稳定系统压力；③混合温度均匀。

4）间供系统的换热器　锅炉出水有一部分进入换热器与用户的采暖回水在换热器中换热，多余的水与换热器一次回水混合，以提高锅炉回水温度。其主要作用是：①提高锅炉的回水温度，防止冷凝水的出现；②隔离系统压力；③将用户二次水与锅炉一次水分开，提高系统安全性。

5）气候补偿器　在气候补偿器中储存着锅炉房的最佳运行曲线，即根据实测的各种参数，计算出供水温度的最佳值，同时控制电动三通阀的开度，使二次出水温度达到计算温度。

（2）系统原理图（见图2、图3）

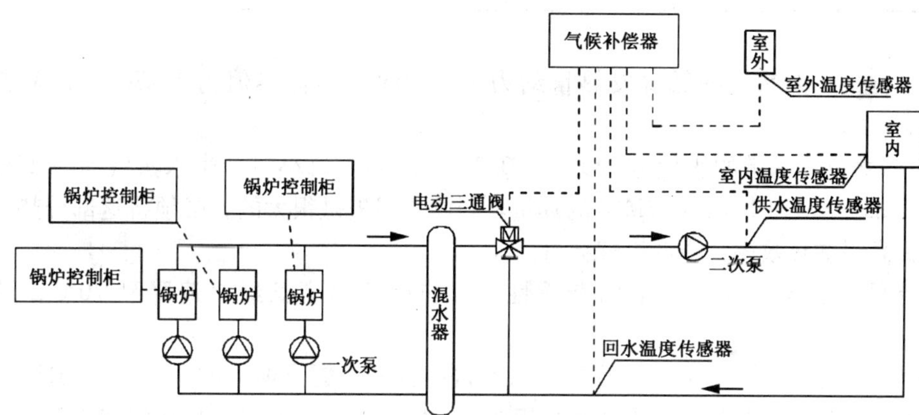

图2　设置混水器的二次泵系统图

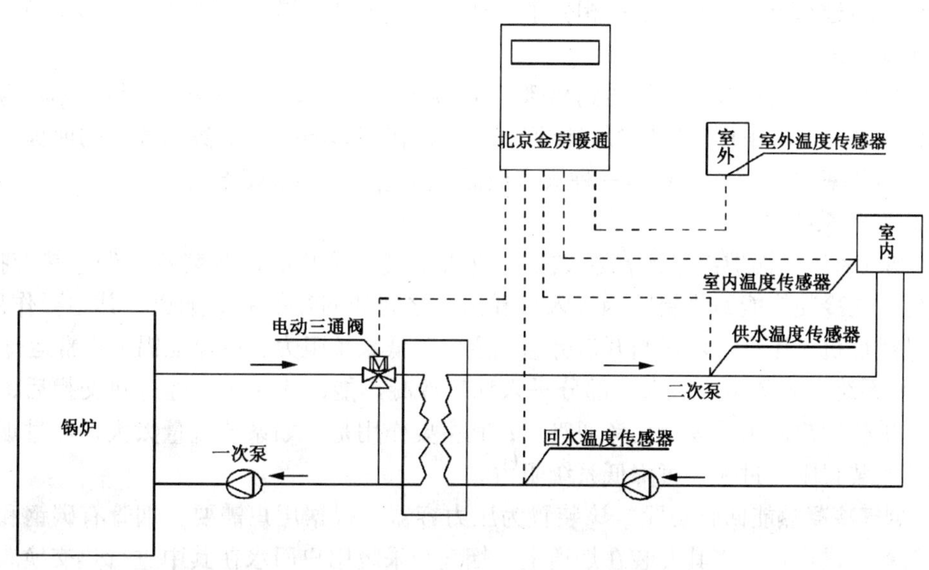

图3　设置换热器的二次泵系统图

2.2 烟气冷凝热能回收系统

通过对各种燃料的烟气成分进行分析，发现了如下特点：水蒸气容积在各种燃料的烟气成分中所占的比例分别是：天然气20%、油12%、煤4%。为什么天然气的烟气成分中水蒸气容积的比例最大呢？因为天然气的主要成分是甲烷（CH_4），由于其有大量的氢元素，燃烧时与氧结合，产生了大量的水蒸气。

由于采用燃气锅炉，除排烟热损失以外的其他热损失只占总热损失的10%左右，因此降低排烟热损失是提高锅炉效率的根本途径。如表1所示，当燃烧参数不变时，排烟温度每升高20℃，就会造成锅炉效率下降1%左右。

排烟温度与锅炉效率对照表 **表1**

排烟温度（℃）	280	260	240	220	200	180	160	140	120	100	80
效率（%）	77.6	78.5	79.5	80.4	81.3	82.2	83.2	84.1	85.0	86.0	86.9

通过测试，天然气的低位发热量约为10kW/m³，高位热值为11kW/m³，两者相差达10%。

1kg水蒸气所携带的热量是2400kJ，0.7MW的锅炉每小时产生水蒸气30～40kg，大致相当于25～33小时带走0.7MW的热量。因此热损失是很大的，必须将这部分热量回收回来，提高锅炉热效率，降低燃气耗量。

国外早已认识到这个问题的严重性，目前排烟温度已经普遍降到70℃，最低可到40℃。

烟气的露点温度大约是58℃左右，只要接触到低于露点温度的介质，就会冷凝成水，释放出大量的热量。其热量是由两部分组成：①物理显热：通过降低烟温来实现，排烟温度可控制在70～80℃。经过测试，降低烟温20～50℃，可提高锅炉热效率1%～3%；②汽化潜热：通过水蒸气冷凝成水的相变来实现，经过测试可提高锅炉热效率3%～5%。两者综合可提高锅炉热效率3%～8%。

燃气锅炉本身的热效率已经达到90%，如再通过改造锅炉本体来提高热效率将得不偿失，事倍功半。通过采用烟气冷凝热能回收系统，在不影响锅炉本身热效率的前提下，再提高锅炉热效率3%～8%，将是一种投入最低、收益最大的节能方式。

（1）回收系统组成：

1）烟气系统　锅炉出来的高温烟气，进入烟气冷凝热能回收装置，经过热交换后，排入大气。在冷凝热能回收装置烟气入口和出口之间加同径的旁通烟道，其主要作用是，如选配的燃烧机风压小，可适当开启旁通烟道，降低系统阻力，以保证锅炉正常运行。

2）水系统　采暖用户回水大部分进入烟气冷凝热能回收装置，经过热交换后，再进入锅炉。采暖用户回水也设置一旁通管道，其主要作用是，如系统流量太大，经过烟气冷凝热能回收装置阻力过大，可降低系统阻力。

3）烟气冷凝热能回收装置　该装置为压力容器，根据用户需要，烟管有碳钢和不锈钢两种管材可供选择。将其安装在烟道上，烟气与采暖用户回水在其中进行热交换。烟气中的水蒸气在其中冷凝成水，通过排泄口排出。

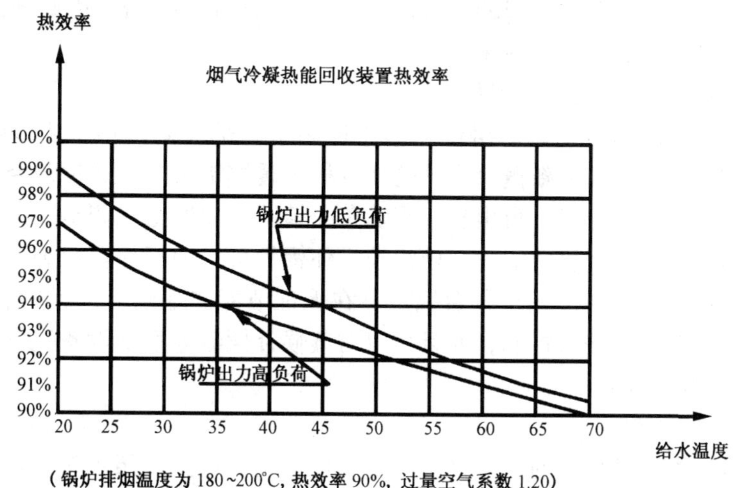

图 4　烟气冷凝热能回收装置热效率图

从图 4 可以看出，在锅炉本身热效率已经达到 90% 的基础上，如给水温度低于 50℃，锅炉出力在低负荷的情况下，锅炉热效率就将提高 3% 以上。对于供热系统来说，初、末寒期的回水温度一般在 35～45℃之间，这正是烟气冷凝热能回收装置热效率较高的阶段，此时锅炉热效率可达到 94% ~96%。初、末寒期的供热系统，一方面回水温度低，另一方面锅炉负荷率低，特别是初、末寒期时间较长，因此，烟气冷凝热能回收装置特别适合于供热系统。

（2）锅炉系统图（见图 5）

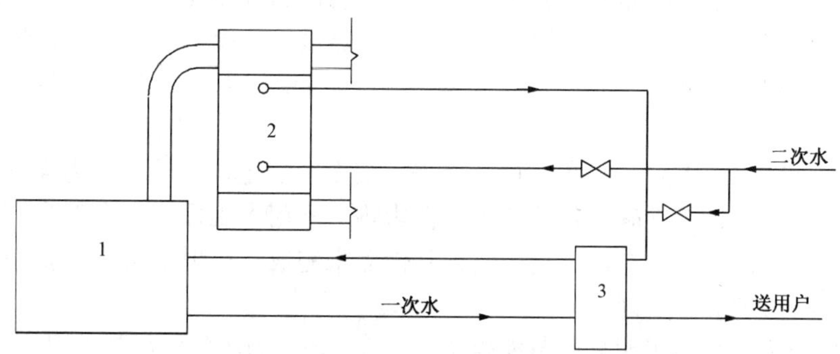

图 5　高温热水烟气冷凝燃气锅炉系统

1—锅炉；2—冷凝回收装置；3—换热站

2.3　供暖系统水力平衡

供热系统能耗的高低，不仅取决于热源，而且与整个管网系统有关。在供暖系统中，普遍存在着水力失调的问题，水力失调造成系统冷热不均，距离热源较近的用户，室内温度较高，距离远的用户室内温度偏低。为保证远端用户室内温度，不得不提高管网供水温度和加大循环水量，不但很难保证供暖质量，而且造成巨大浪费。

通过实际测试，往往近端用户单位流量是远端用户单位流量的数倍，为使远端用户达到16℃，近端用户室温已经超过20℃，甚至开窗户造成能源浪费。因此通过实践，经过水力平衡调试可以节约能源10%左右。

2.4　燃气锅炉房供热集中控制系统

金房暖通公司研制的燃气锅炉房供热集中控制系统是根据供热企业多年运行管理经验，运用模糊控制理论，以全新概念设计的计算机供暖控制系统。通过每台锅炉的各种参数和整个供热系统参数的计算，得出理论锅炉负荷情况，并根据它调整锅炉的实际负荷数以及开启哪台锅炉。通过微机对锅炉实施集控，使锅炉房内的每一台锅炉循环运行，根据系统的负荷率自动、定时切换运行各台锅炉。在保证节能的基础上，延长锅炉使用寿命。该集控系统，不单对锅炉进行控制，而且可以对气候补偿器等系统设备进行控制，达到对整个系统进行控制的目的。

2.5　分时分区控制

通过对学校、办公区域分时、分区控制其室内温度，达到按照供热的目的，能够很好的节约能源。对于区域供热范围，有办公和学校建筑的应当按照需要进行供热，减少浪费。我们通过在八大处中学使用，取得了良好的节能效果。

3　北京市燃气供热节能系统应用实例

燃气供热锅炉房节能系统已经在北京市很多工程上应用，现选择几个比较典型的工程向大家做一下介绍。

3.1　北京市朝阳区延静寺锅炉房供暖系统

北京市朝阳供暖公司于2003年6月开始对延静寺燃煤锅炉房进行了燃气改造。该锅炉房供暖面积为2.79万m^2，供暖住户560余户。原为2台2.8MW燃煤热水锅炉。改造后为1台0.7WM和1台1.4WM燃气热水锅炉。改造中水路系统采用了带混水器的二次泵系统，烟路系统上设置了冷凝热回收装置，智能化自动控制方面使用了气候补偿器，从而实现了根据室外温度变化，实时调节用户采暖系统供热量，从而达到节能的目的。同时，也实现了锅炉回水温度不低于55℃，解决了锅炉冷凝水问题，减少了锅炉腐蚀，延长了锅炉使用寿命。

本系统自2003年11月7日正式运行以来，安全、稳定，抗干扰能力强，测量数据准确，信号传递灵敏，调节准确，对系统无不良影响，不用人工操作，全部为自动控制，司炉工劳动强度大大降低，所有调节均由气候补偿器来完成。司炉工笑称“我们锅炉房有了一个24小时工作的高级工程师”。

系统一经投入即取得了明显的节能效果，表2~表4为燃气的耗量情况。

耗气量统计表　　**表2**

名　称	初寒期			严寒期		
	11月23日	11月24日	11月25日	12月9日	12月10日	12月11日
日耗气量（m^3/日）	1704	1824	1776	1912	1901	1877
平均日耗气量（m^3/日）	1768			1897		
估算全冬耗气量（m^3）	1768×30+1897×60+1768×45=246420					

说明：2004 年全冬供暖期为 2003 年 11 月 7 日 ~2004 年 3 月 21 日共 136 天，初寒期 39 天，严寒期 62 天，末寒期 35 天。

为了更准确的测试节能效果，为今后的节能改造和专业同行提供参考依据，我们特请有测试资质的北京节能环保服务中心进行节能测试。北京节能环保服务中心于 2003 年 12 月 11 日 ~14 日对该系统进行了测试。采用对比测试方法，第一个 24 小时投入节能系统进行测试，摘去节能系统稳定一天后，再进行 24 小时不使用节能系统进行测试。节能率达到了 10.89%。

延静寺锅炉房全冬耗气量统计表 **表 3**

名　　称	初寒期 11 月 7 日 ~12 月 15 日	严寒期 12 月 16 日 ~2 月 15 日	末寒期 2 月 16 日 ~3 月 21 日
耗气量（m^3）	68093	121695	42560
平均日耗气量（m^3/日）	1745.97	1962.82	1216
全冬实际耗气量（m^3）	232348		

全冬单方耗气量和费用表 **表 4**

名　　称	延　静　寺
供暖面积（m^2）	27990.5
全冬单方耗气量（m^3/m^2）	8.30
全冬单方燃气费（元/m^2）	14.94
节约单方耗气量（m^3/m^2，按通常单方耗气量 $10m^3/m^2$）	1.7
节约费用（元/m^2，按通常单方燃气费 18 元/m^2）	3.06
每个采暖季节约费用合计（元）	85650.93
气候补偿系统（含三通阀等）价格（元）	50000
冷凝热回收器（一台 0.7MW 一台 1.4MW）价格（元）	41100
收回投资的时间（年）	1.06

说明：通常单方耗气量 $10m^3/m^2$ 是根据管理水平较高的单位调研得来（海淀供暖处、丰台供暖所和房管一公司），社会供暖单位均大大高于此值。

3.2　北京市八大处中学锅炉房供暖系统

八大处中学锅炉房于 2003 年进行了煤改气工程。改造后锅炉房内安装北京长城锅炉厂生产的 WNS1.4 -1.0/95/70 - Y（Q）和 WNS0.7—1.0/95/70—Y（Q）热水锅炉各一台。供暖面积为 18746.3m^2（其中教学楼面积 7829m^2，教工宿舍楼面积 10917.3m^2）。工程中采用了燃气供热锅炉房优化节能系统。该系统通过气候补偿器按环境温度对系统供水温度进行调整，让锅炉房根据用户需热量供应热量，达到节约燃气费用的目的，并且根据学校的具体情况对教学区进行分时控制，在保证供暖质量的前提下最大限度地节约了能源，还通过 LN 型烟气冷凝热回收装置吸收烟气热量。

北京节能环保服务中心对北京市石景山区八大处中学锅炉房投入节能系统前后进行了

对比试验。经测算分析得出：该锅炉房投入节能系统运行后，在保证供暖质量的前提下，其节约燃气率为19.78%。

4 结束语

冬天北京的燃气能源形势已经变得十分严峻，如何合理地节约使用现有能源已经到了迫在眉睫的程度。通过上面所列举的两个比较典型的工程，可以看出使用燃气锅炉房节能系统之后的供暖质量优良，节能效果显著。如能在全市6800万m^2燃气供热节能系统采用，将会带来良好的经济效益和社会效益。

附：金房公司在北京市燃气供热节能系统应用实例项目列表

序　号	工程名称	供暖面积（万m^2）	锅炉规格（t/时）	锅炉台数（台）
1	朝阳房地局左家庄小区	60	40×2+30×1	3
2	北京住总集团华严北里小区	38	21×1+8×2	3
3	大成开发集团八里庄小区	32	10×2+6×2	4
4	市房管一公司和平里小区	30	15×1+10×1+4×1	3
5	北大资源集团博雅西园小区	20	6×4	4
6	中医药管理局东直门医院	16	8×3	3
7	朝阳房地局幸福二村小区	12	10×1+6×1+4×1	3
8	朝阳房地局红庙小区	12	6×2	2
9	丰台房地局北大地小区	10	6×1+4×1	2
10	国管局12号锅炉房	5.3	4×2	2
11	国管局25号锅炉房	5	4×2	2
12	国服小区	4	0.5×11	11
13	国管局真武庙小区	3	2×2	2
14	朝阳房地局延静寺小区	3	2×1+1×1	2
15	朝阳房地局建国里小区	3	2×2	2
16	八大处中学	3	2×1+1×1	2
17	北京住总集团景泰小区	2	1×2	2
18	朝阳房地局外馆小区	1	1×1	1

丁琦　北京金房暖通节能技术有限公司　副总经理　邮编：100026

北京北辰热力厂供热运行节能经验

孙凤娟

【摘要】 本文简述了北辰热力厂通过提高管理水平、通过节能环保措施的实施带来的经济效益和社会效益。

【关键词】 **燃煤工业锅炉 节能 环保**

1 北辰热力厂情况介绍

北辰热力厂是集采暖、制冷、生活热水于一体的大型蒸汽生产企业。地处亚运村、奥运村商圈，拥有9台35t燃煤蒸汽锅炉和相应配套的附属设备及各种热力管线7000多米，最大输送管径为*DN*500mm，输送半径为2.5km，年耗煤7万t，耗电约500万kWh，耗水约30万t，年产蒸汽近50万t，供热面积190万m^2。

作为燃煤工业锅炉房，地处北京市奥体环境监测子站周边和居民高密度区，面临着国家能源紧张与环境保护的要求日益严格，高能耗、高污染的经营方式已难以为继。降低能耗、治理污染是我们经营工作中的重中之重。十几年来我厂本着高效、节能、环保的经营理念，进行了科学的管理与投资，收到了良好经济效益与社会效益。

1.1 周边建筑的用能状况

集中供热作为供热系统的最主要方式应该在建筑节能工作中占有重要位置。

我厂供热面积约为190万m^2，其中民用住宅约占65%，公用建筑约占35%，大部分为1988年以前开工的，属非节能住宅，门、窗及围护结构都执行的是1980~1981年北京地区住宅通用设计标准。住宅耗热量指标为31.7W/m^2，耗煤量指标为25kg/（m^2·年）。

1.2 管网运行管理

1988年热力管网开始运行，全长7000余米，已运行18年。管网实行“三线制”即蒸汽管线、沿程回水管线和机力回水管线。小室、支架等均为1988年前设计。由于管网保温较差，设计预留负荷和运行中冬夏季负荷变化很大，因此造成管网热损失在10%左右。

1.3 锅炉设备状况

9台35t蒸汽链条层燃锅炉均为无锡锅炉厂制造，于1988年投产使用。锅炉辅机及相关系统于1988年投产。使用年限均为18年。

排烟热损失。设计过量空气系数$\alpha=1.8$。实际测试100%负荷时过量空气系数$\alpha=1.75$，80%负荷时过量空气系数$\alpha=2.3$，≤40%负荷时，$\alpha=4.2$，排烟温度为170℃。

机械不完全燃烧热损失。机械不完全燃烧热损失实际运行时达4.5%。

运行热效率。锅炉的设计热效率为79.81%。由于锅炉配置了先进的自动控制燃烧装置、先进的分层燃烧装置，我厂的运行热效率平均为 70%，测试正平衡热效率达 80.26%。

2 节能措施

从建筑能耗、管网运行状态、锅炉设备使用情况来看，我厂的节能潜力还是很大的，重点是改造热力管网和锅炉等设备，以降低煤耗、水耗、电耗。不仅从技术上改造，而且还从资金和管理上提供保障。

2.1 改革能源的管理机制，健全节能组织机构

建立了节约能源领导小组，由厂长任组长，负责定期分析我厂能耗情况，找出存在问题，制定改进措施，落实具体项目和分析效果。为使降耗增收工作落实到实处，还制定了节能管理制度，其中又分为煤炭管理制度、用电管理制度、用汽管理制度、回水管理制度以及考核节约奖管理制度等，并在制度的执行过程中，不断寻找先进的对比目标，把重点工作放在煤、水、电的计划管理上。指标分解到各车间，纳入经济考核，使全厂职工的切身利益与企业经济效益紧紧连在一起，作到管理人员明确职责，工人明确生产任务，指标层层分解，奖惩分明。在生产管理上突出抓好合理运行，确保节能工作开展。

2.2 改造蒸汽管道保温和疏水设备，减少管网散热损失

对热力管网的改造，采用防水型硅酸盐浆料逐步更换已经失效的岩棉保温和保温效果不好的珍珠岩保温瓦，同时对沿程疏水器全部更换为美国阿姆斯壮疏水器，管道胀力均采用焊接波纹管，减少了泄漏，降低了管网表面散热温度，输送管沟内温度普遍下降了10~30℃，大大减少了散热损失，提高了经济效益。同时减少了全年管网运行维修时间，现全年管网因维修停汽时间只有 4~5h，提高了蒸汽输送质量，客户满意度也大大提高。

2.3 建立蒸汽对外计量收费系统，减少蒸汽浪费

我厂建厂十几年对供汽用户的收费一直是按面积收费，存在用户蒸汽浪费、蒸汽管网损失大等现象，要避免浪费就要进行计量收费。自 2003 年开始，我厂对 14 家热用户建立了计量收费系统，蒸汽计量装置采用孔板方式配合美国罗斯蒙特差压变送器，具有量程范围广，小信号稳定等特点，二次仪表采用上海 FC—6000 多功能积算器，并通过 GPRS 无线通信方式将计量数据实时在线传输到厂内，方便计量设备的运行管理。通过计量方式，提高了用汽大户节能积极性。用户自己想方设法节约蒸汽用量，使蒸汽使用量下降了 12%左右。

2.4 对锅炉炉体进行节能改造

对锅炉加强了密封改造，主要对炉顶采用新材料进行密封，使炉顶表面温度降低了30℃左右，炉体自然散热损失大大降低，改善了锅炉燃烧工况，提高了锅炉热效率。

我厂锅炉全部采用了分层燃烧装置，这种新工艺经市节煤办对其进行热效率测试，测试热效率达到了 82%，超过了 79.5% 的设计要求，但烟尘减排效果不明显。

2.5 采用 PLC 可编程控制器，实现锅炉燃烧自动化，节能增效

采用 PLC 工控机管理，实现锅炉燃烧自动化控制，自动分配负荷，根据负荷变化合理调整鼓引风机风量，提高锅炉运行热效率是热力行业实现节能降耗一条极为重要的出路，经我厂十几年的运行实践，在煤质相同的情况下，煤气比在原有基础上提高了 0.2 左右，锅炉运行热效率年平均 70% 以上。

2.6 应用变频调速技术，减少用电负荷

变频技术推广应用对企业的节电起了非常重要的作用，北辰热力厂耗电设备主要是风机、水泵，设计上存在着大马拉小车的现象，同时由于运行负荷变化较大，电能消耗每年在700多万kWh左右。从1995年起，我们对各类风机、水泵等耗电设备，与市节能办一起进行了效率测试，有针对性的对各类风机、水泵共28台采用了变频调速，取得了明显节电效果，从年耗700多万kWh降到年耗550万kWh，单台设备节电率在30%左右。如锅炉除尘器用水利用变频进行恒压供水，冲渣用水利用变频器进行了间断变量供水，不仅节约了用电，还增加了渣水沉淀时间，减少了设备管线磨损。

2.7 狠抓冷凝水回收，提高冷却水重复利用，搞一水多用

我厂非常重视节约用水，对炉排冷却水，化验取样冷却水，风机水泵冷却水等进行重复循环利用，根治了长期直排现象，使重复利用率大大提高。我厂节水的第二个措施是抓好冷凝水利用。在各用户凝水罐上安装了自动回水装置，杜绝了溢流并在厂内冷凝水罐后加装了两台不锈钢离子交换罐和3台过滤器对冷凝水中的杂质进行过滤，对不合格的冷凝水进行再处理，减少了排放，提高了回水率，使回水率由原来的不足30%，提高到76%以上，同时我们将厂内全部凝水管线更换成不锈钢管，减少了铁离子产生，锅炉炉水得到了大大的改善。锅炉排污率从5.4%降至3%以下。

2.8 降低非生产用水，推广绿地喷灌技术

我厂对绿化工作非常重视，为创办花园式工厂做了很大努力，但浇灌系统没有跟上，采用人工浇灌，浪费比较大，浇灌效果也不好。针对这种情况，我厂在2001年进行了局部改造实验，2002年对全厂浇灌系统进行了全面改造，根据植物的高矮，采用了地埋式微喷、雾喷、滴灌不同的喷灌方式，取消了人工漫灌浇灌方式，自动浇灌覆盖率100%，达到了节水目的。

2.9 利用自来水冷量降低室内温度

化学车间每日要为锅炉车间生产四五百吨软化水，在制水过程中由于自来水温度低，造成化学车间设备和管道不断结露，不断锈蚀，而且各类电器由于长期处于高湿度环境下运行，极不安全。为此，我们在厂内倒班宿舍和办公室安装了风机盘管，让这些自来水先进入风机盘管进行室内降温，然后再引至化学车间进行制水，这样不仅解决了车间结露问题，还使安装了风机盘管的室内温度降低了5℃左右，大大改善了办公和生活环境，而电力消耗仅相当于空调的1/10。

3 减低污染排放的效果

如果说以往锅炉治理的重要使命只是单一除尘，随着我国控制大气污染进入以脱硫为核心的新阶段，尤其是在“两控区”，工业锅炉面临的改造任务已变为脱硫和除尘，即使是新建的锅炉，单纯安装除尘器也已成为历史，而必须采用脱硫、除尘双达标的技术方案。

3.1 减少烟尘排放

我厂的除尘装置是文丘里麻石水膜除尘器，除尘效率为设计值为95%。燃用灰分为10%左右的烟煤，原始烟尘排放浓度约为1500~2000mg/m^3。北京《锅炉污染物综合排放标准》DB11/139—2002规定，2003年11月1日起城八区燃煤锅炉烟尘最高允许排放浓度50mg/m^3。因此我厂一方面优化煤质，保证燃料颗粒小于3mm细末量不多于30%，30~50 mm块煤不少于30%，以降低原始排放浓度；一方面改造除尘器，提高除尘效率，保证

除尘效率在 98% 以上。经环保局近几年的测试，我厂的烟尘排放浓度平均为 20 ~ 30mg/m^3。

3.2 控制二氧化硫

北京《锅炉污染物综合排放标准》DB11/139—2002 规定，2003 年 11 月 1 日起城八区燃煤锅炉二氧化硫最高排放浓度为 150mg/m^3。为防治燃煤的大气污染，首先我厂使用低硫分的煤，我厂用煤含硫基本在 0.2% ~ 0.4%，使原始排放浓度 < 650mg/m^3；其次再进行技术投资，将原除尘器进行脱硫技术改造。经过三年的时间，投入了资金 300 多万元，将除尘器全部进行了改造，脱硫效率达 88% 以上，达到了北京大气污染物排放标准的规定。

4 我厂十年前后对比供热能耗环保指标（表 1）

表 1

项 目	单方耗煤（kg 标煤 kg/m^2）	单方耗水（kg/m^2）	单方耗电（kWh/m^2）	锅炉热效率（%）	SO_2 排放浓度平均值（mg/m^3）	烟尘排放浓度平均值（mg/m^3）
设计值				79.81		
北京执行标准	25.3			65%	150（650）	50（180）
1995 年	19.88	71	1.69	70	499	141
2005 年	16.38	53	1.33	72	46	21

5 建议

（1）使用低硫优质煤，控制粒度、灰分、发热量，减少脱硫除尘设备的运行负荷；提高锅炉燃烧效率，尤其是中小锅炉和民用燃烧设施排放高度低，在实施脱硫的技术和管理上有一定困难，应优先使用硫分小于 1.0% 的低硫煤和洗后动力煤。我国硫分低于 1% 的低硫煤约占总煤炭消耗量的 71%，中小型工业锅炉以及民用燃烧设施使用低硫煤还是有资源保障的。

（2）随着新技术和脱硫改造的应用，必须提高司炉工素质。

（3）与世界先进水平相比，我国在能源利用效率、单位产值能耗等方面仍然存在较大差距。供热企业应提高科学管理水平，开展节能降耗工作，不断提高能源利用率。

（4）提高管网输送效率和锅炉运行效率。而提高管网输送效率除提高保温性能、控制管网失水外，由于水力失调造成的热力失调是影响集中供热系统的热能消耗高和供暖效果不好的最主要原因。因此加强运行管理和技术改造是供热企业降低运行成本、提高经济效益的重要方面。

（5）建议政府制定有关政策对旧有建筑围护进行改造，彻底解决采暖单位面积能耗指标高的问题。

孙凤娟 北京北辰热力厂 工程师 邮编：100029

武汉市典型公共建筑集中空调系统现状与节能对策*

李玉云　张春枝　李汉章　童明德　冯　强

【摘要】 给出了武汉市典型公共建筑的建筑耗能数据，从建筑耗能、空调运行参数和室内空气品质等方面，分析了武汉市公共建筑集中空调系统的现状，讨论了集中空调系统的节能对策。

【关键词】 集中空调　能耗分析　建筑节能

1　概述

1.1　武汉气候条件

武汉市地处我国长江中游，气候特点是夏热冬冷，夏季高温干旱，白天烘炕，夜间无风闷热，“热岛效应”突出；冬季常有低温、冰冻，日照少，湿度大，“冷湖效应”显著。根据武汉市近十年的气象资料统计[1]，每年最热月（8月份）平均温度为33.1℃，冬季1月日平均温度为4.1℃。最冷月平均空气相对湿度为75.4%，最热月平均空气相对湿度为76.6%，甚至高达90%，一年四季均处于高湿状态，日平均气温≤5℃时的平均日照率为26%。

1.2　武汉市建筑业概况

改革开放以来，社会的进步与经济的发展，促进了建筑业的发展，武汉市建筑大量兴起，1992~2002年市区新建房屋建筑面积10 226.1万m^2，1995~2002年（图1）的平均增长率为8.48%，其中新建住宅房屋面积占67.3%，公共建筑等其他房屋面积占32.7%。武汉市现有房屋建筑面积近4亿m^2，并且每年竣工建筑面积1400多万m^2。新建的公共建筑一般都设有集中空调、电梯、消防等现代设备，旧有的公共建筑在装修或改建中也增加了集中空调，规模较小的银行、商店、饭店、娱乐场所和办公室等也有柜式空调。

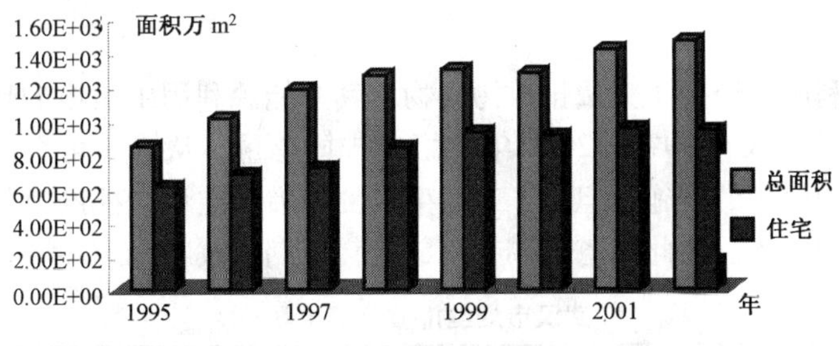

图1　武汉市1995~2002年全社会竣工房屋建筑面积

*2001年武汉市建筑管理委员会建设科技项目

1.3　武汉市的用能概况

武汉市的能源结构以煤炭为主导。1992～2002年，煤炭消费量占整个能源消费量的40.62%。1994～2002年能源消费平均增长率为2.21%[2]。武汉市的能源消费量如图2所示。图3为武汉市2000、2003年武汉空调逐月用电量。其中2003年总用电量比2000年总用电量增加了22.8%，空调用电量增加了28.3%，空调用电量的增长率大于总用电量的增长率。城镇商业、居民生活和非居民生活用电占总用电的35%以上（不含蓄冰空调）。空调用电正在逐年增长，到2004年，在室外温度36℃的情况下，已大于50%。

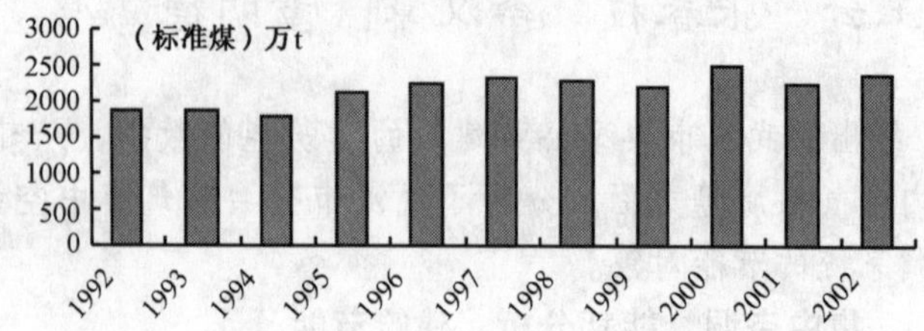

图2　武汉市能源消费量

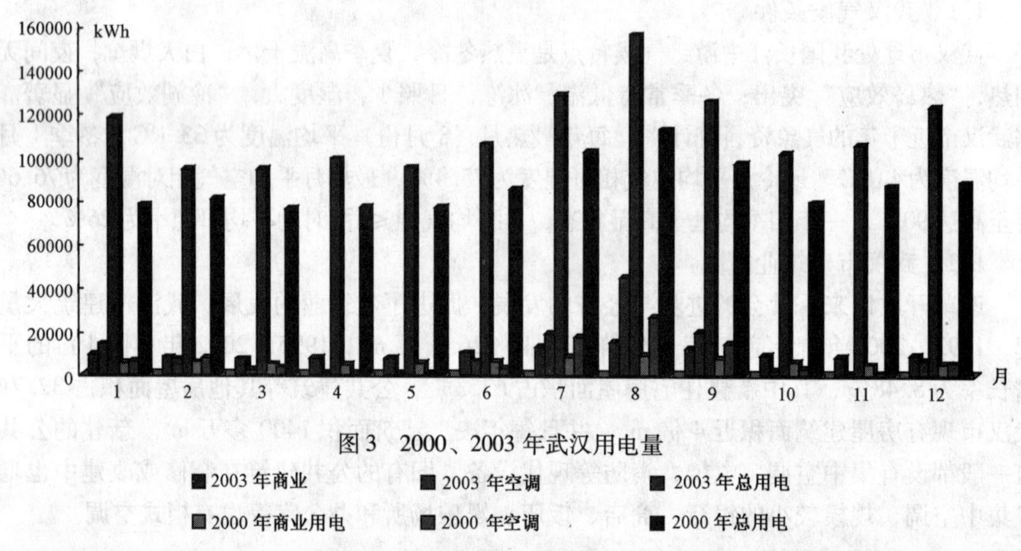

图3　2000、2003年武汉用电量

■2003年商业　■2003年空调　■2003年总用电

■2000年商业用电　■2000年空调　■2000年总用电

能源消费和利用中产生了大量排放污染物，其中能源利用中造成的环境污染份额占总量的80%。表1为武汉市1998～2002年的烟尘排放总量。从表中可看出，尽管武汉市加大了对烟尘排放物处理的措施，但由于工业生产的发展和空调耗能的增加，武汉市的烟尘排放量仍有上涨的趋势。因此节省空调系统的能耗有利于改善生态环境。

武汉市烟尘排放总量（万t）　　**表1**

年　份	1998	1999	2000	2001	2002
烟尘排放总量	4.65	4.78	5.83	6.22	6.04

2 集中空调系统现状

2.1 冷热源

集中空调使用的能源有气、油和电力，但武汉市制冷机主要以电力为主，供热主要以燃油锅炉为主。其冷热源设备主要有四种形式：①电制冷+锅炉；②电制冷+电热水器供热；③直燃式机组供冷供热；④电制冷；⑤风冷热泵机组；⑥蓄冷+蓄热；⑦水源热泵；⑧蓄冷+锅炉等。公共建筑单位建筑面积装机容量大小不等，在 51.9 ~ 194.1W/m^2 范围内变化，其平均值分别为 116.7W/m^2，低于上海的装机容量（127W/m^2），高于日本东京的装机容量（112.8W/m^2）。制冷机的开机容量最大负荷率约为70%左右，实际开机容量在 41.9 ~ 129.4W/ m^2。

2.2 空调系统能耗

武汉市公共建筑中央空调能耗占建筑能耗的 22.33% ~ 81.16%，平均份额大于 44%（国外一般是60% ~ 65%）。能耗的计算方法是：如果建筑用电没有分类装电表，设照明、动力等基本负荷全年稳定，而空调负荷则随季节和气候等因素变化，因此，可以将最低两个月（分别出现在春秋季）的能量平均值作为基本负荷，将基本负荷以上的空调负荷作为空调负荷。典型建筑大楼的单位建筑面积能耗指标如表 2 所示。从表中可看出，建筑能源费用在 37.11 ~ 284.73 元/（m^2·a）之间，空调能源费用在 19.50 ~ 124.58 元/（m^2·a）之间。一般情况下，酒店能耗 > 商场能耗 > 办公楼能耗 > 写字楼能耗。公共建筑全年耗电平均值约为 103.51kWh/（m^2·a）[北京约为 150kWh/（m^2·a）]，其中：商场约为 67.78 ~ 212.44kWh/（m^2·a）；写字楼约为 30 ~ 75kWh/（m^2·a）；酒店约为 56 ~ 129kWh/（m^2·a）。集中空调用电平均值 46.61kWh/（m^2·a），其中：商场约为 35.81 ~ 115.86kWh/（m^2·a）；写字楼约为 10.59 ~ 26.72kWh/（m^2·a）；酒店饭店约为 22.1 ~ 23.65kWh/（m^2·a）。武汉市的供冷能源费用平均值为 70.89 元/GJ；供热能源费用平均值为 71.31 元/GJ（设计手册推荐冷热价 4.78 ~ 35.8 元/GJ）。三大城市的年空调能耗如表 3 所示。从表中可看出，武汉市的空调年能耗不仅低于日本，也低于上海平均值 1.8GJ/（m^2· a）[3]，如果以气候条件参比，武汉气候比上海恶劣，应该高于上海的空调耗能。

单位建筑面积指标 **表 2**

建筑名称	耗能 kJ/（m^2·a）		耗能费用元/（m^2·a）		耗电 kWh/（m^2·a）		耗油 kg/（m^2·a）	
	建筑 ×10^6	空调 ×10^5	建筑	空调	建筑	空调	建筑	空调
BJ 酒店	1.471	4.43	115	32.4	56.8	23.65	16.2	16.2
XJ 饭店	3.73	12.8	284.73	102.6	129.2	22.1	3.6	3.6
ZG 综合楼	1.2	6.46	229.79	124.58	242.44	126.5	50	50
SG 综合楼	0.756	3.62	56.67	27.13	59.7	27.23	23.4	23.4
ZX 写字楼	0.498	2.62	37.11	19.5	30	10.59	3.09	3.09
YX 写字楼	0.922	3.24	69.14	24.32	75.98	26.72	3.09	3.09
SX 写字楼	0.729	3.57	54.59	26.71	56.34	25.69	0.73	0.73
YS 商场	1.95	4.35	145.96	32.59	160.39	35.81	0.73	0.73
ZS 商场	2.58	14.1	192.68	105.08	212.44	115.9	3.09	3.09

续表

建筑名称	耗能 kJ/（m^2·a）		耗能费用元/（m^2·a）		耗电 kWh/（m^2·a）		耗油 kg/（m^2·a）	
	建筑 $\times 10^6$	空调 $\times 10^5$	建筑	空调	建筑	空调	建筑	空调
SS 商场	0.823	3.75	61.68	28.13	67.78	30.91	3.09	3.09
JG 综合楼	0.585	4.75	44.02	35.57	44.06	34.98	—	—
HG 综合楼	1.61	11.5	86.74	60.77	107	79.34	—	—
平均值	1.4	6.27	114.84	51.62	103.51	46.61	1.03	1.03

不同地区（或国家）建筑平均年一次能耗［GJ/（m^2·a）］ **表 3**

地　区	平均值	办公楼	酒店	商场
日本	1.62	1.256※	2.512※	—
上海	1.8	1.68	2.698	—
武汉	1.4	0.716	2.6	1.21
天津	2.857	小于 2.4	小于 3.5	小于 3.0

※日本建筑节能标准

2.3　武汉市公共建筑集中空调系统设计、管理与运行现状

（1）窗墙比一般超过 50%（不含酒店、宾馆）；2003 年前建设的公共建筑绝大多数外墙传热系数大于 1.5 W/（m^2·℃），有的甚至达到 2.36W/（m^2·℃）；外玻传热系数可达到 6.4W/（m^2·℃），遮阳系数可达到 0.86。

（2）现行的空调冷、热指标和软件计算的冷、热负荷存在的问题是：一方面窗墙比大（或以玻璃幕墙为主的外围护结构）的房间所估算的冷负荷偏小，导致末端设备选型偏小；另一方面实际总冷、热负荷偏大，导致实际工程中制冷机装机容量普遍偏大。另外，制冷机组开机容量低还存在着以下两个原因：①降低室内标准，抑制需求（相对湿度偏高）；②写字楼、旅馆客户率一般都小于 70%。

（3）近十几年来，商场的实际客流密度小于参考文献和推荐的客流密度。武汉地区 20 世纪 80 年代商场分布，给出的客流密度为 0.5～1.7 人/m^2，但武汉市 20 世纪 90 年代的客流密度在 0.16～0.5 人/m^2 之间，高峰期出现在元旦、春节、五一和十一，大型商场的平均客流密度为 0.22～0.44 人/m^2，中型商场为 0.13～0.27 人/m^2，夏季密度最低[4]。21 世纪初，普查武汉大中型商场，客流密度小于 0.5～0.7 人/m^2[5]。笔者在 2001 年 10 月 2 日和 10 月 10 日调查了处于繁华地带的 D 座大型商场，客流密度分别为 0.1594～0.445 人/m^2、0.1594～0.2754 人/m^2（图 4）。客流密度指标偏高也是导致制冷机装机容量偏大的原因之一。

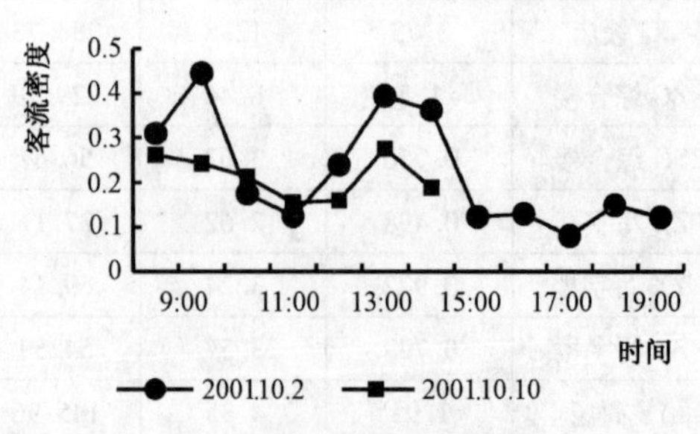

图 4　D 座商场客流密度

（4）写字楼、办公楼和酒店的风系统不合理；水力失调或用户装修不注意末端装置的布

置，一些房间温度偏高（室内温度大于30℃）或偏低；为节约运行费用，系统间断运行，导致室内温度时冷时热。

（5）高峰期超市新风量偏小，春秋季节商场、写字楼尽量不运行新风机组或不满足要求下的运行。有的写字楼为扩大使用面积，拆除新风机组，导致室内空气品质较差。武汉市2000年每户用电量仅是美国南方的9.68%，北方的32%，人均能耗基本上与世界人均能耗持平，但室内空气品质低于发达国家。表4为商场室内顾客、营业员对空气品质的感受。各商场普查结果是空气品质满意率<51.43%，ASHRAE标准要求满意率>80%，才算空气品质达到可接受标准；而且不能应付突发的公共卫生事件——例如SARS。

各商场室内顾客、营业员对空气品质的感受（%） **表4**

商场 \ 内容	空气品质不满意率	空气品质不接受率	空气有气味	空气污浊	空气窒息
D	45.27	10.4	39.25	20.18	54.97
N	38.65	6.785	37.86	17.88	28.87
O	51.43	25.41	40.14	53.96	70.51
P	31.4	7.23	48.9	18.38	34.44
Q	28.75	9.59	35	25.4	51.25
R	46.74	20.67	34.28	14.08	21.09

（6）供冷季节有的商场绝大部分区域温度低于25℃，供热季节商场不开空调，但相对湿度偏高。

（7）空调风、水输送系统普遍存在“大流量、小温差”的运行状况。13幢公共建筑空调系统的运行情况与室内热环境参数如表5所示。从表中可知，室内温度远低于设定值，可相对湿度高于设定值。系统的供回水温差在制冷季节水系统的供回水温差较好的情况是4.3~4.4℃，较差的是1℃，甚至部分系统有时候小于1℃，有时也偶尔高于5℃。

空调系统运行参数 **表5**

内　容	A	D	E	F	G	H	K	M
室内温度　℃	23.2/26.3③	25.1	24.9	26.1	25.7	26.4	26.1	25.3
室内相对湿度　RH%	66.8	65.6	63.3	71.3	69.8	61.6	668.5	57.5
室内 CO_2　ppm	838.2	710	666	541	539	571	669	668
供/回水温度　℃	9.8/14.2	10.4/7.5	7.4/11.7	7.4/10.9	6.8/9.9	12.2/9.8	9.1/7.1	5/9
制冷机运行台数①/总台数	2/4	2/3	2/3	2/3	3/4②	2/3	1/2	2/2

①室外温度最高时制冷机运行台数；②商场温度/办公楼温度；③室内参数均取同一时间段的平均值。

（8）设计投产的工程，绝大多数没有安装集中空调自动控制系统，也没有安装必要的计量仪器，没有量化管理指标及相应的管理规程规范，运行管理目标不明确，控制系统水平低，量化管理质量较差，不能适应空调系统舒适、经济、节能运行的要求。

(9) 施工管理不完善，基本上没有按“通风与空调工程施工验收规范”验收工程。

(10) 评价建筑规划、设计阶段的节能法规及标准不健全。

通过以上的讨论可以得出武汉地区集中空调系统能耗低有以下三个原因：①业主并不是以满足用户的生活质量和工作环境为标准，而是以牺牲功能和环境质量为代价来降低空调系统运行成本。例如，冬季不采暖，过渡季节不开空调等。②非商场公共建筑客户率低，一般在30%～70%左右。③空调系统的设计、安装还没有完全为科学运行管理创造条件。

3 节能对策

3.1 公共建筑空调负荷各项份额

(1) 公共建筑围护结构所占空调负荷一般大于40%～50%（其中供冷负荷一般占10%～30%）；玻璃幕墙的空调冷负荷大于外窗15%～40%（按窗的有效面积0.60～0.85计）。

(2) 人体、照明及设备引起的空调冷负荷一般大于29%，即大于空调总负荷的13%左右；新风引起的空调冷、热负荷一般为37%～47%。

(3) 武汉市的公共建筑一般有28.17%～81.16%消耗于空调供冷供热系统。在空调制冷这部分能耗中，约有10%～15%由建筑围护结构传热所消耗，约有12%～23%为处理新风所消耗，约有16%～18%为人体、照明及设备引起的空调冷负荷所消耗，约有25%～27%为空气、水输配系统所消耗。

3.2 公共建筑集中空调节能对策

(1) 公共建筑围护结构采用节能材料，可以减少空调负荷15%～45%，空调系统的节能率可以达到15%～25%。

(2) 如果在排风中设置全热交换器，可以减少55%的新风冷/热空调负荷，空调系统节能率为21.0%～33.9%左右。例如，如果在武汉市的商场的排风系统中设置全热交换器回收冷量，则夏季仅新风就可节约的标准煤为0.2193万t/（200万m^2）。

(3) 采用照明节能灯，建筑节能率大于12%（节电率大于60%），可以减少10%照明空调冷负荷，空调系统节能率为0.41%～5.44%左右。

(4) 热电冷联产运行费用低，热电冷联产所增加的初投资一般两年可以回收，而且比离心式制冷机组节约20%的一次能耗，还可以减少CO_2排放量19%以上，是经济、节能的冷热源方式方案。

(5) 天然气和电力应用互补性很好，可以均衡能源应用，提高能源系统的利用率和经济性，减少污染，改善生态环境。

(6) 武汉市水源蕴藏的温差能源较大。当武汉地区空调系统冷却水采用地下水（温度为18℃）时，效率可以提高45.65%。采用水源热泵供热与锅炉供热比较，节能率为72.56%。但是，取地下水后应能够采取切实有效的无污染回灌措施，否则会造成地表下陷和地下水质污染。

(7) 采用蓄能空调技术，可以起到“移峰填谷”的作用，转移电力高峰期的用电量（可达50%～100%），平衡电网的峰谷差，提高发电机组效率，提高经济效益［单位建筑面积可节约1.5元/（m^2·供冷季）[6]～8.0元/（m^2·供冷季）］。与低温送风、大温差空调水系统技术结合，可减少空调系统耗能。

（8）采用科学、高效的空调系统，制冷机设备，系统平衡设备，空调负荷预测控制，BAS 系统等，可减少系统能耗。例如：采用变频控制技术，空调风水系统节能率为 10% ~ 50%；按用户计量冷热量，可节能 20% 左右；采用平衡阀可节煤、节电 15% 左右；采用 BAS 系统年运行费用的节约率为 10%。

（9）政府加强宣传与制定有关节能的政策和标准，一方面要以法节能，另一方面要研究节能技术、开发节能产品。

参考文献

1. 武汉市居住建筑节能设计技术规定．武汉市建设管理委员会，WBJ—1—9—2000，P：29
2. 武汉统计年鉴．中国统计出版社，2001 年，P：249 ~ 250
3. 龙惟定等．上海公共建筑能耗现状及节能潜力分析．暖通空调，1998，28（6）
4. 胡平放等．大中型商场客流密度现状分析．通风除尘，1997，（4）
5. 蔡路得．武汉市商场空调系统运行现状及综合分析．1997 年湖北省暖通空调制冷学术年会论文集
6. 蔡路得，马友才，王天毅等．武汉市华美达天禄酒店冰蓄冷空调工程．暖通空调，2002，32（1）

李玉云　武汉科技大学城市建设学院　教授　邮编：430015

玻璃幕墙对空调冷负荷的影响

孟凡兵　刘　菲

【摘要】　本文简明分析了各类常用玻璃幕墙的热工性能。通过计算分析和比较，得出了同类玻璃幕在不同的朝向下，对空调冷负荷的影响程度；同类幕墙的日射冷负荷与传热冷负荷的比例关系，并进一步分析了不同类型幕墙对空调冷负荷所产生的影响。

【关键词】　玻璃幕　冷负荷　传热　辐射

1　概述

建筑外立面大面积使用玻璃，是时下建筑的一种潮流。在建筑设计中，玻璃幕墙以其时尚、通透的特性而被广泛地应用。而玻璃幕墙在建筑围护结构中是热交换最活跃、最敏感的部位，其热交换损失与混凝土或砖混及其他轻质砌体相比，要大许多倍，导致建筑物过于依赖空调和人工手段来调节室内环境，其效果不仅有限，而且耗损能源。采用大量玻璃幕墙的写字楼很多还没到夏季就早早打开了空调，造成能源浪费。

现在广泛使用的单层玻璃幕墙虽然逐渐改用热反射镀膜玻璃、中空玻璃、Low-E 玻璃、断热型材等节能材料，其在热工性能方面比过去的有所改善，但仍然存在能耗较大问题。

此外，如此大面积地使用玻璃，不同程度地造成“光污染”。高反射率的热反射玻璃对建筑周围的环境形成强烈的照射，不但对人的视觉造成伤害，同时使建筑物周边温度提高。

2　国内外的玻璃幕墙使用状况

玻璃幕墙大致经过了以下几个发展过程：最开始是单层玻璃幕墙，然后出现了单层镀膜玻璃幕墙，接着是中空玻璃和低辐射玻璃（Low-E 玻璃）幕墙，最近又有了低辐射双中空玻璃（PET Low-E 玻璃）幕墙。后来又从改变外围结构功能出发，出现了双层幕墙系统，但双层幕墙已不单单是玻璃幕墙，而是一套组合系统。

建筑玻璃幕墙自 20 世纪 80 年代在我国面世以来，20 多年来呈现了大规模、高速度的发展态势，特别是在城市的超高层建筑上，玻璃幕墙占据了绝对优势。我国的建筑玻璃幕墙在短短 20 多年的发展时间里，已经占据了很大的市场份额，目前我国每年玻璃幕墙的建筑面积达到 500 万 m^2 左右。

欧州的制造商是在 20 世纪 60 年代末开始在实验室研究 Low-E 玻璃的。1978 年，美国 Interpane 公司成功地将“Low-E”玻璃应用到建筑物上。1985 年英国 Pilkington 公司实现 Low-E 玻璃的商业化生产成为发达国家市场上发展最快的二次加工玻璃。目前，我国的部分高档建筑业逐步开始使用 Low-E 玻璃幕。

3　玻璃幕墙节能技术的现状

如何在保证室内采光良好的前提下，又能将玻璃幕能量损失减至最低，是玻璃幕研究的主要问题。

为减少玻璃幕墙的能量损失一般从两个方面入手，一是通过减少玻璃幕的综合传热系数来减少幕墙的传热负荷，如采用中空、双层、真空等方式；二是通过在玻璃表面加镀膜，减少太阳辐射热通过玻璃幕进入室内，低辐射中空玻璃是综合采用两种方式的典型案例。

现阶段提高玻璃幕墙节能保温性能的主要措施是采用镀膜玻璃、Low-E 玻璃、热反射玻璃、中空玻璃及隔热断桥铝型材来降低结构传热系数，消除结构体系“热桥”，降低空气渗透热损失，减少开启窗扇面积，提高密封性等。

4　玻璃幕墙的类型和特性

不仅玻璃幕墙的种类多种多样，而且同一类型的玻璃其热工参数也多种多样，作为建筑的外围护结构，其热工性能直接影响建筑的空调能耗。因此不同的地区，不同性质和类型的建筑选用的玻璃幕墙的类型亦具多样性。本文仅列举目前常用的玻璃幕墙，对其热工性能作简要分析。

4.1 目前常用的玻璃幕墙种类

（1）单层普通玻璃幕墙

单层普通玻璃幕——即大清白玻璃全玻璃幕墙，开始这种玻璃幕墙大部分使用在大门厅，后来发展到全部都使用通透的全玻璃幕墙。普通玻璃传热系数较大，以厚 8mm 单层玻璃为例，其计算传热系数 K 约为：6.2W/（m^2·K）；遮阳系数较大，其遮阳系数 SC 在 0.90 以上。

（2）单层镀膜玻璃幕墙

根据镀膜的种类不同，颜色有深有浅。与单层普通玻璃幕相比，其传热系数与之相当，计算传热系数 K 为：6.0～6.5W/（m^2·K），其遮阳系数有所减小。根据镀膜的种类不同，其遮阳系数在 0.45～0.90 之间。在夏季，该类型玻璃幕总的空调冷负荷较单层普通玻璃幕虽有所减少，其节能性能仍然较差，在其遮光系数减小的同时，光反射率增加，对周围的环境造成了一定程度的光污染。该类型玻璃幕使用量也逐年下降。

（3）夹层玻璃幕墙

夹层玻璃，也叫夹胶玻璃，是一种安全性能较优良的玻璃，是由两片或多片玻璃同透明的聚乙烯醇缩丁醛（PVB）胶片牢固粘合而成。当夹层玻璃受到冲击破碎时，碎片粘在中间 PVB 膜上，不会飞溅伤人。

与单层普通玻璃幕相比，其在安全性能上大有改善，但在节能性方面变化不大。

（4）中空玻璃幕墙

中空玻璃是由两片或多片玻璃组成的封闭系统，中空玻璃可以将玻璃的热阻提高一倍左右，具有良好的保温和隔热性能。中空玻璃有无色的和着色的，不同颜色的中空玻璃其传热系数大致相同，但其遮阳系数 *SC* 各不相同。以（6+12+6）的白玻为例，其计算传热系数约为 2.60W/（m^2·K）；其遮阳系数为 0.77，着色后，以灰色为例，遮阳系数为 0.38。中空玻璃较单层玻璃而言，其节能效果明显，又由于其价格不高，因此在国内被广泛采用。

（5）低辐射镀膜中空玻璃幕墙（Low-E 中空玻璃）

Low-E 玻璃，是在玻璃表面镀上多层金属或其他化合物组成的膜系产品。其热阻可以达到普通玻璃的 4 倍以上。该玻璃对可见光有较高的透射率，对红外线（尤其是中远红外）有很高的反射率，因此具有良好的隔热性能。该玻璃在保证充足的阳光投射到室内的同时，能够有效控制玻璃幕墙的太阳得热系数，降低传热系数，从而降低建筑能耗，提高舒适性。

根据不同地区节能的实际需要，Low-E 玻璃可分为：高透型 Low-E 玻璃，遮阳型 Low-E 玻璃（低透型）和双银 Low-E 玻璃。

□高透型低辐射（Low-E）镀膜玻璃

高透型的 Low-E 玻璃，有较高的太阳透过率和很高的可见光透过率，白天太阳光可以最大限度的透过玻璃进入室内，保证获得太阳辐射热量。其传热系数 *K* 值可达 1.80 甚至更低，遮阳系数 *SC* 值可达 0.68。符合供暖季节的节能要求，适合用于北方严寒地区。

□遮阳型低辐射（Low-E）镀膜玻璃（低透型）

这种玻璃对太阳光谱中的可见光部分有较高的透过率，而对太阳光谱中的其他部分的透过率较低，包括紫外线部分和近红外部分，同时，室外物体的长波辐射又被 Low-E 层反射，阻止辐射热进入室内，故具有低传热系数和低太阳能透过率的特点。其传热系数 *K* 值一般在 1.63～2.49 之间，遮阳系数 *SC* 值在 0.23～0.51 之间，符合供冷季节的节能要求。因而特别适合于南方地区和过渡地区使用。

□双银 Low-E 玻璃

双银 Low-E 玻璃是目前较高级的环保节能型产品，它突出地强调了玻璃对太阳热辐射的遮蔽效果，将玻璃的高透光性与太阳热辐射的低透过性巧妙地结合在一起，它除了具有以上普通 Low-E 玻璃特点外，还具有较高的透光率和极低的太阳能透过率。

（6）PET Low-E 双中空（低辐射双中空）玻璃幕

PET Low-E 双中空玻璃是由两片玻璃、两层铝隔条与中间一层胶膜即 PET 胶片组合而成。其技术的关键在于 PET 胶片，PET Low-E 是引用美国太空科技（NASA）太空梭及隐形战斗机的隔热技术，是用真空喷溅式镀膜原理，将高隔热的金属多层涂布在 PET 薄膜上制成，具有高效节能性。与普通 Low-E 玻璃相比，PET Low-E 玻璃除在节能方面有所提高外，其突出特点是：中间的 PET Low-E 胶膜，可以有效的控制噪声以及紫外线的透过率。紫外线透过率仅为 0.5%，为一般中空玻璃的约 1/100，为一般 Low-E 双中空玻璃 1/30～1/50。因此是一种优质的绿色环保节能玻璃。

4.2 常用玻璃幕墙的性能比较（表 1）

4.3 其他玻璃幕墙

常用玻璃幕墙的性能比较 **表1**

玻璃类型	产品组合	可见光透过率 %	可见光反射率 %	太阳能透过率 %	太阳能反射率 %	紫外线透过率 %	传热系数 K W/(m^2·℃)	遮阳系数 SC	隔声值 dB（A）	备注
单层白玻璃	8mm	87	8	72	7	60	6.20	0.9		
中空玻璃	6mm清+12A+6mm清	75	14	58	11	50	2.6	0.77		
Low-E中空玻璃	6mm清Low-E+12A+6mm清	63	16	48	13	35	1.77	0.63	30	
PET Low-E双中空玻璃	6mm清+6A+HM film+6A+6mm清	60	24	24	38	0.5	1.66	0.38	36	

除上述玻璃幕墙外，最近还出现了光电幕墙、彩釉玻璃幕、双层玻璃幕墙系统等类型。

光电幕墙是一种集发电、隔声、隔热、装饰等功能于一体的，把光电技术与幕墙技术相结合的新型功能性幕墙。

彩釉玻璃幕是在玻璃表面镀上多种色彩的釉料，经过烘干、热处理制成。其图案变化多样，色彩艳丽。

双层玻璃幕墙是一套组合系统，又称呼吸幕墙。由内、外两层玻璃幕墙组成，两层幕墙中间要形成一个通道，同时外层幕墙设置进风口和出风口。夏季温度高，两层幕墙之间形成了一个温室效应，而两个通风口之间的高度差自然形成了“烟囱”效应，较冷的空气不断补入，并把热空气排走，这样就加速了两层幕墙中间的空气流动，从而有效降低了内层幕墙内表面的温度，达到了降温效果；冬季，将进风口和出风口全部关闭，两层幕墙间的温室作用将会温暖整个楼宇。正在建设中的河南艺术中心的两面艺术墙采用的是外呼吸双层玻璃幕墙系统。

由于上述幕墙存在造价、环境限制等问题，仅适合于一些特殊的场合，没有被广泛采用。

5 常用玻璃幕墙形成的空调冷负荷

玻璃幕墙形成的空调冷负荷（下文简称幕墙冷负荷）除与幕墙本身的热工性能有关外，还与地理纬度、内外遮阳、朝向等因素有关。下面以郑州地区为例，结合河南艺术中心的玻璃幕墙的负荷计算分析过程，对玻璃幕墙形成的空调冷负荷作如下综合计算比较。

计算条件：

（1）地理位置：河南郑州市，北纬35度，大气透明度等级：5。

（2）遮阳情况：无内、外遮阳。

（3）分析对象：东、南、西、北以及水平屋顶的单位面积玻璃幕。

（4）计算时刻：东、南、西、北以及水平屋顶，标准窗玻璃冷负荷系数最大值时刻。

东向：9时；

南向：13 时；

西向：16 时；

北向：14 时。

（5）计算方法：幕墙冷负荷由日射冷负荷和传热冷负荷组成，目前对幕墙的冷热负荷计算尚无成熟的计算软件，因此采用查表和公式相结合的计算方法。

5.1 无遮阳幕墙日射冷负荷计算

采用的计算公式（参考玻璃窗）：

$$Q_c = F_c x_m x_b x_z J_{c.max} C_{CL}$$

式中 Q_c——各小时的日射冷负荷（W）。

F_c——包括框的幕墙面积（m^2）。

x_m——幕墙的有效面积系数。

x_b——幕墙修正系数。

x_z——幕墙内遮阳的遮阳系数。

$J_{c.max}$——幕墙日射得热量最大值（W/m^2）。

C_{CL}——冷负荷系数。

注：计算时幕墙修正系数参考其遮阳系数，因为遮阳系数的定义是与标准玻璃对比，与修正系数类似。

计算结果见表 1 ~ 表 4。

5.2 幕墙传热的冷负荷

采用的计算公式（参考玻璃窗）

$$Q_2 = x_k K_c F_c \ (t_{wp} + \Delta t_k - t_n)$$

式中 Q_2——幕墙传热得冷负荷（W）。

K_c——幕墙的传热系数 W/（$m^2 \cdot C$）。

Δt_k——夏季室外逐时温差（℃）。

$$\Delta t_k = \beta \Delta t_r$$

β——室外温度逐时变化系数。

Δt_r——夏季室外计算平均日较差（℃）。

t_{wp}——夏季空调室外计算日平均温度（℃）。

x_k——幕墙传热系数的修正系数。

F_c——包括框的幕墙面积（m^2）。

t_n——室内计算温度（℃）。

5.3 计算结果

本文以单层白玻璃（8mm）、中空玻璃（6mm 清 +12A +6mm 清）、Low-E 中空玻璃（6mm 清 Low-E +12A +6mm 清）、PET-Low-E 双中空玻璃（6mm 清 +6A + HM film +6A +6mm 清）四种常用玻璃幕墙为例，对五个朝向单位面积玻璃幕的最大冷负荷进行了计算比较，结果见表 2 ~ 表 5。

单层白玻璃最大冷负荷　　表2

幕墙类型			朝向				
单层白玻璃（8mm）	单位	符号	南	东	北	西	水平
单位面积日射冷负荷	W/m^2	q1	149.69	278.75	96.58	297.97	482.40
单位面积传热冷负荷	W/m^2	q2	64.48	64.48	64.48	64.48	64.48
单位面积幕墙总冷负荷	W	Q	214.17	343.23	161.06	362.45	546.88
日射冷负荷占总负荷的比例	%		70	81	60	82	88

中空玻璃最大冷负荷　　表3

幕墙类型			朝向				
中空玻璃（6mm清+12A+6mm清）	单位	符号	南	东	北	西	水平
单位面积日射冷负荷	W/m^2	q1	128.07	238.48	82.63	254.93	412.72
单位面积传热冷负荷	W/m^2	q2	27.04	27.04	27.04	27.04	27.04
单位面积幕墙总冷负荷	W	Q	155.11	265.52	109.67	281.97	439.76
日射冷负荷占总负荷的比例	%		83	90	75	90	94

Low-E中空玻璃最大冷负荷　　表4

幕墙类型			朝向				
Low-E中空玻璃（6mm清Low-E+12A+6mm清）		符号	南	东	北	西	水平
单位面积日射冷负荷	W/m^2	q1	104.78	195.12	67.61	208.58	337.68
单位面积传热冷负荷	W/m^2	q2	18.41	18.41	18.41	18.41	18.41
单位面积幕墙总冷负荷	W	Q	123.19	213.53	86.01	226.99	356.09
日射冷负荷占总负荷的比例	%		85	91	79	92	95

PET-Low-E双中空玻璃最大冷负荷　　表5

幕墙类型			朝向				
PET-Low-E双中空玻璃（6mm清+6A+HM film+6A+6mm清）		符号	南	东	北	西	水平
单位面积日射冷负荷	W/m^2	q1	63.20	117.69	40.78	125.81	203.68
单位面积传热冷负荷	W/m^2	q2	17.26	17.26	17.26	17.26	17.26
单位面积幕墙总冷负荷	W	Q	80.47	134.96	58.04	143.07	220.94
日射冷负荷占总负荷的比例	%		79	87	70	88	92

5.4 幕墙冷负荷分析比较

从表2～表5的计算结果可以看出，同种玻璃类型、不同朝向的幕墙最大负荷，同种玻璃类型、不同朝向的幕墙日射冷负荷与传热冷负荷的比例，以及不同玻璃类型、不同朝向的幕墙最大冷负荷的分布，均存在很大差异，具体分析如下。

（1）同类幕墙不同朝向的最大冷负荷分布，如图1～图4所示。

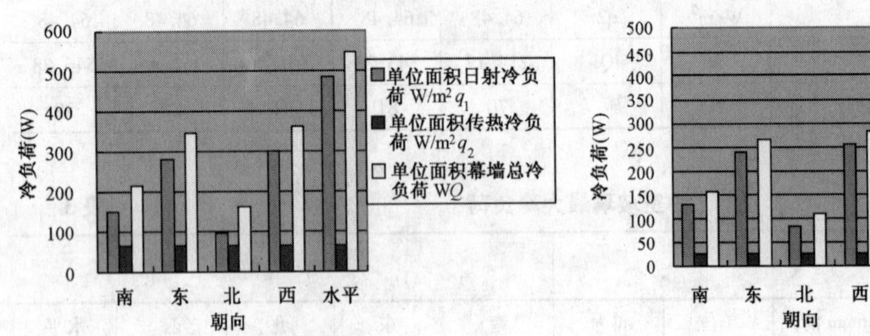

图1 单层白玻璃（8mm）冷负荷分布图

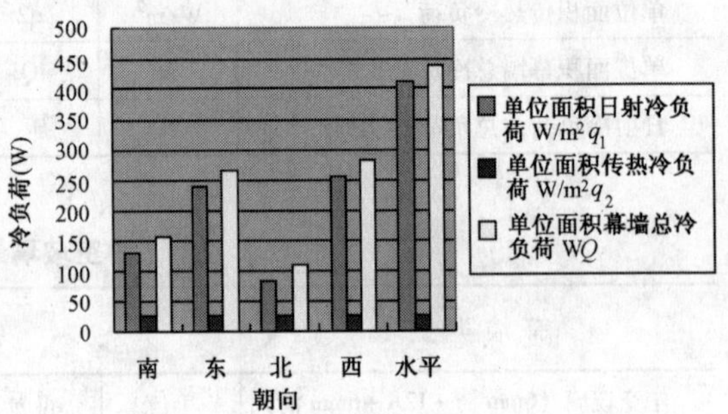

图2 中空玻璃（6mm清+12A+6mm清）冷负荷分布图

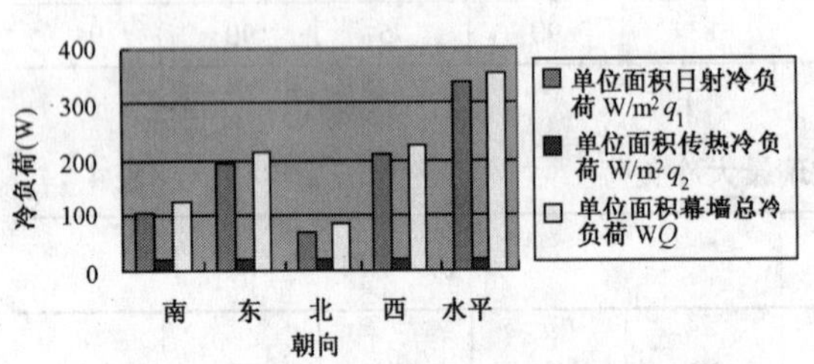

图3 Low-E中空玻璃（6mm清Low-E+12A+6mm清）冷负荷分布图

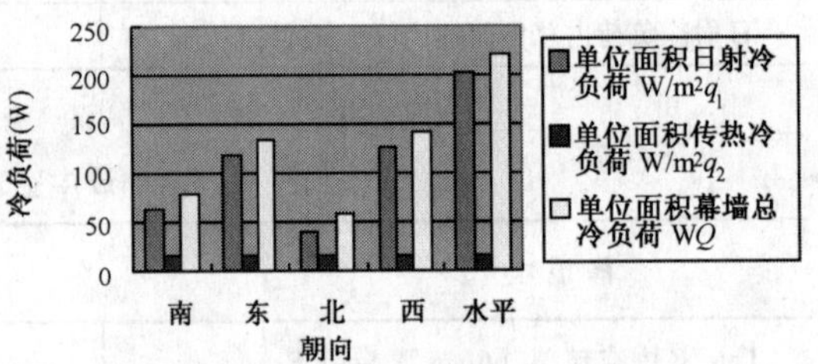

图4 PET-Low-E双中空玻璃（6mm清+6A+HM film+6A+6mm清）冷负荷分布图

从图中可以看出，无论那种幕墙，其水平朝向的玻璃幕对空调冷负荷的影响最大。东、西两个朝向的幕墙最大冷负荷基本相当，西向高于东向，亦影响较大。南向小于东西两向，北向最小。若以南向幕墙最大负荷为基准来进行分析水平朝向的影响程度，可以得出：

单层白玻璃（8mm）：水平是南向最大负荷的2.55倍；

中空玻璃（6mm清+12A+6mm清）：水平是南向最大负荷的2.84倍；

Low-E中空玻璃（6mm清Low-E+12A+6mm清）：水平是南向最大负荷的2.89倍；

PET-Low-E双中空玻璃（6mm清+6A+HM film+6A+6mm清）：水平是南向最大负荷的2.75倍；

通过比较可以看出，无论是哪种玻璃种类，其水平最大冷负荷均在南向的2.5倍以上。因此，在采用屋顶玻璃幕时应非常慎重，要充分考虑其对空调耗能和室内热舒适的影响。

（2）同类幕墙不同朝向的日射冷负荷与传热冷负荷的比例分布，如图5～图8所示。

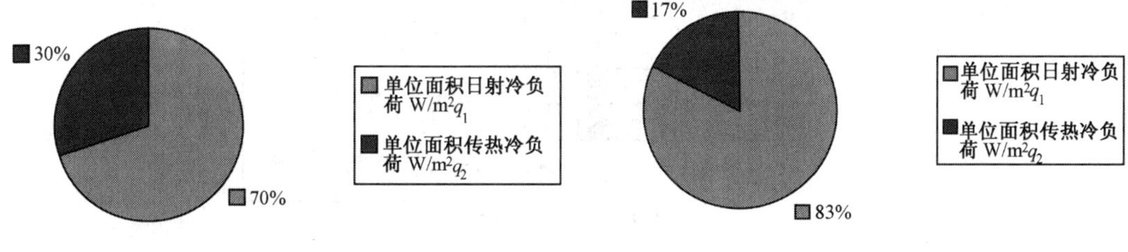

图 5　单层白玻璃　　　　图 6　中空玻璃

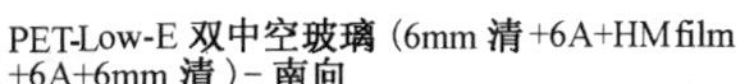

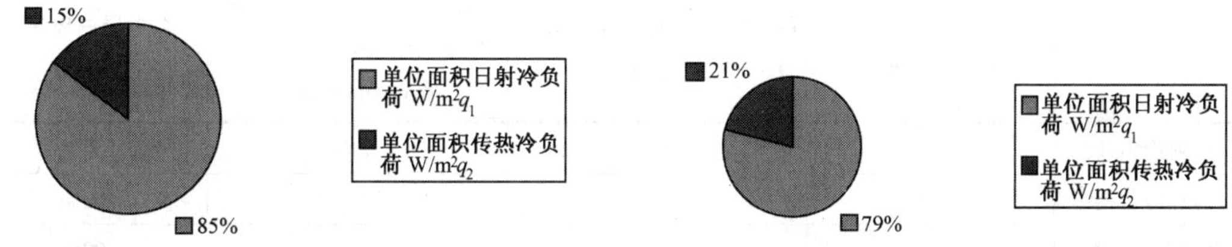

图 7　Low-E 中空玻璃　　　　图 8　PET-Low-E 双中空玻璃

从图中可以看出，幕墙冷负荷中的日射冷负荷所占比例均在 70% 以上。通过采取内、外遮阳措施，可以大大降低空调冷负荷。正在建设中的北京西环广场就是一个典型案例，其通过增加南侧和顶部外遮阳的方式来降低日射冷负荷，由于东、西两侧的计算单位幕墙最大冷负荷较南向大，因此东侧和西侧的冷负荷仍会较大。

另外，国内有许多采用大型幕墙实例，在初期的时候对顶部和侧部太阳辐射热考虑不够充分，后来采取加遮阳的措施。因为单靠增大空调冷量来解决由太阳辐射引起的室内热舒适问题，结果只能是事倍功半。

（3）不同玻璃类型，不同朝向的幕墙最大冷负荷的对比如图 9 ~ 图 11 所示。

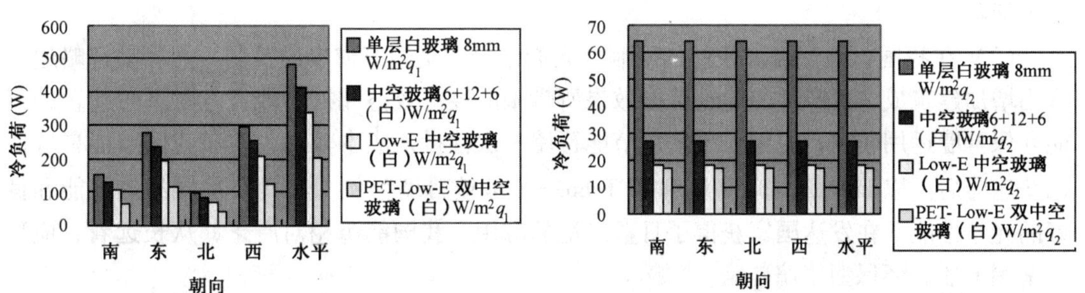

图 9　不同类型幕墙日射冷负荷对比图　　　　图 10　不同类型幕墙传热冷负荷对比图

从图中可以看出，不同类型的玻璃幕，其幕墙最大冷负荷差异较大，以南向单层白玻璃(8mm) 幕墙最大负荷为基准进行比较分析，可以得出 PET-Low-E 双中空玻璃最优（表 6）。

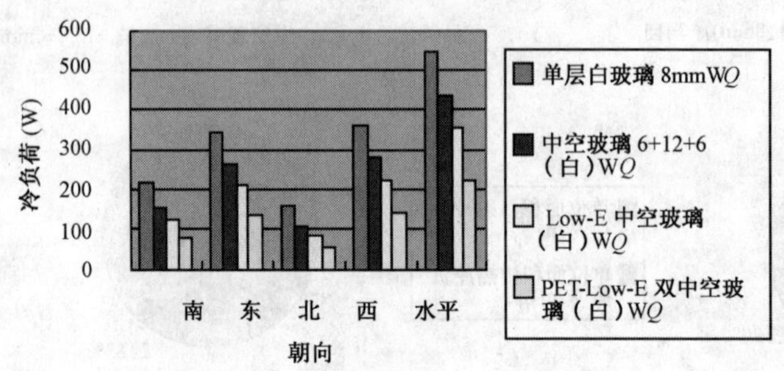

图 11　不同类型幕墙总冷负荷对比图

负荷分析结果　　表 6

项　目	中空玻璃（6mm 清 +12A +6mm 清）	Low-E 中空玻璃（6mm 清 Low-E +12A +6mm 清）	PET-Low-E 双中空玻璃（6mm 清 +6A + HM film + 6A +6mm 清）	单层白玻璃（8mm）
日射冷负荷	86%	70%	42%	100%
传热冷负荷	42%	29%	27%	100%
幕墙总冷负荷	72%	58%	38%	100%

经分析对比可以看出，热工性能较好的幕墙，可以大大降低空调冷负荷。实际工程中，在条件允许的情况下，应综合考虑初投资和运行费用情况，尽量选用节能环保幕墙材料，从而降低空调运行耗能。

本文未对较深色玻璃幕的性能进行比较，仅以浅色玻璃为例进行了分析。不同颜色镀膜的玻璃幕其遮阳系数不同，通过改变其颜色，遮阳系数也会大大降低，从而减少空调冷负荷。

6　结语

（1）不同的玻璃幕墙对空调负荷产生不同的影响，当今人们在选择建筑物的玻璃门窗时，除了考虑其美学和外观特征外，应注重其热工性能、制冷成本和内部阳光投射舒适平衡等问题。

（2）在我国，由于经济条件的限制，人们十分重视建筑成本的控制，而容易忽略通过适当增加建筑成本而产生的建筑节能效果所带来的经济效益和社会效益。时下较新颖的节能环保幕墙运用较少，原因在于使用节能幕墙一次性投入成本较高，致使我国节能幕墙使用普遍滞后。以 Low-E 玻璃幕墙和 PET Low-E 玻璃幕墙为例，其具有优异的热性能和良好的光学性能，在发达国家获得了日益广泛的应用。我国能源相对匮乏，从长远看，应积极采用节能、环保型玻璃幕墙。

（3）消费者对节能建材普遍缺乏认识和了解，也从另一个方面影响了开发商使用节能建材的积极性。我国尚需进一步完善建筑能耗指标和建筑能耗评估体系。

（4）由于篇幅的限制，本文仅从建筑节能角度，对玻璃幕墙形成的冷负荷对空调耗能的影响作了简要分析，而玻璃幕墙对室内舒适热环境的影响亦不容忽视。在完成河南艺术中心的项目过程中，对以玻璃幕为主要外围户结构的共享大厅的室内舒适热环境进行了详细的模拟分析，结果表明通过采取加设遮阳措施，不仅可以降低空调运行能耗，而且可以改善由于辐射引起的室内舒适热环境。

参 考 文 献

1. Carpenter S C , McGowan A G , Miller S R . Window annual energy rating systems: what they tell us about residential window design and seletion [J] . ASHRAE Transactions , 1998, 104 (10): 806—813
2. 空气调节设计手册，中国建筑工业出版社，1995
3. 台湾元璋玻璃厂商提供的 PET-Low-E 玻璃样本
4. PPG 玻璃厂商提供的 Low-E 玻璃样本

孟凡兵　中国航空工业规划设计研究院　工程师　邮编　100011

既有建筑围护结构节能改造的技术与材料分析

白胜芳

【摘要】 本文提出了既有建筑节能改造要在调查研究的基础上，做好改造方案，对外墙、门窗、遮阳、屋面进行改造技术和材料应用的分析，并介绍了国内外两个成功的节能改造实例。

【关键词】 既有建筑 节能改造 围护结构 技术 材料

针对世界上日益严重的环保和能源问题，我国20世纪80年代就启动了建筑节能工作，先易后难，先新建后改建、先住宅后公建、先城市后农村，从北方逐步向南方推进。现在大规模地进行既有建筑节能改造的工作已经提上议事日程。本文仅就建筑节能改造的重点——围护结构改造的技术与材料进行分析。

1 我国既有建筑节能改造势在必行

到2004年末，全国城市实有房屋建筑面积149.06亿m^2，实有住宅建筑面积96.16亿m^2；北京市作为我国首都，实有房屋建筑面积4.65亿m^2，实有住宅建筑面积2.62亿m^2。在如此庞大规模的建筑当中，90%以上属于非节能建筑。这些非节能建筑正在无情地吞噬着我们有限的能源资源，制约着我国经济社会的发展。

我国数量众多的既有建筑，围护结构保温隔热性能低，传热系数大，门窗气密性能差，建筑能耗高，单位建筑面积采暖能耗达到气候条件相近的发达国家的2~3倍。室内热环境不良，居民深受冬寒夏热之苦。

《国家节能中长期规划》中要求，到2010年，大城市节能改造面积达到25%，中等城市达到15%，小城市达到10%。这是一项极为重要、极端紧迫但十分繁重艰巨的任务。我们必须迅速行动，立即采取措施，并首先从建筑围护结构改造着手。

2 既有建筑节能改造的调查研究与方案分析

既有建筑是否值得做节能改造，首先需要对既有建筑进行调查研究，请专家进行评估，对既有建筑进行分类。看既有建筑是否还有进行节能改造的价值和意义；对既有建筑的用途进行调查分析；了解既有建筑采用的结构与构造情况、基层状况、能耗情况等。

我国地域广阔，房屋结构从北方到南方有很大不同。进行节能改造时，要根据当地房屋结构和构造特征提出节能改造方案。对于外墙的保温隔热改造，应尽量采取外保温做法，外保温做法施工时扰民较少，施工进度相对容易掌握，节能效果相对较好。要注意节能改造的基础工序，如对墙体表面的处理，应尽量平整，以便进行外保温工程的施工；对于大面积有坑凹的面层要铲平、修补或加贴找平；松动处要铲除，有孔洞的地方要修补好，有水落管道的地方要拆除，将新位置设计并安设好。之后，才可以外保温的正常施工。根据建筑物的实际情况，如果原来的外墙保温状况已经很好，或有瓷砖饰面的外墙，不宜进行节能改造的建筑，可以考虑不改造。

对于没有必要进行墙体节能改造的既有建筑，可以将旧窗拆除换上节能窗。即便不进行节能改造，居民自己更换窗户的现象已很普遍。结合节能改造，将以往不节能的窗户换成节能窗，住户容易接受。对于大多数住宅而言，换上合格的普通中空玻璃窗就可以了。对于公共建筑，可根据资金情况、建筑物的需要和特殊要求，选择节能窗的类型，如普通中空玻璃窗、低发射率玻璃窗、真空玻璃加胶窗、三玻窗甚至窗玻璃内置遮阳百叶的窗户都有不同的节能效果。当然，不论使用的是铝材、塑钢、木材还是玻璃钢，窗框必须是节能型的。使用节能窗，对降低建筑物能耗和提高室内舒适度大有好处。

节能改造与屋顶“平改坡”相结合，有些墙体不需进行节能改造的建筑，根据具体情况，也可以进行“平改坡”改造。目前，北京、上海等地已经在进行“平改坡”的屋面结构改造，对以往平屋顶保温隔热的缺陷以及降低能耗均有益处。但是，目前一些坡屋面从城市景观角度的考虑多一些，没有多从节能的角度考虑。不少改建的坡屋面仅是做到檐口处为止。如果将坡屋面的挑檐再伸出一些，对顶层住户有一定的遮阳效果。挑檐适当伸长，也有助于挡雨；如果设计有适量的通风口，会有助于夏季的通风。冬季将这些通风口关闭，内部的空气层又可作为保温层。

可根据节能规划和既有建筑所处位置等情况，进行采暖系统的节能改造，可采取相对简单易行的方法。如在楼梯间安装热表、安装单元热平衡阀等。一些分散的供热住户或小区，也可以考虑将几个分散的锅炉房合并，改造为集中锅炉房供热方式，也有助于居民采暖和节约能源。“煤改气”是北京市近年来进行的节能改造项目，结合燃煤锅炉改造成燃气锅炉的同时，对锅炉进行节能改造，也应是行之有效的节能措施。

对于公共建筑，特别是大型公共建筑的节能改造，更是应该请专家进行评估，由专家组提出综合性节能改造方案。有些公共建筑几年就要进行一次装饰装修，结合装饰装修进行节能改造，一举两得。结合外装修对外墙进行外保温技术改造，同时考虑建筑遮阳，在采暖/空调/通风方面，注意设备选型和系统的合理配置。

在我国，无论冬季采暖还是夏季制冷，大型公共建筑都是耗能大户。而公共建筑往往五年左右就需要进行室内和外表面的装饰装修。与装饰装修结合，进行既有建筑的节能改造非常有利。根据外墙的特点，采用外保温材料和复合型外墙保温技术。如彩色氟碳喷涂铝板内充填聚氨酯保温材料、大理石内粘贴保温板以及仿饰面砖加发泡保温材料等复合保温-装饰一体化成套技术，在我国已趋于成熟，可以满足大型公共建筑保温与装饰相结合的需求。公共建筑在旧貌换新颜的同时，又节约了宝贵的能源，得到了满意的室内舒适度，何乐而不为呢？

公共建筑及大型公共建筑的采暖/通风/空调系统的合理配置和运行管理，也是节能改造的重要环节。对于某些大型公共建筑，人们常有意见：“到了冷的地方，热着了；到了热的地方，冻着了。”正是对我国一些公共建筑（如宾馆商厦等建筑）在采暖/通风/空调配置和运行管理方面存在的普遍浪费能源、冬季室温定得过高，夏季室温定得过低的状况的生动描述。中央空调在使用端未设温度可调控装置，也极大地妨碍了能源的有效利用，建筑室内舒适度也受到很大影响。

此外，行为节能也是十分必要的。如果我们工作、生活的建筑物均已成为节能建筑，保温隔热效果好了，而我们在生活中仍然不重视能源的节约，夏季将空调开得过低，人们在室内不穿厚衣服就会感冒；冬季供热过度或空调开得过高，打开窗户将热量释放到室外，而不是以正常的室内热舒适度为准，建筑节能也将成为一句空话。我们为节能建筑付出的一切也不过是造成更大的资源和能源的浪费而已，这与我们建筑节能的初衷是背道而驰的。

3 围护结构保温隔热技术与材料

3.1 墙体内外墙外保温技术

（1）外墙外保温分析　经过多年的实践，对于围护结构的保温隔热改造还是首推外墙外保温。外墙外保温不占用室内空间，不会产生“热桥”；在用户进行室内装饰装修时不会被破坏，尤其是在既有建筑进行节能改造时，进行外墙外保温施工更不会对住户形成不必要的干扰；外墙外保温还可以根据住户的需要，对外墙进行新的饰面装饰，使旧建筑焕然一新；并且，外墙外保温容易一次性达到节能标准的高要求，省去了反复做保温隔热层的麻烦，节省能源和资源。

EPS 板外墙外保温技术　EPS 板即膨胀聚苯乙烯板。可以根据节能设计标准要求，确定 EPS 板的厚度，将板或粘或钉，或粘钉结合，固定在墙体外表面，再覆以耐碱网布及面层浆料。

EPS 板作为外墙外保温板材使用，其密度必须在 $18kg/m^3$ 以上。

XPS 板外墙保温技术　XPS 板即挤塑聚苯乙烯板。XPS 板由于是在发泡过程中同时挤压成型，其密度高于 EPS 板，导热系数也优于 EPS 板，但板的表面也比 EPS 板光滑。因此，作为外墙保温使用时，要采用密度适宜、表面粗糙以及与 XPS 板配套的粘结剂及面层材料，才能达到技术性能要求。

建筑材料的不断更新，也会随之产生新的问题。比如 EPS 板，在用作外墙外保温时，密度必须在 $18kg/m^3$ 以上。XPS 板密度比 EPS 板高，EPS 板的厚度就可以达到相应的节能设计标准要求，但 XPS 板表面较光滑，与墙体粘结面和外面各层用料也要有适合 XPS 板专用的产品，否则会粘结不牢、产生裂缝。近来，有一些厂家将回收的废旧聚酯类材料作为挤塑聚苯板（XPS 板）原材料发泡后使用，这样的材料万不可作为墙体使用的保温隔热材料，材料上墙后会产生大量严重的裂缝，直接影响外墙外保温质量和工程质量。用回收的材料作为 XPS 板原材料发泡的板材，只能谨慎地使用在屋面上，作倒置屋面保温隔热材料使用。

PU 板外墙保温技术　PU 板即发泡聚氨酯板。它是为满足更高的节能标准要求开发使用的保温隔热材料。PU 导热性能均优于 EPS 板，在满足更高的节能率的同时，使用 PU 板，其厚度可以较薄。又由于 PU 材料本身粘结性更好、发泡时可使用非氟利昂类发泡剂、添加阻燃剂后可达到难燃等级等特点，在建筑物保温隔热方面会有广阔的使用前景。

近年来，PU 喷涂技术在建筑物保温隔热方面的应用也有所增加。PU 喷涂技术同样适用于既有建筑节能改造工程。它对于墙体或屋面的基层条件要求相对较低，但由于是现场发泡，因此，有气候、温湿度、风速以及操作人员的技术水平等方面的严格要求，否则，会影响 PU 喷涂的效果和节能指标的要求。

聚苯颗粒砂浆　聚苯颗粒砂浆在我国应用比较广泛，特别是中、南部地区，它可以用于内、外墙保温以及与 EPS 板结合的保温隔热技术，同样可以用于既有建筑节能改造。

今后岩棉、玻璃棉等保温隔热效果和防火性能好的无机类建筑材料也将更多地应用到外墙外保温技术领域。固定形式也从粘结发展为钉挂结合等多种形式，做到为保温-装饰一体化。

“保温-装饰一体化”　所谓“保温-装饰一体化”是将保温材料与外饰面材料在工厂内预制好，然后在现场粘贴或钉挂。例如将聚氨酯材料在选择好的仿砖片材（或其他饰面效果的墙体）饰面背面进行发泡，然后用“断桥”铆钉或钉或挂在墙体上；或者是将聚氨酯材料在经过氟碳喷涂处理的铝板背面发泡，现场施工时，将此种复合铝板安装固定在围护结构的龙骨上；而保温大理石的做法是在处理好的饰面大理石背面事先加固好保温板，将此种大理石干挂在墙体上。这些保温隔热与装饰一体化的配套技术由于造价较高，适用于公共建筑的新建和节能改造工程。

（2）外墙内保温　对于有些墙面已经贴了瓷砖而不适宜做外墙外保温的建筑，或超高层建筑等，由于施工不便等问题，也可采取外墙内保温做法。

（3）有机类保温材料的防火问题　目前常用的高效保温材料多属有机物，容易燃烧，在燃烧后会产生有害物质，对人体和环境有害。以往的教训使我们明白，在着火时，多数人不是被烧死，而是被燃烧时产生的有害气体熏死的。有机类材料在建筑中使用，如果不是阻燃型的，如遇明火，容易立即燃烧，燃烧后会产生有害气体，对人体和环境均会产生十分不利的影响。因此，有机类材料用于建筑中，必须是阻燃型的，才能减小着火的危险，即便发生火灾，也可尽量减少损失。对于有机类材料做外墙保温，国外的经验是在每两层左右的高度之间，用无机类材料（如岩棉）做一防火隔离带，阻隔火势蔓延。

3.2　门窗保温隔热技术与材料

既有建筑节能改造时，应提倡使用节能窗。经过若干年的发展，目前我国普遍使用的是“断桥”型铝合金窗（简称铝窗）或塑钢框窗（简称塑料窗），有的也采用玻璃钢作窗框的节能窗。采暖建筑的铝合金窗框必须做“断桥”，并保证铝合金材料的厚度；塑钢窗框内必须有钢衬。塑料窗框与窗扇的尺寸必须按照标准要求设计，即塑料窗框与窗扇的尺寸必须达到设计要求，塑料窗框与窗扇之间不只是搭接，而且应该有一定尺寸的重叠，否则空气渗透量大，严重影响室内采暖空调效果，造成能源浪费。

采暖地区居住建筑物大约一半的能耗是通过窗户缝隙空气渗透损失掉的，使用节能窗作节能建筑用窗已成为不争的事实。因此，每一樘窗户从窗框、玻璃、中空玻璃密封胶到窗户的安装的每一个环节都要引起足够的重视。

我国居住建筑节能设计标准对窗户均有传热系数的要求，为达到这方面的要求，北方地区的窗户应使用中空玻璃，玻璃的使用和两片玻璃间的距离也应注意。中空玻璃要使用有弹性、密封效果好、寿命长的密封材料。两片玻璃如果厚度不同，不致产生共振，对隔声有利。

在对既有建筑的窗户进行更换的同时，一定要注意窗户安装的质量。有些建筑经过多年的使用，已有一些变形，窗洞口已与设计和新建时大有不同，尺寸和形状都会有变化，要根据实际情况和尺寸制作窗户，窗户的安装也要请有经验的工人进行，特别是中空玻璃窗的安装，在安装时不能有任何变形、硬挤、硬压的现象，窗墙之间的空隙处应以泡沫聚氨酯灌注，避免冷桥产生，确保节能工程质量。

3.3 建筑遮阳

建筑遮阳在建筑节能中的作用十分重要，近来已引起各方面重视。在不断出台的几个新的建筑节能设计标准（如《夏热冬暖地区居住建筑节能设计标准》、《公共建筑节能设计标准》）中，对遮阳系数都有要求。既有建筑进行节能改造时，在遮阳方面也应按照标准中这方面的规定去做。

我们知道，夏季强烈的太阳辐射是高温热量之源，在我国南方生活的人们更是体会深切。室外高温热量通过几种途径进入室内：室内外空气交换、建筑物围护结构产生室内外温差传热和太阳辐射得热。夏季室内过热主要是由于透过窗户的太阳辐射得热所致，而制冷空调负荷也主要由于吸收透过窗户的太阳辐射得热，如能将这种热量阻挡在窗外，将会大幅度降低夏季室内制冷的能耗。采用遮阳设施，日益成为建筑节能与热舒适的需要。

（1）室内外遮阳设施　窗户的遮阳可以起到降低能耗的作用，对室内舒适度也有所改善。既有建筑节能改造时必然要涉及到是否更换窗户，在更换窗户的同时必须考虑遮阳设施。遮阳又分外遮阳与内遮阳两种形式。如果我们在窗户外侧安设遮阳装置，遮阳率可达100%；如果在窗户内侧设置遮阳装置，也可以起到遮挡部分辐射热的作用。夏季将炎炎烈日产生的灼热挡在室外、冬季将簌簌冷风挡在窗外，我们室内的夏季凉爽和冬季温暖就会多一些保存在室内，我们在享用室内舒适度的同时，也避免了本不该造成的能源浪费，何乐而不为呢？

遮阳设施由五金构件、机械传动设施和面料组成。使用电动调节的高档遮阳设施可使用电动机等机械传动装置，一般的住宅可用手动调节装置。

中低层的居住建筑应尽量考虑外遮阳，外遮阳效果比内遮阳好。对于高层住宅建筑，为安全起见，可以安设内遮阳设施。但是，安设了内遮阳，宜在窗户上方留有通风的窗口，这样，当内遮阳和窗户之间产生高温时，才能及时将灼热的空气排出室外，得到舒适的室内温度。

高大的公共建筑在节能改造时，也应该考虑加设遮阳设施，根据建筑物的具体情况决定采用内/外遮阳形式。

（2）玻璃系统的遮阳　我们平时使用的多是3或4mm厚度的普通单层玻璃，遮阳效果极微。

吸热玻璃　这种玻璃有一定遮阳效果，但受阳光照射后玻璃温度较高，居住者会感到热舒适性不好。

热反射玻璃　这种玻璃将反射镀层镀在玻璃外侧，有一部分热能被反射掉。

中空玻璃　中空玻璃是将两层玻璃用高效密封胶密封好，两层玻璃中间留有一定的距离，一般在6~12mm之间。由于有良好的密封，两层玻璃中间空气基本上不流动，保温隔热效果大有提高。如果两层玻璃的厚度不同，还会有很好的防止共振的作用，在防噪声方面也是可取的。但遮阳效果随所用的玻璃而不同，如用普通玻璃，遮阳效果极小。

低发射率（Low-E）玻璃　玻璃有较高的可见光透过率和近红外反射率。透过的光线只有极少辐射热，属于“凉爽型”日光。用于制作中空玻璃时，对遮挡漫射型辐射较合适，而对太阳直射只有部分遮挡作用。

（3）屋面保温隔热技术与材料

为使房屋达到节能要求，屋面和地面也是不容忽略的环节。斜屋面的节能改造较为简单，可在屋面下加铺保温层，如加铺玻璃棉毡、岩棉毡、聚苯板、袋装膨胀珍珠岩等。平屋面保温的问题往往是由于原设计保温不良，或者防水层漏水，以致保温层受潮，降低保温效果。

目前，既节能又防水的理想屋面当属倒置屋面。倒置屋面的做法与传统屋面的做法不同。倒置屋面是在屋面处理好后，先做防水层，防水层之上做保温层，曰“倒置屋面”。倒置屋面的好处在于，保温层可以有效地保护防水层，当保温层出现问题时，可以随时更换或修补，不会对防水层造成损伤。这种做法的保温层使用 XPS 板较好。有的利用废料再生生产的 XPS 板，也可以在这种做法时使用。

4　国内外既有建筑节能改造实例

4.1　国内既有建筑节能改造实例

20 世纪 80 年代末至 90 年代初，我国已开始了少量既有建筑节能改造示范工程，总结了不少有益的经验。这里仅以 1993 年北京南苑某住宅楼的既有建筑节能改造为例，这是当时中英合作项目的一部分。十几年过去了，这幢住宅楼的外墙外保温和屋顶保温依然完好如初。

此住宅楼是一栋三个单元的砖混建筑，建筑面积 1320m^2，层高 2.7m，37cm 实心砖墙，单层玻璃木门窗。节能改造的技术为：外墙用 50mm 的 EPS 板作外保温；对原有平屋顶改造成坡屋顶，并在天棚顶上填充 20cm 厚的袋装膨胀珍珠岩；在除厨房外的所有窗框外安装了毛刷密封条，并将北向卧室窗改装成单框双层玻璃窗；进户门内加贴 3cm 厚的聚苯板，门的四周也安装毛刷密封条，阳台门的门芯内加反射铝薄膜并留空气间层；楼梯间墙加贴 3cm 厚的聚苯板保温。改造后，对此建筑的外围护结构进行热工测试，其节能效果很明显。围护结构的传热系数［W/（m^2・K）］在节能改造前与节能改造后的结果分别是：外墙从 1.59 减至 0.53 ；窗户从 4.96 减至 2.85；屋顶从 0.97 减至 0.28。实践证明，采取上述一系列的节能措施后，可以超出当时节能建筑标准——节能 50% 的要求。

近年来，我国北方一些地区已经对既有建筑进行了试点节能改造，积累了一些经验，如哈尔滨、沈阳、唐山等。这里不一一列举。

4.2　国外既有建筑节能改造

自 20 世纪 70 年代爆发石油危机以来，发达国家一直重视建筑节能，并积极采取措施对既有建筑进行节能改造。这里仅以德国一幢著名的“3L 建筑”（“3L 建筑”即在冬季采暖季节，经过节能改造的既有住宅建筑，从传统的每平方米耗费 20L 燃油降低为在采暖季每平方米只用 3L 燃油。每升燃油的热值大体相当于 1.3kg 标准煤。）为例，说明发达国家建筑对能源的高效利用。

德国建筑冬季多以燃油取暖。未进行节能改造的老旧住宅，其燃油量在 20L/m^2 以上。路得维希港的一栋住宅建筑，已有 70 年历史，主体为砖墙的住宅。改造时，在 300mm 厚灰砂砖墙上粘、钉 20cm 厚的聚苯乙烯板做外保温，这种苯板是德国新近研制的一种添加了石墨的聚苯乙烯板，即在聚苯颗粒生产中加进石墨后发泡成形的板材，石墨有热反射作用，有效地阻断了热辐射，同样的密度，此种板材比其他保温板可减薄 20%，而保温隔热性能不变。屋顶则采用 29cm 聚苯板保温。这种添加了石墨的聚苯乙烯板名为 Neopor，我们可以从下面的表格中了解材料的一些性能指标（表 1）。

Neopor 聚苯板性指标 **表 1**

名称	密度（kg/m^3）	抗拉强度（N/mm^2）	吸水率（%）	导热系数[W/(m·K)]	尺寸误差（mm）
PS15SE*	≥15	≥0.1	≤0.15	0.032	±1
PS20SE*	≥20 ≤25	≥0.15	≤0.20	0.030	±1

注：*SE 指难燃材料。

使用相变材料—石蜡砂浆作为内墙保温隔热材料。将石蜡砂浆抹于两间房间的内墙表面，住户可以拥有良好的热舒适度，并且不需用昂贵的空调系统。砂浆内 10% ~25% 的成分是由可以蓄热的微粒状的石蜡组成。也就是说，每平方米的墙面就含有 750 ~ 1500g 的石蜡。每 2cm 厚的此种砂浆的蓄热能力相当于 20cm 厚的砖木结构墙。为了使石蜡易与砂浆结合，对石蜡进行了"微粒封装"。当室外太热，在热向室内传播的过程中，石蜡遇热而熔融，使室温上升缓慢；当室温下降时，熔融的石蜡向室内释放热量，起到了调节室温的作用。此种砂浆的智能蓄热作用如同室内的空气调节系统，使室内冬暖夏凉，保持舒适度。

外窗更换为三层玻璃密封窗，用 Low-E 玻璃，内充惰性气体，大大提高了保温隔热性能，其 U 值为 0.8W/（m^2·K）。窗户外设卷帘或窗外遮阳板，是保温隔热的又一屏障。

屋顶阁楼上设有热回收装置。新鲜空气通过顶部通路输入，与排出的热空气换热后进入室内各个房间。这种新风系统是可调式的，并且在每一时间都有新风送入。室内的空气也可通过管道系统，经过热回收装置后排出。冬季采暖时，85% 的热量可回收利用。

地下室设有燃料电池作为小型动力站。燃料电池也是"3L 建筑"的一个重要环节。通过燃料电池提供一部分污染极小的采暖能源，并辅以现代化的供热锅炉和公共动力管网。这种小型动力站的原理是使用聚合物膜状燃料电池。在这种燃料电池中，先将天然气转换为富氢可燃气体，再在燃料电池炉中燃烧。燃烧中，燃料电池如同空气那样饲入。剩余的天然气可在催化剂的作用下充分燃烧。因此，这种方法比传统供热系统的污染物排放量更少。

经过节能改造的既有建筑取得了经济和环境两方面的效益，"3L 建筑"不仅提高了住宅的热舒适度，节约能源，同时室内还有新鲜、洁净的空气。

此既有建筑的节能改造使住户节约采暖和用电开支，并大大减少了 CO_2 的排放量，见表 2。

$100m^2$ 的公寓建筑每年的消耗 **表 2**

	传统建筑	7L 建筑	3L 建筑
能耗（升燃料油）	2000	700	300
CO_2 排放量（t）	6	2.1	0.9
采暖费用（德国马克）	2000	700	300

改造的结果，在提高室内热舒适度的情况下，采暖燃油降到 $3L/m^2$。该建筑比 2000 年德国新的节能标准还要节能 50%，仅用过去使用能源的 15%，相当于 3.7kg 标准煤/

(m^2·年)。“3L建筑”既为住户大大节省了采暖费用，又达到了住户满意的舒适度，成为既有建筑节能改造的典范，在热舒适性、节约能源和环保方面为既有建筑的节能改造走出了一条综合技术革新的路子。

5 结语

既有建筑节能改造是建筑节能的又一项十分艰巨复杂的任务。首先要对既有建筑进行调查研究，然后按照新建建筑的节能设计标准要求制定的节能改造方案实施节能改造。非节能建筑与节能建筑相比较，在舒适度和能源消耗方面有着天壤之别，只有节能建筑，才是降低能耗，获得室内热舒适度，将能源真正节省下来的根本保证。

既有建筑围护结构的节能改造可以对墙体（特别是外保温）、门窗、遮阳和屋面采取多方面的措施，根据建筑物的具体情况，采用适当的节能技术和材料。

公共建筑特别是大型公共建筑的节能，除了设计、建造节能外，能源设备的运行管理的节能也应该引起我们足够的重视。

建筑节能改造要与我国正在推进的供热体制改革密切结合。只有建筑物是节能建筑，供热改革才有意义。

全社会应该动员起来，提高认识，为节省我们不可多得的能源，保护环境，做出自己应有的贡献。

白胜芳　北京中建建筑科学技术研究院　高级工程师
中国建筑业协会建筑节能专业委员会　秘书长　邮编：100076

北京既有非节能住宅建筑节能改造的调查分析

田桂清

【摘要】 本文对北京既有非节能住宅节能改造的调查资料进行分析、推进了北京市现有住宅现状，提出需改造住宅的范围，计算了改造费用，并提出了改造费用分摊的建议。

【关键词】 既有住宅 节能 改造 分析 北京

随着北京市能源供给的紧缺，节约能源越来越被公众和各级政府所重视。目前，北京市非节能住宅的采暖期建筑物耗热量是现行的建筑节能设计标准的 2 倍多，造成了大量能源浪费。因此，应对非节能住宅进行建筑节能改造，以节约采暖能耗。

1 北京市既有非节能住宅建筑节能改造情况调查

据调查，截止到目前，北京市至少已有 7 家建设单位，对 12 栋住宅楼共 8.2 万 m^2，进行了既有非节能住宅保温改造，具体情况见表 1。

既有非节能住宅改造调查表 表 1

工 程 名 称	建设单位	建筑面积（m^2）	竣工时间（年）	保温改造时间（年月）
西坝河南里 10 号楼	第二住宅建筑工程公司	4000	1985	1997.09
西坝河南里 8 号楼	第二住宅建筑工程公司	4000	1985	1998.12
西坝河中里 18 号楼	第二住宅建筑工程公司	4000	1985	1998.12
茂林居 1 号楼	总后干休四所	9132	1986	1999.05
茂林居 5 号楼	总后干休三所	9132	1986	1999.07
延静里 9 号楼	恒安物业	12000	1987	2000.08
利群小区 9 号楼	利群住宅合作社	8600	1998	2002.05
芍药居 10 号楼	中谷成	11000	1990	2003.09
运乔家园 31－34 楼	顺开房地产公司	20000	2002	2004.05
合 计		81864		

1.1 保温改造起因

建设单位对房屋自发进行保温改造起因是居民住户冬天室内温度偏低，室内寒冷，墙面有结露，个别的有家具发霉现象。例如：西坝河小区房屋是多层壁板楼住宅，东西山墙住户冬天严寒时，室内温度仅为 13～14℃，墙面结露，房屋保温性能差。在对西坝河南里

10 号楼山墙进行保温后，室内温度明显升高，所以，西坝河南里 8 号楼和中里 18 号楼山墙住户居民也要求对其所住的房屋山墙进行保温改造；芍药居 10 号楼是钢筋混凝土结构高层塔式住宅楼，冬天住户普遍感到寒冷，四面墙体除南墙外，均有结露发霉现象，住户强烈要求对外墙进行保温；运乔家园住宅本应按建筑节能 50% 设计标准设计，冬季分户电热采暖，业主入住后，发现采暖费与开发商承诺的相差甚远，其原因是房屋墙体保温没有达到要求，经协商，开发商给墙体重新做了一次外保温。

1.2　保温改造措施

墙体保温措施是对外墙进行外保温，保温材料使用的主要是发泡聚苯板，只有西坝河小区只对东西山墙做了外保温，其余的是对整个建筑物四周外墙都做了外保温。外墙窗户不统一更换，由住户自行解决。

1.3　保温改造效果

通过对建筑物外墙实施保温改造后，墙体的保温性能得到很大提高。例如：西坝河中里 18 号楼山墙的主体传热系数由 1.94 W/（m^2·℃）（理论计算值）降低为 0.74 W/（m^2·℃）（实测值），其最直观的效果是在供热条件不变的情况下，冬季室内温度一般可提高 3℃左右，可达到 17～18℃。住户说在房屋中穿件毛衣就可以了，不用再穿薄棉袄。

1.4　资金筹措

改造资金是房屋产权单位自行筹集，其中芍药居 10 号楼因已将房屋卖给住户，住户也不是一个单位的，它的外墙保温改造资金使用的是房屋公共设施维修基金。

2　北京市建筑节能工作进程

2.1　1988 年市规委、市建委联合发布《民用建筑节能设计标准》（采暖居住建筑部分）北京地区实施细则（试行）（DBJ01-4-88）。该标准是在 80 住 2～4 住宅通用设计为能耗基准水平的基础上节能 30%，即采暖耗煤量指标应一年不大于 17.4kg 标煤/m^2，建筑物耗热量指标不应超过 25.3 W/m^2，称为第一步节能。1991 年 1 月 1 日开始强制执行。

2.2　1997 年发布建筑节能 50% 的设计标准（DBJ0-1602-97），1998 年 1 月 1 日开始执行建筑节能第二步设计标准。

2.3　2004 年发布建筑节能 65% 设计标准（DBJ01-602-2004），2004 年 10 月 1 日全面执行第三步建筑节能设计标准。

北京市历次节能标准主要指标如表 2 所示。

北京市历次节能标准主要指标　　　　**表 2**

	耗煤量指标［kg 标煤/（m^2·Y）］	建筑物耗热量指标（W/m^2）	锅炉运行效率	管网输送效率
基准水平	25.2	31.82	55%	85%
30% 标准	17.4	25.3	60%	90%
50% 标准	12.4	20.6	68%	90%
65% 标准	8.82	14.65	68%	90%

3　北京市既有住宅现状

根据 2003 年对城八区住宅建筑面积普查统计和 2004 年住宅建筑竣工情况抽样调查结

果分析，截止到2004年底北京市的既有住宅情况见表3。

北京市住宅执行节能标准状况（万 m^2） 表3

既有住宅总量		26909	
节能住宅	30%设计标准	6538	17530
	50%设计标准	10992	
非节能住宅	1976年以前建造	3001	9379
	1977~1990年建造	5980	
	1991年以后建造	398	

截止到2004年底北京市非节能住宅保有量为9379万 m^2。

4 既有非节能住宅改造范围

4.1 根据北京地区的抗震要求、建筑物的使用年限和城市规划改造等因素，经分析，认为应优先对1977年以后所建的非节能住宅共计6378万 m^2 进行节能改造，将1976年以前所建成的3001万 m^2 的非节能住宅不纳入改造范围。理由主要如下：

（1）我国的居住建筑计算寿命一般定为50年，而这部分住宅到目前至少使用了30年，其中大部分已接近使用年限，甚至有的超过了使用年限；

（2）在唐山地震后，虽然对这些住宅进行了抗震加固，但已不满足现行的抗震设计规范要求；

（3）这部分住宅中45%是1950~1960年期间建成的，多属3~4层的“苏式”住宅，其生活环境和居住条件已不能符合当前北京宜居城市的要求，其中已有不少住宅被列入危房范围，需要拆除重建。

4.2 1977年以后建造的非节能住宅共6378万 m^2，按建筑外墙分类见表4。

1977年后建造的非节能住宅外墙分析 表4

建筑外墙种类	建筑面积（万 m^2）	建筑外墙种类	建筑面积（万 m^2）
黏土砖（砖混）	3825	钢筋混凝土	563
预制大板	1990	总 计	6378

4.3 既有非节能住宅建筑物采暖基准能耗31.82W/m^2，其中通过外门窗传热和空气渗透为17.69 W/m^2，占耗热量的55.6%。显然，更换好的门窗，会显著减少耗热量，增加房屋的保温性能，提高热舒适度。因此，近年来居民住户自己为了改善热舒适度和生活环境，绝大部分在装修时已纷纷自行对单玻钢门窗进行了更换和封闭阳台，有的把窗户换成了塑钢单玻或双玻窗，有的换成了铝合金单玻或双玻窗，还有的不动原有窗户在室内再安装一层窗户，形成双层窗户。事实上，从北京市对非节能住宅已节能改造过的住宅看，只对外墙进行节能保温改造，门窗由住户自行更换，室内温度可提高3℃左右，达到17~18℃。在房改把房屋卖给住户后，建筑物外门窗所有权已是住户，若对外窗进行统一改造更换，势必会涉及到很多问题。所以，在资金有限的情况下，对非节能住宅进行节能改造时，建议只对建筑物的外墙和屋面进行保温节能改造，不考虑更换门窗。对于未更换门窗

的住户，随着热改政策的出台，居民会主动自行改造。

4.4　砖混结构即外墙为黏土实心砖这部分住宅，在当时具有代表性。黏土实心砖是传统的建筑材料，370mm 厚的黏土砖外墙冬季保温和夏季隔热都能满足北京地区气候条件的要求。在居民封闭了阳台，更换了节能门窗或再加封一层窗户后，外门窗的保温性能和气密性都有所提高，基本满足居住环境要求。由于第一步建筑节能设计标准提高了外墙和屋面的保温要求，提高了外窗的气密性，而对外窗的传热系数并没有做强制性规定，因此砖混结构的非节能住宅的能耗量指标已有可能达到第一步建筑节能设计标准的要求。如果门窗的传热系数按平均 4.0 W/（m^2·h）、换气次数按节能设计标准条件计算，基准建筑物的耗热量指标为 25.0W/m^2，已小于节能 30% 住宅的建筑物耗热量指标 25.3 W/m^2。有的砖混多层建筑“平改坡”以后，屋面保温得到很大改善，据部分测试结果，“平改坡”后顶层房间冬季温度提高 2～4℃，使整个建筑物能耗进一步降低。按照治安方面的要求，有的住宅楼已将单元门作封闭管理，这样也会使整个建筑物能耗进一步降低。综上所述，砖混结构这部分住宅经过居民自发的更换门窗等措施后，建筑物的耗热量指标已经达到了节能 30% 住宅耗热量水平，可将这部分住宅看作是节能住宅，在“十一五”期间不对其进行建筑节能改造，建议将这部分 3825 万 m^2 住宅与节能 30% 的住宅今后一起考虑。

4.5　1976 年以后建造的建筑外墙预制大板住宅，是目前北京地区居住热环境比较差的一批住宅，其外墙材料主要使用的是加气混凝土夹心板、浮石混凝土板、岩棉（矿棉）混凝土夹心板、膨胀矿渣珠混凝土板等。由于材料本身的热物理性能、材料的含水率和板肋等热工缺陷，这些板材的热工性能比 370mm 黏土砖墙要差许多，所以房屋的实际保温效果远不如砖混结构，造成居民对外窗采取了更换、加层措施以及封闭阳台后，房间内仍感觉到寒冷，房间有发霉结露现象。例如：对前三门部分住宅楼进行实地测试，有的建筑物耗热量指标为 33.47 W/m^2，比基准能耗还高出 5.2%。同样混凝土建筑外墙住宅即使内墙加做了水泥珍珠岩或石膏板后，房间的实际保温效果也不如砖混结构。因此，目前当务之急应是对建筑外墙是预制大板和混凝土的住宅进行节能保温改造，以提高居民住户的热舒适度并节约能耗，这部分建筑面积共 2553 万 m^2，其中壁板多层住宅约 302 万 m^2。

5　既有非节能住宅节能改造技术经济分析

综上所述，需要进行节能改造的住宅为 2553 万 m^2，其外墙形式见表 5。

需进行节能改造的住宅外墙　　表 5

建筑外墙	建筑面积（万 m^2）	建筑外墙	建筑面积（万 m^2）
混凝土	563	合　计	2553
预制大板	1990		

5.1　围护结构数量确定

经过测算，外墙保温面积 1099 万 m^2、屋面保温面积 198 万 m^2。

5.2　节能改造技术经济分析

按照现行居住节能 65% 的建筑节能设计标准围护结构的要求，对既有非节能住宅围护结构进行节能改造。

（1）外墙　《居住建筑节能设计标准》（DBJ 01—602—2004）中，对已成形好的外墙进行保温，推荐了粘贴聚苯板薄抹灰外墙外保温系统、聚氨酯硬泡喷涂外墙外保温系统和面砖饰面聚氨酯复合板外墙外保温系统。从经济性、质量、工期、施工简单及尽可能少的扰民等方面，对上述三个外保温系统进行综合比较，选用粘贴聚苯板薄抹灰外保温系统。其外饰面采用弹性涂料，施工机具使用吊篮，施工从清理外墙基层开始到外饰面施工结束，根据外墙外保温施工市场平均价格 130 元/m^2 计算，其价格构成包括材料费、人工费、利润及税金（下面的市场价格构成相同），外墙外保温节能改造总费用为：

$$1099 \times 130 = 142870 \text{ 万元}$$

折合每建筑平米约 56 元。

（2）屋面保温　由于需要节能改造的住宅大部分是中高层楼房，且绝大部分水箱位于屋顶，因此屋面结构保温改造选用上人屋面做法。保温材料采用 XPS 板，其目前屋面保温施工市场平均价格为 75 元/m^2。由于既有住宅建筑屋面防水使用年限都已超过 15 年，需要重新做防水。防水施工按使用 SBS 聚酯胎 3 + 3 考虑，其目前施工市场平均价格为 70 元/m^2。屋面保温加屋面防水施工市场平均价格共为 145 元/m^2。屋面节能改造工程施工费用为：

$$198 \times 145 = 28710 \text{ 万元}$$

折合每建筑平方米约 11 元。

既有非节能住宅建筑围护结构节能改造费用见表 6。

节能改造费用单位（万元）　　**表 6**

外　墙	屋　面	合　计
142870	28710	171580

既有非节能住宅进行围护结构节能改造施工费用共需 171580 万元，折合每建筑平方米约 67 元。由于既有非节能住宅建筑围护结构改造施工存在着较多的不确定因素，如施工中为了空调室外机的安全，需要给室外机安装一个罩；重新安装空调室外机，有的还需要重新加氟；更换安装护栏；更新安装雨水管；有的施工不能使用吊篮，需搭拆脚手架等，应增加 15% 的不可预见费，即 25737 万元。因此，既有非节能住宅建筑围护结构节能改造总的施工费用为 197317 万元，折合每建筑平方米 77 元。

6　节能改造效果分析

（1）需要改造的这批住宅是北京地区每年冬季采暖要重点保证室内温度的住宅，经过建筑物围护结构节能改造后，房屋的保温性能将明显加强，室内温度得到提高，生活环境得到改善，是保护人民利益，构建和谐社会的重要举措，社会效益巨大。

（2）随着供暖收费体制改革，即“热改”不断的深入，人们越来越认识到要进行“热改”，建筑物保温是基础工作。

（3）对既有非节能住宅进行建筑节能改造后，在节省大量的采暖能耗，降低北京市能源消耗增长速度的同时，可减少向大气排放粉尘及有害气体，对首都的大气环境保护也做出贡献。

（4）经过建筑物围护结构节能改造后，建筑物的耗热量会减少，节省下来的热能在不需要再增加任何热源的情况下，可再解决一部分新建建筑的供热采暖问题，节能效果显著。

7 既有非节能住宅节能改造资金筹措建议

根据外埠城市房屋改造经验，借鉴我市“平改坡”资金筹措和从实际情况出发，建议改造资金筹措如下。

（1）市政府出资50%；

（2）改造住宅所在地区政府出资30%；

（3）住宅产权人出资20%，由住房维修公共基金支付。

8 总结

（1）到目前为止，北京市对非节能住宅改造已有8.2万m^2；

（2）北京市既有非节能住宅共9379万m^2；

（3）依据房屋使用年限、抗震要求和城市规划要求，应改造1977年以后所建的非节能住宅，共6378万m^2；

（4）根据现实房屋使用情况，非节能住宅改造不宜更换外门窗；

（5）砖混结构多层住宅共3825万m^2，依实际情况应视为节能住宅，建议今后与节能30%的住宅一同改造；

（6）目前急需进行节能改造的是建筑外墙为预制大板和混凝土的住宅，共2553万m^2；

（7）非节能住宅节能改造工程费用共197317万元，约20亿元，折合建筑面积每平方米77元；

（8）通过对非节能住宅进行节能改造，提高了室内温度，为“热改”提供了基础条件，节约的热耗，可再解决一部分新建建筑的供热采暖问题，节能效果显著；

（9）非节能住宅节能改造资金筹措，建议市政府、区政府和住户出资比例为5∶3∶2，住户资金由房屋维修公共基金支付。

此文得到了中国建筑科学研究院杜文英、北京市住总集团技术开发中心钱选青、鲍宇清及北京市建筑设计研究院顾同增、夏祖宏等同志的帮助，在此表示感谢。

田桂清　北京市建材办节能管理室　高级经济师　邮编：100073

北京昌平卫星城集中联片供暖改造经验

王福成　蒋宝新

【摘要】　本文总结了北京市昌平卫星城将55处工程锅炉房拆除，改造为3个供热厂的经验。

【关键词】　北京　昌平　供热　改造　锅炉房

2004年昌平区供暖服务管理处在区政府的领导下，以减少污染、改善环境，迎接2008北京奥运会为契机，配合城市建设改造，实施昌平卫星城北部4.5平方公里范围内的供热资源整合工作，建设北环供热厂，2005年继续完成卫星城东部和南部地区的供热资源整合工作，建设了南环供热厂和昌盛园供热厂。三个供热厂建成后，卫星城内原有的老、旧、小供暖锅炉房全部停用，并将拆除。整合供热资源，加快了卫星城环境建设，消除了遍布卫星城内的众多污染源，极大地减少了污染，群众的生活环境和城市建设得到了改善，为迎接2008北京奥运会做出了贡献。

1　供热资源整合的背景

过去昌平卫星城居民住宅为统建住宅楼、单位宿舍楼和居民平房。为了保证冬季居民过冬，除统建住宅楼外，大部分单位宿舍楼都由单位负责供暖和管理，冬季供暖的锅炉房最多时达到108处，除供暖处用15t、20t锅炉形成集中联片供暖外，大部分单位以4t或更小的锅炉供暖，污染严重，能耗高，管理水平低，住户室温不能保证达标。1992年以来供暖处在区政府和房管局的正确领导下，逐步实施集中联片供暖改造，先后完成西环里小区、东城根地区、东关地区等改造任务，陆续拆除53处锅炉房，到2004年还有55处老、旧、小锅炉房运行。

2004年以前实施集中联片供暖改造模式为：先由供暖处筹集资金进行锅炉、管网等设备的更新改造，最后由联片单位按面积向供暖处交纳供暖设备摊销费，弥补供暖处垫付改造资金。2004年5月昌平区政府根据北京市发改委、北京市财政局等有关规定，制定并颁发了《昌平区征收城市基础设施建设费暂行办法》（昌政发［2004］22号）文件，文件规定城市基础设施费由区财政统一收缴，城市基础设施建设投资由区发改委、区财政局专项拨付。根据该文件，供暖处实施集中联片供暖改造工程不得再收取供暖设备摊销费。

根据新的管理办法，供暖处结合昌平卫星城城市建设实际和发展计划，与区发改委、区环保局、区质监局和原国土房管局充分协商后，制定了卫星城北部地区集中联片供暖改造方案，建设北环供热厂，并及时向区政府提交了请示和改造方案。2004年7月23日区政府办公会议通过了该改造方案。

2 供热厂的建设情况

2.1 供热厂建设基本情况

北环供热厂2004年7月26日开工建设，11月7日建成点火试运行，15日正式运行，建设历时104天，经过实际运行，供暖稳定，供暖质量良好。北环供热厂的成功，极大地坚定了区政府彻底改造卫星城供暖混乱局面的信心。2005年3月21日区政府召开南环供热厂、昌盛园供热厂改造问题办公会议，确定南环供热厂、昌盛园供热厂改造折子工程列入2005年区政府为民办实事重点工程。南环供热厂、昌盛园供热厂改造工程同时于2005年4月29日动工，11月7日点火试运行，15日正式供暖。至此昌平卫星城集中联片供暖改造全部完成，共拆除老、旧、小燃煤锅炉房55座，消除了长期困扰城市建设的难题。

2.2 锅炉、除尘器、电气控制等设备安装

北环供热厂安装4台DZL46/-1.25/130/70-AⅡ3燃煤热水锅炉，鼓、引风机采用锅炉厂家配套设备，4台除尘器采用除尘脱硫一体化的麻石喷淋湿式除尘器，安装1套包含锅炉控制部分、上煤系统、除尘系统及锅炉房主配电室和控制部分热水锅炉自动控制及强弱电设备系统，安装1套烟气连续监测系统等设备。南环供热厂主要设备与北环供热厂基本一样，上煤机、鼓引风机等设备单独采购；昌盛园供热厂安装4台DZL29/-1.25/130/70-AⅡ3燃煤热水锅炉和相应的配套设备。

2.3 烟囱、交换站、外管线建设情况

北环供热厂砌筑60×3.5m砖混烟囱1根，南环供热厂、昌盛园供热厂浇筑混凝土80×3.5m烟囱各1根。北环供热厂共有28座交换站，部分交换站具有2个以上交换系统，其中19座交换站为在原有锅炉房旧址新建的，铺设Φ600mm以下各种管径外管线17903m。南环供热厂和昌盛园供热厂利用原有锅炉房旧址新建交换站15座，铺设Φ600mm以下各种管径外管线3万米。

2.4 相关手续的办理和锅炉等设备的采购

（1）建设手续　编制供热厂可行性研究报告、工程建设方案、环境评估报告等文件，在区政府的领导下，在区发改委、区建委等职能部门的大力支持下，与相关单位充分协商，听取意见，尽可能按照规范程序办理工程建设的相关手续，按时完成建设工程。

（2）锅炉等设备的采购　由区政府采购办牵头组成锅炉和附属设备采购小组，对锅炉、除尘器、电气及自动控制系统、烟气连续监测系统等采用公开招标形式实施政府采购，其他设备由采购小组采用竞争性谈判方式实施政府采购。在签订采购合同中明确约定采购设备的供货和安装时限，确保工程建设需要。

3 供热资源整合的体会

3.1 区政府直接领导，各职能部门大力支持

3.2 建设单位全力以赴

（1）供暖处根据区委、区政府领导和建设指挥部的精神，在时间紧、任务重的情况下，全力以赴、精心组织，建立各项规章制度，落实安装操作规程，严格施工现场管理，保证改造工程快速、高效、保质、保量，安全无事故。

（2）在施工过程中，工程组织者、建设者发扬了团结协作、无私奉献的精神，争时间，抢速度，加班加点、连续作战。

（3）制定计划，倒排工期。确保 11 月 7 日按时点火，工程按计划实行倒排工期，分阶段、按时间督促检查，要求各个施工队伍施工进度只能提前不能错后，实现了有计划、按步骤，如期完成施工任务目标。

（4）根据供热厂土建施工进度完成情况，及时与各个设备厂家联系，有序安排设备进场时间，充分利用场地，按计划、有步骤组织安装，防止出现设备已到场，不能及时安装而影响其他设备正常安装的情况。

（5）合理安排，交叉作业。根据工程土建施工、设备安装同时进行，工种多、任务重的特点，现场组织人员根据不同情况，及时协调不同的施工单位，合理安排施工项目，有效利用空间、场地，实施交叉作业，争取时间。

3.3　沟通及时，协商解决

改造工程涉及 55 座老、旧、小锅炉房，产权单位多种多样，出于各种原因，有积极配合的，也有千方百计拖延的，还有犹豫观望的。为了顺利实施供热交换站建设，确保改造工程的按时完成，供暖处主要领导积极进行沟通，及时协商，圆满解决了问题。

3.4　及时变更设计方案，解决外管线施工矛盾

供暖外管线在施工中需要穿行卫星城的大街小巷，不可避免与供电、供水、电信、有线电视、燃气和市政下水等管线交叉、并行等施工，由于部分地段各单位提供的相关位置、埋深等数据的差异，造成管线施工困难，主管领导和设计人员现场勘查，根据实际情况，及时变更方案，解决矛盾。

4　需要解决的部分问题

4.1　老、旧、小锅炉房及附属场地产权问题

根据区政府办公会议精神，55 座老、旧、小锅炉房内的锅炉和附属设备由产权单位自行拆除、处理，锅炉房和附属场地移交供暖处建设供热交换站，部分锅炉房预留为将来作调峰锅炉房备用。但是由于利益或产权的原因，部分单位在腾空锅炉房后，提出种种理由，迟迟不办理锅炉房和附属场地产权移交手续。

4.2　供暖费收缴困难问题

实施供热资源整合后，许多住户尤其是单位供暖的住户在改造前没有交纳过供暖费，享受的是原单位的暗补；部分农业户改造前享受社区补贴，交纳低于收费标准的优惠政策；还有退休职工、下岗职工等住户等等原因，造成供暖费收缴非常困难。

4.3　旧有管线老化、锈蚀严重问题

原有的 55 座老、旧、小锅炉房，大部分是单位自行管理的锅炉房，部分单位由于资金、管理水平的原因，锅炉和附属设备及外管网，住户家中的散热器等老化问题严重，甚至部分管线由于缺乏管理和保养，锈蚀严重，存在极大的隐患。目前供暖处根据冬季供暖运行期间的统计，正在逐一更换，彻底解决。

昌平区供暖处在这两年实施卫星城供热资源改造中，彻底解决了长期困扰卫星城城市建设的供暖锅炉房污染问题，消除了 55 座老、旧、小燃煤锅炉房，原有的 55 座露天煤场由 3 座封闭式地下煤库取代，避免了露天堆煤造成的粉尘污染。55 根烟囱变成了 3 根，经过脱硫、除尘后的烟囱冒出的是合格排放的烟气，在北京市环保局、昌平区环保局多次抽测中，排放烟气中的污染物含量均在排放指标以内。目前昌平区正在制定“十一五”供热专向规划，根据规划，十一五期间将陆续实施昌平区主要城镇的供热资源改造工程，让昌

平的天更蓝，昌平的水更清，城市更加整洁。昌平卫星城已经被定为2008年北京奥运会铁人三项赛比赛场地和运动员练习和居住地，以优美的城市环境迎接奥运盛会到来，让运动员满意在昌平，我们将继续加快环境污染治理工作，为北京奥运会成为奥运史上最成功的一届奥运会再做贡献。

王福成　北京市昌平区供暖服务管理处　主任　邮编：102200

顺义小店村中学教学楼节能改造工作报告

黄振利　孙桂芳

【摘要】　本文介绍了北京市顺义区一幢中学教学楼的节能改造经验。按照《公共建筑节能设计标准》要求，用 ZL 胶粉聚苯颗粒贴砌 5cm 聚苯板加强墙体外保温，用同样方法粘贴 10cm 聚苯板加强屋面保温。改造结果良好。

【关键词】节能改造　胶粉聚苯颗粒　外保温

1　项目简介

本工程位于顺义区杨镇，根据北京市建委要求，在小店中学推广节能 65% 的外墙外保温技术，属于既有建筑物改造工程，又是公共建筑节能改造工程。因而本项目实施成功将会进一步推进建筑节能改造，推动我国公共建筑节能 50% 的普及和既有建筑节能改造目标的实现。

2　工程概况

工程地点：顺义区杨镇小店村

施工时间：2005 年 8 月 1 日至 9 月 1 日

工程名称：顺义小店村中学教学楼

节能目标：在既有建筑基础上进行节能改造，改造后的外墙、屋面传热系数满足《公共建筑节能设计标准》GB50189—2005 的规定

施工面积：外墙施工面积 3100m^2，屋面施工面积 1200m^2

3　节能改造设计

在屋面、墙体等建筑外围护结构上使用具有隔热和保温性能的材料，以改善公共建筑围护结构的保温、隔热性能，大大降低既有建筑因冬季供热采暖和夏季空调降温所消耗的能量，同时提高设备的能源效率。

3.1　节能设计

（1）设计依据

《公共建筑节能设计标准》GB50189—2005

（2）基本数据（表 1）

（3）墙体构造

20mm 厚抹灰砂浆，240mm 厚实心砖，15mm 厚胶粉聚苯颗粒粘结保温浆料，50mm 厚聚苯板，10mm 厚胶粉聚苯颗粒粘结保温浆料，5mm 厚聚合物抗裂砂浆。

（4）屋面构造

实心砖 240 墙体热工计算 **表 1**

材　料　名　称	厚度（mm）	平均导热系数［W（m·K)］	蓄热系数[W/(m²·K)]	修正系数
抹灰砂浆	20	0.87	10.75	1
黏土实心砖	240	0.81	10.63	1
胶粉聚苯颗粒粘结保温浆料	15	0.07	0.95	1.25
梯形槽聚苯板	50	0.043	0.36	1.2
胶粉聚苯颗粒粘结保温浆料	10	0.07	0.95	1.25
聚合物水泥抗裂砂浆	5	0.93	11.37	1

20mm 厚抹灰砂浆，100mm 厚钢筋混凝土屋面板，30mm 厚胶粉聚苯颗粒粘结保温浆料，100mm 厚聚苯板，20mm 厚胶粉聚苯颗粒粘结保温浆料。

（5）计算

1）墙体

$$R=\frac{0.02}{0.87}+\frac{0.24}{0.81}+\frac{0.015}{0.07\times1.25}+\frac{0.05}{0.043\times1.2}+\frac{0.01}{0.07\times1.25}+\frac{0.005}{0.93}$$

$$K_p=\frac{1}{0.11+R+0.04}=0.578\ \mathrm{W/（m^2\cdot K）}$$

2）屋面

$$R=\frac{0.02}{0.87}+\frac{0.1}{1.74}+\frac{0.03}{0.07\times1.25}+\frac{0.1}{0.043\times1.2}+\frac{0.02}{0.07\times1.25}$$

$$K_p=\frac{1}{0.11+R+0.04}=0.365\ \mathrm{W/（m^2\cdot K）}$$

（6）结果分析

从表中的计算结果可以看出：对于北京地区黏土实心砖 240 墙体，用胶粉聚苯颗粒粘贴聚苯板进行外保温时，用 15mm 胶粉聚苯颗粒粘接保温浆料，50mm 厚聚苯板，面层用 10mm 的胶粉聚苯颗粒找平，就可满足地区 $K\leqslant0.6$ 公共建筑节能标准的要求。用胶粉聚苯颗粒贴砌聚苯板进行屋面保温时，用 100mm 厚聚苯板就可满足地区 $K\leqslant0.55$ 公共建筑节能标准的要求。

3.2　构造设计

公共建筑对安全性能、耐久性能要求较高，安全性能包括建筑结构安全性和建筑防火安全性。耐久性能包括建筑结构耐久性和外围护系统材料的耐久性。选择防火性能好、耐候性能佳的保温材料，不但能够提高系统保温材料的防火性能和耐候性能，而且对既有建筑结构的安全性和耐久性也起到防护和提高的作用。

防火性能：在燃烧性能方面，聚苯板属于 B_2 级建筑材料，防火保温粘结浆料和聚苯颗粒保温浆料属于 B_1 级建筑材料。该工程外墙外保温采用防火保温粘结浆料粘贴砌筑膨胀聚苯板，其综合性能高于聚苯板，耐久性能和抗火灾性能均大幅度提高，保证了外保温体系材料的防火安全性。屋面采用聚苯颗粒保温浆料粘贴聚苯板及屋面聚苯颗粒保温浆料找平的做法也有利于提高系统材料的防火性能。

耐候性能：外墙外保温系统材料耐候性能对建筑结构的耐久性有很大影响，材料耐候性能好，既可以提高系统材料的稳定性、耐久性，又对建筑结构的安全性能和材料的耐久性能起到围护和提高的作用。ZL 胶粉聚苯颗粒外墙外保温系统材料耐候性能优良，系统材料都经过大型耐候性试验验证。

无空腔体系：就风压而言，一般地说，正风压产生推力，负风压产生吸力，对建筑物外保温层均会造成极大的破坏，这就要求外保温层应具备相当的抗风压能力，而且就抗负风压而言，要求保温层无空腔，杜绝空气层，从而避免负压状态下保温层内空气层的体积膨胀而造成对建筑物的破坏。ZL 胶粉聚苯颗粒外墙外保温成套技术体系均属于无空腔体系，并采用锚固于主体结构的钢丝网增强，抗风压性能突出。经抗风压试验，ZL 胶粉聚苯颗粒外墙保温成套技术的抗风压能力为正、负风压均为5000Pa，无裂纹，对外保温系统材料的安全性和耐久性的提高起到有力的保证作用。

4 施工

4.1 施工工艺

外墙外保温具体做法：基层墙面清理（铲除松动处及腻子层），界面砂浆处理墙面，抹防火保温粘结浆料 15mm 厚，粘贴砌筑膨胀聚苯板（450mm × 600mm × 厚度 50mm，18 ~ 20kg/m^3），聚苯板双面涂刷聚苯板界面砂浆，用粘结保温浆料砌筑填平 10mm 宽灰缝，做饼、冲筋、作口，抹 10mm 左右面层粘结保温浆料，抹 3 ~ 5mm 抗裂砂浆复合网格布，滚高分子弹性底层涂料，面层为涂料装饰面层。

屋面保温具体做法：基层屋面清理（浇水湿润等）- 沿屋面四周弹厚度控制线 - 细部防水处理 - 用 3cm 的屋面聚苯颗粒保温浆料粘贴聚苯板（平均厚为 10cm）- 用 2cm 的屋面聚苯颗粒保温浆料找平，同时与女儿墙交接处做出倒八字，压实找平（保温完后 5 ~ 7 天，具有一定的强度）- 聚苯颗粒保温层验收 - 滚涂防水涂料一遍，压入抗碱涂塑网格布 - 滚涂防水涂料一遍。

4.2 工程造价

(1) 墙体

采用 ZL 胶粉聚苯颗粒粘结保温浆料贴砌聚苯板涂料饰面做法，装饰面层采取本公司配套涂料产品，颜色为五星红旗色。造价如表 2 所示。

ZL 胶粉聚苯颗粒粘结保温浆料贴砌聚苯板涂料饰面造价　　表 2

序号	材料名称	参考消耗量（kg/m^2）	出厂价（元/kg）	每平方米单价（元/m^2）
1	ZL 建筑用界面处理剂	0.70	2.50	1.75
2	胶粉聚苯颗粒粘接保温浆料（15mm）	0.015m^3/m^2	852 元/m^3	12.78
3	聚苯板双面界面剂	0.40	4.50	1.80
4	膨胀聚苯板保温层（50mm，18kg/m^3）	0.05m^3/m^2	280 元/m^3	14.00
5	胶粉聚苯颗粒保温浆料找平层（10mm）	0.010m^3/m^2	800 元/m^3	8.00
6	ZL 水泥砂浆抗裂剂	1.5	8.00	12.00
7	ZL 涂塑耐碱玻纤网格布	1.20m^3/m^2	5.00 元/m^2	6.00
8	ZL 抗裂柔性耐水腻子	1.5	5.00	7.50
9	ZL 外墙晴雨亚光涂料	0.25	30.00	7.50

续表

序号	材料名称	参考消耗量（kg/m^2）	出厂价（元/kg）	每平方米单价（元/m^2）
10	保温材料小计	71.33 元/m^2		
11	人工费（含基层处理）	25.00 元/m^2		
12	中砂水泥费	1.5 元/m^2		
13	钢护角	0.1 元/m^2		
14	脚手架	23.00 元/m^2		
综合每平方米单价		120.93 元/m^2		

由表 2 可见，墙体外保温单位平方米为 71.33 元（其中保温材料为 56.33 元/m^2，柔性耐水腻子为 7.50 元/m^2，涂料为 7.50 元/m^2）。

（2）屋面

采用 ZL 胶粉聚苯颗粒粘结保温浆料贴砌聚苯板防水涂料（屋面）做法造价如表 3 所示。

ZL 胶粉聚苯颗粒粘结保温浆料贴砌聚苯板防水涂料做法造价　　表 3

序号	材料名称	参考消耗量（kg/m^2）	出厂价（元/kg）	每平方米单价（元/m^2）
1	10cm 聚苯板保温层	0.10m^3/m^2	280 元/m^3	28.00
2	5cm 屋面聚苯颗粒保温材料	0.05m^3/m^2	380 元/m^3	19.00
3	聚苯板双面界面剂	0.40	4.50	1.80
4	屋面防水涂料	1.5	10.00	15.00
5	ZL 涂塑耐碱玻纤网格布	1.20m^2/m^2	5.00 元/m^2	6.00
5	水泥、砂子费用	1.5		
6	材料费每平方米单价合计	71.3 元/m^2		
7	施工人工费	17.00 元/m^2		
综合每平方米单价		88.30 元/m^2		

由表 3 可见，屋面保温单位每平方米为 88.30 元（其中保温材料为 54.8 元/m^2，防水涂料为 15.00 元/m^2）。

（3）经费使用情况

1）墙面造价

墙面保温材料费用：　71.33 元/m^2 ×2889m^2 +95.34 元/m^2 ×311m^2

=235723.11 元/m^2

人工费用：25 元/m^2 ×2889m^2 =72225.00 元

脚手架费用：23 元/m^2 ×2889m^2 =66447.00 元

其他辅材费用：1.6 元/m^2 ×2889m^2 =4622.40 元

中学墙面面积：3200m^2，（采用 ZL 胶粉聚苯颗粒粘结保温浆料贴砌聚苯板施工做法的保温面积为 2889m^2；采用胶粉聚苯颗粒做法的保温面积为 311m^2）。

墙面造价小计：235723.11 + 72225.00 + 66447.00 + 4622.40 = 379017.51 元

2）屋面造价

屋面保温材料费用：54.80 元/m^2 × 1200m^2 = 65760.00 元

屋面防水费用为：15 元/m^2 × 1200m^2 = 18000.00 元

屋面人工费用：17 元/m^2 × 1200m^2 = 20400.00 元

其他辅材费用：1.5 元/m^2 × 1200m^2 = 1800.00 元

屋面保温面积：中学屋面面积：1200m^2。

屋面造价小计：71760.00 元 + 18000.00 元 + 14400.00 元 + 1800.00 元 = 105960.00 元

3）增加涂料的费用小计：350m^2 × 23 元/m^2 = 8050 元

增加涂料面积：在原保温面积的基础上增加面积（门庭处），屋面顶板，门庭顶板为 350m^2。

4）增加涂料的费用（为五星红旗色）小计：（3200 + 350）m^2 × 10 元/m^2 = 35500 元

5）雨水管材料费：5600 元；人工费：3000 元；

小计：5600 元 + 3000 元 = 8600 元

伸缩缝材料费：2000 元；人工费：720 元；

空调移机：1300 元

小计：2000 元 + 720 元 + 1300 元 = 4020 元

合计：4020 元 + 8600 元 = 12620 元

6）屋面与墙面及涂料，其他材料费用总计：

379017.51 元 + 105960.00 元 + 8050.00 元 + 35500.00 元 + 12620.00 元 = 541147.51 元

4.3 施工工期

2005 年 8 月 1 日至 9 月 1 日一个月内完成教学楼外墙外保温节能改造工作。

4.4 质量验收

工程质量按《居住建筑节能保温工程施工质量验收规程》DBJ01-97-2005 的要求进行验收，并采用温度与热流巡回检测仪进行工地实地测试。

4.5 回访意见

对改造后的工程进行现场回访，顺义中学的王校长、田老师等人都认为改造后的教室、办公室较改造前保温效果显著，尤其是放假期间，暖气供气量不足，值班人员在办公室、值班室办公感觉室内温度较改造前明显提高，往年冻手冻脚的感觉不存在了。烧锅炉的师傅也认为改造后锅炉的用煤量减少了，取暖费降低了。

5 总结

该体系采用“逐层渐变，柔性释放应力”的技术路线，在 EPS 板两侧选择导热系数介于 EPS 板和聚合物砂浆两者之间的粘结保温浆料，有效的避免了薄抹灰体系因为相邻材料导热系数差过大易产生裂缝的缺点，提高了整个保温体系的稳定性和持久性。另外，浆料砌筑灰缝的无板缝设计整体性好，分散应力更均匀，抗裂性能得到提高。同时，系统材料选择遵循柔性抗裂机理，满足允许变形与限制变形相统一的原则，随时分散和消解变形应力，替代薄抹灰体系各层材料柔韧性相差过大的做法，控制面层裂缝变形的能力进一步提升。

施工工期短，施工工艺简单可靠、科学合理、施工速度快，已在多个试点工程中应用并得到证实。同时对比其他外墙外保温体系，该体系具有较高的性价比、较好的技术效益和经济效益。

采用 ZL 胶粉聚苯颗粒粘结保温浆料找平 EPS 板层，由于粘结保温浆料本身防火性能达到难燃 B1 级，导热系数又较水泥砂浆低很多，在遇火及热作用时，向内部传递热量少且慢，热量集中在聚苯颗粒粘结保温浆料层表面，对内部 EPS 板保温层的防火保护作用较薄抹灰体系中水泥砂浆等刚性材料更加显著。同时，EPS 抹面层做法使该体系在耐久性、抗裂性、抗冲击性方面较薄抹灰体系也大大改善。

粘结浆料满粘 EPS 板做法摒弃了聚苯板薄抹灰体系用水泥聚合物条粘或点框粘的做法，整个体系为无空腔构造，耐风压尤其是耐负风压能力大大超过聚苯板薄抹灰体系，可在 $100m^2$ 以上的高层建筑使用。

系统采用柔性耐水腻子，更好的提高了面层材料的耐水性能，同时保证了材料的柔韧性，提高了系统装饰面层的抗裂性，面层采用桔纹涂料，材料收缩方向具有多向性，避免了漆膜拉裂现象，以满足柔性腻子具有亲和力、柔性、透气性、自清洁性等方面的要求。

外墙外保温系统材料防火性能好、耐候性能优良，系统无空腔，对建筑结构的安全性和耐久性起到有力的防护和提高作用。

改造后的工程经过实地考察和回访，反馈效果改造后较改造前有明显改善。

采用温度与热流巡回监测仪进行工地实地测试，测试结果完全满足《公共建筑节能设计标准》GB50189—2005 的规定。

改造费用低。根据相关专家对既有建筑改造费用的分析，改造的投入可以在能耗的节约中收回成本，大约需要 5 ~ 8 年即可收回。

黄振利　北京振利高新技术公司　总经理　邮编：100073

建筑围护结构节能指标的现场检测方法

杨仕超　马　扬　吴培浩

【摘要】　本文首先指出了目前在节能检测方面存在的问题，接着介绍了各类建筑围护结构节能指标现场检测的方法及各种节能指标检测中需要注意的问题。

【关键词】　围护结构　节能指标　现场检测

1　概述

目前针对建筑节能工程的检测，只有国标《采暖居住建筑节能检验标准》JGJ132-2001。该标准虽然也有一些采暖设备方面的测试项目，但主要还是针对居住建筑的围护结构，暂时还没有相应的公共建筑节能检测方法和标准，给节能工程的验收带来了极大的不便，对建筑节能标准的实施也带来了很大的阻碍。

在节能检测方面，目前还存在许多问题，主要包括以下几个方面：

(1) 目前的检测技术还不是很成熟，许多方面需要完善；

(2) 目前对于隔热效果的评价指标主要是《民用建筑热工设计规范》GB50176-93 中的自然通风条件下围护结构的内表面温度，但测试条件和方法尚没有明确规定；

(3) 建筑节能的综合评价指标还不能确定，是以测试热工性能为主，还是要检测能耗指标，没有明确；

(4) 设备性能如何评价没有很好地解决，设备满负荷的条件很难得到。

虽然有很多问题还需要研究，但仅仅对建筑的围护结构进行相关检测也是建筑节能验收中非常必要的。本文针对主要围护结构的节能检测方法，以及检测中应注意的一些问题，进行讨论。

2　气象参数的检测

气象参数是进行建筑物节能性能分析的重要参照数据，应该合理布置测量的仪器，采集到足够的数据。

2.1　太阳辐射的测量

太阳辐射强度的观测场地应选择在没有显著倾斜的平坦地方，应离开障碍物有一定的距离。特别应注意在整个白天内不能被障碍物遮挡，太阳辐射仪器附近不能有明显的反射物将阳光或散射辐射反射到辐射仪上。

太阳辐射强度的观测主要是水平面上的总辐射的测量，要测量散射辐射和直接辐射需要特殊的手段。垂直面和倾斜面上的太阳辐射强度的测量仪表需要安装在特制的支架上。

太阳辐射仪应送气象局进行比对、校准，在使用期一年内需经过标定。

二次仪表应能连续记录，并进行自动积分计算。

用遮挡直射的方法测量天空散射，总辐射减去散射辐射即是直接辐射。

当恶劣天气现象影响记录准确和观测操作的正常进行时，或在辐射仪的玻璃罩上沾有水、灰尘时，应采取措施。

2.2　室外风速的测量

室外风速虽不直接参与计算，但与节能测试条件有关，所以仍需要观测。

室外风速的测点应在空旷位置，风速测点与节能计算有一定的对应关系。

风速测量采用测量误差小的旋杯式风速计或其他风速计。

2.3　室外空气温度

室外气温的测量应在百叶箱内安装传感器，百叶箱所在位置应该空旷，地面应该为草地或其他绿化地面，百叶箱距地面的高度在1.5m左右。当无百叶箱时，应采取防护措施，并应避免室外现有冷、热源的影响。

自动记录温度的传感器可以采用热电偶、热电阻等。温度传感器应加设铝箔防辐射罩。如果百叶箱所受太阳辐射强烈，应对百叶箱再加一定的遮阳设施，或者将百叶箱设在风速比较高的位置。

3　固体表面温度的测量

固体表面温度的测量是测量围护结构传热系数和评价围护结构热桥缺陷的基础。

3.1　采用红外热成像仪快速扫描表面温度

红外热成像仪（红外摄像仪）测量建筑物围护结构的表面温度，用于发现围护结构的热工缺陷。首先用红外摄像仪对围护结构进行普测，再对可疑部位进行详细检测。

红外摄像仪的温度测量范围应符合冬季现场测量要求。

红外摄像仪测量温度前应进行相应的标定，否则温度测量不准确。

围护结构处于直射阳光下时不应进行检测。

3.2　热敏电阻、热电偶测量表面温度

测量表面温度时，应将热敏电阻、热电偶等温度传感器贴于被测表面。传感器连同0.15m长引线应与被测表面紧密接触，传感器表面的辐射系数应与被测表面基本相同。

表面温度测点应根据需要，选在最有代表处。对于测试热缺陷，内表面温度测点应选在热桥部位温度最低处。

3.3　围护结构热缺陷的检测

对于发现存在缺陷的部位，可采用热敏电阻、热电偶等传感器测量内表面温度。

室内外计算温度下热桥部位的内表面温度应按下式计算：

$$\theta_{\mathrm{I}} = t_{\mathrm{di}} - \frac{t_{\mathrm{ia}} - \theta_{\mathrm{Ia}}}{t_{\mathrm{ia}} - t_{\mathrm{ea}}}(t_{\mathrm{di}} - t_{\mathrm{de}}) \quad (1)$$

式中　θ_{I}——室内外计算温度下热桥部位内表面温度（℃）；

θ_{Ia}——检测持续时间内热桥部位内表面温度逐次测量值的算术平均值（℃）；

t_{ia}——检测持续时间内室内空气温度逐次测量值的算术平均值（℃）；

t_{ea}——检测持续时间内室外空气温度逐次测量值的算术平均值（℃）；

t_{di}——室内计算温度（℃），应根据具体设计确定或按国家标准《民用建筑热工设计规范》的规定采用；

t_{de}——围护结构冬季室外计算温度（℃），应根据设计确定或按《民用建筑热工设计规范》（GB 50176—93）的规定采用。

可根据计算值 θ_I 是否低于露点温度，来判断有无热缺陷存在。

4　围护结构的热流测量

热流的测量在围护结构传热系数的检测中是非常重要的。一般情况下，温度的测量都比较准确，而热流的测量则不然。一方面，热流计的标定和使用有所不同，另一方面，要真正实现一维传热的确也不容易。

4.1　用热流计法测量热流

热流计应直接安装在被测围护结构的内表面上，且应与表面完全接触；其表面的长波（远红外线）辐射特性应与被测表面基本相同。

热流测量应采用自动化数据采集记录仪表，数据存储方式应适用于计算机分析。热流计及其标定应符合现行行业标准《建筑用热流计》（JG/T 3016）的规定。

采用热流计测量围护结构的热流存在一定的问题。首先是标定的条件和使用的条件不太相同。其次，热流计在围护结构表面的安装情况会严重影响热流的准确度。

4.2　用保护热箱法测量热流

保护热箱法类似于保护平板法测导热系数。

在围护结构室内侧放置热箱，模拟采暖建筑冬季室内气候条件，另一侧为室外环境，是冬季的室外条件。

将标定过的热箱体安置在室内，并对热箱与测试围护结构的表面间缝隙进行密封处理。

标定热箱外侧用保护热箱或房间作为防护，基本保持标定热箱和防护热箱间温度的一致。标定热箱外的温度实施控制，保证标定热箱外壁的内、外表面面积加权平均温差小于1.0K。保护热箱内空气温度波动不应大于0.5K。

围护结构内侧保持稳定的空气温度，测量标定热箱中电暖气的发热功率，减去通过标定热箱外壁的热损失（两者均由标定试验确定）。

采用保护热箱法测热流，避免了热流计的标定和实际使用条件的不同所带来的误差，使得测试数据更加可靠。同时，由于保护热箱的存在，也在一定程度上实现了围护结构一维传热。

5　围护结构传热系数检测

此处讨论的传热系数现场测试方法只适用于重质屋面和墙体，不适合于轻质墙体、建筑幕墙、门窗等。

5.1　热流计法

热流计法依据的主要是《采暖居住建筑节能检验标准》JGJ132-2001。

采用热流计法检测围护结构的传热系数时，测点位置应根据检测目的确定。测量主体部位的传热系数时，测点位置不应靠近热桥、裂缝和有空气渗漏的部位，不应受加热、制冷装置和风扇的直接影响。

热流计和温度传感器的安装应该满足如下要求：

（1）热流计应直接安装在被测围护结构的内表面上，且与表面完全接触；

（2）温度传感器在被测围护结构两侧表面安装。内表面温度传感器应靠近热流计安装，外表面温度传感器在与热流计相对应的位置安装。

检测时间应选在采暖系统正常运行后的最冷月且避开气温剧烈变化的天气，检测持续足够长。期间室内空气温度保持稳定。

检测期间，逐时记录热流密度和内、外表面温度。采样间隔短于传感器最小时间常数的二分之一。

数据分析可采用算术平均法或动态分析法。

热流计法用热电偶测量温度，用热流计测量热流，然后计算出被测量围护结构的传热阻。该方法设备便于携带，常常用于现场测试，但测试的结果与理论结果有一定的差别。

热流计是引起误差的主要原因之一。热流计在使用时贴在被测量构件的表面上或埋入构件内部，且热流计的测头有一定大小与厚度，改变了表面原有的热状态，会引起构件内部和热流计周围温度场发生畸变，造成测量结果与实际情况不符，形成热流计测量误差。

热流计法不能检测轻质的金属墙体、金属屋顶、建筑幕墙、门窗等围护结构。

5.2 保护热箱法

保护热箱法是近年来发展起来的一种围护结构传热系数的现场检测方法。

保护热箱法测试传热系数的步骤如下：

（1）选择围护结构的测试部位，测试部位应为大面积的均匀墙体或屋面，附近不能有热桥；

（2）布置温度传感器（包括测量空气温度和围护结构表面温度）、风速计、太阳辐射仪等；

（3）天气选择冬天较冷、太阳辐射不强烈的阴天；

（4）加热并保持标定热箱和保护热箱的温度为设定温度，且标定热箱和保护热箱的温差不要超过1.0℃；

（5）连续记录温度、标定热箱的加热功率等；

（6）满足测试要求后停止测试，进行数据处理。

采用保护热箱法检测传热系数，避免了采用热流计法的热流计标定问题，使得热流的测量更加合理。保护热箱法需要有较好的温控手段，测试的天气条件可以放宽。

6 围护结构隔热性能检测

根据《民用建筑热工设计规范》GB50176-93，隔热性能所针对的围护结构仅限于屋面和东、西朝向的墙体。但根据《夏热冬暖地区居住建筑节能设计标准》，围护结构的夏季节能参数包括了围护结构的传热系数和外表面的太阳辐射吸收系数。

6.1 隔热评价指标

根据《民用建筑热工设计规范》，围护结构的隔热性能应以夏季天气晴朗时，自然通风条件下，围护结构的内表面最高温度为评价指标。评价应以内表面最高温度是否高于建筑附近空旷场地上测得的室外最高空气温度为准则。

6.2 隔热测试的条件

围护结构隔热性能检测应在夏季进行，天气条件建议符合下列要求。

（1）检测前2天及当天应为晴天或少云天气，且当天水平面的太阳辐射照度最高值不宜低于《民用建筑热工设计规范》GB50176—93 给出的当地夏季太阳辐射照度最高值的 90%；

（2）检测当天室外最高空气温度宜与《民用建筑热工设计规范》GB50176—93 给出的当地夏季室外计算温度最高值相同，相差不宜大于 2.0℃；

（3）检测当天的室外气象风速不宜超过 4 级。

所检测的围护结构内表面所在房间应有较好的自然通风环境，外表面的直射阳光不应被其他物体遮挡，检测应在自然通风条件下进行。

检测的屋顶应选择太阳照射较强烈的屋顶；检测的外墙应选取西向或偏西向外墙，测试主墙体部位，测点避开热桥部位。

6.3 隔热性能检测的测点布置

内表面温度的测点不应少于 3 点，至少一点取围护结构的中央位置。内表面温度应采用测点的平均值。

内表面的温度测量可以采用铜-镍铜热电偶，记录采用可定时自动采集和保存数据的仪器，记录数据的时间间隔不大于 15min。所用温度传感器的标定误差不大于 0.5℃。

6.4 检测

室外空气温度测点应该置于白色的百叶箱内，空气温度的测温点应作防辐射处理，避免阳光的直射照射。

围护结构内表面最高温度应取测得的当天内表面温度的最高值。

6.5 外表面太阳辐射吸收系数的检测

检测外表面的太阳辐射吸收系数时，围护结构外表面材料应直接在现场取样，取样的尺寸应满足测试要求。当外表面材料不便直接取样时，可采用与现场完全一致的材料以及完全一致的施工方法制作试样，进行试验室测试。

按照 GB/T 2680—94《建筑玻璃可见光透射比、太阳光直接透射比、太阳能总透射比、紫外线透射比及有关窗玻璃参数的测定》测定所取样品的太阳光反射比 ρ_s。

材料外表面太阳辐射吸收系数 α 按下式计算：

$$\alpha = 1 - \rho_s \quad (2)$$

6.6 夏季条件下围护结构传热系数的检测

南方与北方不同，围护结构的传热系数主要用于夏季的防热计算。南方夏季的围护结构传热主要是热流流向室内。

检测南方的围护结构传热系数，可以将室内设置成空调温度较低的状态，如室内温度保持在 20℃左右。室外采用热箱，将温度提升到 60℃左右，则室内外的温差达到 40℃，测量精度可以得到一定的保证。

夏季传热系数检测可以采用热流计法，也可以采用保护热箱法。室外必须设置加热箱体，一定程度上增加了检测的难度，也使得检测的部位受到很大的限制。但是，可以放宽检测对天气条件的限制。

另外，由于热箱置于室外，室外风速为零，室外的换热系数会大大减小。所以，传热系数应进行相应的修正。

6.7 建筑外遮阳设施的检测

建筑的外遮阳设施检测主要是遮阳设施的构件尺寸、角度以及安装位置。另外，还要对遮阳构件的材料光学性能进行抽样检测。对于可调控姿态的遮阳装置，还应检测遮阳构件的转动或活动范围。

遮阳设施的测量应在遮阳设施安装完毕后进行。可控制姿态的遮阳设施的控制范围检测应在10次以上全程调整之后进行。

构件材料的光学性能的检测可按照GB/T 2680—94《建筑玻璃 可见光透射比、太阳光直接透射比、太阳能总透射比、紫外线透射比及有关窗玻璃参数的测定》进行。

7　建筑玻璃的性能检测

随着现代化建筑大量开窗、大量使用玻璃幕墙，建筑玻璃在建筑节能中的地位越来越重要了。检测建筑玻璃的热工性能一般是测量和计算相结合。

7.1　单片玻璃的光学性能检测

单片玻璃的光学性能检测应根据GB/T 2680—94《建筑玻璃 可见光透射比、太阳光直接透射比、太阳能总透射比、紫外线透射比及有关窗玻璃参数的测定》进行。所测得的单片玻璃光谱数据应该包括透射率、前反射率和后反射率。可以根据GB/T 2680—94或者ISO 9050计算单片玻璃的可见光透射比、太阳光直接透射比、太阳能总透射比、遮阳系数、传热系数等参数。

7.2　玻璃系统的光学热工性能

测试出单层玻璃的光谱数据，即可利用现有的商用软件，计算玻璃系统的光学热工性能。

广东省建筑科学研究院根据ISO 15099开发了“建筑玻璃光学热工性能计算及光谱数据库管理软件V1.0”。该软件可以管理单片玻璃的光谱数据库，根据单片玻璃的光谱数据库和玻璃系统的结构，计算玻璃系统的可见光透射比、遮阳系数和传热系数等性能参数。该软件的操作主界面如图1所示。

该软件的主要功能包括：

（1）玻璃数据库的计算和管理

1）显示玻璃数据库中各款玻璃的基本信息和光谱数据；

2）显示玻璃的光谱曲线；

3）计算各款玻璃的光学和热工参数；

4）以国际玻璃库的格式导入、导出玻璃的光学信息；

5）管理用户玻璃数据库。

（2）玻璃系统的计算和管理

1）简单、方便地构造玻璃系统；

2）显示玻璃系统的基本信息和光谱数据；

3）显示玻璃系统的光谱曲线；

4）计算玻璃系统的光学和热工参数；

5）管理玻璃系统库。

8　结束语

建筑节能工程的检测还有大量的研究工作要做。就目前的现状来看，从事建筑节能检测设备研制和生产的企业规模还不大，而且企业的技术人员不直接参与工程的检测工作，所以许多的节能检测仪器或装置还不能令人满意。

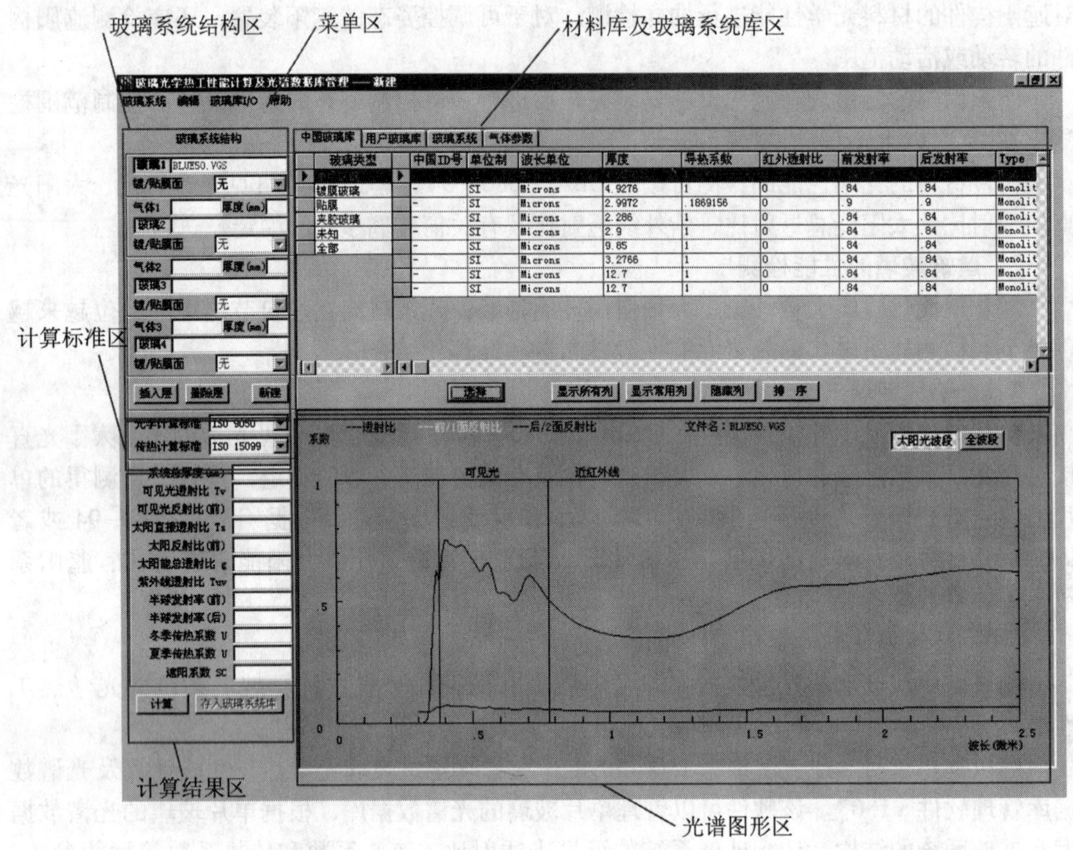

图1 操作主界面

有很多从事节能工作的人认为，节能工程并不一定要进行现场的节能指标检测。但是，由于目前我国的工程建设单位、施工单位的不规范运作，导致很多工程的质量甚至诚信均存在问题，所以在工程中不得不经常采取现场节能检测的手段。虽然建筑节能的现场检测是比较昂贵的，但发展节能性能的现场检测技术仍然是非常必要的。

杨仕超 广东省建筑科学研究院 副院长 邮编：510500

节能建筑快速检测技术的研究与开发

许锦峰　刘永刚　吴志敏

【摘要】　本文介绍了可以不受季节限制、可随时测试、及时反映建筑节能效果的检测技术的开发研究概况和研究成果。

【关键词】　节能建筑　检测技术　研究

1　问题的提出

1.1　建筑节能背景

建筑节能就是在保证和提高建筑舒适性的条件下，通过节能设计和具体实施，达到合理利用能源，提高能源利用效率的目的。实施建筑节能既是贯彻实施可持续发展战略的需要，也是改善居民居住条件，提高住宅建设内在质量的需要。它适应了当前世界性的大潮流和大趋势。在我国，建筑节能工作已越来越引起从中央到地方各级政府的重视。鉴于该项工作的重要性和急迫性，有专家将之称为“刻不容缓的生命工程”。

“节能建筑快速检测技术的研究与开发”项目就是在这样的背景下应运而生的，2003年江苏省建设厅以重点技术招标项目的形式下达本研究课题。项目研究的主要方向为：对性能影响较大的节能建筑外墙、屋面等外围护结构的实际隔热保温性能的现场检测技术。

1.2　快速检测必要性

（1）节能建筑工程迫切需要

工程界迫切需要一种快速简便的检测手段，可以不受季节限制，随时测试，随时反映建筑节能效果，用于指导、监督工程建设过程中的节能措施的落实。

建立一套能够快速了解建筑物节能效果的测试、分析现场与试验室设备、软件系统。除了监督检查工程建设过程中的节能措施的落实情况以外，可以及时对建筑节能的技术开发、实施效果作出评价，有利于建筑节能技术健康、有序地发展。另外，节能建筑快速检测方法的推广应用，为大面积节能建筑的开发建设提供了有效的检测措施，有利于保证建筑节能政策的切实的贯彻执行，保障消费者的合法权益。

（2）现有技术难以满足工程需要

我国节能建筑的检测技术是与建筑节能工作的开展同步发展起来的，具体分为直接检测和间接检测两大类。

直接检测是采用能源计量法，即对拟进行检测的建筑物单元提供热源（或其他能源，转变为热源），待稳定后，测试室内外温度，计量热源供应总量。根据建筑面积、实测室内外空气温差、实测能源消耗推算标准规定的温差条件下的建筑物单位耗热量。

间接法是通过测试建筑物围护结构传热系数和气密性，计算建筑物的耗热量。测试围护结构传热系数通常是设法在被测结构的两侧形成较为稳定的温度场，测试该温度场作用下通过被测结构的热流量，从而获得被测结构的传热系数。

直接法必须在冬季供暖稳定期测试，即使对于北方采暖建筑使用也有一定的局限性，对于夏热冬冷地区，就更加不便应用。

间接法虽然理论上基本不受供暖季节的限制，但为了在被测结构两侧获得较为稳定的热流密度，通常也必须在冬夏两季测试。不管是直接法还是间接法，均需在热流稳定的条件下才能获取较为可靠的数据，而事实上测试时温度场，尤其是室外大气环境总是处于变化状态。为了解决这一问题，国内（如采暖地区国标的测试方法）采取两项措施：①延长测试时间以便通过平均值解决温度波动带来的影响；②尽量将测试工作安排在最冷（热）季节，以便室内外温差的波动最小，或内外温差的波动幅值相对于内外温差值尽量得低。

如此苛刻的约束条件，最终形成了《采暖居住建筑节能检验标准》JGJ132-2001（以下简称“现行标准”）对检测条件的要求：“4.4.7 检测应在采暖供热系统正常运行后进行，检测时间宜选在最冷月且应避开气温剧烈变化的天气，检测持续时间不应少于96h，检测期间室内空气温度应基本保持稳定，热流计不得受阳光直射，围护结构被测区域的外表面宜避免雨雪侵袭和阳光直射。”

“检测应在采暖供热系统正常运行后进行”限定了现行标准只能在采暖建筑中使用，非采暖建筑无法实施；“检测时间宜选在最冷月”使检测过程与建筑施工过程脱节，工程界无法容忍已经竣工的建筑物等到冬季才验收，这样，现行标准也就无法进入正常的节能建筑施工质量监督管理系列；“且应避开气温剧烈变化的天气”的要求使得测试结果的判断与天气相关，结果就是建筑节能测试费事、费时，自然也就费钱。测试精度也还是不尽人意。

另外，在夏热冬冷地区，建筑物除了冬季保温要求外，还有夏季隔热要求。目前国内普遍采用的测试手段，对相对简单的住宅建筑尚需进行冬夏两季测试，测试周期长，往往是测试完成时小区已住满了住户，测试结果对工程的指导意义较小。且占用一个测试单位，妨碍住户入住，这也是目前节能测试难以推广应用的原因。

1.3 国内外研究现状

节能建筑的常规检测技术近几年在国内已有所发展，特别是在北方寒冷地区，已经形成了较为完善的测试手段，包括小区耗煤量、单位建筑面积耗热量，建筑物外围护结构传热系数，以及管网情况测试等，已经形成了国家行业标准《采暖居住建筑节能检验标准》JGJ132-2001，适合夏热冬冷地区的节能建筑检测技术也有所发展，如江苏省建筑科学研究院、上海市建筑科学研究院等单位都取得了不小的成绩。但是不管是采暖地区还是夏热冬冷地区，都受季节限制，采暖标准以强制性条文规定检测必须在最冷季节进行。夏热冬冷地区则需要在最冷、最热月进行。另外，每次测试周期都比较长，少则3~5天，多则2~3周，所测结果才能相对比较准确。

江苏省建筑科学研究院的探索研究表明，造成上述测试受季节影响较大、测试周期长的主要原因在于：建筑物热传递过程实际上是一个动态的过程，但为了简单起见，有关设计标准采用的是静态指标，检测指标自然也必须是一套静态的特征值。动态过程通过测试用静态特征值来描述，要满足精度要求，就必须使动态过程尽量静态化。采暖（空调）检测布置在最冷（热）月，可以最大限度地减少室内外温差的变化，另外，通过多周期（假设以天为周期）的测试平均值来消除室外温度变化对测试结果的影响。

国内研究成果多体现在国家行业标准《采暖居住建筑节能检验标准》JGJ132 - 2001中，针对夏热冬冷地区的内容不多。

国外对建筑物现场检测的理论研究相对较多，现场使用较少。根据资料、欧美等地调研，西方发达国家现场检测主要用于科研开发和已有节能建筑改造寻找建筑热工缺陷方面，这一方面除与他们人工昂贵有关以外，更重要的是西方法制意识相对较强，节能建筑施工过程偷工减料的现象基本不会发生。因此，现场检测的必要性也不像国内如此迫切。

1.4 本项目主要工作与成果

节能建筑快速测试办法，该办法可在任何季节条件下快速、简便、经济地通过测试了解建筑物的节能效果，可用于考核节能措施的可靠性，工程验收抽查，指导建筑节能改造等工作，也为社会提供相关技术咨询服务，为行业全面落实实施建筑节能政策、技术措施提供先进、成熟、可靠且可操作性好的测试条件。具体指标如表1所示。

快速测试指标 **表1**

	现有技术	项目技术目标	备注
测试原理	静态	动态	
测试周期	冬夏季节各1 ~ 4周	4天，仅需一次	
测试季节限制	冬季最冷月、夏季最热月	不受季节限制	
测试工作量	手工操作较多	自动化程度较高	
测试精度	满足标准要求	满足标准要求	
测试参数	静态参数	动态、静态	隔热性能及舒适度
测试费用	较贵	约为静态一半	
使用范围	受时间、费用限制，少量使用	可以大面积应用	
检测精度	14% ~ 28%（国际）	5% ~ 10%	

2 主要研究内容

2.1 技术路线的选择

（1）现有途径分析

节能建筑围护结构热工性能的现场检测，如上文所述，目前国内外主要流行的方法或理论有以下几种：①直接能耗计量法；②局部能耗计量法；③稳态热流计法（现行采暖地区国标法）；④动态热流计理论（ISO9869）。

1）直接能耗计量法

检测时，对进行检测的建筑物单元提供热源（或其他能源，转变为热源），待稳定后，测试室内外温度，计量热源供应总量。根据建筑面积、实测室内外空气温差、实测能源消耗推算标准规定的温差条件下的建筑物单位耗热量。这种方法理论直观，可以直接得到建筑物总体能耗。这种方法测得的建筑能耗综合反映了建筑外墙、屋面、楼地面、门窗等外围护结构传热系数、空气渗透、生活得热等因素对能耗的影响，对建筑物集中供暖能耗统计特别有效。但是，由于这种检测，只反映建筑物的综合能耗状况，难以反映建筑物各部分对节能的贡献，无法直接得出如屋面或墙体的保温隔热施工质量是否达到设计要求的结论。另外，直接能耗计量法测试期间耗能量大，只有采暖建筑在采暖期才可能使用，限制了适用区域和测试季节。

2）局部能耗计量法

典型的方法为热箱法。基本原理为人为制造一个一维传热环境，被测部位的内侧用热箱模拟建筑室内热环境条件并和室内采暖空气温度保持一致。被测部位的外侧为室外自然条件，或外挂冷箱，形成稳定的内外温度场。计量热箱功耗，就可以得到被测部位构件的热阻。

该方法工作原理类似于防护热箱法，对于夏热冬冷地区除冬季少数干燥、阴天的日子外，大部分时间均需采用外挂冷箱的方法，才能做到一维稳定的传热条件。如果直接计量热箱能耗，则无法消除热（冷）箱四周边缘的非一维传热效应。如果在热箱内套计量箱，则会因为内套计量箱覆盖面积过小，检测精度受影响。

如图1所示，热（冷）箱覆盖尺寸1.2m×1.2m，为保证近似的一维传热效应，根据圣维南原理，计量箱边缘距离热箱边缘的距离应不小于1.414倍的墙厚（匀质墙体，非匀质墙体略有变化）。假设墙厚240mm，1.414×240=340mm，计量箱内部覆盖尺寸大约0.5×0.5=0.25m²。以墙体两侧温差20℃、墙体热阻1.0m²·K/W计算，计量箱理论功耗仅5W。实际操作时，计量箱中还需配备风扇以维持检测所需内部风速，风扇功耗就可能超过此值。真正产生温差的能耗就更难以计量准确。

另外，实际工程中在墙体，特别是外墙上悬挂冷（热）箱有操作上的困难。

根据上海、甘肃等地的调研，也普遍反映了上述问题。这也许就是局部能耗计量法至今未形成标准方法的原因。

3）稳态热流计法

即现行采暖地区标准方法。检测思路是设法在被测结构的两侧形成较为稳定的温度场，测试该温度场作用下通过被测结构的热流量（图2）。

稳态热流计法的基本要求是被测构件两侧的温度场要“稳定”。对于室内，人工控制可以基本实现相对的稳定。但对于室外气候，测试时无法实现人工干预。产生误差或局限包括几个方面：

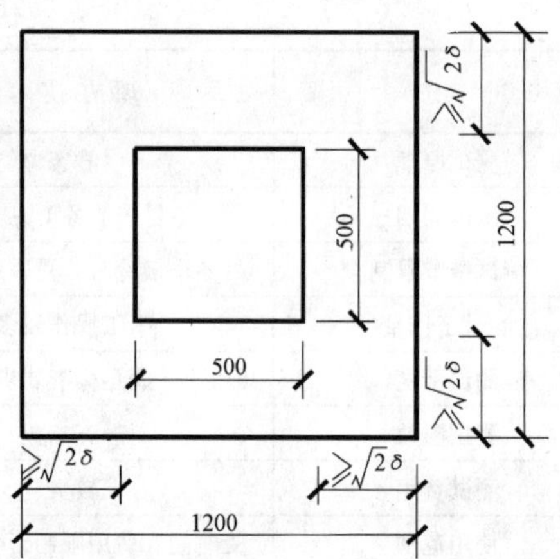

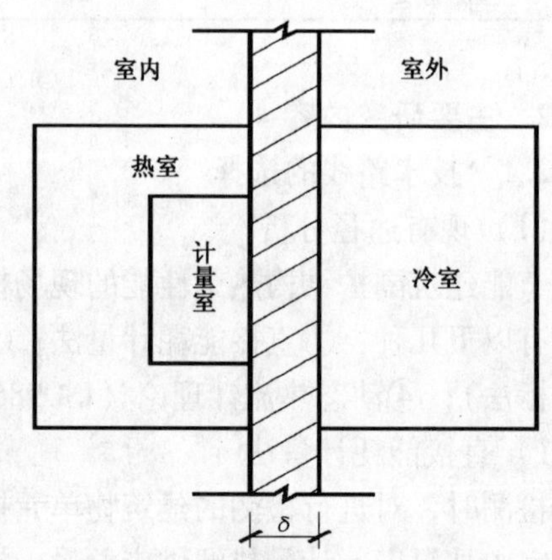

图1　热箱法工作示意图

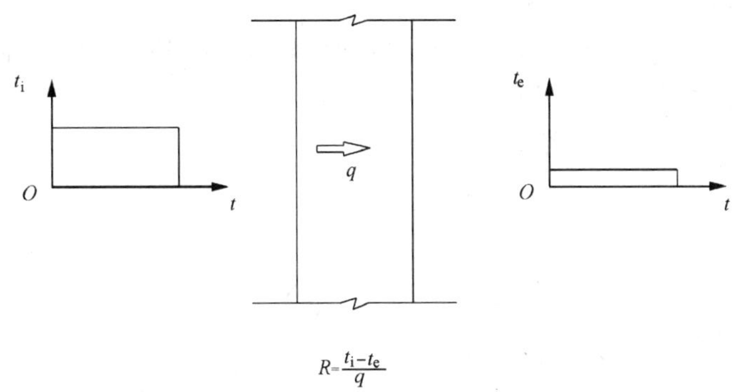

图 2　稳态热流计法工作原理

a. 系统误差　根据理论分析，日温度波动 dt 引起的上述测试结果的系统相对误差为

$$\frac{\Delta t}{T_e - T_i} \times 100\%$$

b. 构件内表面温度、构件外表面温度、构件内/外表面热流三个检测指标量均不处于同一相位，如果温度波动大或检测周期数不够多时，误差就加大（图 3）；

c. 模型没有考虑材料蓄热影响，短期温度波动造成不同检测周期（24h 为单位）结果不一致；

d. 同样，模型没有考虑材料蓄热影响，测试结果难以描述被测构件的隔热性能。

为此，在我国北方地区检测时，通常采用以下措施保证检测精度。

a. 尽量将测试工作安排在最冷季节或最冷月，以便使室外温度的波动与室内外温差相比最小化（北方冬季较冷）；

b. 延长测试周期数，通过平均值解决温度波动、延时时间带来的影响（测试时间长）；

c. 反复进行数据对比，严格监控检测过程中的数据变化，挑选合适时间段避开室外气候变化大的过程；

d. 如果要检测隔热效果，则在夏季最热月再次检测。

鉴于工程实践中要求检测过程随工程进度而定，夏热冬冷室外气候变化幅度大等特点，稳态热流计法不能够满足要求。

4）动态信号识别方法

本文立足于采用动态信号识别系统方法，研究检测建筑构件

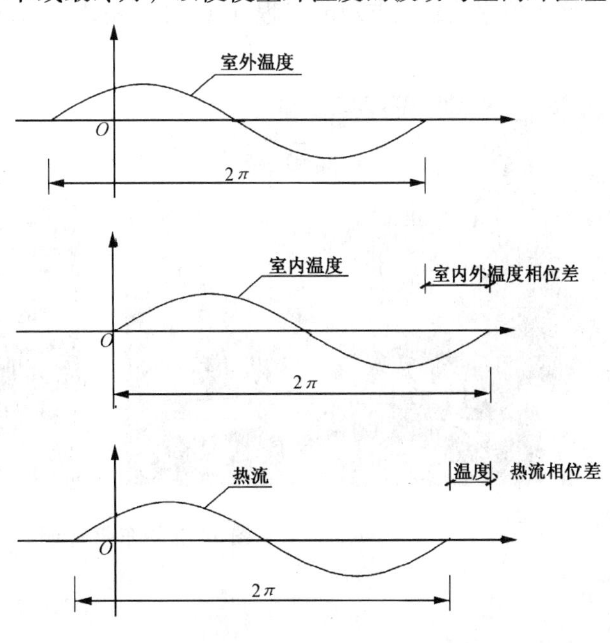

图 3　温度热流的相位差

热阻的理论方法与要求。基本原理如图4所示。

应该说，动态信号识别系统方法是建立在热传导理论的基础上的，在原理上基本上解决了静态热流计方法难以解决的问题。如果检测时间足够长，数据采集密度足够密，得到的结果就是真值。

考虑到理论成熟程度，实际的可操作性，最终确定以动态信号识别系统方法为基础，开展本项目的研究。

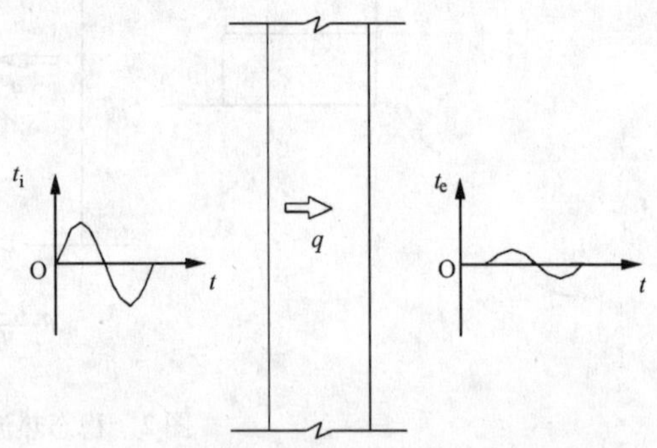

图4　动态信号识别系统方法工作原理

（2）动态测试系统误差分析

根据以上研究成果，综合考虑计量设备溯源过程中可能存在的误差（≤1%，保证率≥99%），保守估计，动态测试系统误差分布在97.5%的保证率时，动态测试系统误差≤7%。由此，计算出：在95%的保证率时，动态测试系统误差≤6%。

3　测试系统配套与软件开发

研究开发了动态测试系统硬件配置及节能建筑热工检测自动数据采集系统和节能建筑热工检测动态数据分析软件系统（已申报专利）。

4　主要工程应用实例

节能建筑围护结构快速检测技术已在南京的聚福园、银城东苑及南通市苏通房产等住宅小区建设工程中应用，涉及建筑面积一百多万 m^2。该检测技术与传统技术相比，方便、快捷，可以满足工程验收进度要求。检测结果明确、合理，为聚福园、银城东苑等住宅建设小区申报建设部试点示范工程（图5），获建设部绿色建筑奖工作的推进起到了积极的作用。

图5　银城东苑现场检测照片

许锦峰　江苏省建筑科学研究院有限公司　总工　博士　邮编：210008

建筑材料导热系数的测定

张　斌

【摘要】　本文首先介绍了建筑材料主要的热物理性能——导热性能、导温性能和比热，并述及湿度培养方法，然后具体叙述了用稳态法和非稳态法测定建筑材料导热系数的方法。

【关键词】　导热系数　建筑材料　检测

1　建筑材料的热物理特性

随着建筑节能技术的迅速发展，建筑材料的选择面越来越宽，同时对建筑材料的热物理特性需要更准确和全面的了解，给今后的节能建筑的设计和检测提供可靠的依据。

建筑材料种类很多。从材料形状来分，可分为密实块状材料，多孔块状材料，纤维状材料，颗粒状材料等；从分子结构来分，可分为晶体材料，微晶体材料和玻璃体材料；从化学成分来分，又可分为有机材料和无机材料。这些材料具有一系列的热物理特性，在进行维护结构热工计算时，往往涉及到材料的热物理特性。为了使计算准确可靠，就必须正确地选择材料的热物理指标，使其与材料实际使用情况相符合。否则，计算公式无论怎样准确，所得到的结果与实际情况仍然会有很大的差异。然而，材料的热物理指标往往受到许多因素的影响，除了材料本身的分子结构、化学成分、容重、孔隙率的影响外，还受到外界温度、湿度等影响。所以，要合理选择热物理指标，就必须了解材料的这些特性。

1.1　材料的导热性能

导热性能是材料的一个非常重要的热物理指标，它说明材料传递热量的一种能力。材料的导热能力用导热系数“λ”来表示。

在工程计算中，导热系数的单位为 W/（m·℃），它表示：在一块面积为 $1m^2$，厚度为 1m 的壁板上，板的两侧表面温度差为 1℃，每秒通过板面的热量。因此，导热系数 λ 值愈小，则材料的绝热性能愈好。

各种建筑材料的导热系数差别很大，大致在 0.020～3.500W/（m·℃）之间，如聚氨酯泡沫塑料 $\lambda=0.022$W/（m·℃），而大理石 $\lambda=3.490$W/（m·℃）。

影响材料导热系数的主要因素有：

1）材料的分子结构及其化学成分；

2）容重（包括材料的孔隙率、孔洞的性质和大小等）；

3）材料的湿度状况；

4）材料的温度状况。

（1）材料的分子结构和化学成分对导热系数的影响

人们常常认为，材料的容重是影响材料导热系数的惟一因素，其实不然，材料的分子结构和化学成分等比容重所起的作用大得多。

由于建筑材料的化学成分和分子结构的不同，一般可分为结晶体构造（如建筑用钢、石英石等）、微晶体构造（如花岗石、普通混凝土等）和玻璃体构造（如普通玻璃，膨胀矿渣珠混凝土等）。这种不同的分子结构引起导热系数有很大的差别。玻璃体物质由于其结构没有规律，以致不能形成晶格，各向相同的平均自由程很小，因此，其导热系数值要比结晶体物质低得多。

然而，对于多孔保温材料来说，无论固体成分的性质是玻璃体或是结晶体，对导热系数的影响不大。因为这些材料孔隙率很高，颗粒或纤维之间充满着空气，因此，气体的导热系数就起着主要作用，而固体部分的影响就减少了。

（2）材料导热系数与容重的关系

容重是指单位体积的材料重量，用“γ”来表示，单位为 kg/m^3，它是影响材料导热系数的重要因素之一。

对于大多数材料来说，都是由固相质点和其间的气孔所组成。例如，轻骨料混凝土总孔隙率大约为30%～60%，而40%～70%是由固体部分所组成；泡沫混凝土总孔隙率大约为56%～88%，而12%～44%是由固体部分所组成。所以材料的容重取决于孔隙率。当材料的比重一定时，孔隙率愈大，则容重就愈小。

由于材料中有气孔的存在，因此，材料中的传热方式不单纯是导热，同时还存在着孔隙中气体的对流传热和孔壁之间的辐射传热。所以严格地说，多孔材料的导热系数应当是“当量导热系数”。材料随着其气孔尺寸的增大，孔内气体对流和孔壁之间的辐射换热就会增加。材料的当量导热系数也就明显地增大。因此，在生产加气混凝土、泡沫玻璃等容重轻、孔隙多的材料时，从工艺上保证孔隙率大、气孔尺寸小，是改善材料热物理特性的重要途径。

此外，材料的气孔形状对导热系数也有一定影响。一般来说，封闭型气孔的导热系数要比敞开型气孔的导热系数小。由于敞开型气孔的毛细管吸湿能力很强，这对保温材料来说是很不利的。

松散状的纤维材料，其容重变化的幅度较大，容重大，导热系数相应地增大；然而容重小到一定程度，材料内产生空气循环对流换热，同样也会增加导热系数。因此，松散状的纤维材料存在着一个导热系数最小的最佳容重。

（3）材料导热系数与湿度的关系

由于气候、施工水分和使用的影响，都将引起建筑材料含有一定的湿度。湿度对导热系数有着极其重要的影响。材料受潮后，在材料的孔隙率中就有了水分（包括水蒸气和液态水）。而水的导热系数 $\lambda=0.580$W/（m·℃），比静态空气的导热系数 $\lambda=0.026$W/（m·℃）大20多倍。这样，就必然使材料的导热系数增大。如果孔隙中的水分冻结成冰，冰的导热系数 $\lambda=2.330$W/（m·℃），又是水的4倍，材料的导热系数将更大。所以在进行围护结构热工计算时，应选取一定湿度下的导热系数，并且还必须采取一切必要的措施，来控制材料的湿度，以保证围护结构的保温性能。

湿度是说明材料中含游离水分多少的一个指标。湿度可以用重量湿度“w_z”，或用体积湿度“w_d”来表示。

重量湿度是指材料试样中所含水分重量与试样在干燥状况下的重量之比，即

$$w_z = \frac{g_1 - g_2}{g_2} \times 100\% \tag{1}$$

式中　g_1——湿材料试样的重量，kg；

g_2——干材料试样的重量，kg。

体积湿度是指材料试样中水分所占的体积与试样体积之比，即

$$w_d = \frac{V_1}{V_2} \times 100\% \tag{2}$$

式中　V_1——试样中水分所占的体积，m^3；

V_2——试样的体积，m^3。

体积湿度 w_d 与重量湿度 w_z 的相互关系可用下式来表示：

$$w_d = \frac{w_z \cdot \gamma_{干}}{1000} \tag{3}$$

大多数建筑材料的导热系数和湿度之间是线性关系。但是，也有一些建筑材料，当湿度增加到一定程度后，导热系数与湿度之间的关系就不是线性了，而出现向上凸出的弧度，也就是说导热系数增长的速度随着湿度的进一步增加而变慢。

建筑围护结构在一般的使用情况下，其材料的湿度与导热系数的关系为线性关系，可用下式来表示：

$$\lambda_{湿} - \lambda_{干} + \delta_w \omega_z \tag{4}$$

式中　δ_w 为材料的重量湿度增加1%时，其导热系数的增值。

有些材料在干燥状态下，它们的导热系数差别很小，可是当含有一定水分时，它们之间的差别就增大。这说明水分与物体骨架的结合方式对导热系数有很大影响。

另一种现象也需指出：通常，干燥材料的导热系数是随着温度的降低而减小；然而，潮湿材料情况就不一样，当温度在0℃以下，材料中的水分会随着温度的下降而发生相态的变化，即水冷却成冰，这时，材料的导热系数就会增大。

（4）材料的导热系数与温度的关系

材料的导热系数与温度的关系是比较复杂的，很难从数量上详细地概括在温度影响下导热系数的变化情况。

一般来说，材料随着温度的升高，其固体分子的热运动增加，孔隙中空气的导热和孔壁间辐射换热也增强，促成了材料的导热系数的增大。

然而，对于晶体材料来说，正好相反，它们的导热系数随着温度的增高而减少。

此外，气孔的尺寸对导热系数也会引起较大的影响。例如，对于直径为5mm的气孔来说，当温度自0℃升至500℃时，空气当量导热系数将增大11.7倍；然而在直径为1mm的气孔中，其空气当量导热系数增长仅为5.3倍。但是当温度在70～80℃时，材料导热系数受温度的影响就很小。在一般的房屋建筑中，材料温度的变化很少超过60℃。因此，在一般房屋围护结构的热工建筑中都不考虑温度变化对导热系数的影响。只有对处于高温或者很低的负温条件下，才考虑采用相应温度下的导热系数。

对于大多数材料来说，导热系数与温度的关系近似于线性关系，可用下式来表示：

$$\lambda_t = \lambda_0 + \delta_t \cdot t \tag{5}$$

式中 λ_t——材料温度为 t℃时的导热系数，[W/（m·℃）]；

λ_0——材料温度为0℃时的导热系数，[W/（m·℃）]；

δ_t——当材料温度升高1℃时，导热系数的增值。

1.2 材料的导温性能

材料的导热系数是衡量一种维护结构当其两侧面有一定温差时，引起传递热量多寡的一个热工指标。然而，传递热量的快慢程度，导热系数是反映不出来的。它要用材料的另一个热工指标——导温系数来衡量。

导温系数的物理意义是表示材料在冷却或加热过程中，各点达到同样温度的速度。导温系数愈大，则各点达到同样温度的速度就愈大愈快，即温度的扩散能力。

材料的导温系数与材料的导热系数成正比，与材料的体积热容量成反比，即

$$\alpha = \frac{\lambda}{c\gamma} \tag{6}$$

式中 α——材料的导温系数，m^2/s；

λ——材料的导热系数，W/（m·℃）；

c——材料的比热，J/（kg·℃）；

γ——材料的容重，kg/m^3。

目前由于越来越多地采用了新型的轻质薄壁板材结构和材料，给设计人员提出了如何防止房间过冷过热的问题。在这种情况下，设计围护结构时，不但要考虑材料的导热系数，更重要的是要考虑材料的导温系数。

影响材料导温系数的因素和导热系数一样，取决于材料的分子结构、化学成分、容重和温、湿度等。

1.3 材料的比热

材料的比热是表示1kg物质温度升高或降低1℃时所吸收或放出的热量，单位为，J/（kg·℃）。材料的比热主要取决于矿物成分和有机质的含量，无机材料的比热要比有机材料的比热小。

1.4 湿度的培养

为了测定不同湿度下材料的热物理性能，首先需将实验的试件培养成不同的含湿量。目前培养湿度的方法有以下两种：

（1）解吸法。将潮湿的试件进行解吸（自然风干或强迫减湿），使试件的湿度逐渐减少，以便控制试件的各种不同的含湿量。

（2）加湿法。这种方法又可以分为以下几种：

1）在恒温恒湿状况下进行培养；

2）用水雾（雾化水）淋洒；

3）浸在室温水中；

4）浸在比室温高的热水中。

方法1）、2）适用于材料不宜浸入水中的试件，如玻璃棉、矿面及强度较低的多孔材料。对于具有一定强度的块状材料采用方法1）、2）加湿试件，在短时间内达不到要求的湿度时，则再用方法3）较合适。方法4）用于试件浸在室温水内短时间达不到所要求的吸湿量时，如软木等。

为了保证湿度的稳定，通过上述两种方法培养的湿试件，要求放入密闭容器中稳定 2～3 日后再进行实验。

2 建筑材料导热系数的测量方法

2.1 稳态法测量导热系数的基本原理

测定建筑材料热导热系数的方法可分为两大类：①稳态法；②非稳态法。第一种方法是经过材料试件的热流，在数值上和方向上都不随时间而变，即温度场是稳定的，这样，可以根据稳定的热流强度、温度梯度（温差）和导热系数之间的关系来确定导热系数。

$$\lambda = \frac{q\delta}{t_1 - t_2} \tag{7}$$

式中 q——稳定热流强度，W/m^2；

δ——试件的厚度，m；

$t_1 - t_2$——试件两侧面的温度差,℃。

基于稳态法热状况的方法又可分为三种类型：

（1）平板法，包括单平板法、双平板法、相对平板法（比较法）；

（2）圆管法；

（3）球体法。

稳态法的原理比较简单，计算方便，精度较高。然而，这种稳定热流法需要有复杂的实验装置，而且实验时间较长，一边为 4～8 小时左右。因此，试件两表面存在的一定温差，就不可避免地在试件中引起水分的迁移和重新分布。所以这种稳态法不适用于测定潮湿材料的导热系数。此外，稳态法对试件表面的平整度要求非常严格，特别是容重大的材料，如果表面不平整，就会给实验数据带来相当大的误差。

由于稳态法存在这些缺点，因而不能很好地满足当前材料热物性的测定和研究需要。

近年来，国内外对于非稳态法的研究进展很快，迄今已提出许多种方法，大致可以归纳为：

（1）利用在恒温介质中加热或冷却的“正常状况法”；

（2）具有内热源的非稳态法；

（3）利用介质温度呈线性或周期性变化时加热或冷却的准稳态方法。

非稳态法的优点是：设备简单，操作维修方便；在一次实验中可以同时测出材料的导热系数、导温系数和比热；实验时间短（一般为 10～20 分钟），因而避免了试件中的湿迁移，能测定不同温度下材料的热物性参数。

在这一章中，着重介绍四种非稳态测定方法。

2.2 非稳态法测量导热系数的基本原理和装置

近年来，国内外对于非稳态热流法的研究进展很快。随着测试新技术和计算机技术的发展和应用，使非稳态的优点更加突出的显示出来。非稳态法具有测试时间短，试件所维持的温差小，干湿材料均能测定，并可较好地满足工程需要的精度。目前国内已有一些厂家和院校生产出各种不同方法的非稳态法导热仪，但还没有一家研制出像我们现在所完成的集三种非稳态法（平面热源）为一体的综合导热仪。其三种方法分别为：准稳态法、常功率法、热脉冲法。实验者可利用同一套实验装置，通过不同的组合，来实现测量导热系数、导温系数及比热的目的。设计的主要指导思想是考虑到一些材料的加工问题、测试方法之间的矫正问题、为科研和大中专院校学生和研究生提供一套较全面的非稳态法测试导热系数和热物性参数的装置。该导热仪的特色之一是提供了一种大尺寸（200mm × 200mm）、低热容、高阻箔式耐磨的加热器。通过实验和误差分析，证明该导热仪具有精度高、复现性好、使用方法易于掌握等优点。

（1）准稳态法测量导热系数的基本原理和装置

1）基本原理

根据导热微分方程在第二类边界条件下无限大物体中平面热流解的准稳态阶段来确定导热系数和比热及导出导温系数。其解析式为：

$$\lambda = \frac{Q_c \delta}{2\Delta t} \tag{8}$$

$$C = \frac{Q_c}{\gamma\delta \dfrac{\Delta t}{\Delta\tau}} \tag{9}$$

$$\alpha = \frac{\lambda}{C\gamma} \tag{10}$$

式中 λ——被测试样的导热系数［W/（m·℃）］；

C——被测试样的比热［J/（kg·℃）］；

α——被测试样的导温系数（m^2/s）；

δ——试样厚度（m）；

Q_c——加热器发热面发出的热源强度（W/m^2）；

Δt——到达准稳态时中心点与边界加热面之间温差（℃）；

γ——试样密度（kg/m^3）；

$\dfrac{\Delta t}{\Delta\tau}$——温升速率（℃/s）。

2）测试装置

测试装置如图 1 所示，正方形断面的四块同样厚度的试样，在试样 2、3 的两面有恒定功率的加热器，两加热器阻值相等。在四块试样的顶部和底部，设置热绝缘层进行绝热。电源采用二级稳压。加热方式为直流电源加热。加热器电功率的测量，使用 0.01Ω 标准电阻配高精度数字电压表（或电位差计）。测温采用经过标定的 0.1mm 左右的铜 - 镍铜热电偶及高精度数字电压表测量。其接线方式如图 1 所示。

（2）常功率平面热源法测量导热系数的基本原理和装置

1）基本原理

根据一种以不稳定导热理论拟定的测试方法。其过程属于第二类边界条件，半无限大物体常热流通量作用下的分析解和它在工程实际中的应用。其导温系数和导热系数的解为：

$$\alpha = \frac{x_1^2}{4Y_{x_1}^2 \tau_x} \tag{11}$$

$$\lambda = \frac{2Q_e}{\theta_{0\tau 0}} \sqrt{\alpha\tau_0} \frac{1}{\sqrt{\pi}} \tag{12}$$

式中 α——材料的导温系数（m^2/s）；

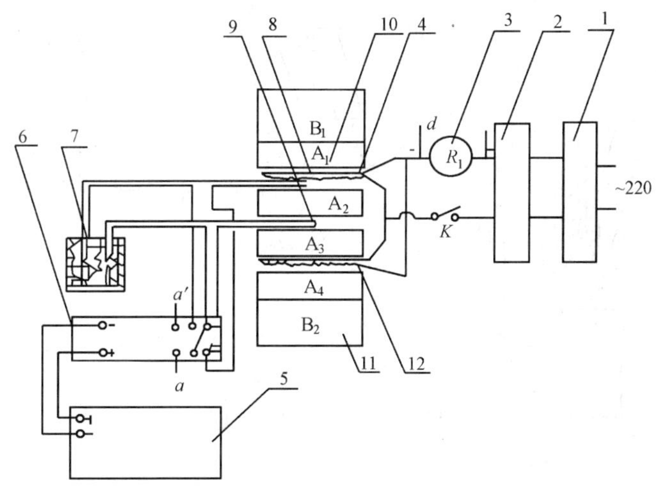

图 1　准稳态法测试部分结构及仪表接线原理图

1-交流稳压电源；2-直流稳压电源；3-标准电阻 $R=0.01\Omega$；

4-加热器；5-高精度数字电压表；6-琴键转换开关；

7-冰瓶、内装冰水混合物；8-热电偶 1；9-热电偶 2；

10-试件 1、2、3、4 厚度相同；11-绝热材料Ⅰ、Ⅱ；

12-加热器 2，阻值同加热器 1

λ——被测试样的导热系数［W/（m·℃）］；

x_1——试样厚度（m）；

Q_e——加热器发热面发出的热源强度（W/m²）；

τ_x——当被测试样下表面过余温度达到 θ_{x_1}，τ_x 时所需要的时间（s）；

τ_0——当被测试样下表面过余温度达到 θ_0，τ_0 时所需要的时间（s）；

$\theta_{0\tau0}$——当被测试样下表面对应于 τ_0 时刻的过余温度（℃）；

$Y_{x_1}^2$——“高斯误差补函数的一次积分”中的变量值。可由数学函数表中查得。

2）测试装置

根据常功率法的基本原理，其测试装置如图 2 所示分三个主要部分。

第一部分为试件及试件夹具。试件Ⅰ、Ⅱ、Ⅲ为厚度不同的相同材质试件（200mm × 200mm × δmm）。试件和试件之间夹以热电偶和加热器。

第二部分为测量系统，其温度传感器和二次测量仪表均同准稳态法测试部分。

第三部分为加热系统，除了将准稳态中二个加热器拿掉一个外，其余均同准稳态法测试部分。

（3）热脉冲平面热源法测量导热系数的基本原理和装置

1）基本原理

热脉冲法是以不稳定导热原理为基础，在实验材料中给以短时间的加热，使实验材料的温度发生变化。属第二类边界条件，半无限大物体平面热流作用下的另一分析解。其导温系数、导热系数的解为：

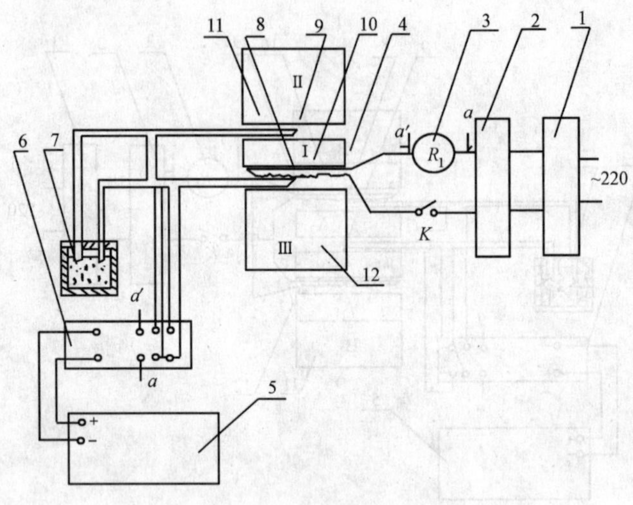

图2　常功率平面热源法测试部分结构及仪表接线原理图

1-交流稳压电源；2-直流稳压电源；3-标准电阻 $R=0.01\Omega$；
4-加热器1；5-高精度数字电压表；6-琴键转换开关；
7-冰瓶（内装冰水混合物）；8-热电偶1；9-热电偶2；
10-试件Ⅰ；11-试件Ⅱ；12-试件Ⅲ

$$\alpha=\frac{X^2}{4\tau_1 y^2} \tag{13}$$

$$\lambda=\frac{Q_c\sqrt{\alpha}\left(\sqrt{\tau_2}+\sqrt{\tau_2-\tau_1}\right)}{\theta_2(0,\ \tau_2)\sqrt{\pi}} \tag{14}$$

式中　τ'——在热源工作期内试件上表面开始升温时的时间（s）；

y^2——函数 $B(y)$ 的自变量；

X——试样厚度（m）；

Q_c——加热器发热面发出的热源强度（W/m^2）；

τ_1——平面热源工作时间（s）；

τ_2——热源停止工作以后，测量热源面上（$x=0$ 处）的温升时刻（s）；

$\theta_2(0,\ \tau_2)$——在 τ_2 时间内源面（$x=0$ 处）的温升℃。

2）测试装置（图3）

（4）线热源法测量导热系数的基本原理和装置

1）基本原理

在试件材料中间，安置一根细长的金属加热丝，当加热丝两端接通电流后，就会发出热量，使加热丝温度升高。加热丝温度升高的快慢，与实验材料的导热系数有关。如果实验材料的导热系数小，即材料的绝热性能好，热量不容易跑掉，那么加热丝的温度升得又高又快；相反，实验材料的导热系数越大，热量就会很快散失掉，则加热丝的温度升得既小又慢。线热源法就是根据这种原理研制成的。

实验材料的导热系数与加热丝的温升关系可以通过求解无限长圆柱体的导热微分方程式很严格地表示出来。

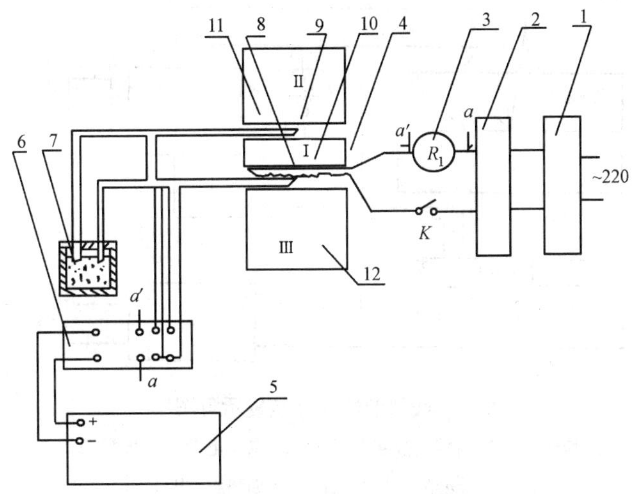

图3　热脉冲平面热源法测试部分结构及仪表接线原理图

1-交流稳压电源；2-直流稳压电源；3-标准电阻 $R=0.01\Omega$；4-加热器1；

5-高精度数字电压表；6-琴键转换开关；7-冰瓶（内装冰水混合物）；

8-热电偶1；9-热电偶2；10-试件Ⅰ；11-试件Ⅱ；12-试件Ⅲ

如果在加热过程中任意确定两个不同时间的温度为 t（r，τ_1）和（r，τ_2），并求出它们之差

$$\Delta t = t(r, \tau_2) - t(r, \tau_1) = \frac{q}{2\pi\lambda}\ln\left(\frac{n_1}{n_2}\right) = \frac{q}{4\pi\lambda}\ln\left(\frac{\tau_1}{\tau_2}\right) \tag{15}$$

经过整体试件的导热系数（λ）可以由下式计算：

$$\lambda = \frac{q}{4\pi\Delta t}\ln\left(\frac{\tau_2}{\tau_1}\right) \tag{16}$$

式中，q 为加热丝单位长度、单位时间所发出的热量（W/m^2）。

$$q = \frac{I^2R}{l} = \frac{V^2}{lR} \tag{17}$$

式中，l 为加热丝长度（m）；R、I、V 分别为加热丝的电阻（Ω），通过加热丝的电流（A）和两端的电压（V）。

2）测试装置

测试装置可分为三部分（图4）。

容器：容器为装填试样、安置加热丝和热电偶之用。容器内部尺寸一般为 14cm × 14cm ×30cm，不宜再小（图5）。材料可采用木板、胶合板、硬塑料板和有机玻璃等，要求牢固。在容器的中心，安置加热丝和热电偶。加热丝可采用直径为0.2mm 左右的镍铬丝、康铜丝或锰铜丝，在加热丝的两端焊上铜丝，用框架固定并连接电源。框架的下部用螺丝与容器连接，以此拉直加热丝。加热丝的长度与电阻值要精确测量。加热丝要进行绝缘处理。

温度测量采用康铜-铜热电偶，热电偶的结点也用上述方法绝缘，并用粘结剂将热电偶粘在加热丝的中心。

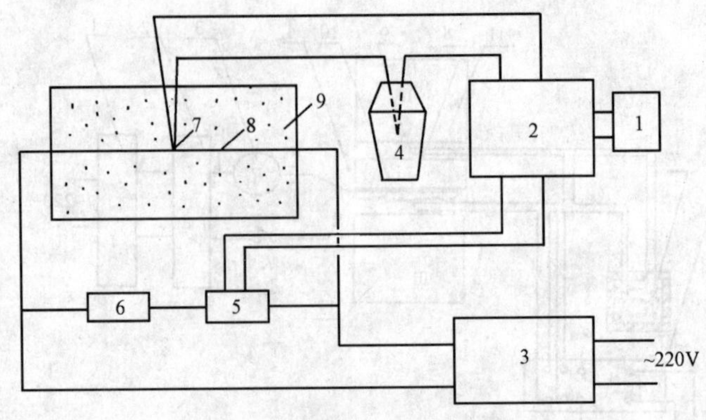

图4　线热源法仪器装置示意图

1-检流计；2-高精度数字电压表；3-温压电源；4-恒温瓶；

5、6-标准电阻；7-热电偶；8-加热丝；9-试件

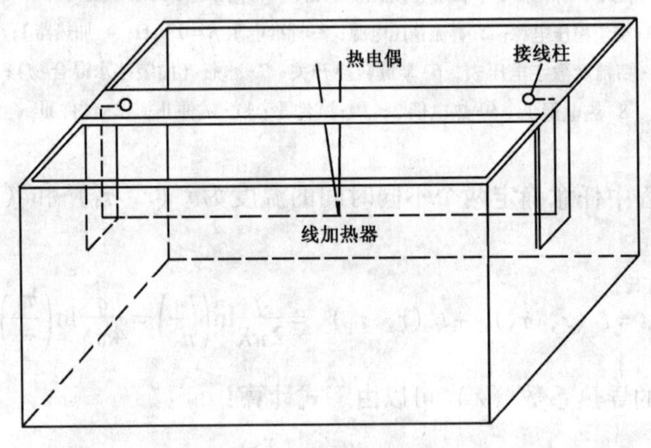

图5　容器示意图

在实验过程中要求电压稳定，采用 WYJ—45A 型晶体管直流稳压电源。为了精确地测量加热丝两端的电压降，可与加热丝并联 10000Ω 与 1Ω 的标准电阻各一个，用高精度数字电压表（分辨率 1μm）测量热电偶的温差电势来换算出温度。

线热源法适用于测定粉末材料，小颗粒状材料，短纤维状材料的导热系数。线热源法的特点是：测量时间短，1～15 分钟；不需要量测试件的尺寸，试件放入容器即可；操作简单；精确度为 ±5%。

参考文献

1. 沈韫元，白玉珍等编著．建筑材料热物理性能．中国建筑工业出版社，1981

2. 张斌等．非准稳态综合导热实验台的设计与实验研究．哈尔滨建筑大学学报，1995.4

张斌　哈尔滨工业大学　市政环境工程学院　研究生　邮编：150090

实验室内与现场检测建筑围护结构传热系数方法

——热箱法与热流计法

钱美丽

【摘要】 本文首先指出检测建筑围护结构传热系数的重要性及迫切性；然后详细介绍实验室内检测建筑围护结构传热系数的热箱法；最后阐述现场检测建筑围护结构传热系数的方法。本文可供各省市建筑节能检测中心（站）及有关科技人员参考。

【关键词】 **传热系数　防护热箱法　标定热箱法　热流计法**

1　前言

从20世纪80年代开始，我国实施居住建筑节能30%的设计标准，到1996年的节能50%，直至现在设计要求节能65%，这充分说明建筑节能已经受到国家的高度重视。要满足建筑物的节能要求，自然离不开优质的建筑保温材料及其构件。为了确保建筑节能制品保温性能的可靠，为设计工作者提供确切的建筑材料热物理性能指标，就必须对建筑材料及其制品进行检测。目前，据我们所知，全国各地组织了不同级别的节能检测中心（站）达数百家，这些检测中心（站）绝大部分是随着建筑节能的迫切需要而刚建成的，对检测技术并不熟悉。建筑物的热工性能检测存在不少问题，如试验方法多样，其检测原理也不尽相同，从而引起概念混淆不清。针对这些问题，本文主要介绍在实验室采用热箱法测定墙体的传热系数以及现场用热流计法测定围护结构的传热系数。通过相互交流与磋商，使检测方法逐步得到统一，检测结果可以彼此比较，并符合相应的国家标准和国际标准，这也是建筑节能工程的验收准则。

2　在实验室用热箱法检测围护结构传热系数方法

目前检测墙体材料的保温性能，通常采用热流计法或热箱法，后者又有防护热箱法和标定热箱法两种，本文主要介绍热箱法。

依据标准 GB/T 13475—92《建筑构件稳态热传递性质的测定 标定和防护热箱法》。

2.1　适用范围

本标准规定了实验室测定板状建筑构件和工业用类似构件稳态热传递性质（传热系数或热阻）的测量过程、装置要求和必需报告的数据。该标准适用于垂直试件（如墙）和水平试件（如屋面板和楼板），不适用于特殊的构件（如窗）。该标准规定了两种可供选择的方法：标定热箱法和防护热箱法。采用防护或标定热箱法可测定墙体的传热系数，本方法主要供实验室内使用。

2.2　定义

（1）传热系数（K）W/（$m^2 \cdot K$）　在稳态条件下，围护结构两侧空气温度差为1℃，1h内通过1m^2面积传递的热量。

（2）热阻（R）（$m^2 \cdot K$）/W　表征围护结构本身或其中某层材料阻抗传热能力的物理量。

2.3　原理

防护热箱法中，计量箱置于防护箱内（见图1），控制防护箱的环境温度，使试件内不平衡热流量 Q_2 和流过计量箱的热流量 Q_3 减少至最小。

标定热箱法的装置（见图2）是置于一个温度受到控制的空间内，该空间的温度可与计量箱内部的温度不同。采用热阻高的箱壁使热流量 Q_3 尽量小。输入的总功率 Q_p 应根据箱壁热流量 Q_3 和侧面迂回热损失 Q_4 进行修正，流过箱壁的热流量 Q_3 和侧面迂回热损失 Q_4 应该用热阻已知的试件进行标定。

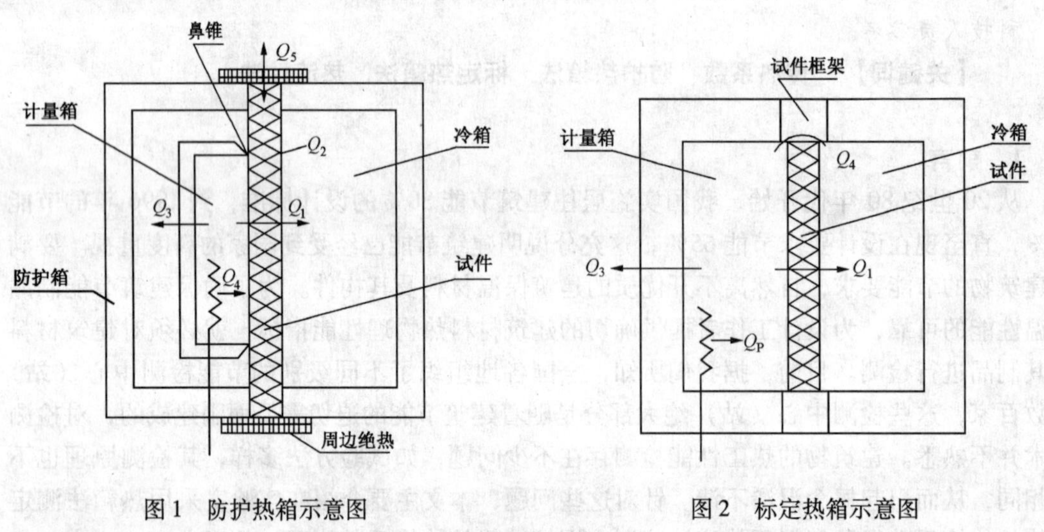

图1　防护热箱示意图　　图2　标定热箱示意图

通过墙体试件的热流 Q_1，受试件材料的均匀性、局部表面的换热系数、厚度、温度控制状况及热箱边缘设计等多种因素的影响。理想状况下，$Q_2 = Q_3 = 0$，这样，$Q_1 = Q_p$，但实际上这是做不到的。

采用保温好的热箱并维持热箱的箱壁内外表面较小的温差，可以降低 Q_2 值。为了减小这种温度差，有时可以在热箱外再设置一只防护箱。防护热箱的箱内空气温度要控制得尽可能与计量内的温度相等。这种方法也叫作防护热箱法。

假如不设置防护热箱或者对热箱外的温度不进行特殊控制，那么必须要标定 Q_2 和 Q_3 值，这种方法叫作标定热箱法。这两种方法都符合 GB/T 13475—92 标准。

2.4　仪器设备

实验室主要设备有：热箱、冷箱（或冷室）、电热风扇或电暖气、轴流风机、冷冻机及检测设备（热电偶、热流计、温度和热流巡回检测仪、功率表、调压器等）。

热箱（计量箱）

计量面积必须足够大，使试验面积具有代表性。对于有模数的构件，计量箱尺寸应精确地为模数的整数倍。

计量箱壁应该是热均匀体，以保证箱壁内表面温度均匀，便于用热电堆或其他热流传感器测量流过箱壁的热流量 Q_3。Q_3 的不确定性引起 Q_1 的误差不应大于 ±0.5%。

箱壁应是气密性的绝热体。可以用泡沫塑料，或者中间为泡沫塑料并有适当面层的夹心板做成。箱壁的表面辐射率应大于0.8。

防护热箱装置中的计量箱的鼻锥应紧贴试件表面以形成一个气密性的连接。鼻锥密封垫的宽度不应超过计量宽度的2%，最大不超过20mm。

供热及空气循环装置应保证试件表面有均匀的空气温度分布，沿着气流方向的空气温度梯度不得超过2K/m。平行于试件表面气流的横向温度差不应超过热、冷侧空气温差的2%。

通常采用电阻加热器作为热源。热源应用绝热反射罩屏蔽，使得辐射到计量箱壁和试件上的辐射热量减至最少。

采用强迫对流时，建议在计量箱中设置平行于试件表面的导流屏。导流屏应与计量箱内面同宽，上下端有空隙以便空气循环。导流屏在垂直其表面方向上可以移动，以调节平行于试件表面的空气速度。导流屏表面的辐射率亦应大于0.8。

在垂直位置测量时，自然对流所形成的循环应能达到所需的温度均匀性和表面换热系数。当空气为自然对流时，试件同导流屏之间的距离应远大于边界层的厚度，或者不用导流屏。当自然对流循环不能满足所需求的条件时，应安装风扇。风扇电动机安装在计量箱中时，必须测量电动机消耗的功率并加到加热器消耗的功率上。如果只有风叶在计量箱内，应准确测量轴功率并加到加热器消耗的功率上，使得试件热流量测量误差小于±5%，建议气流方向与自然对流方向相同，计量箱的深度在满足边界层厚度和容纳设备的前提下应尽量小。

防护箱

防护箱的作用是在计量箱周围建立适当的空气温度和表面换热系数，使流过计量箱壁的热流量 Q_3 及试件不平衡热流量 Q_2 减到最小。

防护面积大小及边界绝热应满足：当测试最大预期比热阻和厚度的均质试件时，由周边热损 Q_5 引起的热流量 Q_1 的误差应小于 ±0.5%。

防护箱内壁的辐射率，加热器屏蔽等要求与计量箱相同。

防护箱内环境的不均匀引起不平衡误差应小于 ±0.5%。为避免防护箱中的空气停滞不动，通常需要安装循环风扇。

试件框架

试件框架的作用主要是支撑试件。标定热箱装置中试件框架是侧面迂回热损的通路，因此是一个重要的部件，朝向试件的面应由低导热系数的材料做成。

冷箱

标定热箱装置中，冷箱的大小取决于计量箱的大小。箱壁应绝热良好并防止结露，箱壁内表面的辐射率、加热器的热辐射屏蔽及温度均匀性的要求与计量箱相同。

制冷系统的蒸发器出口处可设置电阻加热器，以精确调节冷箱温度。为使箱内空气温度均匀分布，可设置导流屏。建议气流方向与自然对流方向相同。电机、风扇和蒸发器应进行辐射屏蔽。空气速度应可以调节，测量建筑构件时，风速一般为0.1～10m/s。

2.5 检测方法

(1) 试件的状态调节 为减少试件中热流受到所含水分的影响，建议试件在测量前调节到气干状态。

(2) 把试件安装或砌筑在试件架内，试件冷热表面根据用户要求做相应的粉刷层，如陶粒混凝土空心砌块、炉渣混凝土空心砌块等。两面必须抹灰，以避免空气渗透。试件安装时周边应密封，不让空气或水气从边缘进入试件，也不从热的一侧传到冷的一侧，反之亦然。等干燥硬化之后布点测量。

(3) 热电偶的布置 采用热电偶时，其线径应小于0.5mm。热电偶的接点及至少100mm长的偶丝应沿等温面布置，测量表面温度时用双面胶带纸或乳胶与水泥拌合物将热电偶温度传感器粘贴在试件的冷热表面上，粘贴时一定要贴紧，防止出现空隙，否则会严重影响检测结果。测试位置应选择试件的中心部位，冷热表面的热电偶应对称布置。空气温度测量时，应对温度传感器进行热辐射屏蔽。

在自然对流情况下，温度传感器应该置于边界层的外面。多数情况下层流边界层厚度为几厘米；紊流情况下边界层的厚度可能超出0.1m。

(4) 温度控制 冷热室的空气温差至少应控制在20℃。一般来说，冷热室的温差越大，其读数误差相对越小，因而所得结果较为精确。

(5) 测量时间 测量时间包括瞬变过程及若干周期，瞬变过程的长短和测量周期是由试件的材料与厚度、控制状况、计量仪表及所要求的精度确定。瞬变过程一直持续到接近达到稳定状态之前，然后进入热稳定状态，重质材料需要较长时间才能达到稳定。接近达到稳态后，两个至少为3h测量周期内功率和温度测量值及其计算的R或U平均值偏差小于1%，并且每1h的数值不是单方向变化时，才能结束测量。对于高热阻或高热容量的试件，此要求是不够的，必须延长试验持续时间。

(6) 计算方法

$$R=\frac{\Delta t\times A}{Q}\text{（标定热箱法）}$$

$$K=\frac{1}{R+R_i+R_e}$$

式中 R——试件热阻（$m^2\cdot K/W$）；

Q——热箱内总加热功率（W）；

A——试件面积（m^2）；

Δt——试件冷热表面温差（℃）；

K——传热系数［$W/(m^2\cdot K)$］；

R_i——试件内表面换热阻，取$0.11m^2\cdot K/W$；

R_e——试件外表面换热阻，取$0.04m^2\cdot K/W$；

若试验室内采用热流计测量通过试件的热流量，同时测量试件冷热表面的温度，据试件内外表面温差和热流值即可计算出试件本身的热阻值。这种检测方法适用于较匀质的建筑材料。

测量方法同上。

计算方法：

$$R=\frac{\Delta t}{C\times E}\text{（热流计法）}$$

$$K=\frac{1}{R+R_i+R_e}$$

式中 R——试件的热阻（$m^2\cdot K/W$）；

Δt——试件冷热表面温差（℃）；

C——热流计标定系数［$W/(m^2\cdot mV)$］；

E——电动势（热流计读数）（mV）；

K——传热系数［$W/(m^2\cdot K)$］；

R_i——试件内表面换热阻，取 $0.11m^2\cdot K/W$；

R_e——试件外表面换热阻，取 $0.04m^2\cdot K/W$。

（7）检测报告　检测报告应包括以下内容：

检测项目；委托单位及生产单位；产品名称；委托日期；检测日期；检测依据；检测对象描述（产品规格等）；检测所用仪器设备名称；检测对象的构造等相关资料；检测结果（热阻或传热系数）。

3　现场建筑围护结构（外墙、屋顶等）传热系数检测

依据标准：JGJ 132—2001《采暖居住建筑节能检验标准》。

3.1　适用范围

是用测量热流与温差的方法确定建筑物外围护结构的热阻。采用此法可测定墙体和屋顶的热阻，当然也可确定检测期间通过墙体和屋顶的热损失及其内外表面温度。本法主要适用于检测无热桥的建筑构件。检测有柱子的结构时，本法准许以加权平均确定此结构的热阻，并可使用红外热像法判断热桥的影响。

3.2　定义

建筑构件的热阻 R 可按下式确定：

$$R=\frac{\Delta t}{q}$$

式中 R——建筑构件的热阻（$m^2\cdot K/W$）；

Δt——建筑构件的内外表面温度差（℃）；

q——热流密度（W/m^2）。

在热稳定条件下，建筑构件的热阻可用式（1）计算。在非稳定条件下，Δt 及 q 是指较长检测时间的积分值。

3.3　原理

精确地测量给定时间内通过建筑构件的热量及其内外表面温度，即可求得此建筑构件的热阻。用此测量方法只能测得建筑构件某一部位的热阻，若要测得整个建筑构件的热阻，则应测量具有代表性的多个部位，以加权法计算出建筑构件的平均热阻。测定建筑构件的原理如图 3 所示。

3.4 检测设备

主要有热电偶、热流计、温度和热流巡回检测仪。在测量房间不采暖的情况下，应对被测房间进行加热，宜采用电暖气加热方法。

3.5 检测内容

外墙传热系数；屋顶传热系数；楼梯间墙传热系数；楼板热阻；户门传热系数；室内平均温度；室外平均温度；热桥部位内表面温度等。

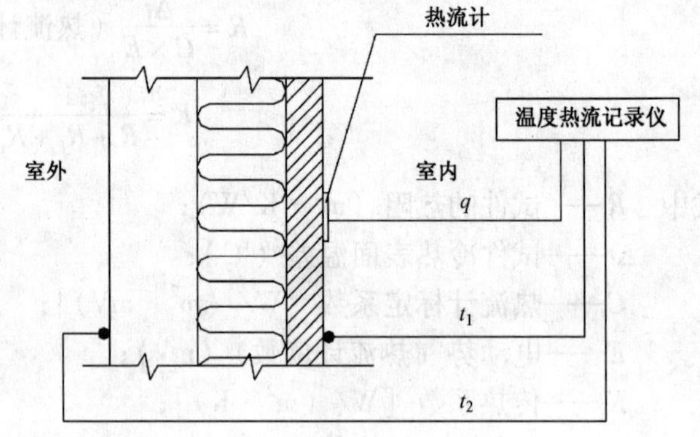

图 3 测定建筑构件的原理图

3.6 检测步骤

（1）选择有代表性的建筑物（或单元房间），若围护结构是同一种材料，除了测外墙传热系数外，还需测量屋顶传热系数，宜选择在顶层进行测试，这样可同时测量外墙、屋顶的传热系数。测试位置应选择在东北向或西北向房间，测试部位不应受阳光直接照射。

（2）测点位置应根据检测目的来确定。测量主体部位的传热系数时，测点位置不应靠近热桥（柱子、窗框、过梁等）、裂缝和有空气渗透的部位，也不能布置在加热器、制冷设备或风扇附近。

（3）热流计和热电偶一定要经过标定，测量误差在规定范围之内。热流计应粘贴在围护结构内表面上，且与表面紧密接触；热电偶应粘贴在围护结构内、外表面，内表面热电偶应靠近热流计附近，两表面热电偶应对应布置；同时应布置至少两个室内外空气温度点，室内、外空气点测头应带防辐射罩。待一切准备工作就序后，可开启温度与热流巡回检测仪，检查各点是否正常。

（4）每隔半小时自动记录一次数据，测量时间与房间供热条件有关，提前供热的房间在无恶劣气候的情况下，一般 4～5 天即可结束检测。不采暖的房间必须采取辅助加热措施进行供热，待房间温度达到设定温度并且围护结构已达到准稳定热状态后，此数据才可用来计算分析。一般情况下，房间加热的前三天数据不宜采用。

（5）数据处理　现场检测过程中，要随时观测数据的稳定状况，在接近或达到稳定状态时可将每天采集的数据分别进行计算，当连续 3 天的计算结果接近或基本不变时，即可结束试验。

（6）检测报告　检测报告应包括以下内容：

检测项目；委托单位；工程名称及工程概况；委托日期；检测日期；检测依据；检测所用仪器设备名称；检测部位示意图；工程图纸等相关资料；检测结果（室内外平均温度、热桥部位平均温度、传热系数）。

3.7 检测过程中应注意的问题

（1）要尽量始终保持检测单元屋相对稳定的温度；

（2）要尽量保持室内外具有较大的平均温差；

（3）要保持数据采集的连续性；

（4）尽量选择面积相对较大外墙部位进行检测；

（5）测点尽量远离热桥部位；

（6）尽量避免阳光直射对室外温度测点的影响。

钱美丽　中国建研院建筑物理研究所国家建筑工程质量监督检测中心　高级工程师
邮编：100044

建筑节能与建筑外门窗幕墙热工性能的检测

刘月莉

【摘要】　本文首先介绍了建筑外门窗热工性能的评价指标——传热系数、结露系数和太阳得热系数。叙述了国家标准《建筑外窗保温性能分级及检测方法》的基本规定，以及透光建筑构件太阳得热系数检测装置，并具体说明了透光建筑构件热工性能的检验。

【关键词】　门窗　幕墙　热工性能　检测

1　前言

建筑在正常使用过程中，为了维持一个适合人生活、工作的室内环境而消耗着大量的能源。门窗幕墙是建筑外围护结构中热工性能最薄弱的构件。通过透光建筑构件的能耗，在整个建筑物能耗中占有相当可观的比例。据调查，我国北方一些地区的采暖建筑，由于采用普通钢门窗，冬季通过外窗的传热与空气渗透耗热量之和，可达全部建筑能耗的50%以上；夏季通过向阳面门窗幕墙进入室内的太阳辐射得热，成为空调负荷的主体。门窗的能耗约占建筑围护结构能耗的40%~50%。与气候条件接近的西欧或北美国家相比，目前我国建筑通过外门窗幕墙的热损失是加拿大和其他北半球国家同类建筑物的2倍以上。

因此，把握门窗幕墙节能技术和透光建筑构件热工性能检测技术的发展，是建筑节能的一个重要课题。

2　建筑节能对外门窗幕墙产品的要求

2.1　建筑外窗热工性能评价指标

评价建筑外窗保温性能及隔热性能的主要参数是：传热系数、抗结露系数和太阳得热系数。

（1）外窗传热系数（*K*）

外窗传热系数是评价外窗保温性能最重要的参数。其定义为：在稳定传热条件下，外窗两侧空气温差为1K，单位时间内，通过单位面积的传热量，以W/（m^2·K）计。

目前我国主要是依据外窗传热系数来评价建筑外窗的保温性能。

（2）外窗抗结露系数（*CFR*）

外窗抗结露系数是衡量建筑外窗阻抗结露的一项性能指标。是通过实验室测量，由加权的窗框热侧表面温度和玻璃热侧表面的平均温度分别与冷箱的空气温度和热箱的空气温度进行计算得到的，并取所得的两个数值中最低值为*CFR*的值。

（3）太阳得热系数（*SHGC*）

太阳得热系数的定义是：对于给定的入射角和环境条件（室内温度、室外温度、风速、风向、太阳辐射状况），透过窗单位面积的太阳得热量与入射到单位面积的太阳辐射量的比值，既包括直接透过的部分，也包括吸收后放出的热量。

2.2　建筑节能标准对门窗产品热工性能的要求

为了推动建筑节能，改善室内热环境质量，国家相继制定了《民用建筑热工设计规范》、《民用建筑节能设计标准（采暖居住建筑部分）》（JGJ 26—95）、《夏热冬冷地区居住建筑节能设计标准》（JGJ 134—2001）、《夏热冬暖地区居住建筑节能设计标准》（JGJ 75—2001）和《公共建筑节能设计标准》，并已实施；北京市、天津市也在全国率先制定并实施实现建筑节能65%的地方节能设计标准。上述标准均对门窗的保温、隔热和气密性能提作出了具体规定。

3　国家标准《建筑外窗保温性能分级及检测方法》（GB/T 8484—2002）

我国建筑外窗保温性能分级及检测方法标准，制定于1987年（GB/T 8484—87），根据建设部建标［1998］第58号文《关于印发<一九九八年建设工业产品标准修订项目计划>的通知》下达的修订任务，1999～2001年进行了修订，修订后的标准为《建筑外窗保温性能分级及检测方法》（GB/T 8484—2002）。

标准对建筑外窗传热系数有效位数的确定、保温性能的分级、对检测装置的制作安装、感温元件的制作、设置和比对试验、检测装置热流系数的标定等方面进行了规定。

3.1　外窗保温性能分级

外窗保温性能按传热系数 K 值分为十级（见表1），取两位有效数字。

外窗保温性能分级表［W/（m^2·K）］　　**表1**

分　级	1	2	3	4	5
分级指标值	$K \geq 5.5$	$5.0 \leq K < 5.5$	$4.5 \leq K < 5.0$	$4.0 \leq K < 4.5$	$3.5 \leq K < 4.0$
分　级	6	7	8	9	10
分级指标值	$3.0 \leq K < 3.5$	$2.5 \leq K < 3.5$	$2.0 \leq K < 2.5$	$1.5 \leq K < 2.0$	$K < 1.5$

3.2　检测方法

采用标定热箱法进行外窗保温性能的检测。

试件一侧为热箱，模拟采暖建筑冬季室内气候条件，另一侧为冷箱，模拟冬季室外气候条件。在试件两侧各自保持稳定的空气温度、气流速度和热辐射条件下，测量热箱中电暖气的发热量，扣除通过热箱外壁和试件框的热损失后，根据试件面积与两侧空气的温差，经计算得到试件的传热系数 K 值。

3.3　对检测装置及试验工况的要求

（1）检测装置的构成

检测装置主要由热箱、冷箱、试件框、环境空间和组成，如图1所示。

（2）冷、热箱空气温度的设定

热箱空气温度准确地控制在18℃较困难，因此，标准规定：热箱空气温度设定范围为18～20℃，温度波动幅度不应大于0.1K。热箱空气为自然对流，其相对湿度宜控制在30%左右。

冷箱空气温度规定范围为 -21 ~ -19℃，温度波动幅度不应大于 0.3K。《建筑热工设计

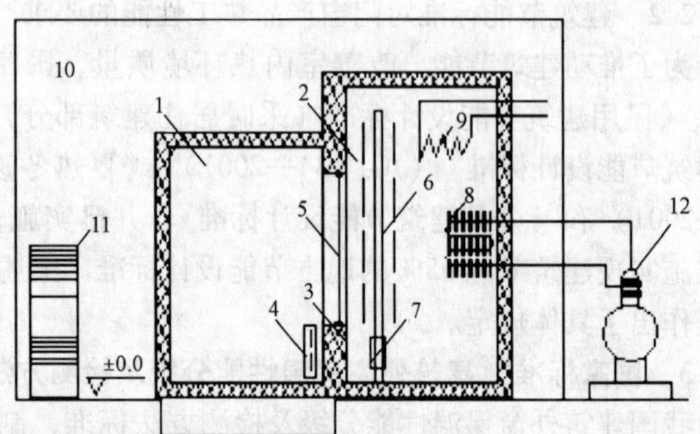

1-热箱；2-冷箱；3-试件框；4-电暖气；5-试件；6-隔风板；
7-风机；8-蒸发器；9-加热器；10-环境空间；11-空调器；12-冷冻机

图1　检测装置图

分区》中的夏热冬冷地区、夏热冬暖地区及温和地区，冷箱空气温度可设定为 -11 ~ -9℃，温度波动幅度不应大于 0.2K。与试件冷侧表面距离符合 GB/T 13475 规定平面内的平均风速设定为 3.0m/s。

（3）感温元件的制作和校验比对试验

1）采用铜-镍铜热电偶作为检测装置的感温元件

感温元件采用同批生产、丝径为 0.2 ~ 0.4mm 铜丝和康铜丝制作的铜-镍铜热电偶，铜丝和镍铜丝应有绝缘包皮，铜-镍铜热电偶感应头应作绝缘处理。

2）热电偶的校验方法

标准规定检测装置的感温元件每年进行一次比对试验。

检测装置上使用的铜-镍铜热电偶是用稳定性好的铜丝和镍铜丝制作的，并经过严格筛选，能满足测量精度要求。其感应头经清洗和绝缘处理，在常温无腐蚀的环境中使用，不会对热电偶稳定性产生大的影响。另外，检测装置上安装的铜-镍铜热电偶，多数贴在检测装置壁面上。若每年周而复始将这些热电偶拆下、标定、安装，显然不现实。

另外，热电偶的粘贴技术也会影响测量精度，如果因粘贴不好所引起的测量误差将远远大于热电偶自身的测量精度。因此，外窗保温性能检测装置上使用的热电偶不必全部送计量部门检定，通过比对试验，完全可以确定被比对热电偶的测量偏差是否满足使用要求。检测装置上的热电偶应每年进行一次比对试验，以保证测量精度。

（4）检测装置热流系数的标定

建筑幕墙门窗保温性能检测装置为标定热箱法试验装置，其热流系数的标定是一项重要而细致的工作，必须认真对待。检测装置的热流系数通过标定试验来确定。

1）标定试验方法

标定试验是利用已知热导率 Λ 值的标准试件进行的。将热箱的五个外壁视为一个热流

计，试件框为一个热流计，改变热箱外壁内、外表面面积加权平均温差 $\Delta\theta_1$，即可求得热箱外壁热流系数 M_1 和试件框热流系数 M_2。标定试验时，冷箱空气温度设定为 -20℃（或 -10℃）±1K，在其他检测条件与外门窗保温性能试验条件相近的两种不同工况下各进行一次。当传热过程达到稳定之后，每隔 30 分钟测量一次有关参数，共测六次，取各测量参数的平均值，按下面两式联解求出热流系数 M_1 和 M_2。

$$\begin{cases} Q - M_1 \cdot \Delta\theta_1 - M_2 \cdot \Delta\theta_2 = S_b \cdot \Lambda_b \cdot \Delta\theta_3 & (1) \\ Q' - M_1 \cdot \Delta\theta'_1 - M_2 \cdot \Delta\theta'_2 = S_b \cdot \Lambda_b \cdot \Delta\theta'_3 & (2) \end{cases}$$

式中　Q、Q'——分别为两次标定试验的热箱电暖气加热功率，W；

$\Delta\theta_1$、$\Delta\theta'_1$——分别为两次标定试验的热箱外壁内、外表面面积加权平均温差，K；

$\Delta\theta_2$、$\Delta\theta'_2$——分别为两次标定试验的试件框热侧与冷侧表面面积加权平均温差，K；

$\Delta\theta_3$、$\Delta\theta'_3$——分别为两次标定试验的标准试件两表面之间平均温差，K；

Λ_b——标准试件的热导率，W/（m^2·K）；

S_b——标准试件面积，m^2。

Q、$\Delta\theta_1$、$\Delta\theta_2$、$\Delta\theta_3$ 为第一次标定试验测量的参数，右上角标有“′”的参数，为第二次标定试验测量的参数。$\Delta\theta_1$、$\Delta\theta_2$、$\Delta\theta_3$ 及 $\Delta\theta'_1$、$\Delta\theta'_2$、$\Delta\theta'_3$ 的计算公式见 GB/T 8484—2002 附录 C。

2）标定试验要求

标定试验时，宜采用经过长期存放、厚度为 50mm 左右、密度不应小于 18kg/m^3 的聚苯板作为标准试件。

标准试件热导率 Λ [W/（m^2·K）] 值，应采用单向防护热板仪，在与标定试验温度相近的温差条件下测定得到。

两次标定试验应在标准板两侧空气温差相同或相近的条件下进行，$\Delta\theta_1$ 和 $\Delta\theta'_1$ 的绝对值不应小于 4.5K，且 $|\Delta\theta_1 - \Delta\theta'_1|$ 应大于 9.0K，$\Delta\theta'_1$、$\Delta\theta'_2$ 尽可能相同或相近。

3.4　透光建筑构件太阳得热系数检测装置

透光建筑构件的太阳得热量是影响建筑空调能耗的一个非常重要的因素。评价透光建筑构件太阳得热性能的指标是太阳得热系数（*SHGC*）。然而，我国国内并没有能够测量太阳得热系数的设备，也就无法通过实验检测获得透光建筑构件太阳得热系数的数据，只能通过国外一些软件进行模拟计算得到，这就给相关的节能评价带来一定的困难。

基于以上原因，我们在国外现有研究成果的基础上，研制开发出国内首台测量透光建筑构件太阳得热系数的实验设备。

采用标定热箱法建立的检测装置如图 2 所示。其主要构成为：①热计量箱及围护板；②水循环及制冷系统；③控制系统（图 3）。

该设备具有良好的可靠性，性能稳定，多次测量结果之间的偏差在允许的范围以内。通过将实验测得的数据与用 WINDOW 和 THERM 软件模拟计算的结果进行对比，两者基本一致，从而验证了所开发的设备用于实际测量工作的可行性和有效性。

3.5　透光建筑构件热工性能的检验

3.6　外门窗保温性能实验室检测

（1）在试件正确安装、检查热电偶完好后，启动检测装置，设定冷、热箱、环境空气

图2　透光建筑构件太阳得热系数检测装置

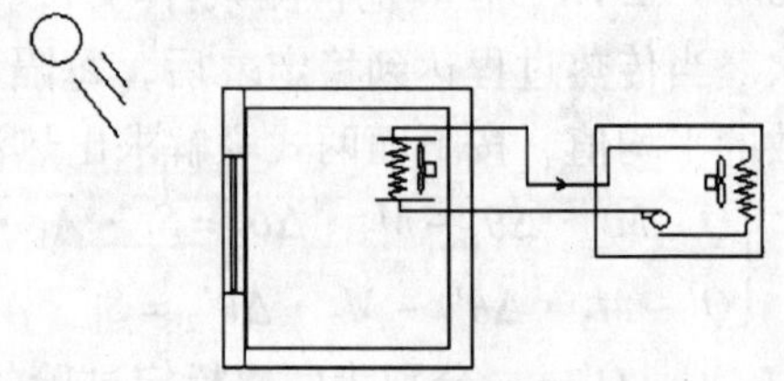
图3　热计量箱原理图

温度和自动控制系统，开始实验。

（2）当冷、热箱和环境空气温度达到设定值后，监控各控温点温度，使冷、热箱和环境空气温度维持稳定。4小时之后，如果逐时测量得到热箱和冷箱的空气平均温度 t_h 和 t_c 每小时变化的绝对值分别不大于0.1℃和0.3℃；温差 $\Delta\theta_1$ 和 $\Delta\theta_2$ 每小时变化的绝对值分别不大于0.1K和0.3K，且上述温度和温差的变化不是单向变化，则表示传热过程已经稳定。

（3）传热过程稳定之后，每隔30分钟测量一次参数 t_h、t_c、$\Delta\theta_1$、$\Delta\theta_2$、$\Delta\theta_3$、Q，共测六次。测量结束之后，记录热箱空气相对湿度，试件热侧表面及玻璃夹层结露、结霜状况，然后进行试件传热系数值计算。

试件传热系数 K 值［W/（m^2·K）］计算式：

$$K=\frac{Q-M_1\cdot\Delta\theta_1-M_2\cdot\Delta\theta_2-S\cdot\Lambda\cdot\Delta\theta_3}{A\cdot\Delta t} \tag{3}$$

式中　Q——电暖气加热功率，W；

M_1——由标定试验确定的热箱外壁热流系数，W/K；

M_2——由标定试验确定的试件框热流系数，W/K；

$\Delta\theta_1$——热箱外壁内、外表面面积加权平均温度之差，K；

$\Delta\theta_2$——试件框热侧冷侧表面面积加权平均温度之差，K；

S——填充板的面积，m^2；

Λ——填充板的热导率，W/（m^2·K）；

$\Delta\theta_3$——填充板两表面的平均温差，K；

A——试件面积，K；

Δt——热箱空气平均温度与冷箱空气平均温度之差，K。

式（3）中 $S\cdot\Lambda\cdot\Delta\theta_3$ 项为试件面积小于洞口面积时，填充用聚苯板的热损失。

3.7　建筑幕墙保温性能检验

（1）建筑幕墙保温性能实验室检测

建筑幕墙保温性能检验，根据被测幕墙的类型及具体规格尺寸，参照国家标准《建筑外窗保温性能分级及检测方法》（GB/T 8484—2002）进行。

（2）建筑幕墙保温性能现场检测

现场进行建筑幕墙保温性能检验时，应参照《采暖居住建筑节能检验标准》（JGJ 132—2001）及国家标准《建筑幕墙》中“附录B 建筑幕墙保温性能现场检验方法”（该标准目前为报批阶段）进行。

3.8 建筑门窗幕墙太阳得热系数检测

我国尚未制定太阳得热系数的相关标准。因此，目前建筑门窗幕墙太阳得热系数检测，是参照美国国家门窗评价委员会的标准、采用透光建筑构件太阳得热系数检测装置进行检测的。

根据国家标准管理有关规定，《建筑外窗保温性能分级及检测方法》（GB/T 8484—2002）和《建筑外门保温性能分级及其检测方法》（GB/T 16729—1997）将进行合并修编工作，该项工作目前即将开始。合并后的标准将增加建筑外窗抗结露系数相关内容。

刘月莉　中国建研院建筑物理研究所　国家建筑工程质量监督检测中心　研究员
邮编：100044

传热系数检测仪在建筑实体检测中的应用

赵文海　段　恺　王志勇　蒋志强　任　静　董洪艳

【摘要】　本文介绍了用热箱法在建筑现场检测其传热系数的方法及设备，叙述了检测原理、设备和方法，在实际工程中的应用情况及与其他检测方法检测结果的对比，还分析了影响检测结果的外在因素。

【关键词】　传热系数　检测　现场

1　背景

北京中建建筑科学技术研究院从20世纪90年代初开始从事建筑节能检测方面的研究，研究发现建筑物围护结构的热工性能与其使用的材料、所处的环境温湿度等多种因素有关；材料供应商提供给设计人员的数据是试验室检测的数据。因此现场检测与试验室检测结果存在一定差距。必须研制一种仪器，能够快速、较准确地测得现场围护结构热工性能，使现场检测既可在采暖期进行，又可在非采暖期进行；既可在北方地区使用又可在南方地区使用。

北京中建建筑科学技术研究院在1992～1996年间与英国进行节能合作时对用热箱法测试围护结构传热系数的原理进行了深入的探讨。在英国专家的建议下，引进了国外生产的数据采集仪、电功率表等仪器，制作了第一台可用于现场检测的传热系数检测仪，该仪器具有测试数据准确，方法简便，测试面积大，达到稳定工作的时间短，使用基本不受季节限制等优点，且采用全自动的控温和采集系统，是一种适合现场的先进的测试仪器。

2001年“RX—Ⅱ型传热系数检测仪”通过了北京市科委组织的科研鉴定；2004年“RX—ⅡB型传热系数检测仪”通过了北京市建委组织的专家验收。专家认为该仪器是一种适合我国国情的现场节能检测仪器，突破了以往测试方法只能在采暖期进行现场测试的限制。与以往传热系数检测仪相比，它有两个热箱，可以同时测试两个面，缩短了检测周期；配合冷箱使用，应用范围更广。

RX型传热系数检测仪先后在砖混结构、砌块结构、混凝土结构和保温复合墙体和屋顶、地下室顶板等上进行了试验，实验数据表明该仪器使用方便、工作稳定性好。查新结果表明，该传热系数检测仪在我国首次实现了不受采暖期限制的现场围护结构传热系数检测，是一种全新的现场传热系数检测仪。

2　检测原理和方法

2.1　原理

人工制造一个一维传热环境（即人工制造室内外温差），被测部位的内侧用热箱模拟采暖建筑室内条件，室内与热箱内同时加热控制，外侧为室外自然条件（或冷箱），热箱相当于计量热箱，室内相当于防护热箱，维持热箱内温度高于室外最高温度8K以上，这样被测部位的热流总是从室内向室外传递，形成了一维传热。当热箱内加热量与通过被测部位传递的热量达到平衡时，热箱的加热量就是被测部位的传热量，经运算得到被测部位的传热系数。

该仪器采用先进的 PID 控制运算法实时控制热箱内空气温度和室内温度，采用高分辨率的变送装置精确测量热箱内消耗的电能并进行积累。定时记录热箱的发热量及热箱内和室外温度，经运算就能得到被测部位的传热系数值。

为避免干扰，使围护结构的测试数据更趋近于实际情况，所有采集的数据最后都可转化为 Excel 格式，方便检测人员对实测数据进行分析。

RX—ⅡB 型传热系数检测仪检测原理如图 1 所示。

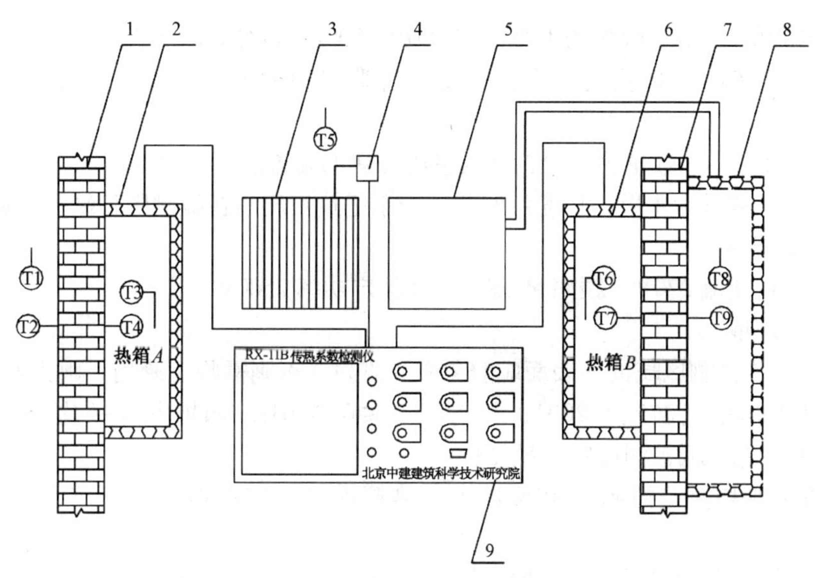

图 1　检测原理示意图

1-围护结构 1；2-热箱 *A*；3-室内加热器；4-室内加热控制器；5-冷箱水浴；6-热箱 *B*；7-围护结构 2；8-冷箱；9-控制仪；T_1-*A* 箱室外空气温度；T_2-*A* 箱室外墙表温度；T_3-*A* 箱箱内空气温度；T_4-*A* 箱室内墙表温度；T_5-室内空气温度；T_6-*B* 箱箱内空气温度；T_7-*B* 箱室内墙表温度；T_8-*B* 箱室外空气温度；T_9-*B* 箱室外墙表温度

围护结构传热系数 K [W/(m^2·K)]：

$$K = \sum K_n / n \tag{1}$$

$$K_n = Q_n / [A_1 \cdot (T_i - T_e)] \tag{2}$$

式中　Q_n——单位测试时间的传热量，W；

A_1——热箱开口面积，m^2；

K_n——单位测试时间的传热系数值，W/(m^2·K)；

T_i——热箱（室内）空气温度，℃；

T_e——室外空气温度，℃；

n——连续测试次数。

2.2 仪器设备的组成

RX—ⅡB 型传热系数检测仪由以下设备组成：

(1) 热箱 数量为2个，内壁开口尺寸为1000mm×1200mm，进深220mm；加热功率120～150W。

(2) 控制箱 数量为1台，尺寸为375mm×325mm×175mm，采用PID自整定控制算法。主要是用来采集各点温度、热箱功率等值并进行控制、运算、存储。其中，热箱内温度控制精度为±0.4℃，功率计量精度为±0.5% FS，通信接口为RS232USB。

(3) 冷箱 数量为1个，分为两部分，整体内壁开口尺寸为1600mm×1800mm，进深300mm。

(4) 冷箱制冷水浴 数量为1个，制冷功率500W，水压0.6MPa。

(5) 温度传感器 数量为9套，温度传感器采用铂电阻温度传感器，计量精度为±0.3℃。

(6) 室内加热器 数量为1台，作为室内加热的装置。

(7) 撑竿 数量为4根，长度可调节，用于把热箱压紧在被测围护结构表面。

2.3 测试条件

(1) 电源：交流220V，频率50Hz；最大额定功率2500W。

(2) 被测环境：

1) 围护结构被测区域的外表面应避免阳光直射，否则需临时遮挡；雨天不宜测试；

2) 室外平均空气温度≤20℃，相对湿度≤60% RH；如果室外平均空气温度大于20℃，应使用冷箱降低被测墙室外温度；

3) 室内外平均温差控制在10K以上，热箱内温度应控制在大于室外最高温度8K以上；

4) 一般情况下被测房间应连续加热至少7d后进行测试，至少连续测试3d，测试时关闭被测房间门窗。

2.4 测试内容

(1) 室内、外空气温度，热箱内空气温度；

(2) 围护结构内、外表面温度；

(3) 热箱的传热量。

2.5 测试步骤

(1) 用红外温度计测试被测围护结构内表面温度场分布情况，并作记录。

(2) 选择测试部位，布设温度测点。

(3) 安置热箱，使热箱周边与被测表面紧密接触（图2）；若室外平均空气温度大于20℃，应在室外表面安置冷箱，以降低被测墙体室外的温度（图3）。

(4) 根据室外空气温度设定室内空气温度和热箱内温度。控制室内空气温度和热箱内空气温度相同，二者之间温差不大于0.5K；室内外平均温差在10K以上，热箱内空气温度应大于室外最高温度8K以上。

(5) 数据自动采集，每30分钟记录一次；取传热基本稳定后的数据，采用算术平均法进行分析、计算。

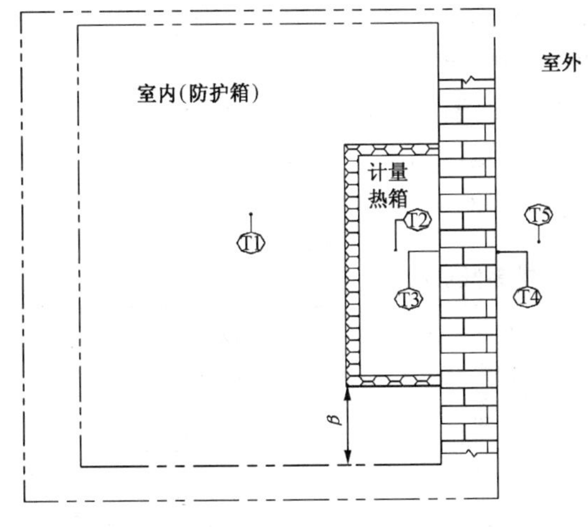

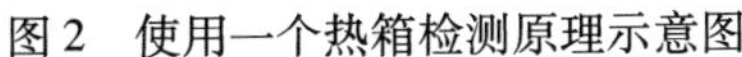
图2 使用一个热箱检测原理示意图

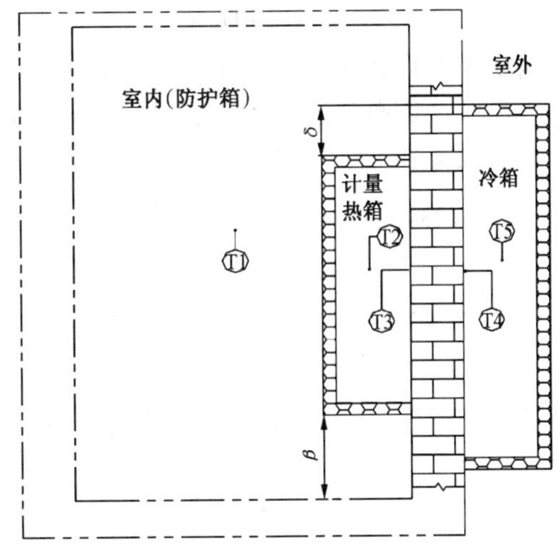

图3 使用一个热箱和一个冷箱检测原理示意图

3 热箱法在工程实体检测的应用研究

采用热箱法检测基本不受季节限制，工作面积较大，测试对象是一个面而不是一个点，达到稳定工作的时间较短，测量的准确性好；用人工方法或配合冷箱制造室内外温差10℃以上，即可测试围护结构的传热系数，确定其保温性能。

测试时计量热箱的边缘距热桥或柱（β）应大于500mm以上；冷箱宜大于计量热箱（δ）600mm，单边至少大于计量热箱300mm；经过近20年的研究和试验，计量热箱的尺寸以1.2m^{2}为宜，大于或小于1.2m^{2}均会影响测试结果。

使用热箱法进行检测的有北京市、河北省保定市、唐山市、邢台市、石家庄市；山东省青岛市；河南省郑州市、洛阳市；辽宁省大连市；吉林省吉林市；江苏省金华市；上海市；青海省西宁市；甘肃省兰州市和陕西省宝鸡市等十多个省市。

3.1 热箱法检测值与设计值和计算值比较

（1）实测传热系数值与设计传热系数值比较（表1）

实测传热系数与设计传热系数比较 **表1**

类别	序号	构造（mm）	设计传热系数 [W/（m^2·K）]	实测传热系数 [W/（m^2·K）]	误差（%）
外墙	1	240砖墙+20空气层 +45水泥聚苯+20饰面层	0.81	0.82 0.82	+1.2 +1.2
	2	240砖墙+20空气层 +45石膏聚苯+20饰面层	0.86	0.86 0.82	0.0 -4.7
屋面	3	35混凝土+120钢筋混凝土+70EPS+ 5水泥石棉板+2腻子	0.62	0.70	+12.9
	4	120钢筋混凝土+ 70EPS+30水泥焦渣	0.60	0.58	-3.3
	5	130圆孔板+80找坡层+100水泥聚苯+20水泥找平层+防水层	0.81	0.91	+12.3
楼梯间隔墙	6	140混凝土墙+50EPS+10饰面层	0.76	0.82	+7.9

表1是1993年至1997年期间的检测数据，对不同围护结构部位的检测结果。热箱法测试结果与设计值比较，最大绝对误差为12.9%，平均绝对误差为5.1%。

误差原因分析：20世纪90年代设计值使用的是保温材料在试验室的测试数据；设计时未考虑修正系数；可能被测结构内含有水分，影响测试结果；测试本身产生的误差。

（2）实测传热系数值与计算传热系数值比较（表2）

实测传热系数值与计算传热系数值比较 **表2**

序号	构造（mm）	计算传热系数 [W/（m^2·K）]	实测传热系数 [W/（m^2·K）]	误差（%）
1	370砖墙+20水泥砂浆	1.59	1.52	−4.5
2	250钢筋混凝土	3.41	3.44	+0.9
3	240砖墙+20混合砂浆	2.12	2.03	−4.2
4	370粉煤灰砖墙+4水泥砂浆	1.20	1.25	+4.2
5	240砖墙+25保温浆料	0.96	0.98	+2.1
6	240砖墙+20混合砂浆+10水泥砂浆	2.08	1.99 1.96	−4.3 −5.8
7	370砖墙+50EPS+20水泥砂浆	0.62	0.66	+6.2
8	370砖墙+40水泥砂浆	1.54	1.48	−3.9
9	370砖墙+50EPS+10混合砂浆+10水泥砂浆	0.59	0.58	−1.7
10	240多孔砖+3水泥砂浆+10混合砂浆	1.72	1.66	−3.5
11	370多孔砖墙+3水泥砂浆+10混合砂浆	1.26	1.24	−1.6
12	200加气混凝土+50 EPS板+10混合砂浆	0.52	0.51	−1.9
13	180钢筋混凝土+40EPS板+10混合砂浆	0.94	0.92	−2.2
14	250钢筋混凝土+20水泥砂浆面砖+40EPS板	0.90	0.94	+4.3
15	370多孔砖墙+10水泥砂浆+10混合砂浆	1.26	1.24	1.6
16	200钢筋混凝土+60钢丝网架EPS板	0.79	0.84	2.4
17	240灰砂砖	2.42	2.42	0
18	370黏土砖墙+20混合砂浆	1.58	1.68	3.1

表2是几种墙体的测试结果。热箱法测试结果与计算值比较，最大绝对误差为6.2%，平均绝对误差为3.2%。分析误差的原因一方面是检测环境条件对测试的影响，另一方面是计算值所取的导热系数是实验室状态下测得的，与实际有一定差异；测试时墙体的含水率不同，影响测试结果。

从表1和表2可以看出，通过热箱法测试结果与设计值和计算值的比较，说明此方法在工程实体检测中是可行的。

3.2 热箱法检测与静态热流计法比较

（1）热箱法实测传热系数值与热流计法实测传热系数值和计算值比较（表3）。

热箱法与热流计法（静态）实测值和计算值比较 **表 3**

序号	墙体做法（mm）	传热系数值［W/（m²·K）］		
		计算	热箱法	热流计法
1	250 钢筋混凝土 +20 水泥砂浆面砖 +40EPS 板	0.90	0.94	1.06
2	200 加气混凝土 +50EPS 板 +10 混合砂浆	0.52	0.51	0.56
3	180 钢筋混凝土 +40EPS 板 +10 混合砂浆	0.94	0.92	0.94
4	370 黏土多孔砖墙 +10 水泥砂浆 +10 混合砂浆	1.26	1.24	1.21
5	190 混凝土空心砌块（夹心 EPS）墙 +10 混合砂浆	—	1.63	1.62
6	200 钢筋混凝土 +60 钢丝网架 EPS 板	0.79	0.84	0.87
7	180 钢筋混凝土 +30 保温浆料	—	2.47	2.56
8	400 剪力墙内填 400 陶粒砌块 +30XPS 板	—	0.93	0.93
9	180 钢筋混凝土 +30 保温浆料（有机硅） +20 混合砂浆	—	1.88	1.90
10	180 钢筋混凝土 +40 保温浆料（有机硅） +20 混合砂浆	—	1.82	1.79
11	180 钢筋混凝土 +25 保温浆料（有机硅） +20 混合砂浆	—	2.38	2.28
12	240 灰砂砖	2.42	2.42	2.44
13	370 多孔黏土砖墙	1.27	1.46	1.54
14	180 钢筋混凝土 +30 保温浆料 +20 混合砂浆	—	2.26	2.27
			2.69	2.57
			2.37	2.56
15	370 黏土砖墙 +20 混合砂浆 + 面砖	1.58	1.45	1.34

表 3 中三个传热系数误差产生的原因有：施工的不均匀性导致在一面墙上的传热系数值不同；测试方法产生的误差；计算值与实测值之间的误差有可能是被测墙体内含有一定的水分导致的；环境因素影响产生的误差。

（2）热箱法与热流计法检测墙体传热系数数据比较（表 4）

热箱法与热流计法（静态）检测墙体传热系数数据比较 **表 4**

序号	墙体构造（mm）	传热系数值［W/（m²·K）］			室内外温差（℃）
		热箱法	热流计法	差值/%	
1	30 水泥砂浆 +50XPS 板	0.58	0.60	0.02 3.4%	30
2	10 纸面石膏板 +40XPS 板	0.59	0.60	0.01 1.7%	30
3	240 黏土空心砖 +30 聚苯保温浆料	1.10	1.11	0.01 0.9%	30
4	200 钢筋混凝土 +50 聚苯颗粒保温浆料	1.07	1.14	0.07 6.3%	30
5	240 黏土砖 +60 聚苯保温浆料	0.89	0.99	0.10 10.6%	12
6	240 黏土砖 +40 有机硅保温浆料	1.16	1.23	0.07 5.9%	12
8	240 黏土砖 +30EPS	0.85	0.84	0.01 1.2%	10

续表

序号	墙体构造（mm）	传热系数值［W/（m²·K）］			室内外温差℃
		热箱法	热流计法	差值/%	
9	240 黏土砖	1.93	2.06	0.13 6.5%	11
10	240 黏土砖 +40 聚苯保温浆料	1.07	1.06	0.01 0.94%	12
11	200 钢筋混凝土 +40EPS 板	0.81	0.77	0.04 5.1%	17
12	200 钢筋混凝土 +60 聚苯保温浆料	0.89	0.98	0.09 9.62%	17
13	240 黏土砖 +30 聚苯保温浆料	1.26	1.29	0.03 2.4%	10
14	200 钢筋混凝土 +40EPS 板	0.85	0.91	0.06 6.82%	24
15	200 钢筋混凝土 +40EPS 板	0.88	0.95	0.07 7.65%	10
16	240 黏土空心砖 +30 保温浆料	1.05	1.08	0.03 2.82%	23
17	200 钢筋混凝土 +30EPS 板	0.96	1.00	0.04 4.08%	10
18	120 混凝土楼板 +30EPS 板 +50 陶粒混凝土（屋面）	1.37	1.27	0.10 7.57%	15
19	200 钢筋混凝土 +40 插丝 EPS 板	1.04	1.01	0.03 2.93%	15
20	240 黏土砖墙	2.21	1.98	0.23 10.98%	12
21	240 黏土砖 +25XPS 板	0.83	0.74	0.09 11.46%	17
22	240 黏土砖 +25XPS 板 +2 绝热反射膜	0.70	0.70	0.00 0%	17
23	200 墙 +40EPS 板	1.00	0.95	0.05 5.15%	15
24	180 现浇混凝土屋面 +70EPS 板	0.49	0.51	0.02 4.00%	15
25	200 钢筋混凝土 +30 有机硅保温浆料 +20 水泥砂浆	1.68	1.82	0.14 8.00%	17
26	180 钢筋混凝土 +30 有机硅保温浆料 +20 水泥砂浆	2.38	2.28	0.10 4.29%	19
27	5mm 面层 +190mm 混凝土空心砌块 +5mm 面层	1.63	1.61	0.02 1.2%	12
28	保温砌块（100XPS 板 + 钢筋混凝土）190mm +水泥砂浆 20mm	0.78	0.78	0.00 0%	23
29	保温砌块（80mm EPS +190mm 空心砌块）+20mm 水泥砂浆	0.81	0.83	0.02 2.44%	35
30	180 钢筋混凝土 +50EPS 板 +20 水泥砂浆	0.81	0.77	0.04 5.06%	21

表 3 和表 4 检测数据是近几年分别采用热箱法与热流计法检测的对比数据，检测条件

是一致的，即被测结构内侧的室内是稳定受控的，外侧是室外自然环境条件。二者的检测结果基本是一致的。

总的来看，热箱法的检测值要小于热流计法检测的值；由于热流计检测的是一个点，因此，当被测面不均时，每一测试点的检测值不相同，热流计法须测试多个测点才能代表这个测试面，而热箱法只测试一个面就基本能代表这个墙主体的传热系数。

（3）热箱法、动态热流计法和标定热箱法比较（表5、表6）

热箱法与热流计法测试传热系数数据比较　　表5

序　号	热流计法（稳定温度）			热　箱　法			热箱法与热流计法（动/静）误差（%）
	湿度 RH（%）	K值（动/静）[W/（m^2·K）]	温差（℃）	湿度 RH（%）	K值 [W/（m^2·K）]	温差（℃）	
1	100	2.42/2.41	26.2	100	2.44	15.6	+0.82/+1.23
2	98.4	2.40/2.40	24.9	98.5	2.41	14.6	+0.42/+0.42
3	96.5	2.40/2.39	23.5	96.7	2.42	10.7	+0.83/+1.24
4	90.4	2.39/3.39	26.7	90.1	2.40	13.1	+0.42/+0.42
5	80.6	2.37/2.36	20.8	81.2	2.39	12.5	+0.84/+1.26
6	72.4	2.35/2.34	21.9	71.8	2.36	10.3	+0.42/+0.85
7	65.8	2.31/2.30	28.4	65.6	2.32	10.5	+0.43/+0.86
8	56.1	2.27/2.26	25.0	55.9	2.28	15.0	+0.44/+0.88

热箱法与标定热箱法测试数据比较　　表6

序　号	标定热箱法			热　箱　法			热箱法与标定热箱法之(动/静)误差(%)
	湿度 RH（%）	K值 [W/（m^2·K）]	温差（℃）	湿度 RH（%）	K值 [W/（m^2·K）]	温差（℃）	
1	100	2.40	26.0	100	2.44	15.6	+1.65
2	98.4	2.38	25.9	98.5	2.41	14.6	+1.25
3	96.5	2.37	24.0	96.7	2.42	10.7	+2.07
4	90.4	2.35	26.9	90.1	2.40	13.1	+2.08
5	80.6	2.35	21.0	81.2	2.39	12.5	+1.67
6	72.4	2.34	22.1	71.8	2.36	10.3	+0.85
7	65.8	2.31	28.0	65.6	2.32	10.5	+0.43
8	56.1	2.26	25.0	55.6	2.28	15.0	+0.88

为了找出各种测试方法之间的关系，我们进行了如下试验：用灰砂砖和水泥砂浆在一个房间内砌了一面240mm的墙，用同样的材料在标定热箱的冷热室之间也砌了一面240的墙，在二个墙内都埋有湿度传感器，可随时测试墙体内的湿度（含水率）和墙体的传热系数，在房间内热流计法和标定热箱法的测试是标准条件下的测试，二者的测试值都接近于真值。

从表5和表6的检测结果看，热箱法的检测结果略高于稳定条件下的热流计法和标定热箱法，最大误差+2.08%，最小误差+0.42%，误差均为正误差。应该说，本次试验热箱法检测的墙体没有太阳辐射等的影响，因此试验数据比较接近。

（4）使用冷箱进行的测试

考虑到南方夏季较热，室内外温差较小，室内升到40℃就很难再控制和升高了，因此在被测面降温，以达到室内外温差10K以上的目的。为此我们设计了冷箱，冷箱的开口尺寸为1600mm×1800mm，用制冷机降温。下面是我们对做法为200mm混凝土墙+30mmEPS板+5mm面层的墙体进行测试，时间分别是2004年5月（未使用冷箱）（图4）和2004年7月（使用冷箱）（图5）。

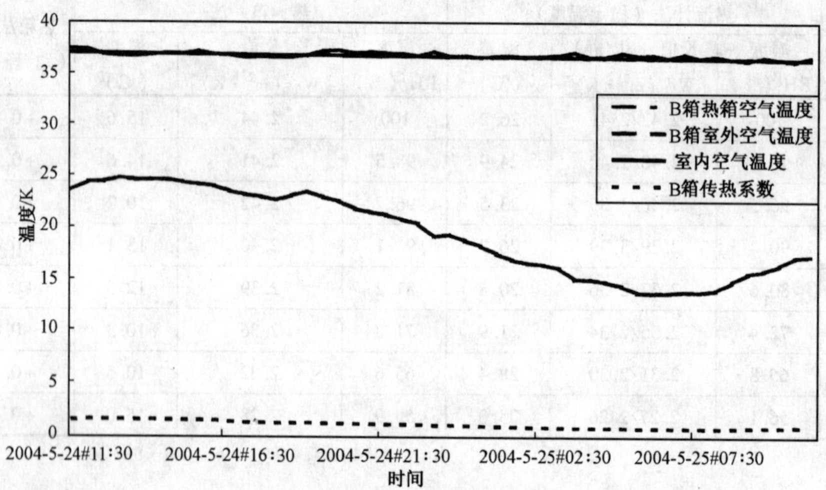

图4　无冷箱时测试图

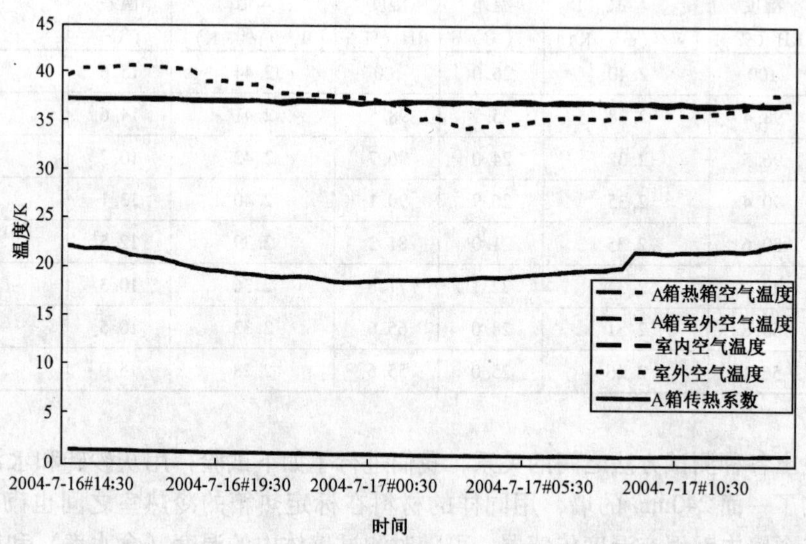

图5　有冷箱时测试图

检测结果见表7，两次检测传热系数的误差0.87%，此外，我们进行了大量的试验，冷面的温度能够控制在比室外最高空气温度至少低10℃，说明冷箱的使用是可行的。

有冷箱和无冷箱时的检测值　　表7

条件＼项目	热箱空气（℃）	箱外空气（℃）	室内空气（℃）	室外空气（℃）	热箱内外温差（℃）	传热系数［W/（m²·K)］
有冷箱	37.17	20.34	37.19	37.36	16.83	1.02
无冷箱	37.00	无	37.11	19.65	17.35	1.01

4　影响节能建筑检测结果的外界因素

影响节能建筑检测结果的外界因素很多，本文着重分析室内外温度和太阳辐射等对检测结果的影响。

4.1　太阳辐射对墙体传热系数检测结果的影响

表8为用热箱法对东墙墙体的检测结果，该墙外周无遮挡，测试时天气为晴天，受太阳辐射影响大。

表9为用热箱法对北墙体的检测结果，该墙外周有遮挡，测试时天气为阴天，受太阳辐射影响较小。

太阳辐射对墙体传热系数检测结果的影响　　表8

时　间	平均温度（℃）						传热系数［W/（m²·K)］	
	热箱	σ_{n-1}	室外	σ_{n-1}	Δt	σ_{n-1}	K值	σ_{n-1}
21/09 20:00～22/09 07:00	33.04	0.003	15.10	1.229	17.94	1.227	1.615	0.095
22/09 08:00～22/09 19:00	33.05	0.015	18.52	1.759	14.45	1.744	1.822	0.115
22/09 20:00～23/09 07:00	33.04	0.010	18.72	0.819	14.38	0.829	1.576	0.090
21/09 20:00～23/09 07:00	33.04	0.011	17.48	2.121	15.59	2.154	1.669	0.145

从表8可以看出，由于太阳辐射的影响，使得在22/09 08:00～22/09 19:00时间内，测得的室外空气温度的标准差为1.759℃；测得的室内外温差的标准差为1.744℃；测得的K值的标准差为0.115℃，三者的标准差都增大，因而，对墙体传热系数检测结果K值的影响也增大，使得检测结果K值的标准差增大为0.145℃。

太阳辐射对墙体传热系数检测结果的影响　　表9

时　间	平均温度（℃）						传热系数［W/（m²·K)］	
	热箱	σ_{n-1}	室外	σ_{n-1}	Δt	σ_{n-1}	K值	σ_{n-1}
28/09 20:00～29/09 07:00	36.10	0.014	23.59	0.343	12.50	0.338	3.43	0.034
29/09 08:00～29/09/ 19:00	36.05	0.013	25.39	1.222	10.66	1.220	3.44	0.048
29/09 20:00～30/09 07:00	36.05	0.017	22.81	0.408	13.24	0.102	3.44	0.052
28/06 20:00～30/09 07:00	36.06	0.027	23.90	1.323	12.16	1.325	3.44	0.046

从表9可以看出，由于太阳辐射影响较小，使得在29/09 08:00～29/09 19:00时间内，室外空气温度的标准差为1.222℃，室内外温差的标准差为1.220℃，二者的标准差比前后两个时间段均大，这是由于室外空气温度变化引起的；但K值的标准差0.048℃与前后两个时间段无明显差异，说明太阳辐射影响较小，因而，*K*值的标准差较小（0.046℃），对墙体传热系数*K*值的影响也较小，使得检测的*K*值接近真值。

从表8和表9的比较可以看出，受太阳辐射时（22/09 20:00～23/09 07:00）检测*K*值的标准差是不受太阳辐射时（29/09 20:00～30/09 07:00）检测*K*值标准差的2.4倍；受太阳辐射一组检测*K*值的标准差是不受太阳辐射一组检测*K*值的标准差的3.2倍。可见，太阳辐射直接影响到测试结果的准确性，因此在检测时应采取遮挡措施，以减少或消除太阳辐射的直接影响。

4.2　室内外温差对检测结果的影响

表10是对同一检测对象（墙），在不同温差条件下，对检测结果*K*值的影响。该墙的构造为240mm砖墙+40mmEPS+27mm水泥砂浆。

室内外温差对检测结果的影响　　**表10**

<table>
<tr><th rowspan="2">序　号</th><th colspan="3">平均温度℃</th><th rowspan="2">室内外温差（K）</th><th rowspan="2">计算传热系数［W/（m²·K）］</th><th rowspan="2">测试传热系数［W/（m²·K）］</th><th rowspan="2">误差（%）</th><th rowspan="2">标准差 σ_{n-1}</th></tr>
<tr><th>室内</th><th>热箱</th><th>室外</th></tr>
<tr><td>1</td><td>20.9</td><td>21.0</td><td>17.4</td><td>3.5</td><td rowspan="13">0.788</td><td>1.02</td><td>29.4</td><td rowspan="2">0.053</td></tr>
<tr><td>2</td><td>20.9</td><td>21.0</td><td>17.3</td><td>3.6</td><td>0.85</td><td>7.85</td></tr>
<tr><td>3</td><td>25.4</td><td>25.0</td><td>16.7</td><td>8.7</td><td>0.86</td><td>9.12</td><td rowspan="2">0.012</td></tr>
<tr><td>4</td><td>25.4</td><td>25.0</td><td>16.7</td><td>8.7</td><td>0.85</td><td>7.85</td></tr>
<tr><td>5</td><td>26.4</td><td>26.0</td><td>16.7</td><td>9.7</td><td>0.83</td><td>5.31</td><td rowspan="9">0.006</td></tr>
<tr><td>6</td><td>26.4</td><td>26.0</td><td>16.7</td><td>9.7</td><td>0.82</td><td>4.04</td></tr>
<tr><td>7</td><td>27.4</td><td>27.0</td><td>16.7</td><td>10.9</td><td>0.83</td><td>5.31</td></tr>
<tr><td>8</td><td>27.3</td><td>27.0</td><td>16.5</td><td>10.8</td><td>0.84</td><td>6.58</td></tr>
<tr><td>9</td><td>28.3</td><td>28.0</td><td>16.7</td><td>11.6</td><td>0.83</td><td>5.31</td></tr>
<tr><td>10</td><td>29.3</td><td>29.0</td><td>17.0</td><td>12.3</td><td>0.83</td><td>5.31</td></tr>
<tr><td>11</td><td>30.1</td><td>30.0</td><td>16.3</td><td>13.4</td><td>0.82</td><td>4.04</td></tr>
<tr><td>12</td><td>31.0</td><td>31.0</td><td>17.1</td><td>13.9</td><td>0.83</td><td>5.31</td></tr>
<tr><td>13</td><td>36.2</td><td>36.0</td><td>18.4</td><td>17.8</td><td>0.83</td><td>5.31</td></tr>
</table>

注：标准差0.053、0.012和0.006分别是从1-14、3-14和5-14的标准差。

从表10可以看出，室内外温差小于3.6℃时，误差不稳定，为29.40%和7.85%，其标准差分别是温差为8.7℃和大于9.7℃时的4.4倍和8.8倍；室内外温差小于8.7℃时，误差为9.12%和7.85%，其标准差是温差大于9.7℃时的2.0倍；室内外温差大于9.7℃时误差稳定，在6.58%和4.04%之间，其标准差稳定，为0.006。从原理上讲，温差越小，热损失相对增大，*K*值误差越大，反之，*K*值误差越小。

从多方面的研究对比分析，采用热箱法检测传热系数是有误差的，但误差很小，尤其与标准条件下测试值比较，误差最大 +1.65%，在工程实体检测中是可行的。

赵文海　北京中建建筑科学技术研究院　院长，中国建筑业协会建筑节能专业委员会　副会长　邮编：100076

用红外热像法测定围护结构热工性能

方修睦

【摘要】 本文介绍了红外热像仪的工作原理，分析了被测物体表面发射率、大气透射率、环境温度和大气温度等因素对测量精度的影响，给出了为了保证测温精度，所应采取的对策。探讨了墙体传热系数检测中红外热像仪的应用问题。

【关键词】 **红外热像仪　围护结构　热工性能　测量**

按照《民用建筑节能设计标准》设计的建筑物，如果仅仅围护结构热工性能达到了节能设计标准的要求，仅表明所建造的建筑物为围护结构热工性能达到节能标准要求的建筑物，而不是真正意义上的节能建筑；只有围护结构热工性能和暖通空调系统均达到节能标准要求的建筑物，才能说所建造的建筑物为节能建筑。对建成的节能建筑所进行的现场节能检测，由于检测条件限制，测定的结果往往不具备才可比性。在现场实测数据中，具有可比性的数据为：(1) 墙体（围护结构）的传热系数；(2) 墙体（围护结构）主断面与缺陷部位之间的温差；(3) 缺陷部位的面积；(4) 遮阳面积。利用红外热像仪进行建筑热工性能的检测，可以提高检测速度。正确使用红外热像仪，有利于提高测温精度。

1　红外热像检测技术简介

红外技术是20世纪发展起来的新兴应用技术。红外热像仪是基于表面辐射温度原理，能产生热像的红外成像系统。目前常用的红外点温仪是以辐射定律为依据，利用物体发射的红外辐射能量为信息载体测量温度的仪器，它只能测量物体表面上某点周围非常小的面积的平均温度。红外热像仪是集先进的光电技术、红外探测器技术和红外图像处理技术于一身的产品。基于物体本身的热辐射，因目标与背景的温度和发射率不同，而产生在能量和光谱分布上的辐射差异。这种辐射差异所携带的目标信息，经红外探测器转换成相应电信号，通过信息处理后，在显示器上显示出被测物体表面温度分布的热图像。红外热像仪将物体表面每点按二维位置分成无数个单元（如像素320×240的热像仪，图像分辨率达76800个像点），并将各单元的信号以不同的亮度和颜色组合成整体景物图像。红外热像仪类似于无数个点温计同时测量物体表面温度，并可直观、定性和定量分析物体表面温度特征。与红外点温仪相比具有测量面积大、测量速度快、表现直观（伪彩显示）等特点。

热像仪接受的辐射照度包括3部分：目标自身辐射的投射辐射，环境反射辐射的投射辐射和大气辐射。

热像仪测量灰体表面温度依据公式（1）：

$$T_o = \left\{ \frac{1}{\varepsilon}\left[\frac{1}{\tau_a} T_o'^{n} - (1-\varepsilon)\, T_u^{n} - \left(\frac{1}{\tau_a} - 1 \right) T_a^{n} \right] \right\}^{1/n} \tag{1}$$

式中 T_o——被测物体表面温度，K；

T_u——环境温度，K；

τ_a——大气透射率；

T_o'——热像仪指示的辐射温度，K；

ε——表面发射率。

常用的热像仪为焦平面热像仪。仪器的组成如图1所示。它的红外探测器呈二维平面形状，自身具有电子自扫描功能，被测目标的红外辐射只需通过简单的物镜，就与照相原理相似地将目标聚焦在底片上曝光成像，被测目标聚焦成像在红外探测器的阵列平面上，“焦平面阵列”即此含意。

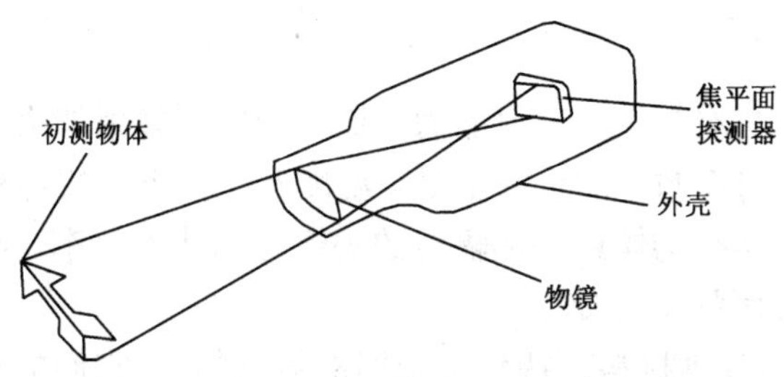

图1 焦平面热像仪成像机理简图

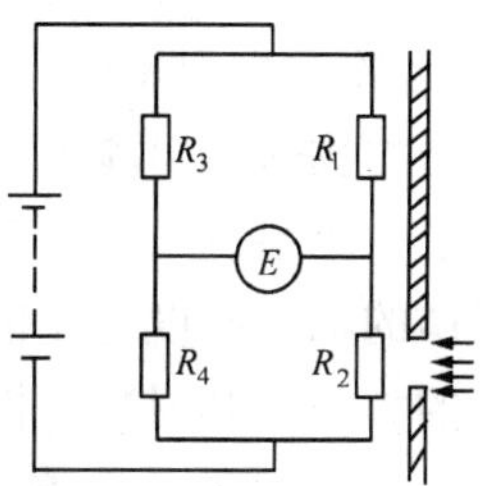

图2 非制冷型红外焦平面热像仪工作原理

焦平面红外探测器由数以万计的传感元件组成阵列，传感元件响应率的均匀性较好，尺寸以微米计，功耗极小，分为制冷型和非制冷型两大类。

非制冷型红外焦平面热像仪是利用类似热敏电阻的原理工作的，在图2所示的桥式电路中，R_1 为内置探测器，R_2 为工作探测器，R_3、R_4 是桥式平衡电路的标准电阻，E 是取样电压信号。R_1 和 R_2 两个探测器的位置摆放很近，R_1 被屏蔽不露，而作为工作探测器的 R_2 暴露在外以接收红外辐射。当工作探测器没有外来辐射照射时，电桥电路保持平衡，没有电压信号输出，此时 $E=0$；而当红外辐射照射到工作探测器时，将使 R_2 的温度变化，从而引起该探测器的电阻阻值随温度变化，桥式电路的平衡被打破，使信号输出电路的两端产生电压差，输出电压信号。

2 提高红外检测精度的方法

根据公式（1）可见，测温精度与被测物体表面发射率、大气透射率、环境温度和大气温度很多因素有关。为了保证测温精度，必须对这些因素的影响进行分析并采取一定的对策。

2.1 太阳和背景辐射的影响及对策

当在户外进行红外检测时，红外热像仪接收到的红外辐射，除包括被测表面自身发射的辐射之外，还会包括其他部位、背景的辐射及直接入射或经背景反射与散射的太阳辐射。这些来自目标以外的辐射都将对检测带来误差。当仪器观测方向远离太阳时，太阳的直接辐射是可以忽略的，但必须注意的是，此时大气散射的太阳长波辐射仍有一定的影响，这种影响主要存在于白天。

利用红外辐射测温，由于信号非常小，低于常温的测量将受背景噪声的影响，在室外，阳光的直接辐射，折射和空间散射线是主要的背景噪声。室内测量时，来自待测物体周围的反射光有时极大地影响测量结果，因此在测温时必须考虑上述影响因素，采取的基本对策如下：

（1）准确对焦距，避免非待测物体的辐射能进入测试角。

（2）在待测物体附近设置屏蔽物，以排除外界干扰。

（3）室外测量时，选择有云天气或晚上以排除日光的影响；室内测量时，要关掉照明灯。

（4）物体发射率低，光反射的影响越大，在不影响表面绝缘的前提下，应采用发射率高的涂料或制小孔等方法来提高发射率。

2.2　物体发射率的影响及对策

不同的物体辐射能力不同，理想黑体具有最大的辐射能力，而其他物体辐射能力的衡量引入了一个参量，即发射率 ε，又称辐射系数。ε 系指在相同温度及条件下，实际辐射体与黑体的辐射照度之比值。如前所述，实际物体红外热辐射的关键是物体发射率。物体发射率的大小与其材料的性质、温度和表面状态直接相关。

（1）材料性质的影响。绝大多数的非金属材料，特别是金属的氧化物，，它们的红外发射率都很高；而绝大多数的纯金属正与非金属相反，它们的红外发射率都很低。

（2）温度的影响。物体的红外发射率与物体的温度有关，它是随物体的温度而变化的。对于温度的影响往往采用实验测定，一般实验表明，绝大多数非金属材料的发射率随温度升高而减小；而绝大多数金属材料的发射率近似地随热力学温度成比例增大，其比例系数和金属的电阻率有关。

（3）表面状态的影响。物体发射率大小还与物体的表面状态有关。生产实际中，设备表面总会有不同程度的粗糙度和覆盖物，它们都将直接影响到该物体的红外发射率。

发射率表明了辐射和吸收的能力，它是材料的固有性质，测温时选用 ε 值的大小直接影响测温结果。常见建筑材料的发射率值见表 1。

表 1

材　料	发射率值 ε	材　料	发射率值 ε
石头	0.92	大理石	0.93
混凝土	0.94	红砖	0.95
石子	0.23～0.44	搪瓷（白色）	0.90
墙粉	0.92	沥青	0.85
石头（平面）	0.92	玻璃（面）	0.94
石棉板	0.96	橡木	0.90

表 1 给出常见的建筑材料发射率值，仅供参考。许多文献著作中都有物理常数表，但由于 ε 是随测量条件不同而变化的，因而在使用这些数据前必须检查测量条件，包括材料的材质，材料的温度，表面的状况等。值得一提的是，在检测外壁上涂有除腐涂层的容器时，一定要注意涂层是否有脱落，减薄，不均等现象，因为测点位置的错误很可能导致错误的温度数据，所以在现场要灵活运用，综合分析。为了消除发射率设置误差，在红外检

测和诊断的工作中对实际的发射率进行现场测定。目前采用的测定方法有（1）参考黑体法；（2）涂料法；（3）接触测温法。建筑热工性能检测，主要采用接触测温法。

接触测温法的原理是当被测物体的部分表面便于触摸时，可以先应用精确度较高的面接触式测温温度计测定该部位的温度，再继续采用红外热像仪测温，调整热象仪设定的发射率数值，使测温结果与接触式测温结果相同，此时的发射率设定值就是需要的发射率。

2.3　风速的影响及对策

风速是影响被测表面对流散热的重要因素，风速越大，对流散热量越多，从而会降低表面与环境的温差。在某种程度上，由于风速较大还会给缺陷部位的识别带来一定的困难。在条件允许的情况下，户外红外检测宜在无风或风力很小时进行；否则应该对测温结果进行修正。

3　检测方法

（1）检测前，应采用表面式温度计在所检测的围护结构表面上测出参照温度，调整红外热像仪的发射率，使红外热像仪的测定结果等于参照温度。

（2）在实际检测中，可以在热谱图分析时，通过软件调整发射率，使红外热像仪的测定结果等于参照温度。为了便于检查数据，防止数据处理出现错误，要求在红外热谱图上应标明参照温度的位置，并应附上可见光照片，并随热谱图一起提供参照温度的数据。

（3）红外检测时，临近物体对被测围护结构产生显著影响的情况有两种，一种是被测围护结构表面的粗糙度很低，它的发射率也很低，而反射率高；另一种情况是临近物体相对于被测的围护结构表面的温差很大（如散热器或空调设备）。这两种情况都会在被测的围护结构表面上产生一个较强的发射辐射能量。从不同方位拍摄的目的是为了消除邻近辐射体的影响。遇有被测围护结构表面的粗糙度很低及临近物体相对于被测的围护结构表面的温差很大时，要注意选择仪器的测试位置和角度，必要时，采取遮挡措施或者关闭室内辐射源。

因此要求，应在与目标距离相等的不同方位扫描同一个部位，检查临近物体是否对被测的围护结构表面造成影响，必要时可采取遮挡措施或者关闭室内辐射源。建筑围护结构同一个部位的红外热谱图，不应少于4张。如果所拍摄的红外热谱图中，主体区域过小，应单独拍摄2张以上主体部位热谱图。

建筑围护结构的热工检测宜具有下列资料：

1）红外热像仪的性能和规格型号

2）建筑墙体的特征

3）面层材料的辐射性能

4）气候因素

5）测试的可能性

6）环境的影响

7）其他重要因素

4　红外诊断技术原理及构成

红外诊断技术属于信息技术范畴。它是在建立红外检测技术的基础上，利用被诊断的目标所提供的红外辐射信息，在经分析处理后识别建筑物是否正常。红外诊断技术不仅是一门前沿科学技术，而且是一门多学科的边缘技术，因而它也是一门正在不断迅速发展和不断完善中的高新技术。

构成红外诊断技术的技术要素有四个：（1）检出信息——特征参量红外辐射信息的检出；（2）信号处理；（3）识别评价；（4）预测技术。利用红外检测结果，预测建筑围护结构的热工性能，则是红外诊断技术在建筑中的应用重点。

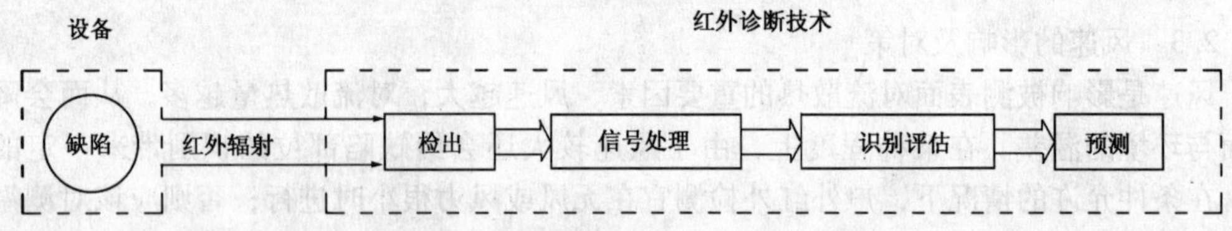

图3　红外诊断技术的构成

5　利用红外热像仪提高围护结构传热系数测量精度

目前测量围护结构传热系数大多采用热流计测定，按照公式（2）和式（3）进行计算。

$$R = \frac{\sum_{j=1}^{n} t_{1j} - t_{2j}}{\sum_{j=1}^{n} q_j} \tag{2}$$

$$K = \frac{1}{R_1 + R + R_2} \tag{3}$$

式中　R——围护结构的热阻，m^2℃/ W；

R_1、R_2——围护结构的热阻，m^2℃/ W；

K——围护结构的传热系数，W /m^2℃；

q_j——热流密度的第 j 次测量值，W/m^2；

$t_{1j} - t_{2j}$——围护结构内外表面温度差，℃。

相同热流密度，由于围护结构内外表面的平均温度不同，将导致围护结构传热系数造成较大的误差。

目前固体表面的平均温度的测量，是采取将要测量的固体表面分成若干个区域，在每一个区域中选取有代表性的测点，然后测量各个有代表性的测点的物体表面温度——特征温度，并按照公式（4）求取该固体表面的平均温度。

$$t_p = \frac{\sum t_i A_i}{\sum A_i} \tag{4}$$

式中　t_i——每一个区域的特征温度，℃；

A_i——固体表面所分割的每一个区域的面积，m^2。

利用公式（4）进行表面平均温度计算的条件是，所测的固体在所分割的区域内，应由均质的材料组成，表面温度应该均匀一致。然而建筑工程的结构特点，决定了公式（4）所要求的条件，是无法满足的，只有将区域分割为无穷多时，用公式（4）得到的温度才为平均温度。建筑工程中固体表面温度分布具有很大的差异，在进行表面平均温度测量时，很难在所分的每一个区域中找到可以代表该区域的特征温度，无论每个特征点的表面温度测量精度多高，也很难真正得出建筑工程的固体表面的真正表面平均温度。

图4为厚度为300mm的加气混凝土砌体、外贴苯板保温墙体及均匀墙体的红外热像图。由图5可见，均匀墙体的区域的划分方式，对误差的影响并不显著；不均匀墙体在分区时，是无法预测所分的区域的测量结果是否接近实际平均温度。

与“点”测相比，红外热像仪属于“面”测。红外热像仪测得的是目标的一个面，视场的大小可通过测距来调整。像素320×240的热像仪的测温点达76800个，满足了公式（4）所要求的区域分割无限多的要求。

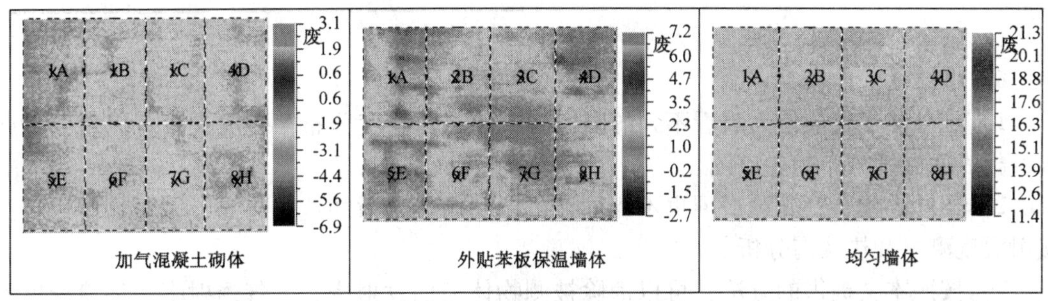

图4　几种墙体红外热像图

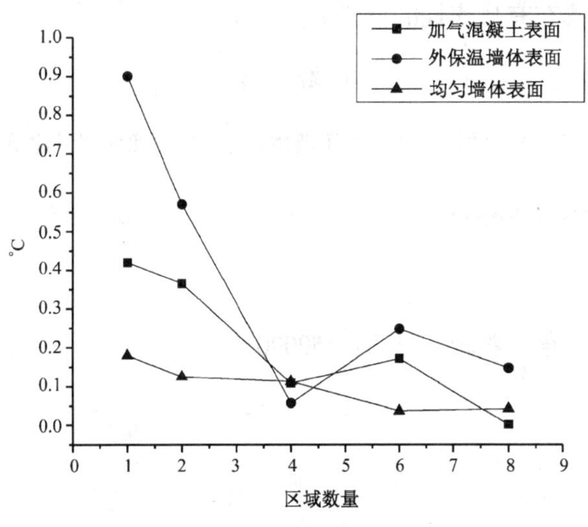

图5　不同分区的误差曲线

这表明，单独测点温度和区域平均温度间的差别是很大的，这种差别若是带到耗热量或传热系数的计算中，会带来更大的影响（表2）。由表2可知，在相同的热流密度下，由于特征点选择不同，内外表面温差不同，从而造成K有3%～4.5%的误差。所以测量非均匀性围护结构时，热流计及内外表面温度测点宜根据红外热像仪扫描结果，布置在有代表性的位置上。

围护结构传热系数　　表 2

特 征 点	T1-T2 ℃	QH W/m²	K W/m²℃	误差%
1 和 1′	18.57	7.845	0.396	0.032
2 和 2′	18.75		0.392	0.041
3 和 3′	18.41		0.399	0.024
4 和 4′	18.68		0.394	0.037
5 和 5′	18.84		0.391	0.045
6 和 6′	18.82		0.391	0.044
实际值	17.94		0.409	

6　小结

1）红外热像仪能使人眼看不到的围护结构外表面温度分布，变成人眼可以看到的代表目标表面温度分布的热谱图。

2）不同的构造，其热谱图也不相同。可以利用热辐射的这个特点，来对物体进行无接触温度测量和热状态分析。

3）按照本文提供的方法，可以消除被测物体表面发射率、大气透射率、环境温度和大气温度等因素对测量结果的影响。

4）非均匀性围护结构进行传热系数检测时，热流计及内外表面温度测点宜根据红外热像仪扫描结果，布置在有代表性的位置上。

参 考 文 献

1. 王杨扬，方修睦，李延平，张宝利，李德英，王随林．用红外热像仪测量建筑物表面温度的试验研究．暖通空调，2006，2

2. 方修睦，王杨扬．建筑外围护结构表面热工缺陷红外检测方法研究．施工技术，2006，4

方修睦　哈尔滨工业大学　教授　邮编：150090

外保温耐候性试验方法

冯金秋

【摘要】 本文讨论了耐候性能检测的必要性，介绍了试件制作和欧洲标准有关规定，以及耐候性试验方法和耐候性能要求，并提出了检测注意事项。

【关键词】 外保温 墙体 耐候性 检测

耐候性试验是对大尺寸的外保温墙体进行的加速气候老化试验，是检验和评价外保温系统质量的最重要的试验项目，能评估外保温系统的长期使用性能。

外保温工程在实际使用中会受到相当大的热应力作用，这种热应力主要表现在保护层上。由于聚苯板的隔热性能特别好，其保护层温度在夏季可高达80℃。夏季持续晴天后突降暴雨所引起的表面温度变化可达50℃之多。夏季的高温还会加速保护层的老化。保护层中的某些有机粘结材料会由于紫外线辐射、空气中的氧气和水分的作用而遭到破坏。

耐候性试验模拟夏季墙面经高温日晒后突降暴雨和冬季昼夜温度的反复作用，耐候性试验与实际工程有着很好的相关性，能很好地反应实际外保温工程的耐候性能。根据法国CSTB的试验，从在严酷气候条件下经过了几年考验的外保温系统的实际性能变化与试验室耐候性试验的对比来看，为了确保外保温系统在规定使用年限内的可靠性，耐候性试验是十分必要的。

耐候性试验条件的组合是十分苛刻的。如果材料质量不符合要求，设计不合理或施工质量不好，都不可能经受住这样的考验。

1 试验依据

JGJ144—2004 外墙外保温工程技术规程。

2 试样制备

试样由混凝土墙和被测外保温系统构成，混凝土墙用作基层墙体。试样宽度应不小于2.5m，高度应不小于2.0m，面积应不小于6m^2。混凝土墙上角处应预留一个宽0.4m高0.6m的洞口，洞口距离边缘0.4m，如图1所示。外保温系统应包住混凝土墙的侧边。侧边保温板最大厚度为20mm。预留洞口处应安装窗框。如有必要，可对洞口四角做特殊加强处理。

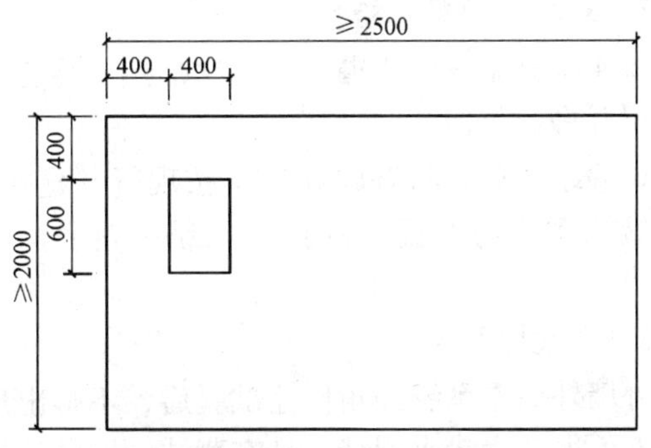

图1 混凝土墙试样

外保温系统试样应按照生产厂家说明书规定的系统构造和施工方法进行制备。材料试样应按产品说明书规定进行配制。不同厂家有不同做法，不能强求一律。

3 养护和状态调节

试样养护和状态调节环境条件为：温度 10～25℃，相对湿度不低于 50%。

试样养护时间为 28d。

外保温系统对环境条件有很强的适应能力，试样养护和状态调节环境条件不必做严格规定。对于一些大型试验，如耐候性和抗风压值，规定温度为 10～25℃，相对湿度不低于 50% 就可以了，《EOTA ETAG 004 有抹面层复合外保温系统欧洲技术认证指南》中也是这样做的。这种条件，一般试验室均不难做到。

4 试验步骤

EPS 板薄抹灰系统和无网现浇系统试验步骤如下：

（1）高温—淋水循环 80 次，每次 6h。

1）升温 3h　使试样表面升温至 70℃并恒温在 70±5℃（其中升温时间为 1h）。

2）淋水 1h　向试样表面淋水，水温为 15±5℃，水量为 1.0～1.5L/（m^2·min）。

3）静置 2h。

（2）状态调节至少 48h。

（3）加热—冷冻循环 5 次，每次 24h。

1）升温 8h　使试样表面升温至 50℃并恒温在 50±5℃（其中升温时间为 1h）。

2）降温 16h　使试样表面降温至 -20℃并恒温在 -20±5℃（其中降温时间为 2h）。

保温浆料系统、有网现浇系统和机械固定系统试验步骤如下：

（1）高温—淋水循环 80 次，每次 6h。

1）升温 3h　使试样表面升温至 70℃并恒温在 70±5℃，恒温时间应不小于 1h。

2）淋水 1h　向试样表面淋水，水温为 15±5℃，水量为 1.0～1.5L/（m^2·min）。

3）静置 2h。

（2）状态调节至少 48h。

（3）加热—冷冻循环 5 次，每次 24h。

1）升温 8h　使试样表面升温至 50℃并恒温在 50±5℃，恒温时间应不小于 5h。

2）降温 16h　使试样表面降温至 -20℃并恒温在 -20±5℃，恒温时间应不小于 12h。

5 观察、记录和检验

每 4 次高温—淋水循环和每次加热—冷冻循环后观察试样是否出现裂缝、空鼓、脱落等情况并做记录。

试验结束后，状态调节 7d，按现行《建筑工程饰面砖粘结强度检验标准》JGJ 110 规定检验抹面层与保温层的拉伸粘结强度，断缝应切割至保温层表面，并检验系统抗冲击性。

6 耐候性要求

外墙外保温系统经耐候性试验后，不得出现饰面层起泡或剥落、保护层空鼓或脱落等破坏，不得产生渗水裂缝。具有薄抹面层的外保温系统，抹面层与保温层的拉伸粘结强度不得小于 0.1MPa，并且破坏部位应位于保温层内。

对外保温系统耐候性要求包括外观和粘结强度两个方面。

规定粘结强度是十分重要的，尤其对于面砖饰面外保温系统就更显得重要。本规程虽然未涉及面砖饰面外保温系统，但实际工程中做面砖饰面的不在少数。在我们做过的耐候性试验中，有在 EPS 板和 XPS 板薄抹面层上直接贴面砖的，耐候性试验后做粘结强度检验，有面砖与保温板粘结强度为零的，也有面砖与抹面层粘结强度为零的。如果只看外观，就不能发现这些问题。

关于裂缝问题，很难对裂缝宽度进行规定。渗水裂缝指的是水可通过裂缝渗透至保温层。经耐候性试验后，敲开裂缝部位观察，如果保温层没有被水浸湿，则判定为非渗水裂缝。

关于抹面层与保温层的拉伸粘结强度，除规定粘结强度指标外，还规定破坏部位应位于保温层内，两者缺一不可。规定破坏部位应位于保温层内，意味着不允许在界面处破坏。目的在于保证抹面层与保温层的附着力大于保温层的抗拉强度。实际上，密度在 18kg/m^3 以上的 EPS 板，抗拉强度大都在 0.15MPa 以上。

7　EOTA ETAG 004 中关于试验墙板的规定

（1）如果预期在一个试验墙板上安装两种保温产品，需在墙板上设置两个位置对称的洞口。

（2）如果几种构造系统只是保温产品不同，在一个试验墙板上可做两种保温产品，从墙板中心竖直方向划分。

（3）如果几种构造系统只是保温板的固定方法不同（粘结固定或机械固定），可在试验墙板边缘用粘结方法固定，墙体中部用机械固定装置固定。

（4）在一块试验墙板上，只能做一种抹面层，并且最多可做四种饰面涂层（竖直方向分区）。墙板下部（1.5×保温板高度）不做饰面层。

（5）需要陈化的保温产品不得超过最小规定时间 15 天以上。

注："陈化时间"是指规定的从生产到出售之间所需的存放时间。EPS 板的尺寸变化可分为热效应和后收缩两种变化。温度变化引起的变形是可逆的。EPS 板在加热成形后会产生收缩，这就是后收缩。后收缩的收缩率起初较快，以后逐渐变慢。收缩到某一极限值后就不再收缩。EPS 板成形后需要进行养护或陈化，以保证 EPS 板的尺寸稳定。

（6）试验室应检查和记录外保温构造系统在试验墙板上的安装细节（材料用量、板缝位置、固定装置等）。

8　瓷砖饰面粘结强度检验建议

（1）断缝切割至保温层，检验瓷砖与保温层的粘结强度；

（2）断缝切割至瓷砖粘结层，检验瓷砖与抹面层的粘结强度。

应该看到，这两项检验都是十分重要的。

例如在保温层外设四角钢丝网，用锚栓与墙体固定，然后贴面砖的做法。做瓷砖拉拔试验时，在断缝切割至钢丝网或玻纤网表面的情况下，钢丝网或玻纤网绷紧受力，沿受试面周边的抹面层和瓷砖粘结层也受力参与抵抗拉拔力。因此，抹面层和瓷砖粘结层的厚度越大，拉拔强度就越大，有的甚至可达 1MPa。然而，如果抹面层与保温层粘结不牢，或保温层本身抗拉强度很低，单靠锚栓固定，其安全性是很成问题的。

9　几点注意

（1）标准要求的是试样表面温度，而不是空气温度。

(2) 要求淋水温度为 15 ± 5℃，水温要有控制，不能用自来水。在 1 小时淋水期间内，应保持淋水温度基本不变。

(3) 耐候性试验后不能只检验外观，应做拉拔试验，尤其是贴砖做法。

(4) 试验墙板尺寸不得缩小。

冯金秋　中国建研院建筑物理研究所　国家建筑工程质量监督检侧中心　研究员
邮编：100044

气压法检测房间气密性技术

——鼓风门法

段　恺　赵文海　王志勇　白胜芳　蒋志强　吴　冬　董洪艳

【摘要】　气压法是一种检测房间气密性的重要方法，本文详细介绍了气压法检测房间气密性的试验原理、方法、仪器组成、特点和具体应用实例

【关键词】　房间气密性　鼓风门　换气次数

1　背景

对于一套房间，影响其建筑能耗的原因主要有两个方面，一个是围护结构的热工性能，一个是房间的空气渗透。研究围护结构的传热系数，是为了控制热量以传导的方式在室内外进行热量交换，研究房间的空气渗透，是为了控制热量以对流的方式在室内外进行热量交换。房间的空气渗透产生的建筑能耗约占总建筑能耗的1/3～1/4。而且，通过采用廉价的密封条对房间密封，提高房间的气密性，就能够降低由空气渗透产生的建筑能耗，这是一种比较经济的节能方法。

房间的空气渗透产生原因有两个。一个是由于热空气比冷空气轻。当天气寒冷时，室内采暖，房间如同一个烟囱，热空气密度低，向上流动，从房间上部的缝隙流出室外，室内的气压下降，低于室外大气压力，室内外形成压差，室外冷空气在此压差下从房间下部的缝隙流入室内，然后在室内热源的加热下，成为热空气向上流动，流出室外，形成一个循环过程；当天气炎热时，室内空调降温，室内冷空气密度高，在重力作用下，向下流动，从房间下部的缝隙流出室外，室内的气压下降，低于室外大气压力，室内外形成压差，室外热空气在此压差下从房间上部的缝隙流入室内，然后在室内冷源的降温下，成为冷空气向下流动，流出室外，形成一个循环过程。另外一个是在刮风时，建筑物顶风的一面受外界风力的作用，室内压力小于室外压力，空气从室外通过缝隙渗透到室内，在背风的一面室内压力大于室外压力，空气由室内渗透到室外。

房间气密性是一个复杂、矛盾的性能。房间换气次数小，室内与室外的空气交换速度较慢，室内与室外通过空气对流产生的能量损耗就小，节约能源；但同时，因为室内空气流动缓慢，随着人和室内存在的生物的呼吸作用，室内氧气含量下降，室内空气环境会逐渐变差，使人感到憋闷、呼吸不畅等不舒服的感觉，不符合室内卫生要求。房间换气次数大，室内与室外的空气交换速度较快，室内空气新鲜，环境比较好，室内与室外通过空气对流产生的能量损耗大；但同时，因为室内空气流动较快，在室内外温差较大或刮风下雨等恶劣天气时，室内受室外环境剧烈变化影响，室内环境也有较强的变化，人们也同样会

产生不舒服的感觉，还会对人们的生活产生影响。

每个房间都有不同的渗透量和不同的渗透形式，通过检测房间气密性，就可以确定被测房间的房间气密性到底是多少，有哪些漏气点和漏气形式。针对这些漏气点和漏气形式，采取相应的密封措施进行密封。再经过检测，就可以大体知道密封后的房间气密性是多少，通过采取密封措施，节约多少能源。

房间气密性评价指标是单位时间内房间的换气次数，它表征的是被测建筑在单位时间内，室内空气与室外环境交换的空气体积在被测建筑的换气体积中所占的比例。单位是：1/h。国外检测房间换气次数一般使用两种方法：气压法，示踪气体法。示踪气体法是一种模拟自然状态下的检测方法。该方法是在被测房间内释放一种示踪气体（通常用 SF_6 气体），通过气体分析仪检测该种气体浓度随时间的变化，计算得出房间的换气次数。该方法的优点是：检测在自然状态下进行，与生活实际条件接近，检测结果比较符合自然条件下的情况。缺点是：操作比较复杂，检测所需周期比较长，设备昂贵，另外因为影响房间气密性的因素比较多，包括湿度、大气压力、室外风速、风向等，该检测结果只是当时条件下的检测结果，不能代表其他时候房间的实际情况。

气压法检测房间气密性是利用一台风机人为使室内外产生一定的压差，空气在压差的作用下从室内向室外或从室外向室内进行渗透，通过仪表测出在此压差下通过房间的空气渗透量，经过计算得出房间的换气次数。该方法具有设备简单，操作简便，检测周期短，能够在大部分环境条件下进行检测的优点。

2　该检测方法的用途

气压法检测房间气密性的用途有以下 5 种。

（1）对建筑物的空气渗透情况进行评价。通过检测房间的气密性，对建筑物的空气渗透性能进行评价。

（2）鉴定建筑物不同构造的空气渗透情况。通过检测同一房间不同渗透构造的房间气密性，来分析各种围护结构构造对房间空气渗透性能产生的影响。

（3）鉴定采用降低空气渗透措施产生的节能效果（如对门窗开启缝、空调孔等进行密封）。通过对房间采取密封措施前后的房间气密性进行检测，比对改进前后的检测数据，计算出因为采取密封措施以后的节能效果。

（4）通过检测发现房间的主要漏气点，制定房间的密封方案，提高房间的密封性能。

（5）评价一幢建筑在满足卫生标准的前提下，是否还有降低空气渗透的潜力。

3　检测原理

气压法检测房间气密性因为使用的设备是鼓风门，所以又称鼓风门法。它依据的是流体力学的理想气体流动及流体能量方程等相关原理，即在空气流速、工作压力较低时，可以假定空气是不可压缩的理想气体，空气流动遵守理想流体能量方程。该检测方法是人为使房间内和室外大气环境之间产生一个稳定的压差，室内空气在此压差的作用下，从高压的一侧向低压的一侧流动，此流动的能量方程为：

$$U_{1i}+p_{1i}/\rho+v_{1i}2\ /2=U_{2i}+p_{2i}/\rho+v_{2i}2\ /2 \tag{1}$$

式中　U_{1i}、U_{2i}——围护结构第 i 个孔隙的室内断面、室外断面的位能；

p_{1i}、p_{2i}——围护结构第 i 个孔隙的室内断面、室外断面的相对压力；

v_{1i}、v_{2i}——围护结构第 i 个孔隙的室内断面、室外断面的空气流速。

由于整个系统只受到重力作用，上述公式可以转化为：

$$z_{1i}+p_{1i}/\rho g+v_{1i}^2/2g=z_{2i}+p_{2i}/\rho g+v_{2i}^2/2g \tag{2}$$

式中 z_{1i}、z_{2i}——比位能，表示单位重量流体微团相对于某一基准所具有的位置势能，m；

$p_{1i}/\rho g$、$p_{2i}/\rho g$——比压能，表示单位重量流体微团因承受压力所具有的压力位能，m；

$v_{1i}^2/2g$、$v_{2i}^2/2g$——比动能，表示单位重量流体微团所具有的动能，m。

其中，z_{1i}、z_{2i}在垂直墙体上的孔隙位置，因为高度相同，两个值相等。在水平屋顶上的孔隙位置，因为屋顶厚度较薄，也可以近似认为相等。$z_{1i}-z_{2i}=0$（m）。被测房间是一个封闭空间，相对于室外大气可以认为室内空气静止，$v_{1i}^2/2g=0$（m），外断面在大气中，相对压力为0，$p_{2i}/\rho g=0$（m）。

因为是理想气体，用风机送入或抽出房间的空气流量就等于房间从各个孔隙流出或流入的空气流量。设定 L 为风机的空气流量，ΔP 为风机内取压点与室外大气的压差（在使用低流板时为低流板内表面取压点与室外大气的压差），A 为通风机取压点处沿风机径向截面的截面积（在使用低流板时为低流板上圆形通气孔的截面积和，在封闭通气孔时，按比例减小），把以上三个参数代入空气流量计算公式，可以得到以下公式：

$$L=A\cdot(2\cdot|\Delta P|/\rho)^{0.5} \tag{3}$$

其中，A 在风机、低流板做好以后，成为定值，ΔP 可以从微压表上读出，ρ 为空气密度，在符合鼓风门的使用条件的情况下，一般可以代入标准状态下的空气密度进行计算，因为要采用风速法进行修正，在公式中添加修正系数μ，公式转化为：

$$L=\mu\cdot A\cdot(2\cdot|\Delta P|/\rho)^{0.5} \tag{4}$$

当未使用低流板时： $$A=\pi\cdot r_1^2 \tag{5}$$

r_1 为风机测压点径向截面的半径。当房间密封性能比较好时，直接使用风机测出的空气流量读数在仪表上无法读出，就需要使用低流板，此时：

$$A=7\pi\cdot r_2^2 \tag{6}$$

r_2 为低流板圆孔的半径，一般在低流板上挖取 7 个孔。

相应的公式（4）可以转化为：

当未使用低流板时：

$$L=C_1\cdot|\Delta P|^{0.5} \tag{7}$$

式中 $C_1=\mu\cdot\pi\cdot r_1^2\cdot(2/\rho)^{0.5}$。

当使用低流板时：

$$L=C_2\cdot|\Delta P|^{0.5} \tag{8}$$

式中 $C_2=7\mu\cdot\pi\cdot r_2^2\cdot(2/\rho)^{0.5}$。

当房间气密性能太好时，直接采用低流板仍无法读出风机流量，可以把低流板上的七个孔密封 n（$n<7$）个，进行检测，此时空气流量为：

$$L=C_3\cdot|\Delta P|^{0.5} \tag{9}$$

式中 $C_3=(7-n)\mu\cdot\pi\cdot r_2^2\cdot(2/\rho)^{0.5}$。

为了减小因为室外环境变化对检测结果的影响，一般采用 50Pa 时的风机空气流量进行计算。

气压法检测房间气密性应按下列公式进行计算：

当压差为50Pa时，换气次数 N_{50}（1/h）

$$N_{50}=L_{50}/V \tag{10}$$

式中 L_{50}——压差50Pa时正压和负压下流量的平均值，m^3/h；

V——被测房间换气体积，m^3。

自然条件下的房间换气次数 N（1/h）（换算系数为17）

$$N=N_{50}/17 \tag{11}$$

典型的空气渗透位置：

（1）天花板的灯具处

（2）墙上的灯具处

（3）卫生间、厨房的风扇等换气口

（4）屋顶缝隙

（5）门窗开启扇的开启缝

（6）外墙裂缝

（7）未密封的空调孔

（8）电源输出端、电话线接线端、电源开关

（9）管道渗透（下水管等）

（10）门

（11）炉子烟囱

4 仪器组成

E-3鼓风门的组成：

（1）活动门框。用于模拟外门框，它由4块门框板，2个锁紧螺栓，4个不锈钢压片、外圈的密封胶条组成，其横向、纵向尺寸可调。门框板是门框的主体，锁紧螺栓和压片用于固定门框，密封胶条用于活动门框在门洞口压紧时填充门框与洞口之间的缝隙。在门框板纵向板条上前后两块板有对应的凹槽和凸起，起纵向的导向作用；在门框板横向板条上前后两块板中心有导向的空槽，配合锁紧螺栓起横向的导向作用。在门框尺寸调好后，横向用锁紧螺栓锁死，横向靠压片压紧，并用伸缩撑杆顶死，以保证在检测过程中活动门框对门洞口或门框有足够的压紧力，不会因为受力而松脱。

（2）风机。风机采用轴流式风机，与普通轴流式风机相比，它采用塑料机壳，铝合金电机，机壳上方有提手，重量很轻，可以一个人提着搬动。配有无级变速装置，可以随意调节风机转速，改变风机流量。在弧形进风口一侧，安装有一个导管，在导管的背风方向有一个小孔，是风机内的取压点，用来检测此处的空气压力。此处的空气压力与室外大气压力比对得到压差 ΔP，代入公式即可计算出通过风机的空气流量。

（3）低流板。固定在风机弧形进风口处，上面有7个圆形进风口，外围均布6个，中心1个。在低流板上还有1个机内取压点，用于在使用低流板检测时取得风机内空气压力。

（4）尼龙门盖。用于模拟外门门扇，在门盖中间部位有1个取压点，用于取得室外大气压力，门盖下方有一个大的开口，开口边缘缝有松紧带，用于套装风机。

（5）10′压力软管2根，用于连接测压点和微压表、流量计。

（6）框架夹。用于把活动门框固定在门洞口，预防在试验时活动门框受力脱落。

（7）框架支撑杆。长度可以调整，用锁紧螺栓锁死后，在活动门框中间压紧门框两端，起固定作用。

（8）带有三块表的表盘。上面有三块表，最上面的一块是微压表，量程为 0 ~ 60Pa，用于读出大气压力与室内空气压力的压差 P。中间和下面的两块表是流量表，用于读出在大气压力与风机内取压点压差为 ΔP 时的风机空气流量，中间的表比下面的表量程大，流量表每块表的表盘有两个量程，上面的量程为不采用低流板时的空气流量，下面的量程为采用低流板时的空气流量。E-3 鼓风门的流量表已经把流量 L 与压差 ΔP 的关系直接在表盘读数中做好，从表盘上直接读出的就是流量，不用再另外进行计算。

（9）表盘夹。可以用锁紧螺栓固定在门扇上，在上面有两个螺钉，可以把表盘挂在其上。

（10）风机支撑座。在检测时安放在风机地下，保证风机工作时不到处滚动。

（11）干湿球温度计。检检测验现场的温湿度，用于计算空气密度用。

（12）空盒气压表。检检测验现场的大气压力，用于计算空气密度用。

5 检测方法

以 E-3 鼓风门为例。

5.1 环境条件

室外空气温度 20 ± 5℃，相对湿度 50% 以下，风力小于 3 级，晴天或阴天，无雨，220V/50Hz 交流电，门窗安装齐全，洞口密封完毕，屋内没有点着的炉火。

5.2 检测

（1）检测点为：室内外压差 P，风机内取压点或低流板内表面取压点与室外大气的压差 ΔP，室外大气压力、室内空气温湿度、室内换气体积（有平面图不用测量）。

（2）检查室内情况，把未密封的空调孔、下水道口等用胶带密封。如果没有平面图，需要使用卷尺测量房屋尺寸和层高，计算出房屋的换气体积。检测并记录现场的空气温度、湿度，大气压力，室外天气情况、风力。外门窗类型。把内门全部打开。

（3）打开楼梯间入户门，把活动门框调整到略小于入户门，长宽方向各 3 ~ 4cm，把锁紧螺栓略微拧紧，使活动门框不能横向自由活动即可，把尼龙门盖套在活动门框上，大洞朝下，洞口必须全部露出，不能压在门框下面，取压点软管接头朝向室内。门盖安装时要放松，不能绷紧，后面还需要调整。把活动门框和尼龙门盖整体安装到入户门口，用脚踩住活动门框下沿，手撑住活动门框上沿，用力顶死。调整框架支撑杆的长度略长于活动门框横向内侧尺寸长度 3 ~ 5cm，用撑杆上的锁紧螺栓锁死，使它不能伸缩。松开活动门框上下的锁紧螺栓，用撑杆分别把活动门框上下沿压紧。压紧一处，拧紧活动门框对应位置的锁紧螺栓锁死一处，最后把撑杆压紧固定在活动门框纵向中间位置。

（4）把表盘夹固定在门扇上（门朝内开）或其他位置，然后把表盘挂在表盘架上。表盘必须垂直放好，微压表在三块表的最上面。用一根 10′压力软管，一端连接门盖上的室外空气取压点的软管接头上，另一端连接微压表下面的软管接头（加压试验时，减压试验连接在上面的软管接头）；另一根 10′压力软管，一端连接风机内或低流板内取压点的软管接头，另一端连接流量计上的软管接头，用于测量风机空气流量。

（5）拉开门盖下的大洞，把风机喇叭形进气口伸出，直到风机机体圆柱形的位置，放开松紧带，使门盖与风机紧密接触。把风机支撑座放在风机机体的另一侧下面，调整风机保持轴线水平，风机机体上的把手朝上。接上电源。

（6）开启风机，缓慢调整风机转速对室内加压，检查微压表上的软管接入是否正确，风机工作是否正常。如果不对，应该关闭风机重新连接软管。

（7）检查没有问题后，把风机转速调整到最小，然后用螺丝刀把微压表、流量表调零。

（8）增大风机转速，把室内外压差加到60Pa，待微压表稳定后记录此时的空气流量（另外一种是记录大气压力与风机内取压点空气压差 ΔP），然后以5Pa为一个调整级别，逐级降低室内外压差，记录每个压力点时的空气流量，直到25Pa时关闭风机停止试验。在此试验过程中，可以使用烟笔等彩烟发烟装置在室内释放彩烟，根据彩烟随空气渗透流动的方向、位置，可以找到房间的漏气点。

（9）把风机取下，转换方向安装到门盖上，微压表上的软管接到另一个接头上，把室内外压差减小到 -60Pa，按照（8）的方法再进行一次试验。记录每个压力点时的空气流量。直到 -25Pa时关闭风机停止试验。

5.3　数据处理

使用E-3鼓风门时：

（1）计算出被测房间换气体积。

（2）把从流量表上读出的流量值由英制单位换算为公制单位。

（3）计算出自然状态下的房间换气次数。

E-3鼓风门计算公式为：空气流量：

$$L = 384.6 \times P\,0.475 \tag{12}$$

式中　L——风机的空气流量，立方英尺/分钟；

P——风机内取压点与大气压力的压差，帕斯卡。

自然状态下房间换气次数（换算系数为17，英制转公制单位的换算系数为1.698）：

$$N = 1.698 \times (L_{50}\text{正} + L_{50}\text{负}) / (2 \times 17 \times V) \tag{13}$$

式中　N——自然状态下的换气次数，1/h；

L_{50}正——风机在室内外压差为 +50Pa时的空气流量，立方英尺/分钟；

L_{50}负——风机在室内外压差为 -50Pa时的空气流量，立方英尺/分钟；

V——房间换气体积。

使用原理公式时：

（1）计算出被测房间换气体积。

（2）根据测得的现场空气温湿度和大气压力查热工图表得到空气密度。

（3）根据大气压力与风机内取压点空气压差 ΔP 计算出风机空气流量。

（4）代入公式计算自然状态下的房间换气次数。

6　工程应用

我单位自从引进E-3鼓风门以来，先后在一些工程中进行了现场检测。从实际工程检测结果来看，我国的建筑的房间空气渗透性能在这些年来有着较大的变化，从1999年我单位检测的部分小区和我单位的办公室的检测结果看，当时的住宅和办公室普遍采用25系列平开钢窗，该钢窗容易变形，空气渗透量大，保温性能差。而且受限于当时的生活条件，居民住宅建筑面积较小，普遍低于 70m^2，外窗对房间气密性的影响很大，造成的结果就是房间的气密性较低，而且普遍低于国标《民用建筑节能设计标准》（采暖居住建筑部分）（标准号：JGJ26—95）推荐的房间换气次数 0.5 1/h，具体数据见表 1。

1999 年房间气密性检测结果（1/h） **表 1**

房间号	测试值	房间号	测试值
2 单元 101	0.66	1 单元 101	0.65
2 单元 201	0.67	1 单元 102	0.67
2 单元 202	0.81	1 单元 202	0.73
2 单元 301	0.79	1 单元 301	0.67
2 单元 302	0.67	1 单元 302	0.79
2 单元 401	0.63	1 单元 401	0.71
2 单元 402	0.66	4 单元 101	0.74
3 单元 101	0.74	4 单元 102	0.79
3 单元 102	0.67	4 单元 301	0.56
3 单元 302	0.56	4 单元 302	0.78
3 单元 401	0.68	4 单元 401	0.54
3 单元 402	0.62	4 单元 402	0.65
5 单元 101	0.89	5 单元 302	0.66
5 单元 102	0.61	5 单元 401	0.81
5 单元 202	0.50	5 单元 402	0.68
5 单元 301	0.71	管理室	0.64
水泥间	0.45	管理室内间	0.81
检测一室	0.86	3 楼东门	0.85
2 单元 1 楼西门	0.86	3 楼东门	0.62
2 单元 2 楼东门	0.74	3 楼西门	0.85
2 单元 2 楼西门	0.62	3 楼西门	0.62
2 单元 2 楼西门	0.77	3 楼东门	0.64
5 楼东门	0.84	4 楼西门	0.84
5 楼东门	0.63	4 楼西门	0.62
5 楼西门	0.61	6 楼东门	0.51
5 楼西门	0.83	6 楼东门	0.64
6 楼西门	0.66	6 楼西门	0.52

从上表可以看出，检测结果基本都大于标准推荐值，从现场的检查情况来看，未发现特殊的漏气点，主要是从未封闭的阳台外门、外窗渗透出去，当时居住建筑外门窗主要采用的是钢门窗，密封效果较差，另外受当时的生活条件的限制，每户的建筑面积都较小，一般都在 30～60m^2 之间，换气体积小。墙上的电源插座等一般走的是明线，房间也很少

有空调孔、电源插座等空气渗透点，外窗的空气渗透性能对整个房间的气密性具有决定性的影响，造成房间的气密性较大。随着我国国民经济的快速发展，人们的生活水平越来越高，人们对生活质量要求也越来越高。表现为居民住宅面积越来越大，建筑面积都在 70m^2 以上，有的甚至达到 200~300 m^2，这样房间的换气体积就大了。一般都安装了空调等设备，墙上的电源插座、开关、有线电视接口、电话线接口均为预留的暗线，在墙内走管，成为新的漏气点，但这些漏气点的漏气量较小，对房间气密性的影响不大。这几年我国的外门窗更新换代也很快，现在普遍使用塑钢、铝合金推拉窗、平开窗，外观比原来的钢窗美观，气密性能也有了较大的提高。在以上因素的作用下，房间气密性有了较大提高。通过最近几年的检测数据，可以得到充分的说明，具体数据见表2。

2003~2006 年房间气密性检测数据（1/h） **表 2**

序号	检测部位	房间换气体积（m^3）	检测结果	窗型
1	1506 号房间	294.33	0.1	双玻塑钢推拉窗单玻彩钢平开窗
2	1 单元 301 室	310.8	0.08	双玻塑钢平开窗
3	4 单元 602 室	341.85	0.09	双玻塑钢平开窗
4	中间单元 101 室	—	0.40	—
5	中间单元 601 室	—	0.42	—
6	中间单元 1001 室	—	0.42	—
7	西单元 102 室	—	0.38	—
8	西单元 502 室	—	0.39	—
9	西单元 902 室	—	0.35	—
10	东单元 101 室	—	0.44	—
11	1 单元 301 室	—	0.14	—
12	9 单元 001 室	—	0.37	—
13	15 单元 101 室	—	0.19	—

通过以上数据可以看出，在房屋建筑没有发生大的质量问题（外墙裂缝）的情况下，实际检测结果基本小于标准的推荐值。通过检测发现一些主要的漏气点，制定周密的密封方案，采用密封条或其他密封材料进行密封，可以有效改善房间的气密性能。

由于现在工程使用外窗的气密性较原来有较大的提高，实际房间气密性检测结果大部分小于 0.51/h，使得室内空气流动性较差，虽然空气渗透耗热量减少了，但室内空气环境不符合卫生标准。建议在保证建筑能耗的基础上，改善室内卫生条件，在室内或外窗上增加微量通风设备，可以人为对室内空气流动进行控制、调节。最近我们在部分新建建筑内已经发现有采用微量通风设备的，从而在降低房间的建筑能耗的基础上，又能保证室内达到卫生标准，改善人们的生活条件。

段恺　北京中建建筑科学技术研究院　副总工　邮编：100076

建筑节能检测中发现的容易被忽略的“热桥”问题

梁　晶　高　山　何西令

【摘要】　本文通过对节能住宅建筑热工检测，对围护结构内表面结露现象的原因进行了分析。结露现象大多发生在采用户式采暖热源、又不能连续保持合理室温的住宅中，集中在建筑热工构造有明显缺陷、存在“热桥”的部位。本文提出了在设计、施工和检测中，应该加以特别关注和改进的问题。

【关键词】　**建筑热工　检测　表面结露　“热桥”**

随着国家对建筑节能的日益重视，各级政府部门强化了对建筑节能的监管力度，对建筑节能的现场检测工作也越来越重视。为适应建筑节能设计标准的更新，现行的两个关于节能检验标准，即国家行业标准《采暖居住建筑节能检验标准》JGJ132-2001、J85-2001和北京市标准《民用建筑节能现场检验标准（采暖居住建筑部分）DBJ/T01-44-2000，目前都在进行修编。

2000年，北京地区颁布执行了《新建集中供暖住宅分户热计量设计技术规程》DBJ01-605-2000，要求新建住宅的集中供暖系统均按需要满足分户计量的要求设计。由于集中供暖系统常见的水力失调、冷热不均、供暖成本高、收费困难、计量设施配置复杂等多方面原因，大量出现了以户式燃气采暖炉为热源的住宅。在建筑节能到位的住宅中，此种采暖炉如能正确配置和合理运行，也是一种可行的采暖方式。

《民用建筑热工设计规范》（GB50176-93）第4.3.1条规定：围护结构热桥部位的内表面温度不应低于室内空气露点温度；第4.3.2条规定：在确定室内空气露点温度时，居住建筑和公共建筑室内相对湿度均应按60%采用。北京地区取室内计算温度18℃，室内相对湿度60%，露点温度为10.4℃。

近年来，发生了多起由于保温问题业主向政府部门投诉、甚至与开发建设单位对簿公堂的事件。主要问题是围护结构内表面结露，结露情况有些还非常严重（见图1~图6），虽经多次进行“维修”，但收效甚微或又重新出现相同问题。

受政府部门和法院的委托，我们进行了现场检测。现场检测表明，多数出现结露的围护结构，都是采用内保温体系。多数情况是采用了某种保温浆料，由于在施工中多种不可控制的因素，保温层的施工厚度和理想配比难以确保，致使保温性能无法达到围护结构节能50%的设计要求。

还有，在我们进行围护结构的热桥部位如转角部位的现场内表面温度的检测中发现，把检测结果换算到设计条件下的室内外计算温、湿度条件时，有的围护结构的热桥部位内表面温度仅为5℃左右，根本达不到热工设计要求。在现场检测时我们也测试了室内的相对湿度，一般为60%左右，没有发现相对湿度过高的情况。而且，北京地区绝大多数住宅冬季室内的相对湿度根本到不了60%。

图1～图6是在检测现场拍摄的照片。

其中：图1～图4所示的围护结构的保温形式，均为采用保温浆料的内保温体系，而且外墙传热系数均未达到节能50%的设计标准，甚至没有达到《民用建筑热工设计规范》中对于防止结露的最低要求。

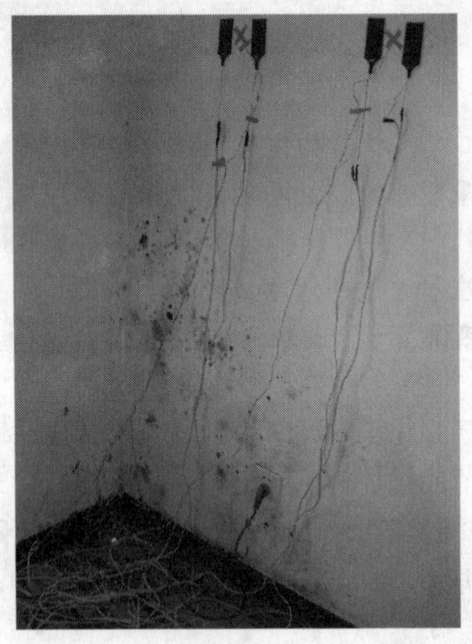

图1　外墙内表面转角部位结露情况

图2　外墙内表面结露情况

图3　外墙内表面结露情况

图4　外墙内表面结露情况

图1所示的工程现场实测数据详见表1、表2和表3。

外墙传热系数实测数据 表1

室内平均温度℃	室外平均温度℃	北墙热阻值测点1 $m^2 \cdot K/W$	北墙热阻值测点2 $m^2 \cdot K/W$	北墙热阻值测点3 $m^2 \cdot K/W$	北墙热阻值测点4 $m^2 \cdot K/W$	平均传热系数 $W/(m^2 \cdot K)$
17.7	3.3	0.14	0.15	0.15	0.13	3.3

外墙测点1传热系数实测数据 表2

室内平均温度（℃）	室外平均温度（℃）	北墙测点1内表面温度（℃）	北墙测点1外表面温度（℃）	北墙测点1热流值（W）	北墙热阻值测点1 $m^2 \cdot K/W$	平均传热系数 $W/(m^2 \cdot K)$
17.7	3.3	12.2	7.3	36.2	0.14	3.3

外墙转角部位内表面温度实测数据 表3

测试房间	室内平均温度℃	室外平均温度℃	内表面温度测点1℃	内表面温度测点2℃	内表面温度测点3℃	内表面温度测点4℃	内表面温度测点5℃
实测值	17.7	3.3	11.9	11.3	8.5	9.2	10.4
室内外计算温度条件下内表面温度	18	-1.6	10.2	9.3	5.5	6.4	9.9

由表1、表2和表3中的实测数据可以看出，外墙实测平均传热系数为3.3 $W/(m^2 \cdot K)$；外墙转角部位内表面温度的换算值均低于露点温度10.4℃，所以出现了结露现象。根据换算值露点温度10.4℃时，反算实际情况下的内表面温度应高于12.1℃时，才会避免结露。从表2中我们可以看出，在外墙的主断面部位，外墙的内表面温度高于转角部位的内表面的温度，略高于12.1℃，所以结露现象不明显，但手摸墙面时，发现墙体内表面也是湿的，只是没有长毛。根据上表的实测数据计算，转角部位的温度最低处，即内表面温度测点3的传热系数仅为5.6 $W/(m^2 \cdot K)$；根据换算值为露点温度10.4℃时，反算实际情况下的避免结露的传热系数限值为3.3 $W/(m^2 \cdot K)$。只有在热桥部位的传热系数小于3.3 $W/(m^2 \cdot K)$ 时，才能避免结露现象。

图2、图3、图4所示的工程实测数据见表4、表5和表6。

外墙传热系数实测数据 表4

室内平均温度℃	室外平均温度℃	北墙热阻值测点1 $m^2 \cdot K/W$	北墙热阻值测点2 $m^2 \cdot K/W$	北墙热阻值测点3 $m^2 \cdot K/W$	北墙热阻值测点4 $m^2 \cdot K/W$	平均传热系数 $W/(m^2 \cdot K)$
16.9	2.1	0.32	0.26	0.31	0.21	2.3

外墙测点1传热系数实测数据 表5

室内平均温度℃	室外平均温度℃	北墙测点1内表面温度℃	北墙测点1外表面温度℃	北墙测点1热流值W	北墙热阻值测点1 $m^2 \cdot K/W$	平均传热系数 $W/(m^2 \cdot K)$
16.9	2.1	12.2	4.3	24.7	0.32	2.1

外墙转角部位内表面温度实测数据 **表6**

测试房间	室内平均温度℃	室外平均温度℃	内表面温度测点1℃	内表面温度测点2℃	内表面温度测点3℃	内表面温度测点4℃	内表面温度测点5℃
实测值	16.9	2.1	10.5	9.8	8.9	9.6	10.6
室内外计算温度条件下内表面温度	18	-1.6	9.5	8.6	7.4	8.4	9.7

由表4、表5和表6中的实测数据可以看出,外墙实测平均传热系数为2.3 W/(m^2·K);外墙转角部位内表面温度的换算值均低于露点温度10.4℃,所以出现了结露现象。根据换算值露点温度10.4℃时,反算实际情况下的内表面温度应高于11.2℃时,才能避免结露。

根据上表的实测数据计算,转角部位的温度最低处,即内表面温度测点3的传热系数仅为4.7W/(m^2·K);根据换算值为露点温度10.4℃时,反算实际情况下避免结露的传热系数的限值为3.4 W/(m^2·K)。只有在热桥部位的传热系数小于3.4 W/(m^2·K)时,才能避免结露现象。

如图2、图3、图4所示,外墙结露和长毛现象非常严重,直接影响到业主的正常生活。从此现象可以看出,不仅是保温性能达不到设计要求,此种保温浆料的本身也存在一定问题。

此外,以上所提到的工程均为采用户式燃气采暖锅炉的采暖方式。由于住户生活水平不同,有些住户采用白天上班时室温调节到10℃,晚上有人居住时再调节回到16~18℃,这种反复的升温和降温的过程,也加剧了结露现象的出现。因为,根据前述计算条件:北京地区取室内计算温度18℃,室内相对湿度60%,露点温度为10.4℃。如果因间歇供暖而使室温下降到10℃,由于空气的绝对含湿量不变,相对湿度就会达到100%即饱和状态,而露点温度仍为10.4℃。特别是在降温的过程中,使围护结构的内表面温度低于露点温度,加剧了结露现象的出现。

图5~图6是在外墙主体结构为160mm厚钢筋混凝土、采用5cm聚苯保温板的内保温体系。虽然外墙主断面的传热系数能够达到节能50%的设计标准,也同样出现了内表面结露的问题。

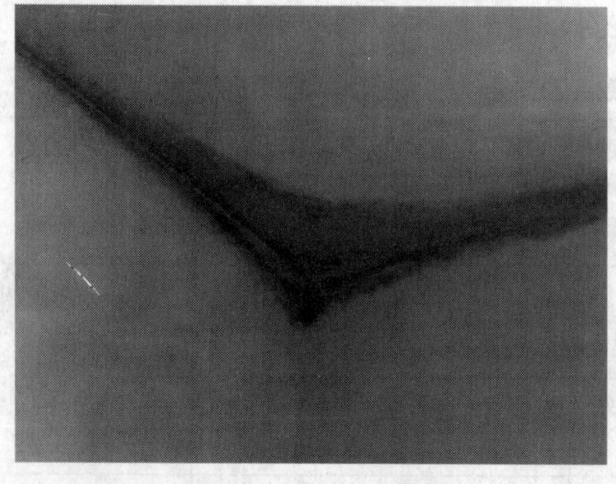

图5 屋顶转角部位内表面结露情况

图6 外窗周围内表面结露情况

图 7 和图 8 为上述出现外墙内表面结露现象居住建筑的外立面。

图 7　出现外墙内表面结露居住建筑的外立面

图 8　出现外墙内表面结露居住建筑的外立面

由上图可以看出，出现结露情况的多为外墙突出部位，由于建筑设计上对采光、外立面的多样性等形式上和结构构造上的要求，导致存在多处热桥部位。可见，建筑热桥部位的热工构造设计，会直接影响到建筑的保温效果。

从上述现象可以看出，在围护结构内保温的形式下，虽然主断面的传热系数能够达到节能 50% 的要求，但是如果不重视热桥部位的构造处理，也会造成问题，可能连最起码的使用要求都达不到。现在如果想从根本上解决上述问题，需要重新进行外保温处理，将造成人力、物力的大量浪费。

随着节能 65% 的设计标准的实施，对采用内保温形式的围护结构的要求越来越高。目前，采用外保温形式的会越来越多。虽然在理论上外保温可以避免热桥部位的影响，但是，在实际工程中也还存在一些热桥部位，如飘窗的挑出部分、空调的支撑板，有些建筑为了单纯追求立面的效果增加的过梁等，都是可能造成薄弱环节的部位。

随着节能设计标准的日益提高，越来越注重主断面的传热系数。而随着主断面热阻的提高，热桥部位的影响会越来越明显。

现在各级领导部门越来越重视节能工作，要求现场检测围护结构主断面的传热系数。综上所述，对围护结构的节能构造做法和热桥部位的现场检测，也应越来越受到重视，并加以严格监管，以避免再次出现上述的严重问题。

梁晶　北京市建筑设计研究院　高级工程师　邮编：100045

东北地区村镇住宅被动式太阳能集热技术优化

周春艳　金　虹

【摘要】　本文通过对东北农村地区的实地调查，对现有的被动式太阳能集热部件从集热效率、节能率、可操作性、经济性等方面进行全面的综合分析，从而给出适合该地区气候特点与村镇技术条件的被动式太阳能住宅集热部件的优化组合，以促进太阳能技术在东北农村住宅中的应用，从而有利于严寒地区村镇住宅建设的可持续发展。

【关键词】　东北地区　农村住宅　被动式太阳房　集热部件　优化组合

随着全球能源问题的日益严重，可持续能源的利用已经成为全世界各个国家能源发展的趋势，其中太阳能以它独特的优势，为可持续能源利用的重点，已经应用在各个领域，尤其是与能源大户——建筑的结合上。在我国东北地区的广大农村住宅中，普遍存在着采暖周期长、能源结构不合理、室内热舒适环境差等问题，给农民生活质量的提高和生活环境的改善造成很大的影响。在现有条件下，积极利用太阳能是非常必要的。

1　现有优势

根据对当地农村的现状调查来看，东北地区在利用被动式太阳能方面有着比较明显的优势：

（1）从太阳能资源来看，该地区年辐射总量居全国Ⅲ类水平，全年日照时数为2200～3000h，在每平方米面积上一年接受的太阳能辐射总量为5016～5852MJ，相当于170～200kg标准煤燃烧所发出的热量[1]；

（2）从环境情况来看，农村地区污染小，空气质量好，太阳光的通透率高，辐射量大；

（3）从住宅本身的特点来看，农村地区占地面积广、建筑密度小、层数低、间距大，建筑接受太阳能的效率高；

（4）从东北农民认识程度上看，随着农民生活实践经验的积累，对太阳能的利用方式也逐渐多样化。例如，在冬季用塑料薄膜密封窗户时，将塑料薄膜与玻璃之间留有空气间层，在阳光充足时，可以产生温室效应。又如，将种植蔬菜的温室与住宅的结合，以及闷晒式太阳能热水器的使用等等。

另外，随着 建设社会主义新农村战略的提出和《可再生能源法》的颁布，太阳能技术在农村的利用实施得到了有力的法律保障和政策支持。

由此可见，把被动式太阳能技术应用于东北地区农村住宅建设，不仅符合农民目前的生活习惯、经济水平，也是改善农民生活环境、调整能源结构、减少环境污染的有效途径。

2 集热部件的优化组合

目前，太阳房在东北三省地区已经进行了一段时间的实践。例如，从1977年到1991年底，辽宁省就建成各类太阳房20多万 m^2[2]。“八五”期间，吉林省的三个国家级农村能源综合建设县（德惠、磐石、大安）建造太阳房29.53万 m^2。截止到2002年，黑龙江省建太阳能保温房110万 m^2[3]。在这些太阳房中，最常见的被动式集热部件有三种：直接受益式、集热蓄热墙式、附加阳光间式。如图1所示，直接受益式，是让阳光透过窗户直接照射进来，达到提高室温的目的。集热蓄热墙式是利用玻璃对太阳光线的吸收特性，加热空气间层内的空气，并用实体墙储存并传递热量，可分为有通风孔的和无通风孔的两种，有通风孔的可以通过风门来调节空气间层内被加热的空气流入室内数量，以达到控制室内温度环境的目的。附加阳光间式是直接受益式与集热蓄热墙式的混合产物。它增加了集热蓄热墙体中空气间层的宽度，形成一个可以使用的过渡空间，罩在采暖房间的外面。根据工作原理的差异，这三种方式在不同的气候地区所产生的效果也有所不同。所以，采用哪种集热部件集热效率更高，造价更低，可操作性更强，是进行太阳房设计前首先要解决的问题。

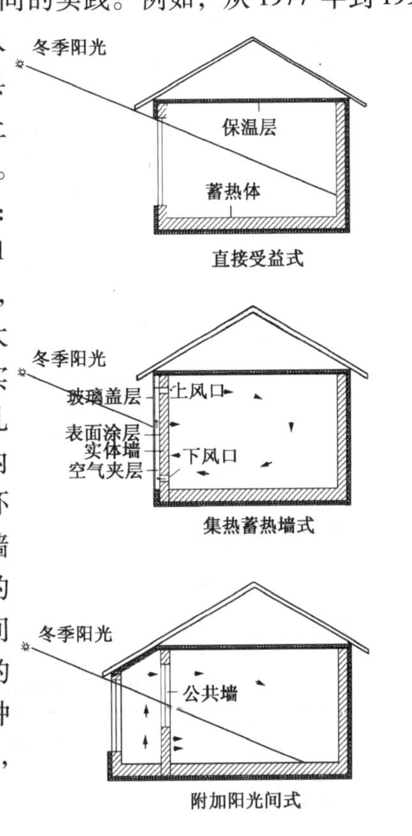

图1 三种被动式集热部件的工作原理

2.1 集热效率

集热效率是选择集热部件最主要的依据之一。它的物理意义是单位面积集热部件的净供热量占投射在其表面上的太阳总辐射强度的比率。集热效率越高，则吸收太阳辐射能越多，对室内温度的提高越有帮助。影响它的环境因素主要有当地的太阳总辐射强度和室外气温。

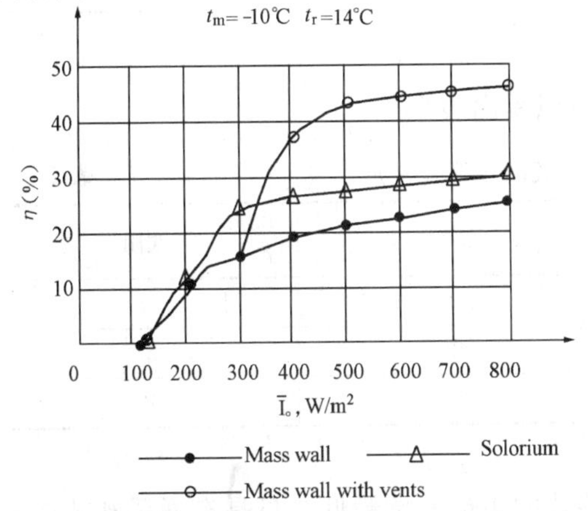

图2 三种集热部件的集热效率与太阳总辐射强度的关系曲线[5]

在严寒地区，有人将直接受益窗与集热蓄热墙进行比较，结果是：在集热面积相同的情况下，集热蓄热墙的集热效率只有直接受益窗的1/5[4]。产生这种结果的原因是：由于严寒地区冬季日照时间短，而集热蓄热墙的墙体较厚，传热时间较长，墙体的热还没有传到室内已经夕阳西下，这时的室外气温常是零下十几到二十几度，而室内气温常在零上十几度，所以墙体得到的热大部分又回流散失了。

附加阳光间式在工作原理上集中了直

接受益式与集热蓄热墙式的特点。对附加阳光间式与集热蓄热墙式（有通风孔、无通风孔）的集热效率进行比较，结果如图 2 所示：在太阳总辐射强度$\bar{I}_0$和室外气温 t_a 均很低时，即当$\bar{I}_0$为 200 ~ 350W/m²、$t_a < -10$℃时，附加阳光间式太阳房的集热效率最高，而当$\bar{I}_0 > 350$ W/m² 时，有通风孔的实体墙式太阳房集热效率最高。

如果以东北三省的哈尔滨、长春、沈阳地区为例，1 月份的室外温度 t_a 基本均在 -10℃左右，由公式：

$$\bar{I}_0 = (\bar{H}_0 \times 10^3) / (\frac{2W_s}{15})^{[6]}$$

式中 $\bar{I}_0$——垂直南向面上月平均日总辐射强度（W/m²）；

$\bar{H}_0$——垂直南向面上总日射月平均日辐射量，kWh/（m²·d）；

W_s——水平面上的月中日落时角（°）。

$$W_s = \cos^{-1}(-\tan\phi\tan\delta)^{[7]}$$

ϕ——地理纬度，（°）；

δ——赤纬角（°）。

根据计算可得表 1。

三个地区的垂直南向面上的月平均日总辐射强度$\bar{I}_0$（W/m²） **表 1**

	哈尔滨	长春	沈阳
ϕ（°）	45.7	43.9	41.8
δ（°）	-21.1	-21.1	-21.1
$\bar{H}_0$ [kWh/（m²·d）]	3.51	4.11	3.31
W_s（°）	66.7	68.2	69.8
$\bar{I}_0$（W/m²）	394	452	355

根据各地区$\bar{I}_0$的计算结果，查图 2 中曲线可以得出表 2。

三个地区不同集热构件的集热效率（%） **表 2**

	哈尔滨	长春	沈阳
附加阳光间式	27	27.5	25
有通风孔的集热蓄热墙式	37	40	27
无通风孔的集热蓄热墙式	19	20.5	17

从表 2 中可以看出，无通风孔的集热蓄热墙式的集热效率最低，只是有通风孔式的一半；有通风孔的集热蓄热墙式的集热效率最高，但与附加阳光间式相比，不同地区，高出的程度有所不同，在长春地区高出 12.5%，在哈尔滨地区高出 10%，而在沈阳地区基本持平。（需要说明的是，此项研究在计算附加阳光间的供热量及集热效率时，并没有将阳

光间地板集热量及公共墙门（或窗）白天打开时向居室的对流供热量计入在内，因此，其集热部件的计算供热量及效率均较实际偏低[6]。）所以，单从集热效率来看，长春和哈尔滨地区适宜选用有通风孔的集热蓄热墙式集热部件，而对沈阳地区来说，附加阳光间式和有通风孔的集热蓄热墙式都可选用。

但需要注意的是，虽然有通风孔的集热蓄热墙式具有较高的集热效率，但东北地区由于冬季夜间温度较低，需要增加一定的保温措施。在采用相同的夜间保温措施时，它与附加阳光间式所产生的保温效果差别却很大。有研究表明，“对附加阳光间式，有夜间保温较无夜间保温的单位面积集热部件全天净供热量增加91.1%，效果显著；而有通风孔的实体集热墙式，净供热量仅增加18.1%”。[6]

由此可见，尽管有通风孔的集热蓄热墙的集热效率要高于附加阳光间，但如果在附加阳光间上采取有效的保温措施，在整体节能率上会高于有通风孔的集热蓄热墙。所以，有通风孔的集热蓄热墙适合于用在只在白天使用的公共建筑，例如学校、办公楼等，而附加阳光间适合用于白天和晚上都使用的居住建筑。

2.2 可操作性

从三种集热部件的可操作性来看，直接受益式与现有农村的住宅形式非常相似，应用起来也很简便，只需在原有形式的基础上进行性能优化，来提高太阳能利用效率即可。而集热蓄热墙与附加阳光间则需要增加一些辅助的构件才能实现。集热蓄热墙式是由外侧玻璃、空气间层和内侧蓄热墙体构成，并在蓄热墙体上开设相应的有一定高差的风门。附加阳光间式是将中间的空气层加大，使其成为具有功能作用的空间，并且在公共墙上开窗。虽然两者在工作原理上很相近，但在具体操作时却有所不同：

（1）施工难度：集热蓄热墙需要两层外皮——玻璃＋蓄热实体，而且基础要与墙体相配合，构造比较复杂；而附加阳光间从形式上看，就是在建筑外面增加了一道玻璃墙体。根据现状调查，简易的附加阳光间在农村冬季的住宅上已经可以见到，只是材料是采用塑料薄膜，而不是玻璃，并且只在冬季使用，到了春季就要拆除掉。

（2）空间利用：集热蓄热墙的两层外皮占用了较大的面积，使面积使用率降低；而附加阳光间则是在增加构件的同时，也增大了建筑的使用空间。从阳光间的使用功能上看，可以分为两种情况：一种是生活空间的延伸（solarium），可以休闲、娱乐，也可以晾晒衣物；另一种是作为种植植物的温室（greenhouse）。

（3）保温构件：建在东北地区的太阳房，夜间保温装置是不可缺少的。集热蓄热墙缺乏可调节的保温构件，并且如果风门密封不好，在夜间和阳光不足时，会影响室内温度的稳定；而阳光间不仅可以灵活地使用保温板或保温帘，而且它的存在使室内与室外之间形成“热阻尼”区，不仅在冬季可以挡风，夏季还可以防热。通常，有附加阳光间的年度热损失只相当于无该阳光间的年度热损失的一半[4]。

图3 “希望之屋”[8]

（4）管理维修：附加阳光间在管理和维修方面比集热蓄热墙方便。

除此以外，附加阳光间可以使人视野开阔、心情愉悦，并且还能作为活跃建筑造型的亮点，具有美学价值，例如，1995 年建筑师比尔·邓斯特（Bill Dunster）在英国建造的“希望之屋”，如图 3 所示，它将一个三层高的阳光间与建筑相结合，不仅达到节约能源、丰富空间的作用，在外观效果上还具有很高的艺术性。

所以，综合来看，直接受益式和附加阳光间式在可操作性方面比较简便，农民易于接受，自行施工就可完成，而且容易达到效果，而对于集热蓄热墙式来说，相对技术含量要求较高，农民很难独立完成，需要在专业技术人员的指导才能达到要求，不利于普及推广。

2.3 经济性

太阳房作为一种新技术在农村地区推广，不仅要考虑它的性能优势，同时还要考虑它的造价是否能被农民接受。以一栋宽 6.6m，深 5m，高 2.8m 的节能住宅为例，南墙设有塑料窗 2 扇，共 5.4m^2。如果只改变南向的集热部件，其他朝向的做法均相同，从材料价格的增加进行估算：

（1）当采用直接受益式时，南窗尺寸加大为每樘 2m×2.4m，共 9.6m^2，其余构造均不变，则所增加的费用为：

$$\Delta A = (9.6-5.4) \times a_G - (9.6-5.4) \times 0.4 \times a_W$$

式中 a_G——每平米节能窗（单框双玻塑料窗）的价格，200.00 元/m^2；

a_W——每立方米保温墙体的价格，180.00 元/m^3。

经计算，ΔA 为 537.60 元，即造价增加大约 16.30 元/m^2。

（2）当采用集热蓄热墙时，南墙除了 5.4m^2 的窗户外，均为集热蓄热墙，墙体构造为墙体厚度 370mm，空气层夹层厚度为 100mm，单框双玻，所增加的费用：

$$\Delta A = (6.6\times 2.8-6\times 2.5) \times 0.5\times a_W + (6\times 2.5-5.4) \times 0.37\times a_W + 6\times 2.5\times a_G - [(6.6\times 2.8-5.4) \times 0.4\times a_W + 5.4\times a_G]$$

式中 a_W——每立方米非保温墙体的价格，172.00 元/m^3。

经计算，ΔA 为 1902.38 元，由于集热蓄热墙占据了一定空间，所以面积为 32.34m^2，即造价增加 58.82 元/m^2。

（3）当采用附加阳光间时，南墙开窗面积 5.4m^2，非保温窗，240mm 厚，南立面全部附加阳光间，进深 1m，端墙、顶部、地面保温，阳光间玻璃采用双层玻璃，与地面相接处为 300mm 高的保温墙体。

$$\Delta A = (6\times 2.8-5.4)\times 0.24\times a_W' + 1\times 2.8\times 2\times 0.3\times a_W + 6\times 2.5\times a_G + 5.4\times a_G' + 6\times 1\times a_F + 6\times 1\times a_R + 6\times 0.3\times 0.3\times a_W - [(6.6\times 2.8-5.4)\times 0.4\times a_W + 5.4\times a_G]$$

式中 a_G'——为每平米非保温窗的价格，94.00 元/m^2；

a_F——为每平米保温地面的价格，28.13 元/m^2（200mm 厚干铺炉渣 +100mm 厚碎石 + 水泥抹面）；

a_R——为每平米保温屋面的价格，50 元/m^2。

经计算，ΔA 为 2824.81 元。由于增加使用面积 6.6m^2，所以造价增加 71.33 元/m^2。

单按主要材料费进行计算，直接受益式造价最低，附加阳光间式和集热蓄热墙式相对较高。但由于直接受益式使采暖房间与室外环境联系过于紧密，很容易受到环境温度的影响，尤其在阳光不足时，会导致室内温度波动过大，而且，它使房间私密性较差，对于某些农民还有一个接受的过程。所以它经常结合附加阳光间式和集热蓄热墙式使用。所以就出现了“直接受益式+集热蓄热墙式”、“直接受益式+附加阳光间式”、“直接受益式+附加阳光间式+集热蓄热墙式”等形式。如果将南墙1/2的面积做直接获益式，1/2的面积做附加阳光间式，则造价增加46.00元/m^2。如果将南墙1/2的面积做直接获益式，1/2的面积做集热蓄热墙式，则造价增加40.00元/m^2，整体造价比单一形式有了明显的降低。

3 结论

通过对东北地区村镇三种被动式太阳能住宅集热部件在集热效率、节能率、可操作性、经济性等方面的比较分析，可以看出，直接受益式在各方面的性能都是最佳的，对于其余两种，虽然各有千秋，但笔者通过与农民的接触，了解到农民对新技术的接受还需要一个过程，他们首先会选择自己熟悉的东西，而附加阳光间的形式很像他们冬季中所使用的塑料温室，所以接受起来比较容易，而且还便于今后的管理维修。因此笔者认为，现阶段对于东北地区农村住宅采用被动式集热部件形式上，宜以“直接受益式”或“直接受益式+附加阳光间”的组合式为主。

参考文献

1. 罗运俊，何梓年，王长贵．太阳能利用技术．中国建筑工业出版社．2005，1
2. 王恒一．太阳房实用技术讲座（1）．农村能源．1994，(2)：9~11
3. 金成，李楠，王昌礼．黑龙江省农村住宅利用太阳能采暖的实践．可再生能源．2002，(5)：28
4. 王恒一．寒冷地区被动太阳房集热墙．太阳能．2005，(2)：21~22
5. M. S. Bhandari, N. K. Bansal. Solar heat gain factors and heat loss coefficients for passive heating concepts. Solar Energy [M]. 1994, 53 (2): 199~208.
6. 孟长再，巴特尔，马广兴．被动式太阳房集热部件优化选型及集热面简易计算方法探讨．节能技术．2003，(2)：2~6
7. 李元哲．被动式太阳房热工设计手册．清华大学出版社．1993，3
8. [英] 尼古拉斯·波普．实验性住宅．张亚池等译．中国轻工业出版社．2002，1：178~179

周春艳　哈尔滨工业大学建筑学院　研究生　邮编：150001

上海住宅建筑空调采暖用电调查

刘明明　范宏武

【摘要】　本文报道了上海组织的住宅空调和采暖用电调查统计有关数据并作了分析，调查工作按100户抽样详查和1000多户用电单据分析进行。

【关键词】　上海　住宅　空调　采暖　用电　调查

1　概况

为进一步开展建筑节能工作，挖掘节能潜力，上海市建筑科学研究院与法国环境部共同对上海市居民住宅用电状况进行调查，分析夏季空调及冬季采暖用电水平（基本都用室内空调器）。调查方案由中、法专家共同设计。

调查工作分两部分：

(1) 100户居民的详细情况调查；包括：住宅地址，房间数和面积，月电费和用电量，空调器数量和功率，外窗玻璃形式和开启方式，使用空调器习惯（开窗否），电价（白天，黑夜），居住者总收入，节电愿望与节能改造支付范围。

(2) 1000户以上居民一年由供电系统公司提供的电费单据，月空调、采暖费用及可能的节能率。

2　上海住宅用电特点

(1) 上海气候特点：夏天炎热，冬季寒冷。近年来上海最高温度为39.6℃，(2003年夏季)，超过35℃的天数近年来有所增加，冬天的温度不是很低，最低温度一般在零下4～5℃。

(2) 上海住宅使用越来越多的空调器（冷暖两用），达到一个房间（卧室，书房，起居室）一个，空调器功率1.0～1.5kW（小房间）和2～3kW（起居室）。

(3) 根据上海气候，使用空调降温时间为3个月，多于使用空调采暖（2个月）时间，一般都使用房间空调器。夏天房间多数设定温度为24～26℃，冬天设定温度为15～18℃。

(4) 夏天月用电多于冬天月用电，而根据DOE-2等软件计算结果却为冬天较多。

(5) 上海近十年，每年夏季用电最高负荷不断快速增长，见表1：

上海夏季最高用电负荷　　**表1**

年　份	最高用电负荷（万kW）	年　份	最高用电负荷（万kW）
1993	530	1996	643
1994	580	1997	860
1995	690	1998	901

续表

年　　份	最高用电负荷（万 kW）	年　　份	最高用电负荷（万 kW）
1999	903	2003	1362
2000	1048	2004	1501
2001	1111	2005	>1660
2002	1235		

年最高负荷每年以10%增长，但市供电能力跟不上，这是对上海可持续发展的一个很大阻力。

（6）根据调查，节电要求主要是节夏季用电和用电的最高负荷（目前阶段）。

3　节电潜力

从有效的1134户统计，平均月用电287.8kWh，夏季月用电353kWh，冬季月用电267.5kWh，春、秋季月用电169.5kWh（无降温和采暖）。

但是，富裕户（用电多）和贫困户（用电少）情况并不一样。富裕户夏季月用电498.4kWh，冬季月用电389.5kWh，春、秋季月用电235.2kWh；贫困户夏季月用电101.4kWh，冬季月用电57.0kWh，春、秋季月用电56.4kWh；贫困户冬季基本不采暖。

富裕户夏季月多用电263.2kWh（498.4 －235.2），约人民币160.6元（0.61元/kWh计），三个月降温费481.8元。

随着上海的发展和生活方式、水准提高，人均占有的房间面积增多，空调时间延长，人均和每个家庭将消费更多的电力。

4　住宅节电特点

（1）空调、采暖用电没有统一的日程时间（如北方城市），每人每户根据自己的感觉、习惯和温度。

（2）上海居民有节电节能的想法和要求，但不知道怎么办。

（3）大多被调查的居民希望拥有更舒适的热环境，并愿意在节能上花钱。

5　目前旧房改造和重装修过程中可采用的节能措施

（1）外窗单玻璃换成中空双层玻璃。

（2）选用节能的活动遮阳装置（特别是外遮阳）。

（3）重新安装屋顶保温隔热层。

（4）加安外墙保温层。

6　更加注重高档住宅的节电节能

100户详细调查见表2～表7。

上海住宅用电及电耗调查

基本情况 **表 2**

户　数	115	每户平均空调数台	2.3	
建筑总面积 m^2	9343.4	每户空调平均功率 kW	2.7	
每套平均建筑面积 m^2	81.2	冬季平均取暖时数 h	3.3	12 月
			4.3	1 月
			4.2	2 月
每套平均房间数	3～5	夏季平均空调时数 h	5.3	6 月
			6.6	7 月
			7.5	8 月
			6.0	9 月
冬夏季电价元/kWh	0.61	白天		
	0.30	夜间		

空调温度设置与舒适感 **表 3**

项　目	平均温度	温度范围
夏季℃	26.1	22～28
冬季℃	18.1	12～22
舒适感满意率%	>95	
不满意	0	

窗户及漏气情况 **表 4**

漏气%	高 11	一般 81	少 8	
玻璃%	中空	13		
	单玻	87		
框材%	铝 28	塑料 43	钢 24	其他 5
窗型%	平开 39	推拉 61		
空调时开窗吗%	不 100	开 0		

热水供给方法及煤气 **表 5**

热水%	管道煤气 83	液化气 1.7	天然气 9.6	电 9.6	太阳能 3.5
使用煤气%	用 92	不 8			
煤气用处%	炊事 98	热水 88	取暖 0		

节能意愿及收入 **表 6**

希望更舒服吗%	是 91	不 7		
如何舒服%	空调 18	其他 28		
愿意为节能花钱吗%	愿意 76	不 24		
能花多少元/套	6500			
户月收入元%	<1000	1000~2000	2000~3000	3000~4000
	0.96	3.8	1.9	11.5
	4000~5000	5000~6000	6000~7000	7000~8000
	15.4	18.3	7.7	4.5

电耗 **表 7**

	月耗电 / kWh		月电费/RMB 元（0.61/kWh）	
	总量	每户平均	总量	每户平均
1 月	29164	253.6	17790.0	154.7
2 月	20056	174.4	12234.2	106.4
3 月	16514	143.6	10073.5	87.6
4 月	16410.5	142.7	10010.4	87.0
5 月	19009.5	165.3	11595.8	100.8
6 月	30498	265.2	18603.8	161.8
7 月	45735.5	397.7	27898.7	242.6
8 月	36144.5	314.3	22048.1	191.7
9 月	18296.5	159.1	11160.9	97.1
10 月	17112	148.8	10438.3	90.8
11 月	18791	163.4	11462.5	99.7
12 月	25978.5	225.9	15846.9	137.8
年总量	293710	2554	179163.1	1557.9
	（No=115）	（No=72）	（No=115）	（No=115）
年总量	kWh/年	293710	kWh/m^2年	31.4
年总费用	元/年	179163.1	元/m^2年	19.2
春秋季每户平均用电	kWh/户	152.8		
夏季每户平均用电	kWh/户	284.1		
冬季每户平均用电	kWh/户	218.0		
空调降温月平均用电	kWh/户	131.3		
采暖月平均用电	kWh/户	65.2		

刘明明　上海市建筑科学研究院　高级工程师　邮编：200032

林区居住建筑室内环境及能耗分析

潘伟英　王中华　方修睦

【摘要】　本文对海林林场现有居住建筑的室内温度及围护结构热工性能进行了分析，认为林区居住建筑围护结构过于简单，室内温度偏低，建筑能耗偏大。如果采取节能措施，可将能耗降低37.6%～42.3%。

【关键词】　居住建筑　林区　建筑节能　室内环境

大石沟林业局位于牡丹江境内，属温带大陆性季风气候区，地处东经128°05′～129°55′，北纬44°25′～45°26′之间。受大陆性季风和海洋环境的双重影响，四季变化分明。年平均日照时数2300～2600小时，全年总辐射强度4585.3MJ/m^2。采暖期日数176天，采暖期室外平均温度－11℃，采暖室外计算温度－24.5℃。最冷月（1月）平均温度－18.2℃。全年平均风速1.9m/s。

1　居住建筑现状

牡丹江海林林场的大石沟地区现有居住建筑大多为连排式单层砖混结构建筑，如图1所示。墙体厚度多为370mm，平均传热系数 $K=1.65$ W/（m^2·℃）；少数墙体厚度为490mm。采用斜屋面，用200mm厚锯末保温，传热系数 $K=0.40$ W/（m^2·℃）；窗户为单层木窗，传热系数 $K=4.80$ W/（m^2·℃）；外门为单层木门，传热系数 $K=4.65$ W/（m^2·℃）。居民建筑能耗高，居住环境差，厨房没有排水蒸气通风窗，导致冬季做饭时间，水蒸气弥漫，墙体严重受潮，墙皮剥落。居民采暖主要为火炕、火墙。燃料最初主要为木柴，近些年，由于限制砍树烧火，所以居民主要采用伐木枝杈作燃料。

图1　居民住宅

2 居住建筑热工参数测定

2.1 测点确定及测试设备简介

本次测定主要是测定居民的室内温度，外墙内外表面温度及建筑热工缺陷。测定是在3所居民住房内进行的。1号住宅、3号住宅，温度传感器放在住人的居室中；1号住宅、3号住宅室内有火炕。2号住宅，温度传感器放在客厅中，测试温度节点布置如图2所示。室温测定采用SCQ-01a温度采集记录器。该记录器体积小、重量轻、无需接线，量程范围：-30～50℃；测量准确度：≤0.5℃；采样周期：10秒至24小时（任选）。墙体表面温度采用BES-A围护结构传热系数现场检测仪，温度量程范围：-40～100℃；分辨率：0.01℃；准确度：≤0.2℃。建筑缺陷采用手提式红外热像仪（图3），测温范围*L*范围：-10～120℃；*H*范围：50～300℃；测温精度：全范围的2%；温度分辨率：0.2℃（在30℃标准黑体）。

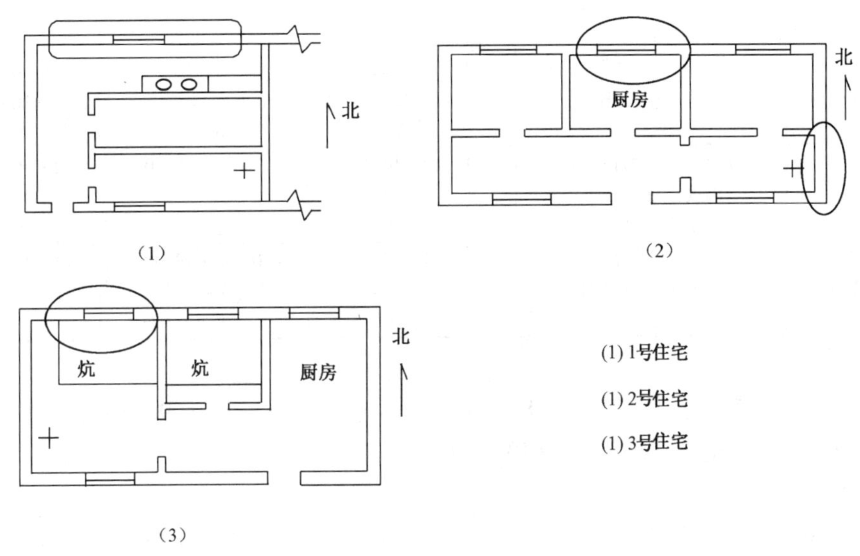

椭圆区域为红处图片拍摄区域，+表示温度采集仪布点位置

图2 住宅测点布置及红外测试区域图

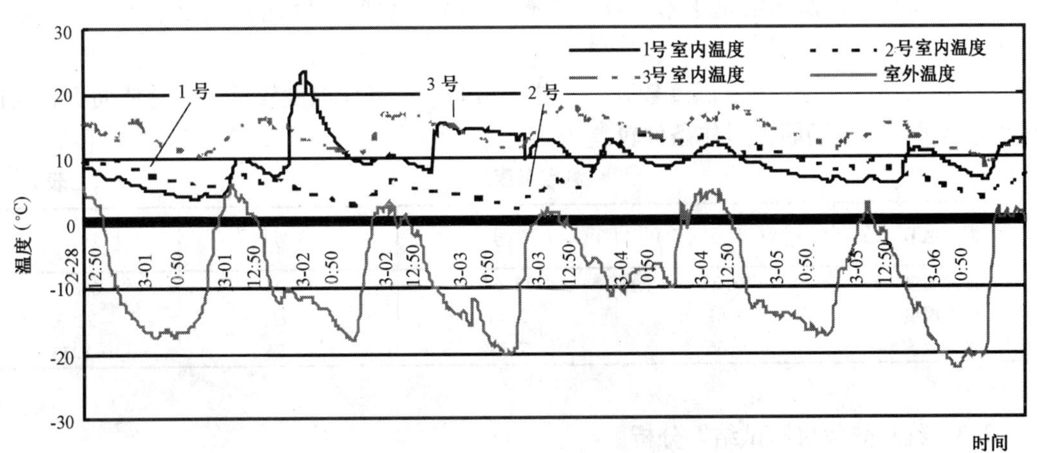

图3 室内温度与室外温度的逐时数据

2.2 温度测量结果分析

图3为1号~3号住宅室内温度计量结果，温度采集记录器采集温度的时间记录间隔为10分钟。从图可以看出，室外气温最高温度为6.07℃；最低温度为-22.35℃，测试期6天内平均温度-8.33℃。

室内温度变化较大，且对应于每天的同一时刻室温都有较大的温度波动。一天中有两次升温，两次降温。第一次升温，在早上6：30~7：20左右，是由于太阳得热及居民生火做饭引起的。第二次升温，是在17：40~19：30左右，是由于居民生火做饭引起的（见表1）。

住宅温度分析 **表1**

	项　目	1号住宅	2号住宅	3号住宅
第一次升温	室内温度开始上升时间	6:30~6:50	6:30~6:50	6:30~7:20
	温度集中范围℃	3.81~13.8	2.43~11.87	7.68~12.64
	平均温度℃	8.26	6.41	10.18
第一次降温	室内温度开始下降时间	12：40~12：50	12:20~12:50	15:50~16:00
	温度集中范围℃	10~12.5	6~12	10~17
	平均温度℃	11.03	6.41	14.42
第二次升温	室内温度开始升高时间	18:10~18:40	17:40~18:00	18:40~19:30
	温度集中范围℃	9~11	5~11	15~19
	平均温度℃	10.03	8.28	15.15
第二次降温	室内温度开始降低时间	22:00~22:10	18:40~19:00	21：10~21：40
	温度集中范围℃	9~13	5~11	13~14
	平均温度℃	12.22	8.89	12.7

测定期间内，室外平均温度为-8.33℃；1号建筑平均温度为9.66℃；2号建筑平均温度为7.37℃；3号建筑平均温度为13.75℃（表2）。

由此可见：

1）室内整体温度都很低，每天室内温度升高的时段都集中在做饭的那段时间里；

2）3号的平均温度较高，原因是该家庭中有一个婴儿，屋主特意地加强了房间的供暖；

3）林场住宅取暖主要是用木材烧炕取暖，有炕的房间温度比较规律，室内温度也偏高（3号）；

4）住人房间3号、1号温度较高，不住人房间2号客厅温度较低，但总体而言，房间温度还是过低，林场职工居住条件较差。

测点温度汇总 **表2**

温度值℃	1号	2号	3号	室外
最高温度	23.28	13.67	17.93	6.07
最低温度	3.81	2.43	7.71	-22.35
平均温度	9.66	7.38	13.76	-8.33

2.3 红外热像仪测试结果分析

采用红外热像仪主要是为了测定建筑物的内外表面平均温度，检查建筑热工缺陷。

测定结果表明：

1）1号住宅房间墙壁温度分布很不均匀，内表面温度偏低，平均值为4.19℃（见表3）。墙体传热系数偏大（1.734 W/m^2·℃），这与厨房墙体潮湿有关。

2）2号住宅房间墙壁红砖砌筑的灰缝清晰可见，灰缝处温度较高。

3）3号住宅房间墙壁红砖砌筑的灰缝清晰可见（见图4），灰缝处温度较高。内壁面平均温度较高，这与室内温度较高有关。由内壁面红外热谱图可见，墙体存在较大一块低温区，表明存在施工留下的热工缺陷，见图4虚线圈出的墙体壁面区域。

壁面平均温度 **表3**

项目	1号住宅	2号住宅	3号住宅
内表面平均温度℃	4.19	5.65	11.33
外表面平均温度℃	-4.66	-3.25	-3.75

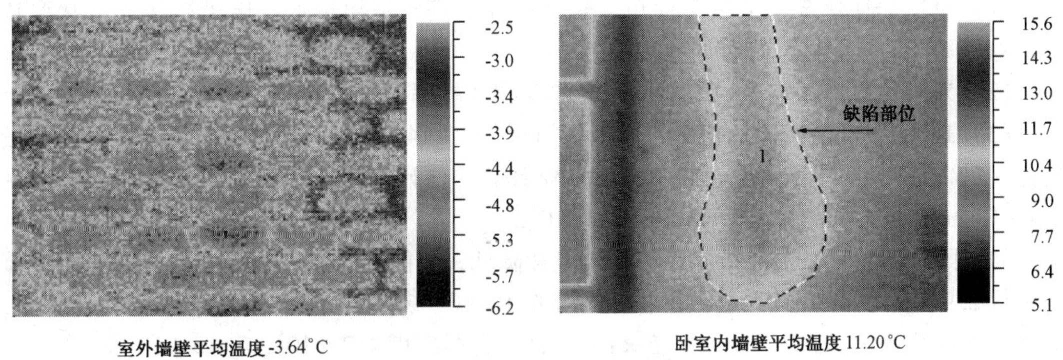

图4　3号住宅房间墙表面热谱图

3　林区建筑能耗分析

林区住宅多为坡屋顶的连排房屋（图5），建筑构造为本文第一部分所述。如果在原有建筑物基础上，370墙加60mm的聚苯乙烯板，那么建筑物外墙的传热系数将减小到K=0.56 W/（m^2·℃）；490墙加60mm的聚苯乙烯板，那么建筑物外墙的传热系数将减小到K=0.52W/（m^2·℃）。屋顶采用100mm厚的珍珠岩保温，平均传热系数K=0.37 W/（m^2·℃）。窗户全部采单框双层中空玻璃塑钢窗，窗户主体传热系数K=2.5 W/(m^2·℃)。根据《民用建筑节能设计标准（采暖居住建筑部分）》JGJ26—95规定的方法进行分析，可以求得节能前后，建筑物的耗热量指标。

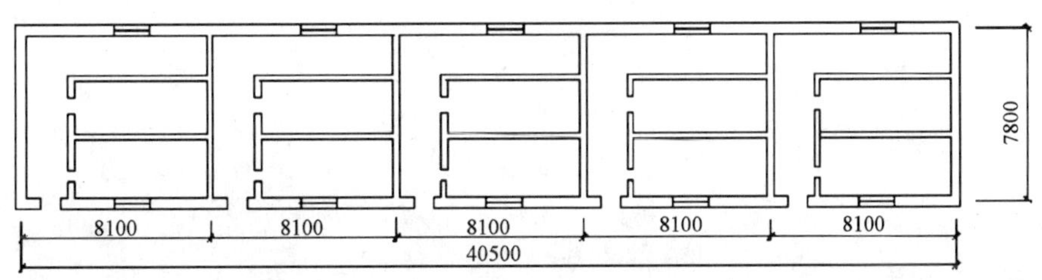

图5　1号住宅建筑平面图

由表4可见：

（1）如果按照当地住宅建筑通用做法进行建造（370墙），其建筑物耗热量指标将达到77.03W/m^2，490墙69.73W/m^2。

（2）围护结构采取节能措施后，370墙的建筑物的耗热量指标可达到44.42W/m^2，节能42.3%；490墙的建筑物的耗热量指标可达到43.54W/m^2，节能率为37.6%。

建筑物耗热量指标统计表 **表4**

墙体	建筑面积（m^2）	体形系数 S	耗热量指标 qH（W/m^2）		节能率（%）
			不节能	节能后	
370墙体	316	0.57	77.03	44.42	42.3
490墙体	316	0.57	69.73	43.54	37.6

4 结论

（1）林区居住建筑构造过于简单，建筑能耗偏高，室温偏低，居民居住环境状况较差，亟需降低建筑能耗，改善居住环境。

（2）对林区既有住宅采取节能措施，建筑物节能率可以达到37.6%~42.3%。

（3）现在黑龙江林区，有72万职工，约有864~1440万m^2居住建筑。建筑物耗热量指标以73.38W/m^2计算，炉灶效率按照30%计算，估计每年所消耗的木材量7.7×10^6~$1.3\times10^7m^3$，折合标准煤1.1×10^6~1.8×10^6t。

如果既有建筑采取节能措施，将建筑能耗降低，节能率达到37.6%时，则每年可以节约木材2.9×10^6~$4.9\times10^6m^3$，折合标准煤4.1×10^5~6.8×10^5t；节能率达到42.3%时，则每年可以节约木材3.3×10^6~$5.5\times10^6m^3$，折合标准煤4.7×10^5~7.6×10^5t。

参考文献

1. JGJ26—95，民用建筑节能设计标准（采暖居住建筑部分）．北京：中国建筑工业出版社，1996
2. 管振忠，王崇杰，赵学义，王德林．太阳能采暖通风技术新进展—太阳墙系统．热能动力暖通空调．110~113
3. C. Dymond, C. Kytscher. Development of A Flow Distribution and Design Model for Transpired Solar Collectors. Solar Energy. 1997：Vol. 60，91~300

潘伟英　哈尔滨工业大学　市政环境工程学院　研究生　邮编：150090

德国和欧洲的建筑能耗认证和标识制度

吴 筠 龙惟定

【摘要】 提高建筑物的能源利用效率和减少温室气体排放量是一个世界性关注的话题。本文介绍了欧洲委员会在对待这个问题上在欧盟国家统一采取的一些措施。首先介绍了欧洲建筑物能源指令的一些基本内容和相应作用。在此基础上，进一步阐述了德国对该能源指令的执行情况，即建筑能源护照的推广发行及其评价标准以及证书中提供给用户的信息。

【关键词】 **能源 利用效率 温室气体排放 欧洲 建筑物 能源指令 能源护照**

1 引言

在欧洲，建筑物的能耗量占总能耗的40%，同时也是主要的温室气体排放源。提高建筑物的能源效率是减少温室气体排放可行的重要途径之一。住宅和公共建筑的节能潜力非常大，这可以从一些实际经验和调查数据中得以证明。因此，制定相应的措施和方法来积极鼓励和规范节能建筑的建设和现有建筑的改造，已成为全世界共同关注的一个话题。根据京都议定书，同时为了制定更统一和透明的能源规范，欧盟委员会在2003年发出了能源指令-2002/91/EC。该指令已于2006年1月份成为25个欧盟成员国的国家立法，并成为欧洲执行京都议定书的重要战略措施。欧盟制定这个计划的目标是促使其成员国到2020年能够将当前能源消耗量降低20%。

2 欧洲建筑物能源指令2002/91/EC（EPBD）

大多数欧洲国家的建筑规范都规定了建筑物的最低节能水平。一些国家对建筑物每个部分都规定了必需达到的隔热值（如窗户、门、墙、屋顶和地板），另一些国家对有采暖系统的建筑物发布了能源框架法令。而建立欧洲建筑物能源指令的最根本目的是对各国现有的建筑物规范和标准制定一个统一衡量的标准，同时在考虑室外气象参数和当地情况，包括室内热环境要求以及节约成本的基础上提高欧盟国家建筑物的能源利用效率。欧洲建筑物能源指令2002/91/EC的简要介绍如下。

2.1 能源证书

在能源指令的规定内，从2006年起，欧盟地区所有新建建筑（住宅、商业建筑、工业建筑等）都必须拥有能源授权书，该证书对建筑物能效进行了计算。同时，能源证书中必须包含有关一次能耗量和二氧化碳排放量的内容。这个指令还指出，能效计算必须考虑室内环境参数。不过该指令在室内环境方面没有给出直接的指标。

能源指令同时指出，建筑商出售建筑物时，必须要更新原有能源证书。大型建筑每隔十年也必须要更新证书。对大于 1000m² 的公共建筑，必须在建筑物入口处公开陈列此证书。

当出售、出租或是整修/扩建现存建筑物时，也需要出具能源授权证书。授权证书中也包括标准能耗量的计算方法。然而，对于既有建筑，至今仍没有具体的计算方法。对于新建建筑物，当所有输入参数无法从设计文件或通过对建筑物的测试而获得时，可以使用计算方法得到结果。

对于既有建筑，当签发证书时，证书中同时也需要包括一份关于如何降低能耗的技术措施报告。几年前，在丹麦开始推行建筑能源证书。实践结果表明，在出售房屋时同时提供一份带有降低能耗的推荐措施的能源证书，新的房屋业主会在第一年采用其中40%的推荐措施。

在能源证书中，将一次能耗作为基础的理由是为了促进可再生能源的使用和发展。因此，如果建筑物的能源需求量中的大部分来源于可再生能源，如太阳能，风能，地热能等，则建筑物的能源需求量会允许定得较高。

2.2　欧盟各国能耗计算方法标准的统一

能源指令中考虑到在进行全年建筑物能耗计算时建立一个统一的计算方法，这个计算方法同时考虑到了供热、制冷、通风、照明、可再生能源等因素。这意味着欧盟将用一种计算方法替代欧盟各个国家的25种不同的计算方法。为了规范化计算方法，欧洲标准化组织委员会（CEN）批准了法令（M343-EN-2004），该法令要求在计算建筑物能源性能和评估环境影响时，各成员国必须遵照能源指令采用标准的计算方法。

CEN现在仍在制定一系列的标准，这些标准涵盖了室内环境、能源性能、建筑物和系统的计算、能效的表述方法等方面。

该统一计算程序的最主要部分是对建筑物能源需求量的计算。现存的 EN ISO 13790 里可查到建筑物热量的计算方法，这个方法也可以延伸来计算冷量。在计算过程中，需要的输入数据有室内参数、内部负荷、建筑物性质、气象参数。

计算的输出结果包括了建筑物的能源需求量以及 HVAC 系统所需的采暖/制冷、通风能量。最终，建筑物/系统的总能耗可以计算得到，在考虑可再生能源和通用转换系数的基础上，可以转化计算得到一次能耗和 CO^2 排放量。需要注意的是，一次能耗的转换系数取决于国家水平，特别是电能的转换。一些国家通过热电厂产电。另一些国家，采用可再生能源产电，这时，转换系数就比前一种方式要低。同时，该系数还与政治原因有关。

在 M343-EN-2004 法令中有超过40个文件用来支持能源指令（EPBD）。2005年10月，这些文件都已起草完毕，所有的成员国都可用这些文件来制定国家标准和建筑物法规。2006年1月，所有的成员国都已经对新建筑物法规中的指令进行了完善补充。

在对计算方法进行统一后，能源证书的颁布就更具有说服力和通用性，使得建筑市场的自由贸易得到了进一步的保障和规范。

2.3　对锅炉/供热、通风和制冷装置进行检测与评估

同样，能源指令中规定了需要对已获得能源证书的建筑物的采暖系统（包括锅炉）和空调系统（包括通风系统）进行定期检测。这个规定的目的在于确保建筑物和 HVAC 系统能够进行正常维护，确定该 HVAC 系统是否仍适用于该建筑，同时能够定期评价其节能情况，加大节能推广的力度。

2.4 建筑物室内环境

在能源指令中，提到节能不能以牺牲室内环境、热舒适性和人体健康为代价。在该能源指令中，建议在建筑能源证书中同时给出实际室内环境的参数和公共建筑中的实际能耗量。因此，建立了一个独立的标准（prEN15251—2005），在此标准中推荐了室内环境参数，包括热舒适性参数，空气品质，照明和噪声等。这个标准建立在现存的国际标准和方针的基础上（CEN CR 1752；ISO EN 7730，EN 13779；ASHRAE Standard 55）。

3 德国建筑能源护照的推广进程

根据能源指令关于“能源证书”的规定，从2006年起，在芬兰和葡萄牙之间的地区，每幢建筑在出售或出租前必须要提供建筑能源护照，这个规定也同样适用于德国。德国联邦议会不久前通过节约能源法修正案。该案将使争议已久的建筑能源护照从2006年起付诸实施（图1）。德国能源机构（dena）早在2002年时就已经拟定了建筑能源护照的初始版本，并且在2003年进行了相关的市场调研调查。民意调查证实：对超过70%的房地产租用人和顾客而言，能耗的影响非常重要，因此需要有一个评判标准来对建筑物的耗能情况进行等级划分（见图2）。

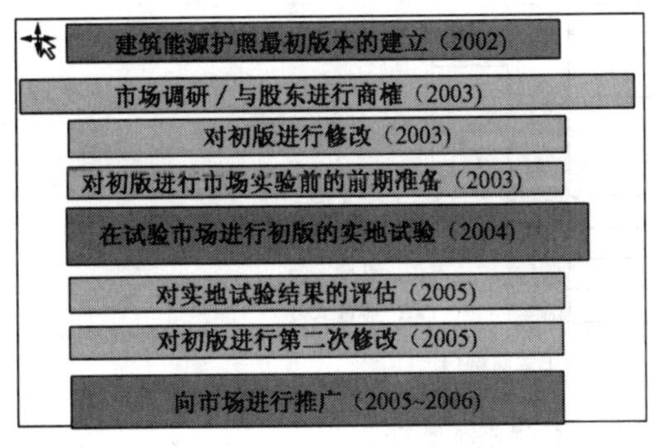

图1 能源护照的推广进程

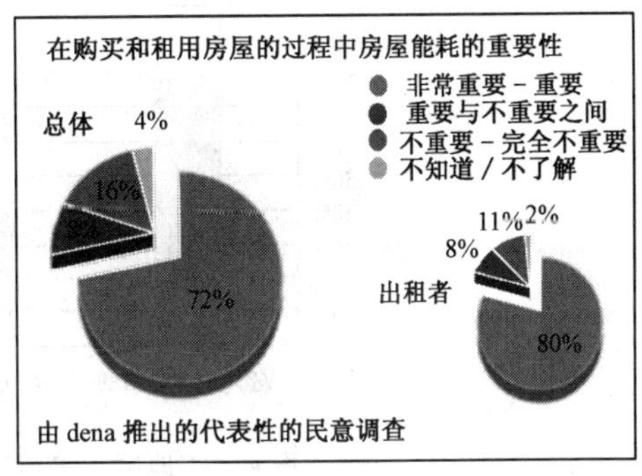

图2 房屋能耗民意调查

2004年，德国能源机构与政府部门和相关的市场部门合作，联合所有在建筑市场内的股东（建筑物所有者的代表；房产公司；建筑行业；工程师与建筑师；用户与承租人咨询部），对建筑能源护照的推广进行了一次实地试验，目的是为了改进建立在实践经验上的初版的能源证书，综合在实地实验中得到的经验和结果来制定一个全国性的法规。

实地试验的参与者主要为房产公司和当地屋主代表、地方和区域权力机构以及不同地区性参与者之间的合作参与（举例来说，区域消费者协会或者能源机构、能源公司）。在此次实地试验中，德国联邦州内的各个城市和区域都有参与者参加（除了撒克逊和萨尔州以及汉堡）。其中包括了33家房地产公司，这些公司拥有超过8000幢建筑物；代表了有1200万居民的33个城市或地区中拥有一到两幢私有住宅的房屋所有者；6个地区性的能源公司；7个地区性的能源机构。在挑选参与者过程中，选择了不同类型和年代的建筑物，并且要求在评估过程中参与者要协同合作。dena在此过程中提供协助，不过不为参与者提供经费支持。

图3、图4、图5都是实地试验的市场调查和测试结果。从图3中大致可分别看出参与测试的多户住宅和独宅/两户住宅的主要能耗分布情况。其中，A-C等级是指主要能耗

低于 150kWh/（m^2·a）的建筑物，处于这个等级的建筑物都应可称为节能建筑。图中可看出多户住宅的总体能耗情况要优于独宅/两户住宅。

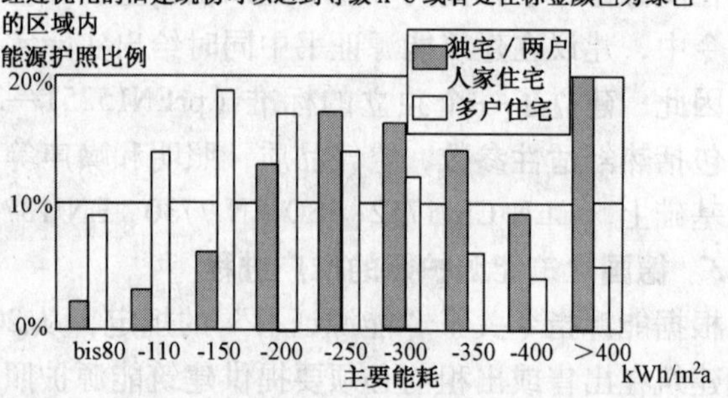

图 3 实地试验参与建筑物的测试结果基本数据 1

图 4 表明了建筑能耗护照的推行在建筑市场的支持率。可看到，超过 80% 的私人房屋拥有者非常支持或支持建筑能源护照的推行。在建筑能源护照中，有一部分专门提到了优化建议。对建筑所有者来说，在获得建筑能源护照所提供的建议后，就可以知道通过何种方式来优化建筑了。举例来说，所有者就会了解到对外墙增设某一隔热材料会对建筑耗能有所改变，并因此对建筑能源护照中的建筑物分级产生影响。

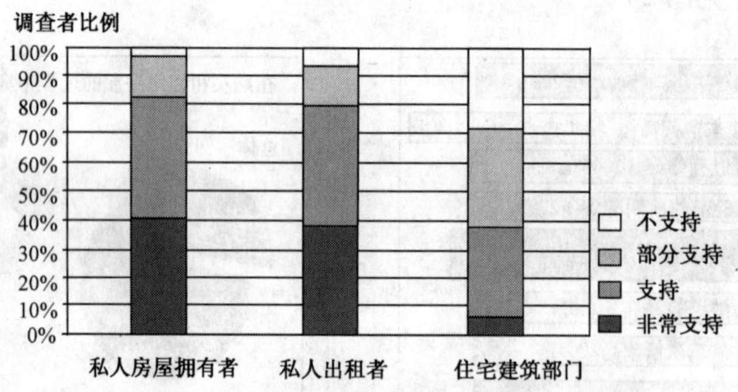

图 4 实地试验参与建筑物的测试结果基本数据 2

图 5 的调研了解了有多少参与者愿意真正将优化措施付诸行动。可明显看出，超过 70% 的房屋拥有者愿意采纳优化建议。

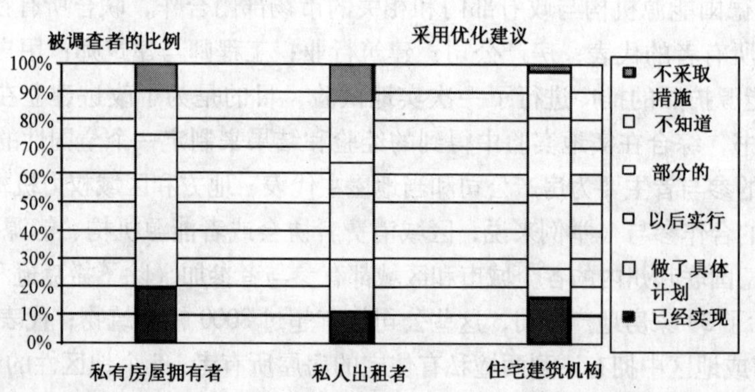

图 5 实地试验参与建筑物的测试结果基本数据 3

在实地试验的过程中，签发了超过 3500 张建筑能源护照。从结果可以发现，建筑能源护照已经能够适用于市场，同时很好地被不同的顾客所接受。

2005 年，在进行了一系列准备活动和修改后，德国能源机构正式启动了一场市场推广运动，同时在全联邦开始签发建筑能源护照。2006 年 1 月 4 日，德国率先对新建建筑颁布建筑能源护照。

4　德国建筑能源护照包含的信息

建筑能源护照中会给出建筑物能耗等级，同时包括隔热材料和暖气设备的质量等级。建筑能源护照中的主要部分是一个由统一的计算方法计算得到的以一次能耗为基础的建筑物能耗参数。在建筑能源护照中，通过一个有详细介绍的评价系统可以对建筑物进行分级。除此之外，还可在说明中找到关于在各种情况下能耗是怎么产生的以及哪些温室气体会在该种情况下产生。

在建筑能源护照中，同时为建筑物所有者提供改良的建议。通过对该能源证书进行详细的阅读后，就可以知道通过何种方式来优化某幢建筑了。举例来说，所有者就会了解到对外墙增设某一隔热材料或者更换太阳能设备中一个附件会对建筑耗能有所改变，并因此对建筑能源护照中的建筑物分级产生影响。

此外，专业人员可以在里面找到大量计算方法和边界条件，有了这些，可以更好地理解如何进行计算。

4.1　建筑物的分级

建筑能源护照中的最主要部分就是能耗参数，通过它来实现对建筑物的能耗分级。这个参数在一个隔热能力差的建筑物内甚至可以高于 300。在 2002 年后建造的房屋，如果这个参数低于 100，可以被认为是处在“绿色”范围内。能耗参数的单位是每年每平方米千瓦时［kWh/（m^2·a)］。

在对能耗参数进行计算时，将所有能引起建筑物耗能的因素都考虑在内。首先要考虑的是建筑物外表面，也就是墙、屋顶、天花板和窗户的能耗等级。当然还必须考虑采暖、制冷设备是否能够高效率地利用能源以及设备的能量损失。在满足建筑物内的能源需求前，需要考虑如何获得以及如何转换能源，如：是用天然气、燃料油还是用电。同时还必须考虑在开采、转换和运输过程中的能耗损失。因此，在谈到建筑物的主要能耗时，还需要把环境因素考虑在内。

在图 6 中①处这张条理清楚的彩色标签使得我们能够快速地将某一幢建筑物的能效等级同其他建筑物进行比较。其中建筑物的分级与能耗参数的关系如表 1 所示。

建筑物能耗等级与能耗参数的关系　　**表 1**

等级 A	0~80 kWh/（m^2·a）	等级 F	251~300 kWh/（m^2·a）
等级 B	81~110 kWh/（m^2·a）	等级 G	301~350 kWh/（m^2·a）
等级 C	111~150 kWh/（m^2·a）	等级 H	351~400 kWh/（m^2·a）
等级 D	151~200 kWh/（m^2·a）	等级 I	>400 kWh/（m^2·a）
等级 E	201~250 kWh/（m^2·a）		

建筑能源护照

号码 dena 01-075-0018　　签发日期 2004年1月15号

总的评价

A B C D F 能效等级 G H I

① ②

房屋类型/使用类型	公寓/居住
地址	Hauptstraße 28, 10456 Berlin
房屋拥有者	K. Wertbau AG
建筑物建筑年份	1928
暖气设备安装年份	1982
住房单元数	9
供暖居住面积	575 m²
能耗证书签发方法	× 详尽的方法　简单的方法

K. Wertbau AG
Müllerstr. 182
10456 Berlin
030 765 54 32

签发者
Architekturbüro Meyer
Fassadenstr. 182
10123 Berlin
Hans Meyer

签名

dena

图6　建筑能源护照范本

因此，可清楚地从图6的建筑能源护照中知道该幢建筑物的能效等级为F。一般较好的节能建筑是处在绿色区域范围内的，而高耗能建筑则处在红色区域内。

4.2　建筑物的其他信息与评价指标

在建筑能源护照中，同时给出了其他一些建筑物辅助信息和几项重要的评价指标。图6中的②处可看到某幢建筑物的基本数据（如总平方面积，建筑物建造年份等），这些数据就类似于建筑物护照的身份确认，出售者和出租者通过建筑能源护照相当于获得一个可以向他们的顾客保证建筑物能耗等级的工具。

建筑能源护照还提供了如何评定建筑围护结构品质的信息。这方面考虑的内容有：隔热程度如何？有没有热桥？密闭情况是否良好？房屋内的设备是否符合标准？不仅采暖装置本身，采暖装置安装的位置、管道的长度及其保温、水泵效率、采暖面积和温度调节阀的性能以及其他诸多因素也同时影响了建筑物的围护结构和设备的能耗等级。见图7中的③处。

在未来的几十年内，欧盟估计将会有1.6亿个建筑项目投入建设，如果没有有效的控制措施，则这些项目又将要产生超过总量40%的二氧化碳排放量。因此首先应该做到的就是市场透明度的提高和相应控制措施的出台。在图7中可以看到，德国的建筑能源护照根据欧洲建筑物能源指令（EPBD）中关于能源证书的规定，同时标出了建筑物的 CO_2 排放量（图 7 中④处），从中可清晰地知道某幢建筑物对环境污染的程度，从而可以促使建筑物业主对建筑进行相应的改造。

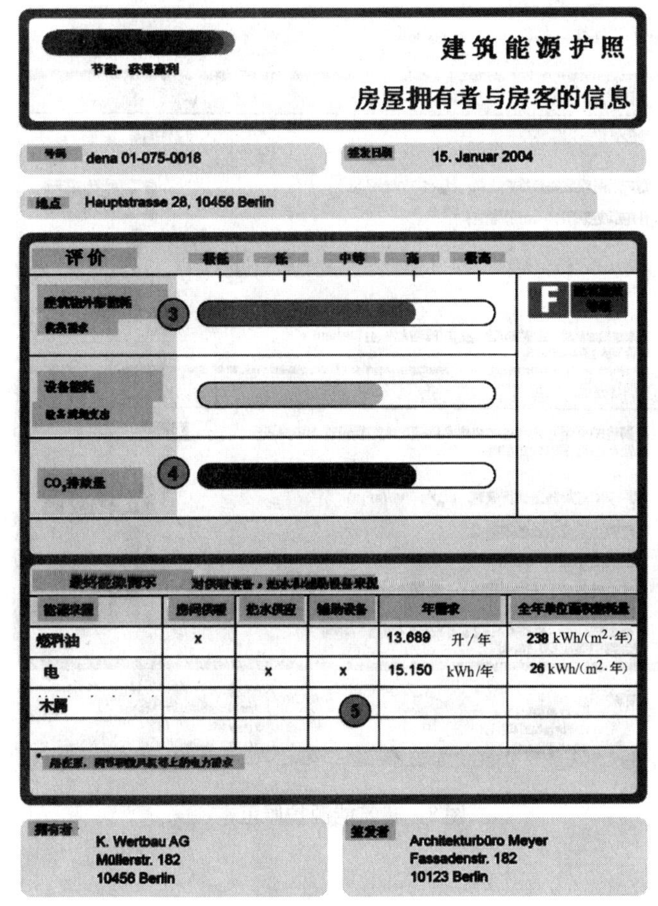

图 7　建筑能源护照范本

通过在图 7 的⑤中标出的全年能耗的数值，可以对房屋内所消耗的能源种类以及需要花费的能源费用有大致了解，从而从一个侧面提醒房屋所有者能够更加合理和经济地用能。

现在，大部分的建筑物都有很大的节能潜力。因此建筑能源护照给出了一些优化建议，如怎样降低主要的能耗和 CO_2 排放量。这些建议一方面对环境保护有利，一方面降低成本，同时提高了建筑物本身的价值和舒适度。随着建筑物本身的优化，建筑物等级也随之提高。在图 8 中可看出，在采用不同的优化措施后，建筑物的能效等级可以分别提高到 C 级或 A 级。

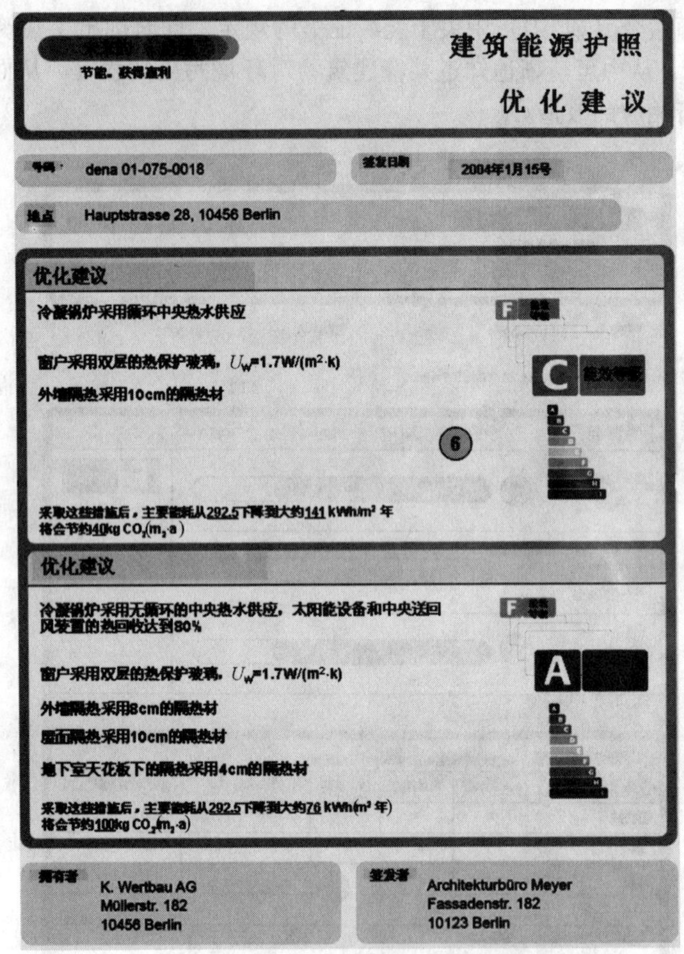
建筑能源护照

优化建议

节能，获得赢利

号码 dena 01-075-0018

签发日期 2004年1月15号

地点 Hauptstrasse 28, 10456 Berlin

优化建议

冷暖锅炉采用循环中央热水供应

窗户采用双层的热保护玻璃，U_W=1.7W/(m²·k)

外墙隔热采用10cm的隔热材

F

C 能效等级

6

采取这些措施后，主要能耗从292.5下降到大约141 kWh/m² 年
将会节约40kg CO_2(m₂·a)

优化建议

冷暖锅炉采用无循环的中央热水供应，太阳能设备和中央送回风装置的热回收达到80%

窗户采用双层的热保护玻璃，U_W=1.7W/(m²·k)

外墙隔热采用8cm的隔热材

屋面隔热采用10cm的隔热材

地下室天花板下的隔热采用4cm的隔热材

F

A

采取这些措施后，主要能耗从292.5下降到大约76 kWh(m² 年)
将会节约100kg CO_2(m₂·a)

拥有者 K. Wertbau AG
Müllerstr. 182
10456 Berlin

签发者 Architekturbüro Meyer
Fassadenstr. 182
10123 Berlin

图 8　建筑能源护照范本

5　总结

2006～2012 年，欧盟两个强制性节能目标是：各成员国总体上每年要节约 1% 的能源消费量（以 2005 年之前的 5 年平均计算）；其中公共部门的目标是每年多节约 1.5%。2012 年，各成员国年度总的能源消耗量将比 2006 年减少 6%。其中，住宅和公共建筑的节能潜力的挖掘和改革力度将会直接导致这两项强制性节能目标是否能完成的重要措施之一。因此，欧洲委员会将有力地促进各国执行欧洲建筑物能源指令，同时进一步推广如德国的建筑能源护照一类的能源证书，规范建筑市场透明度，将建筑物节能和环保的力度进一步加大。

参考文献

1. dena, Der Energiepass für Gebäude, http://www.zukunft-haus.info
2. dena, dena-Energiepass-V2-End, http://www.deutsche-energie-agentur.de/
3. Vortrag_ FKr_ Enercert_ 2005-03-15-final, http://www.deutsche-energie-agentur.de/
4. Vortrag_ FKr_ KfW-Akademie_ Teil_ Energiepass, http://www.deutsche-energie-agentur.de/

5. Projektinfo_ Energiepass_ 040525, http://www.deutsche-energie-agentur.de/
6. Teilnehmerdaten_ Adressen - Internet, http://www.deutsche-energie-agentur.de/
7. 能源委员承诺采用“有力的执行手段”来执行欧盟建筑指令，http://www.ciobinternational.org/
8. Bjarne W. Olesen PhD, The European Energy Performance of Buildings Directive, Research Bulletin ASHRAE

吴筠　同济大学　研究生　邮编：200092

《建筑节能》第33册~46册总目录

建筑节能研究报告——《中国能源综合发展战略与政策研究报告》摘录 涂逢祥等 第42册

政府机构节能研究报告——《中国能源综合发展战略与政策研究报告》摘录 王庆一第42册

北京的能源规划和能源结构调整 江 亿 第42册

大学城能源规划中的节能 杨廷萍等 第42册

国务院办公厅部署开展资源节约活动 第43册

2020年中国能源需求展望 周大地等 第43册

如何提高中国城市建筑领域能源与资源利用效率 苏 挺（德） 第43册

《建设部推广应用和限制禁止使用技术》更正内容对照表 建设部 第43册

关于四川地区建筑能耗可持续发展的思考 冯 雅 第43册

四川省建筑热工设计分区与节能技术对策 王 瑞 第43册

中国气候变化初始国家信息通报（摘录） 第44册

全球气候变化问题概述——《中国能源发展战略与政策研究》摘录 徐华清等 第44册

能源活动对环境质量和公众健康造成了极大危害——《中国能源发展战略与政策研究》摘录 王金南等 第44册

大力发展节能省地型住宅 汪光焘 第44册

中华人民共和国建设部关于加强民用建筑工程项目建筑节能审查工作的通知 建科［2004］174号 建设部 第44册

国务院关于做好建设节约型社会近期重点工作的通知 国务院 第45册

建设部关于新建居住建筑严格执行节能设计标准的通知 建设部 第45册

建设部关于认真做好《公共建筑节能设计标准》宣贯、实施及监督工作的通知 建设部 第45册

建设部关于发展节能省地型住宅和公共建筑的指导意见 建设部 第45册

上海市建筑节能管理办法 上海市人民政府 第45册

山西省人民政府关于加强建筑节能工作的意见 山西省人民政府 第45册

应对能源资源环境挑战 共同促进可持续发展 汪光焘 第45册

建筑节能 刻不容缓 郑一军 第45册

建筑节能形势与政策建议 涂逢祥 第45册

积极推进绿色建筑标准 大力发展节能省地型建筑 曾培炎 第46册

我国当前的能源形势与“十一五”能源发展 马 凯 第46册

大力发展节能省地型建筑 建设资源节约型社会 汪光焘 第46册

建立五大创新体系 促进绿色建筑发展 仇保兴 第46册

建筑节能落实“十一五”规划的工作安排 仇保兴 第46册

推进供热体制改革必须提高认识 强化措施 仇保兴 第46册

关于进一步推进城镇供热体制改革的意见 建设部等八部委 第46册

民用建筑节能管理规定 建设部 第46册

关于推进供热计量的实施意见 建设部 第46册

建筑节能怎样为单位GDP能耗降低20%做贡献 涂逢祥 第46册

3 建筑环境与节能

环境、气候与建筑节能 吴硕贤 第33册

夏热冬冷地区住宅热环境设计研究 柳孝图 第33册

夏热冬暖地区住宅建筑热环境分析 孟庆林等 第33册

夏热冬暖地区空调室内空气品质的改善与节能 聂玉强等 第34册

从舒适性空调建筑围护结构热工性能看建筑节能 聂玉强等 第35册

深圳市居室热环境的优化设计 马晓雯等 第37册

4　建筑节能标准

5　供热体制改革

谈谈节能建筑中的窗　沈天行　第44册

窗户——节能建筑的关键部位　白胜芳　第44册

北京市建筑外窗调研报告　段　恺等　第44册

提高建筑门窗保温性能的途径　张家猷　第44册

节能塑窗在我国的发展趋势　胡六平　第44册

上海安亭薪镇节能建筑高档塑料门窗的选用　陈　祺等　第44册

实德新70系列平开塑料窗　程先胜　第44册

铝合金——聚氨酯组合隔热窗框的制成分类和应用　张晨曦　第44册

我国中空玻璃加工业的回顾与展望　张佰恒等　第44册

提高中空玻璃节能特性的若干技术问题　刘　军　第44册

改善中空玻璃的密封寿命　王铁华　第44册

硅酮/聚异丁烯双道密封结构浅析　戴海林　第44册

铝合金断热窗的改进设计与节能分析　曾晓武　第45册

节能65%后建筑外窗的配置建议　崔希骏等　第45册

论幕墙设计　谢士涛等　第45册

门窗幕墙节能任重道远　谢士涛　第45册

铝门窗幕墙行业的竞争力分析与对策　谢士涛　第45册

真空玻璃技术的新进展——吸气剂在真空玻璃中的应用　唐健正等　第46册

11　书能屋面技术

用挤塑聚苯板作倒置屋面保温层　王美君　第34册

生态型节能屋面的研究　白雪莲等　第34册

屋面被动蒸发隔热技术分析　刘才丰等　第34册

屋面绝热板的改进与应用研究　杨星虎等　第34册

把既有建筑的节能改造与"平改坡"相结合引向市场　方展和　第41册

12　采暖空调节能技术

热量表产业化的若干理论和技术问题　王树铎　第33册

采用地板热辐射采暖、热表计量，促进建筑节能全面发展　池基哲　第33册

集中供热/冷系统中的能量计量　喻李葵等　第35册

对集中供暖住宅分户计量若干难点的再思考　张锡虎等　第35册

计量供热系统设计探讨　王　敬　第35册

单户燃气供热相关问题探讨　许海峰等　第35册

住宅供热计量综论　孙恺尧　第37册

集中供热按表计量收费室内系统的设计方法　高顺庆等　第37册

热网调节设备和热计量方式的选用　狄洪发等　第37册

从生理卫生和舒适的角度论述地板辐射供暖的特点　杨文帅等　第37册

太阳能、地热利用与地板辐射供暖　王荣光等　第37册

采暖热计量收费方法的试验分析　方修睦等　第39册

寒冷地区用空气源热泵的试验研究　马国远等　第39册

浦东国际机场大型离心水泵节能改造　曹　静　第39册

改善供热系统，节能建筑用能　曾享麟　第40册

中国城镇供热系统节能技术措施　中国城镇供热协会技术委员会　第40册

推进建筑耗能计量收费，保障可持续发展　孙恺尧　第40册

地下水源热泵系统运行能耗动态模拟分析　丁力行等　第40册

上海市建科大厦空调系统节能改造　刘传聚等　第40册
城市污水在建筑上的利用　沈天行等　第40册
关于电热采暖的多角度思考　张锡虎等　第41册
武汉市中央空调节能对策的探讨　李汉章等　第41册
光伏建筑一体化对建筑节能影响的理论研究　何　伟等　第41册
华北地区大中型城市建筑采暖方式分析　江　亿　第42册
新型的建筑物能源系统　徐建中等　第42册
藏东南地区冬季采暖方案初探　徐　明等　第42册
西藏地区太阳能采暖的利用　冯　雅　第42册
温度法采暖热计量系统　陈贻谅等　第43册
中央空调节能问题及对策刍议　龚明启等　第43册
燃气热源供暖系统综合经济分析　刘　亚　第43册
供热采暖技术发展概况及展望　温　丽　第46册
燃气供热锅炉房节能系统　丁　琦等　第46册
北京北辰热力厂供热运行节能经验　孙凤娟　第46册
武汉市典型公共建筑集中空调系统现状与节能对策　李玉云等　第46册
玻璃幕墙对空调冷负荷的影响　孟凡兵等　第46册
北京昌平卫星城集中联片供暖改造经验　王福成等　第46册

13　建筑节能检测

绝热材料及其构件绝热性能测试方法回顾　周景德等　第35册
建筑幕墙门窗保温性能检测装置　刘月莉等　第35册
天津市龙潭路节能示范住宅检测　杜家林等　第35册
深圳市居住建筑夏季降温方式实测与分析　范园园等　第37册
防护热箱法测试试验装置的设计与建设　聂玉强等　第38册
南京地区采用热泵——地板采暖住宅建筑的能耗与热舒适性实测研究　王子介　第39册
热流计法对采暖建筑节能检测热损失的计算　冯　雅等　第40册
重庆天奇花园节能测试总结报告　唐鸣放等　第40册
蓄水覆土种植屋面传热系数测试分析　唐鸣放等　第40册
建筑材料、外围护结构及建筑物的绝热性能检测方法　钱美丽　第41册
耐候性试验方法与检测分析评价　魏铁群等　第41册
夏热冬冷地区住宅建筑热环境测试及评价　彭昌海等　第41册
混凝土承重空心小砌块住宅建筑节能设计与测试　杜春礼等　第41册
广州市汇景新城墙体构造热阻现场测试　王珍吾等　第41册
广州市汇景新城住宅屋顶隔热性能实测　高云飞等　第41册
《四川省住宅节能建筑检测验收标准》简介　冯　雅　第42册
墙体传热系数现场检测及热工缺陷红外热像仪诊断技术研究　杨　红等　第42册
对建筑物节能评测的几点认识　梁苏军　第43册
全国建筑节能检测验收与计算软件研讨会纪要　建筑节能专业委员会　第44册
对当前我国节能建筑验收检测的意见　涂逢祥　第44册
关于居住建筑的节能检测问题　林海燕　第44册
墙体保温工程验收与检测宜采取综合评定方法　王庆生　第44册
关于节能保温工程施工质量的过程控制和现场检测　金鸿祥　第44册
中国城镇供热系统节能技术措施　中国城镇供热协会技术委员会　第40册

推进建筑耗能计量收费，保障可持续发展　孙恺尧　第40册
地下水源热泵系统运行能耗动态模拟分析　丁力行等　第40册
上海市建科大厦空调系统节能改造　刘传聚等　第40册
城市污水在建筑上的利用　沈天行等　第40册
关于电热采暖的多角度思考　张锡虎等　第41册
武汉市中央空调节能对策的探讨　李汉章等　第41册
光伏建筑一体化对建筑节能影响的理论研究　何　伟等　第41册
华北地区大中型城市建筑采暖方式分析　江　亿　第42册
新型的建筑物能源系统　徐建中等　第42册
藏东南地区冬季采暖方案初探　徐　明等　第42册
西藏地区太阳能采暖的利用　冯　雅　第42册
温度法采暖热计量系统　陈贻谅等　第43册
中央空调节能问题及对策刍议　龚明启等　第43册
燃气热源供暖系统综合经济分析　刘　亚　第43册
重3 建筑节能检测绝热材料及其构件绝热性能测试方法回顾　周景德等　第35册
建筑幕墙门窗保温性能检测装置　刘月莉等　第35册
天津市龙潭路节能示范住宅检测　杜家林等　第35册
深圳市居住建筑夏季降温方式实测与分析　范园园等　第37册
防护热箱法测试试验装置的设计与建设　聂玉强等　第38册
南京地区采用热泵——地板采暖住宅建筑的能耗与热舒适性实测研究　王子介　第39册
热流计法对采暖建筑节能检测热损失的计算　冯　雅等　第40册
重庆天奇花园节能测试总结报告　唐鸣放等　第40册
蓄水覆土种植屋面传热系数测试分析　唐鸣放等　第40册
建筑材料、外围护结构及建筑物的绝热性能检测方法　钱美丽　第41册
耐候性试验方法与检测分析评价　魏铁群等　第41册
夏热冬冷地区住宅建筑热环境测试及评价　彭昌海等　第41册
混凝土承重空心小砌块住宅建筑节能设计与测试　杜春礼等　第41册
广州市汇景新城墙体构造热阻现场测试　王珍吾等　第41册
广州市汇景新城住宅屋顶隔热性能实测　高云飞等　第41册
《四川省住宅节能建筑检测验收标准》简介　冯　雅　第42册
墙体传热系数现场检测及热工缺陷红外热像仪诊断技术研究　杨　红等　第42册
对建筑物节能评测的几点认识　梁苏军　第43册
全国建筑节能检测验收与计算软件研讨会纪要　建筑节能专业委员会　第44册
对当前我国节能建筑验收检测的意见　涂逢祥　第44册
关于居住建筑的节能检测问题　林海燕　第44册
墙体保温工程验收与检测宜采取综合评定方法　王庆生　第44册
关于节能保温工程施工质量的过程控制和现场检测　金鸿祥　第44册
关于采暖居住建筑节能评价问题　方修睦等　第44册
建筑围护结构的热工性能检测分析　王云新等　第44册
RX-Ⅱ型传热系数检测仪在工程检测中的应用　赵文海等　第44册
用气压法检测房屋气密性　刘凤香　第44册
示踪气体法检测房间气密性　赵文海等　第44册

加拿大的能耗统计调查方法与实践　建设部考察团　第37册
英、法、德三国建筑节能标准近期进展　涂逢祥等　第37册
英、法、德三国建筑节能技术考察　顾同曾等　第37册
欧洲的三幢节能示范建筑　白胜芳等　第37册
德国室内采暖节能政策　Paul H · Suding　第37册
瑞典节能建筑现场测试与数据分析方法　周景德等　第38册
美国20世纪80年代初热费改革情况介绍　李立波等　第39册
丹麦区域供热收费体系　丹麦区域供热委员会　第45册